普通高等教育“十一五”国家级规划教材

现代制造技术与装备

Xiandai Zhizao Jishu yu Zhuangbei

第2版

主　编　吉卫喜
副主编　任乃飞　花国然　恽国兴
参　编　苏桂生　武美萍　曹　毅　赵　丽

高等教育出版社·北京
HIGHER EDUCATION PRESS　BEIJING

内容简介

本书是普通高等教育“十一五”国家级规划教材，是在第1版的基础上修订而成的，除绪论外内容包括现代制造工艺、现代制造装备、现代制造自动化、现代生产与控制、现代制造物流与控制、现代质量管理以及现代制造模式。本书内容简明扼要、取材新颖，并结合最新研究成果，用现代制造系统的观点分析现代制造业，以使读者能比较全面地认识和了解现代制造技术与装备的应用与发展。

本书可作为高等学校机械工程及其自动化专业的教材，也可供工业工程、管理工程和工业设计等专业使用，亦可供制造企业的工程技术人员与企业管理人员参考。

图书在版编目(CIP)数据

现代制造技术与装备/吉卫喜主编. —2版. —北京：高等教育出版社，2010.10(2015.6重印)
ISBN 978-7-04-030140-3

Ⅰ. ①现… Ⅱ. ①吉… Ⅲ. ①机械制造工艺-高等学校-教材
Ⅳ. ①TH16

中国版本图书馆CIP数据核字(2010)第173288号

策划编辑 宋 晓　责任编辑 宋 晓　封面设计 于 涛　责任绘图 尹 莉
版式设计 余 杨　责任校对 金 辉　责任印制 毛斯璐

出版发行	高等教育出版社	网　址	http://www.hep.edu.cn
社　址	北京市西城区德外大街4号		http://www.hep.com.cn
邮政编码	100120	网上订购	http://www.landraco.com
印　刷	北京中科印刷有限公司		http://www.landraco.com.cn
开　本	787×1092　1/16		
印　张	20.5	版　次	2005年5月第1版
字　数	500 000		2010年10月第2版
购书热线	010-58581118	印　次	2015年6月第4次印刷
咨询电话	400-810-0598	定　价	32.10元

本书如有缺页、倒页、脱页等质量问题，请到所购图书销售部门联系调换

物 料 号　30140-00

第 2 版前言

本书是普通高等教育“十一五”国家级规划教材，是根据机械工程及其自动化专业的教学改革需要而编写的。第 1 版于 2005 年出版后，至今已经历了 5 年的教学实践，期间得到了不少兄弟院校的大力支持和帮助，提出了许多宝贵意见。本版是在总结近几年教学实践的基础上，结合制造技术与装备领域近年来的新发展和新成果，并吸取了使用该教材的院校提出的建议修订而成的。

当今世界范围内现代制造技术与装备的演变日新月异，机床结构出现了新的变革，智能型生产工具的出现、加工方法逆向思维的突破以及工具概念的变异进一步拓宽了人们的视野，在人类的生产活动中所形成的效益与影响更为广泛而深远。这次修订主要就现代制造工艺和现代制造装备的内容进行了调整和补充，在保持原教材体系和特色的前提下，力求内容精练、取材新颖。

本书是由吉卫喜任主编，任乃飞、花国然、恽国兴任副主编。全书共分 8 章，第 1、6、8 章由吉卫喜编写，第 2 章由花国然、任乃飞编写，第 3 章由吉卫喜、花国然、苏桂生编写，第 4 章由花国然、恽国兴编写，第 5 章由恽国兴编写，第 7 章由任乃飞编写，武美萍、曹毅、赵丽、梁素勤参加了部分章节的材料收集、内容删减等工作。全书由江南大学吉卫喜统稿。

在本书的编写过程中得到了有关院校和工厂的大力支持，在此表示衷心感谢。

由于编者水平有限，缺点错误在所难免，恳请使用本书的广大师生、读者多提宝贵意见。

编者

2010 年 4 月

第2版前言

目　　录

第1章 绪 论

制造业是国民经济的基础产业，制造业的最终目的是创造全新的物质文明和精神文明，它的发展水平反映了一个国家的生产力水平和综合国力。从国际范围来看，制造业遵循着"劳动密集、设备密集、信息密集、知识密集"的轨迹，正在经历着从信息集成走向知识集成的新的发展阶段，对市场的响应时间将成为21世纪制造业赢得竞争优势的最主要因素。特别是面对爆发的国际金融危机，如何提升我国制造业，特别是装备制造业发展水平，实现企业自主创新，形成产品的竞争力，提高市场占有率，提升企业的制造能力，促进制造企业可持续发展，推动企业转型显得尤为迫切和重要。我国政府提出要加快装备制造企业兼并重组和产品更新换代，促进产业结构优化升级，全面提升产业竞争力。21世纪的产品对零件的形状、尺寸或材料性质也提出了新的要求。如在零件形状上的自由面加工(Free form fabrication)需求，在尺寸上的微细尺寸加工需求，在材料性质上的对化学性质、力学性能、耐腐蚀性能等需求。产品对其形状、尺寸以及材料性质的要求越来越高，因此必须研发新的制造技术及其制造设备。

现代制造技术与装备正是以现代制造业，特别是机械制造企业所面临的严峻生存环境为背景而发展起来的。面对激烈的市场竞争、迅速发展的科学技术、不断变化的多产品变批量，企业无法沿用传统的制造技术和制造模式去面对上述严峻生存环境的挑战。因此，人们必须研究和探索新的制造技术、装备和新的制造模式。现代制造技术与装备涵盖的内容较多，本书主要包括：(1) 先进的制造工艺；(2) 先进的制造装备；(3) 先进的生产组织与管理。

1.1 制造业及其发展趋势

制造业是紧随着人类社会的产生与发展而产生和发展的，经历了原始制造、手工作坊生产、机器生产、机械化生产、流水线生产、自动生产线生产，并发展到当今的柔性制造、智能制造等模式。在这个过程中制造业的内涵也在不断地丰富。

制造业在社会发展中所起的作用和担任的角色随着人类社会发展需求的重点而不断转移。在工业化初期，制造业的主要使命是进行需求产品的制造，以满足基本的物质生活的需要。随着技术进步与社会的发展，经济的因素起着越来越重要的作用，大规模生产制造大大丰富了物质产品，生存不再是主要矛盾，经济竞争成为焦点。经济全球化使制造业成为21世纪各国经济竞争的主要内容。通过制造业创造极大的物质财富，即形成了当今发达国家的经济面貌。在经济竞争的高潮中，制造业正经历新的价值观的转变，更加追求速度和效率。制造理念从规模生产和延长产品寿命到小批量、快速反应、短产品寿命周期，这是一种历史性的突破。

但是，在片面追求经济发展的同时，制造业的发展也被动地受到经济因素的刺激，表现出急于求成的发展态势，从产业的生态角度看，远离了平衡态。其后果是资源的无节制消耗，环境的破坏和污染，地球生态系统在人类经济的发展中面临着前所未有的危机和厄运。今天的制造业必须突破被动需求驱动的角色，而成为维护整个生态系统平衡，实现可持续发展的主动角色，这是人类社会发展到较高级阶段的初期，这个阶段将再次出现制造业的大繁荣。这不仅是因为制造业要代替和补偿前一阶段不平衡发展所造成的对需求的低质量的满足，而且其本身的发展将导致更多更高要求的需求，产生人类社会发展的更高级阶段。在这个历史阶段，制造业的发展空间将大大扩展，其内涵将得到极大的拓延。21 世纪，制造业将可能突破当前我们对制造业范畴的认识，从更长远的角度看，制造业完全有可能突破传统的无机物、无生命制造对象的限制和目前人类生存空间范围的限制，制造业可能将进一步在能源制造业、农业制造业、生物医学制造业、仿生制造业、宇宙空间制造业等领域发展。

尽管今天的制造业还远没有扮演主动角色，但 21 世纪实现制造业的可持续发展已成为全球关注的主题，发展带来的环境污染、生态破坏、资源耗竭等严重问题会影响我们共同的家园——地球。因此，低碳经济、绿色制造、清洁生产以及各种节约资源的理念已迅速渗透到全球整个制造业理念中。虽然制造业在不同地区和国家的发展还不平衡，但在信息时代，缩短世界范围内制造业差距的进程将大大加快，精良生产、智能制造、分散网络化制造、虚拟制造、敏捷制造、清洁生产等概念和先进制造技术迅速发展，带来了现代制造模式在管理理念、生产方式、组织形式和竞争策略等方面巨大转变，制造技术的发展也随着科技进步和基础科学理论的演变，不断吸收数学、力学、生物、材料、系统论、信息论、控制论以及计算机技术等形成制造科学。这是制造业发展中的又一次重大突破。

我国作为发展中国家，目前制造业水平与发达国家相比还有差距，发展制造业特别是装备制造业已成为增强我国经济实力的重要内容。装备制造业是为国民经济各行业提供技术装备的战略性产业，关联度高、吸纳就业能力强、技术资金密集，是产业升级、技术进步的重要保障和国家综合实力的集中体现。中国制造业要在 21 世纪繁荣昌盛，必须把握时代脉搏，重塑制造业发展雄风，在制造技术革命的基础上，加入全球供应链，通过生产组织与管理的革新和先进制造技术的应用，通过制造业信息化加速工业化进程，实现从大量生产向多品种变批量、分散化、网络化和全球化制造转变。

1.2 制造技术和现代制造技术

制造技术的涉及面较广，机械、电子、冶金、建筑、水利、信息、农业和交通运输等各个行业都要有制造业的支持，制造业是一个支柱产业，不同时期发展重点不同，但需要制造技术的支持是永恒的。制造技术具有普遍性和基础性，同时也具有特殊性和专业性。制造技术的发展经历了工匠手艺、设计工艺到制造系统三个重要阶段。生产发展和社会分工，形成了不同的制造单元技术，产生了包括设计、加工、装配、检验、维修、设备、工具和工装等多个直接或间接生产部门，加工方法也从传统的车、铣、钻、刨、磨发展到电加工、超声波加工、电子束加工、离子束加工、激光加工等多种特种加工方法。在生产组织上出现了适应大批大量生产需要的加工和装配流水线、自动线。随着信息技术的发展以及在制造技术中的应用，制造技术产生了新的飞跃，出现了以物质流、能量流和信息流组成的制造系统，形成了现代制造技术。

美国学者在《美国制造业的衰退及对策——夺回生产优势》的报告中有一句名言："一个国家要想生活好，必须生产好"，这句话很精辟地概括了发展制造技术的重要性。失去制造就失去未来，一个国家如不重视发展制造技术和制造业，就必然要落后、挨打。近年来，工业发达国家和一些新兴工业化国家把发展先进制造技术作为一项极其重要的发展战略和政策，并把它作为国家中长期发展的重大关键技术。我国也将发展现代制造业特别是装备制造业作为振兴经济、增强国际竞争力的重要发展战略。世界各国为适应制造业发展和全球经济发展对本国企业进行产业结构调整的需要,对制造技术展开了广泛深入的研究,先后提出和发展了多项现代先进制造技术,包括计算机辅助设计/计算机辅助制造/计算机辅助工程分析(Computer Aided Design, CAD/Computer Aided Manufacturing, CAM/Computer Aided Engineering, CAE)、计算机辅助编制工艺规程(Computer Aided Process Planning, CAPP)、成组技术(Group Technology, GT)、计算机集成制造(Computer Integrated Manufacturing, CIM)、计算机数控技术(Computer Numerical Control, CNC)、柔性制造系统(Flexible Manufacturing System, FMS)和柔性制造单元(Flexible Manufacturing Cell, FMC)、精良生产(Lean Production, LP)、最优生产技术(Optimization Production Technology, OPT)、并行工程(Concurrent Engineering, CE)、企业业务流程重组(Business Process Reconfiguration, BPR)、产品数据管理(Product Data Management, PDM)、制造资源计划(Manufacturing Resource Planning, MRPII)、企业资源计划(Enterprise Resource Planning ,ERP)、供应链管理(Supply Chain Management, SCM)、管理信息系统(Management Information System, MIS)、全面质量管理(Total Quality Management, TQM)、敏捷制造(Agile Manufacturing, AM)、智能制造(Intelligent Manufacturing, IM)、虚拟制造(Virtual Manufacturing, VM)、虚拟产品设计(Virtual Product Design, VPD)、协同制造(Collaborative Manufacturing, CM)、快速原型(Rapid Prototyping,RP)、绿色制造(Green Manufacturing, GM)、网络化制造(Networked Manufacturing, NM)等。

正是这些卓有成效的现代制造技术,使得现代多品种、小批量的制造企业,在面对严峻生存环境的挑战下,能够顺应买方市场千变万化的需求,及时开发并生产出不同买方所需要的各种新产品。在这些制造技术中,有些已属于成熟技术,但有的才刚刚起步。不同技术虽然侧重点不同,但从企业目标、管理模式、运行机制、关键技术以及生产过程等方面来看,有许多共同之处,不少技术相互交叉、方法共用,这些共同点形成了现代制造技术的发展方向。

1.3 现代制造技术的内涵

现代制造技术,其内涵就是“制造技术”+“信息技术”+“管理科学”,再加上相关的科学技术交融而形成的制造技术。在制造的生产规模上,它沿着单件小批量—少品种大批量—多品种变批量方向发展;在生产方式上,呈现出劳动密集型—设备密集型—信息密集型—知识密集型变化;在制造装备上,呈现出手工—机械化—单机自动化—刚性自动线—柔性自动线—智能自动化的变化;在制造技术和工艺方法上,表现为集工艺方法、工艺装备和工艺材料为一体的成套技术,使制造技术成为重视物流、检验、包装及储藏,覆盖加工全过程的综合技术,不断发展优质高效、低耗的工艺及加工方法,以取代落后工艺,不断吸收微电子、计算机和自动化等高新技术成果,并实现系统集成,形成从单机到自动生产线等不同档次的自动化制造系统。现代制造技术引入工业工程和并行工程概念,强调系统化及其技术和管理的集成,将技术和管理有机地结合在一起,并引入先进的管理模式,使制造技术及制造过程成为覆盖整个产品生命周期(设计、生产准备、加工制造、销售和维修,直至再生回收),包含物质流、能量流和信息流的系统工程。

现代制造技术是多技术交融的技术,它适应并占领了现代制造业市场。我国这么一个大国,如果没有强大的现代制造业特别是装备制造业,就不可能有独立自主的制造业与工业,即使制造业再大再多再好，也受制于人。21 世纪现代制造技术的发展趋势将是随着市场的全球化、竞争的激烈化、需求的个性化、生产的人性化而体现出的制造技术的信息化、服务化和高技术化。现代制造技术的内涵具体表现在以下几方面。

1. 信息化、数字化制造技术

信息、物质和能量是制造系统的三要素。随着计算机、自动化与通信网络技术在制造系统中的应用，信息的作用越来越重要。产品制造过程中的信息投入，已成为决定产品成本的主要因素。制造过程的实质是对制造过程中各种信息资源的采集、输入、加工和处理的过程，最终形成的产品可看作是信息的物质表现，因此可以把信息看作是一种产业，包括在制造之中。

以计算机技术、网络技术、通信技术等为代表的信息技术与管理科学、制造技术的交叉、融合、发展与应用，改变了传统资本密集型、设备密集型、技术密集型的生产与管理模式，而向信息密集型和知识密集型转变，使制造技术产生了质的飞跃，这也是制造企业、制造系统与生产过程、生产系统不断实现数字化的必然趋势。它包含了数字设计、数字控制和数字管理三大部分。对制造设备而言，其控制参数均为数字化信号。对制造企业而言，各种信息（如产品信息、工艺信息、物料信息以及知识和技能等）均以数字形式通过网络在企业内传递，在对资源信息进行分析、规划与重组的基础上，可实现对产品设计和产品功能的仿真，对加工过程与生产组织过程的仿真，或完成快速原型制造，从而实现生产过程的快速重组与对市场的快速响应，以满足客户化要求。在数字制造环境下，可以实现在不同地区、国家形成一个数字化制造网络，企业、车间、设备、员工、经销商、供应商乃至有关市场均可成为网上的一个"结点"，形成动态联盟，在产品设计、制造、销售和服务的过程中，围绕产品所赋予的数字信息彼此交互，迅速协同设计并制造出相应的产品。

2. 精密与超精密加工技术

精密制造与纳米技术是衡量现代制造技术水平的重要指标之一，是现代制造技术中最活跃的因素。现代制造对产品、零件的精度要求越来越高，产生了精密与超精密加工、微细加工、纳米加工等。在现代超精密机械中，对精度要求极高，如人造卫星的仪表轴承，其圆度、圆柱度、表面粗糙度等均达纳米级；微电子芯片的制造，要求：① 超净，加工车间尘埃颗粒直径小于 1 μm；② 超纯，芯片材料中的有害杂质的质量分数小于 10^{-9}；③ 超精，加工精度达纳米级（$1\ \text{nm} = 10^{-3}\ \mu\text{m}$）。显然，没有现代制造技术，就没有现代先进电子技术装备；反之，没有先进电子与信息技术，也就没有现代先进制造装备。它们是相互渗透、相互支持、紧密结合的。

精密加工、超精密加工技术、微型机械是现代制造技术发展的方向之一。精密和超精密加工技术包括精密和超精密切削加工、磨削加工、研磨加工以及特种加工和复合加工（如机械化学研磨、超声磨削和电解抛光等）三大领域。超精密加工技术已向纳米技术发展。纳米技术已在纳米机械学、纳米电子学和纳米材料技术等领域得到了应用。目前，各国科学家正在进行微型机器人的研究，微型机器人可以潜入人体血管、脏器去疏通血管、诊治疾病。据国外预测，21 世纪将是微型机械电子技术和微型机器人的时代，因此有人将纳米技术与微型机械称为 21 世纪的核心技术。

3. 柔性自动化技术

所谓柔性，是指一个制造系统适应各种生产条件变化的能力，它与系统方案、人员和设备有关。系统方案的柔性是指加工不同零件的自由度。人员柔性是指操作人员能保证加工任务、完成数量和时间要求的适应能力。设备柔性是指机床能在短期内适应新零件的加工能力。柔性制造自动化的形式很多,如美国提出的敏捷制造,其主线就是高柔性生产。自动化技术的成功应用,不但提高了效率,保证了产品质量,还可以代替人去完成危险场合的工作。对于批量较大的生产自动化,可通过机床自动化改装,应用自动机床、专用组合机床、自动生产线来完成。小批量生产自动化可通过 NC(Numerical Control)、MC(Machining Center)、CAM、FMS、CIM、IMS(Intelligent Manufacturing System)等来完成。在未来的自动化技术实施过程中,将更加重视人在自动化系统中的作用。

4. 现代集成制造技术

现代集成制造技术包括技术的集成、管理的集成、技术与管理的集成,本质是知识的集成。现代制造技术就是制造技术、信息技术、管理科学与有关科学技术的集成。机电一体化技术就是现代技术集成的典型,它是检测传感技术、信息处理技术、自动控制技术、伺服传动技术以及精密机械技术等多种技术的集成,这些技术与许多学科有关,是高技术装备的基础,如微电子制造装备,信息化、网络化产品及配套设备,仪器、仪表、医疗、生物和环保等高技术设备等。特种加工技术及其装备是加工技术集成的典型,如快速原型、激光加工、高能束加工和电加工等。企业集成是管理集成的典型,它包括生产过程的集成、产品全生命周期过程的集成,包括企业内部的集成以及企业外部的集成。并行工程、敏捷制造、精良生产和计算机集成制造系统等都是集成制造技术的典型表现。制造与管理已经不可分割,管理的集成不可能不包含管理与技术的集成。

集成的作用是将原来独立运行的多个单元系统集成为一个能协调工作的和功能更强的新系统。集成不是简单的连接,是经过统一规划设计,分析原单元系统的作用和相互关系并进行优化重组而实现的。集成化的目的是实现制造企业的功能集成,功能集成要借助现代管理技术、计算机技术、自动化技术和信息技术来实现技术集成,同时还要强调人的集成,由于系统中不可能没有人,系统运行的效果与企业经营思想、运行机制、管理模式都与人有关,因此在技术上集成的同时,还应强调管理与人的集成。

5. 网络化制造技术

网络化制造技术是指用计算机网络,灵活而快速地组织社会资源,将分散在各地的生产设备资源、智力资源和技术资源等,按资源优势互补的原则,迅速地整合成一种跨地域的、靠网络联系的、统一指挥的制造、运营实体——网络联盟,以实现网络化制造。网络化制造技术,使制造业走向整体化、有序化。实现网络化制造一方面取决于生产组织变革的需要,另一方面是生产技术发展的可能。现代制造业在市场竞争中,面临多方压力,如采购成本不断提高,产品更新速度加快,市场需求不断变化,全球制造所带来的冲击日益加大,企业必须在生产组织上进行变革,抛弃传统的"小而全"与"大而全"这类"夕阳技术",集中力量在自己最有竞争力的核心业务上。企业通过网络,在产品设计、制造与生产管理乃至在企业整个业务流程中快速调集、有机整合与高效利用有关制造资源,实现制造过程与组织的分散化、网络化。网络化制造是由不同地域、组织上平等独立的多个企业,在谈判协商的基础上,建立密切合作关系,形成动态的"虚拟企业"或动态的"企业联盟"。各企业致力于自己的核心业务,实现优势互补,实现资源优化动态组合与共享。

6. 智能制造技术

智能制造技术是面向21世纪制造技术的发展趋势之一,它是将人工智能融入制造过程的各个环节,借助计算机模拟人类专家的智能活动,取代或延伸制造系统中的部分脑力劳动,在制造过程中系统能自动监测其运行状态,在受到外界干扰或内部激励时能自动调整其参数,以达到最佳状态和具备自组织能力。智能化是柔性自动化和集成自动化的新发展和重要组成部分。

智能制造技术作为一种模式，是集自动化、集成化和智能化于一体，具有高技术含量和高技术水平的先进制造系统，也是一种由智能机器和人类专家共同组成的人机一体化系统。在制造过程中，它以一种高度柔性与集成的方式，进行分析、判断、推理和决策，同时，收集、存储、处理、共享、继承和发展人类专家的制造智能。随着分布式数据库技术、智能代理技术和网络技术等的发展，将突出知识在制造活动中的价值地位，知识将成为发展生产力的主要源泉，并最终导致以知识生产率取代劳动生产率。虽然智能化制造的道路还很漫长，但是必将成为未来制造业的主要生产模式之一。

7. 可持续发展制造技术

制造业在将制造资源转变为产品以及在产品的使用和消费过程中，消耗了大量有限资源，并对环境造成严重污染。产品生命周期日益缩短，废弃物日益增多，资源枯竭、生态平衡破坏，这些问题已严重阻碍人类社会经济的可持续发展。可持续发展制造技术中的绿色制造技术就是从产品构思开始，到设计阶段、制造阶段、销售阶段、使用与维修阶段，直到回收阶段、再制造各阶段，都必须充分考虑环境保护。不仅要保护自然环境，还要保护社会环境、生产环境，保护生产者的身心健康。绿色制造技术要求产品与用户的生产、工作、生活环境相适应，给人以高尚的精神享受，体现着物质文明、精神文明与环境文明的高度交融与和谐。

1.4 装备制造业的现状与发展

装备制造业是制造业的基础和核心，也是我国制造业发展中的薄弱环节。中国要成为世界制造强国，核心是要拥有一个强大的装备制造业。中国装备制造业虽已形成一定的规模和门类较齐全的体系，但现有的近四万家国有装备制造企业没有一家能跻身于世界500强。除前述制造业存在的普遍问题外，主要问题是设备（含大量进口设备）利用率低，自主开发能力薄弱，原创性技术和产品少，出现了引进—落后—再引进的局面；没有形成专业化的基础零部件产业，缺乏拥有自主知识产权的成套装备设计、系统设计和工程总承包能力的供应商，市场快速反应能力差，经济效益低于世界制造业平均水平，国民经济建设和高技术产业所需装备已形成依赖进口的局面，我国装备制造业大而不强。中国装备制造业发展的滞后，已成为制约国民经济运行效益提高、高技术及其产业发展、国防安全的瓶颈。

经济全球化使世界各国之间的经济相互依赖程度日益提高，国际贸易大幅度增长。其结果是发达国家由于劳动成本不断上升，不得不放弃大批传统产业，向发展中国家转移，以便致力于高科技、金融、服务行业的发展。我国具有承接国际产业转移的吸纳力与优势，这是因为中国市场潜力巨大，人力资源丰富，社会稳定，基础设施日趋完善。要把握国际制造业向中国大转移的良好机遇，积极地、有选择地承接工业发达国家制造业特别是装备制造业的转移，同时有选择地积极发展装备制造业中的高技术产业，提高自主开发能力，这是促进我国装备制造业发展的一条现实途径。

装备制造基地并不是全球制造车间，不仅包括加工和装配，而且应包括研发、设计、系统集成、销售、服务和报废回收等产品全生命周期制造。我国能否成为世界装备制造基地，关键不在于生产规模能否处于世界前列，而在于能否形成一大批重要装备的自主开发能力和系统成套能力及中国自己的知名品牌。要实现这一目标,企业应通过对引进国外先进技术的消化、学习,不断创新,形成自己的有自主知识产权的创新产品。培养具有创新精神的人才队伍和企业文化,重视产品设计知识资源的积累和获取,运用新的设计思想和方法,实现技术集成和知识集成。随着网络技术的迅速发展,利用网络技术及异地、远程、协同设计和制造技术,可以把分散在不同地点、不同单位的设计力量组织起来,建立虚拟设计中心实现装备的异地协同设计。目前,国家正在实施的西部大开发和发展东北重工业基地战略,为装备制造业的发展提供了巨大的市场需求,我国装备制造业大有可为。

1.5 本课程的主要内容

本课程所介绍的现代制造技术与装备主要包括现代制造工艺、现代制造装备、现代制造自动化技术以及现代制造的组织、管理、质量保证的系统技术概要等。

现代制造工艺主要包括广泛应用于现代制造业的高速与超高速切削技术、高能速与射流加工技术、应用新刀具材料的硬态和干式切削与磨削加工技术、电加工技术、精密与超精密加工方法及设备、快速原型制造技术等。现代制造装备主要包括数控机床、加工中心、虚拟轴机床及其技术、机械手与工业机器人、工具系统以及检测设备等。现代制造自动化技术主要包括CAD/CAE/CAPP/CAM、FMS/FMC、虚拟制造、现代集成制造技术、数字化和网络化制造技术等。现代生产与控制主要包括现代企业生产计划管理与控制方法、物料需求计划、制造资源计划、企业资源计划系统的原理和方法以及制造执行系统等。现代制造物流管理主要包括现代制造物流系统的产生、发展与战略,现代制造物流的设计、组织、计划与控制,物料搬运与存储设备以及供应链管理等内容。现代质量管理主要包括全面质量管理的内容和方法、质量保证体系的建立、ISO 9000系列标准和国际质量认证体系。现代制造模式主要包括现代先进制造模式、精良生产、敏捷制造、并行工程等。

1.6 学习本课程的目的和要求

1. 设置本课程的目的

在现代制造技术迅速发展的今天,深入了解并掌握现代制造技术如同掌握其先进技术一样,必须以人为本,离开人文文化,先进技术就难以造福人类。设置本课程的目的就是通过各种形式的教育,培养符合时代潮流与我国国情的制造业的科技人才与管理人才。人才是根本,教育是基础。如果我国的制造业不采用现代先进制造技术,不进行创新,那么就制造不出国家急需而国际上发达国家对我国制约的高技术产品,难以增强我国综合国力。设置本课程的意义就在于使现代大学生能了解现代制造技术与装备的基本内容、发展趋势以及在提高国民经济发展水平方面的巨大潜力,从而去激励和推动我国从事制造业的广大科技人员共同奋斗,为发展壮大民族工业,不断地推广先进制造技术,并在实践中勇于总结提高和创新,从而不断地提高我国的制造技术水平,增强在世界市场的竞争能力。

2. 本课程的特色与学习要求

编者在多年从事教学的基础上,密切联系当今制造技术与装备的新发展来组织课程内容,从基本概念、基本原理和应用发展前景入手，着重阐述各项技术的综合应用，使初学者对现代制造技术与装备有一个总体的清晰概念。每章都有适量的思考题，以便读者进一步深入学习。

本课程涉及内容较多，要求读者着重掌握现代制造技术中各项技术的基本功能及其实现的基本原理和手段，分析现代制造企业存在哪些问题，现代制造技术在其中有什么作用，可以解决什么问题，要求联系生产实际进行调查研究，并综合运用学到的现代制造技术与装备知识，在实践中应用提高。

思考题与习题

1. 现代制造技术与传统制造技术的不同点主要体现在哪里？
2. 现代制造技术的内涵是什么？主要发展趋势是什么？它包含哪些方面的内容？
3. 现代制造企业如何增强企业核心竞争力？市场竞争力主要反映在哪里？
4. 生产类型与制造自动化模式有何必然联系？为什么？
5. 为什么说制造业特别是装备制造业水平标志着一个国家的综合国力？
6. 21世纪的产品对形状、尺寸或性质有哪些新要求？这些新要求可以用哪些制造技术来实现？

第2章　现代制造工艺

2.1　高速与超高速加工

2.1.1　概述

高速加工是指采用超硬材料的刃具,通过极大地提高切削速度和进给速度来提高材料切除率、加工精度和加工表面质量的现代加工技术。高速加工技术主要包括高速切削与磨削机理研究、高速主轴单元制造技术、高速进给单元制造技术、高速加工用刀具与磨具制造技术、高速加工在线自动检测与控制技术等。

高速加工是一个相对的概念,由于不同的加工方式、不同的工件材料有不同的高速加工范围,很难就高速加工的速度给出一个确切的范围。目前,一般认为,高速及超高速切削各种材料的切速范围为:铝合金已达到2 000 ~ 7 500 m/min,铸铁为900 ~ 5 000 m/min,超耐热镍合金达500 m/min,钛合金达150 ~ 1 000 m/min,纤维增强塑料为2 000 ~ 9 000 m/min。各种切削工艺的切速范围为:车削700 ~ 7 000 m/min,铣削300 ~ 6 000 m/min,钻削200 ~ 1 100 m/min,磨削为150 m/s以上。

在高速及超高速加工技术中,超硬材料工具是实现高速及超高速加工的前提和先决条件,高速及超高速切削、磨削技术是现代高速加工的工艺方法,而高速数控机床和加工中心则是实现高速加工的关键设备。目前,刀具材料已从碳素钢和合金工具钢,经高速钢、硬质合金、陶瓷材料,发展到人造金刚石及聚晶金刚石(PCD)、立方氮化硼及聚晶立方氮化硼(CBN)。切削速度也随着刀具材料的创新而从12 m/min提高到1 200 m/min以上。随着新刀具(磨具)材料的不断发展,每隔十年切削速度要提高一倍,亚音速乃至超音速加工迟早会变为现实。

2.1.2　高速与超高速加工技术

1. 高速与超高速加工原理

高速与超高速加工要以较快的生产节拍进行加工,它是指刀具切削刃相对于零件表面的切削运动(或移动)速度超过普通切削的5 ~ 10倍,主要体现在刀具快进、工进及快退三个环节上。在机械加工中,切削温度是一个重要的制约参数,根据德国物理学家萨洛蒙的超高速切削理论,一定的工件材料对应有一个临界切削速度,在该切削速度下其切削温度最高,如图2.1所示。在常规切削速度范围内(图中A区)切削温度随着切削速度的增大而提高。当切削速度达到临界速度后,切削温度反而下降,萨洛

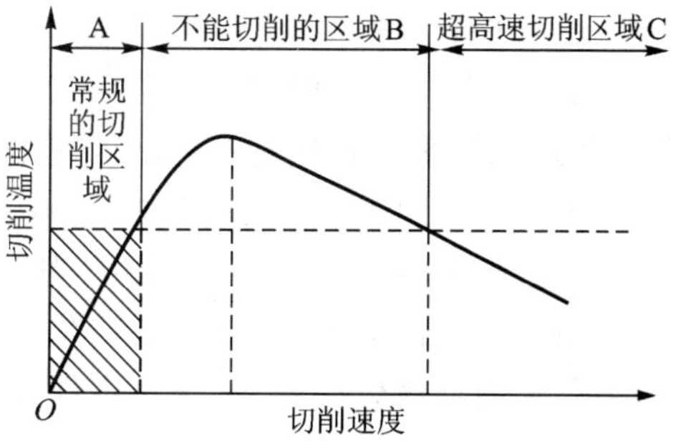

图2.1　超高速切削示意图

蒙的切削理论给出一个重要的启示:如果切削速度能超越切削“死谷”(图中 B 区),在超高速区内(图中 C 区)进行切削,则有可能用现有的刀具进行高速切削,切削温度和常规切削基本相同,但切削工时大大减小,生产效率可大幅度提高。

高速加工与传统的数控加工方法没有什么本质的区别,两者有着同样的工艺参数——进给量、切削速度和背吃刀量,也同样需要切削刀具和数控程序,但是在这两种加工方法中,上述工艺参数的大小是不同的,相对来说,高速加工中使用高的进给速度和小的切削参数(背吃刀量和单刃进给量),而传统的数控加工方法中使用低的进给速度和大的切削参数。因此,它们使用的切削刀具和数控编程方法也有显著的区别。

高速与超高速加工是在先进的机床结构、先进的制造技术、新材料、高速主轴系统、快速进给系统、高性能 CNC 控制系统、高性能刀夹系统、高性能刀具材料、高效高精度检测技术等高度发展和综合运用的基础上形成的。

2. 高速与超高速加工的特点

高速与超高速加工的速度比常规加工速度几乎高出一个数量级,在切削原理上是对传统切削认识的突破。由于切削机理的改变,而使高速加工产生出许多自身的优势,其特点如下。

(1) 切削力低

由于加工速度高,使剪切变形区变窄,剪切角增大,变形系数减小,切屑流出速度加快,从而可使切削变形减小,切削力比常规切削降低 30% ~90%,刀具寿命可提高 70%,特别适合于加工薄壁类、刚性较差的工件。

(2) 热变形小

切削时工件温度的上升不会超过 3 ℃,90% 以上的切削热来不及传给工件就被高速流出的切屑带走,特别适合于加工细长、易热变形的零件和薄壁零件。

(3) 材料切除率高

在高速切削时其进给速度可随进给切削速度的提高相应提高 5 ~10 倍。这样,在单位时间内的材料切除率可提高 3 ~5 倍,适用于材料切除率要求大的场合,如汽车、模具和航天航空等制造领域。

(4) 高精度

由于高切削速度和高进给率,使机床的激振频率远高于机床 - 工件 - 刀具 - 夹具系统的固有频率,使加工过程平稳、振动小,可实现高精度、低表面粗糙度值加工,非常适合于光学领域的加工。

(5) 减少工序

许多零件在常规加工时需要分粗加工、半精加工、精加工等工序,有时机加工后还需进行费时、费力的手工研磨,而使用高速切削可使工件集中在一道工序中完成。这种粗、精加工同时完成的综合加工技术,叫做“一次过”技术(One Pass Machining)。

高速加工技术不仅可缩短零件的切削加工时间、提高生产效率、降低生产成本,还可获得高的加工精度和表面加工质量,省去传统加工工艺中的车、铣等后续精加工工序。高速加工机床已成为厂家为提高生产效率、满足零件高精度及高表面质量要求而竞相采用的重要加工手段之一。

2.1.3 高速与超高速加工的关键技术

随着近几年高速切削技术的迅速发展，各项关键技术也正在不断地跃上新水平，包括高速主轴、快速进给系统、高性能 CNC 控制系统、先进的机床结构、高速加工刀具等。

1. 高速电主轴

超高速加工是继数控技术之后，使制造技术产生第二次革命性飞跃的一项高新技术。超高速机床是实现超高速加工的物质基础，而高速主轴单元则是超高速机床的“核心”部件，它的性能直接决定了机床的超高速加工性能。在超高速加工中，高速主轴应具有长时间高速运转的能力以及精密度高、刚性好、运转平稳和热变形小等特点。主轴高速化指标 $d_m n$ 值（d_m 为轴承中径，单位为 mm；n 为转速，单位为 r/min）至少应达到 1×10^6 mm·r/min。目前，我国高速主轴 $d_m n$ 值在 $(1\sim1.5)\times10^6$ mm·r/min 之间，国外主轴 $d_m n$ 值已达到 $(2.8\sim5.0)\times10^6$ mm·r/min，高速主轴的转速范围为 10 000 ~ 25 000 r/min，加工进给速度在 10 m/min 以上。要实现超高速加工，主轴的 $d_m n$ 值至少应达到 1.5×10^6 mm·r/min 以上，并且有大功率、宽调速范围的特性。最佳适合高速运转的主轴形式是将主轴电动机的定子、转子直接装入主轴组件的内部，采用自带水冷或油冷循环系统，使主轴在高速旋转时保持恒定的温度，形成电主轴，实现机床主轴系统的“零传动”。电主轴具有结构紧凑、重量轻、惯性小、动态特性好等优点，并可改善机床的动平衡，避免振动和噪声，在超高速切削机床上得到了广泛的应用。

电主轴传动是电动机与主轴合二为一的高速大功率直接传动，其安全性与可靠性十分重要。电主轴的工作转速极高，这对其结构设计、制造和控制提出了非常严格的要求，并带来了一系列技术难题，如主轴的散热、动平衡、支承、润滑及其控制等。为此，电主轴设计可采用智能化监控系统，以实现对主轴温度、振动、功率、切削力等的实时监控，以有效保证主轴系统可靠地工作。在实际应用中，必须妥善解决这些技术难题，才能确保电主轴高速运转和精密加工的可靠性。

高速主轴单元技术在一些工业发达国家已经发展到较高水平，并被广泛应用于高速机床行业，已经产生了巨大的经济效益。从总体上讲，我国的高速、超高速加工技术水平还不高，同世界先进水平还有相当的差距。而高速电主轴单元技术是制约我国超高速加工技术的瓶颈。为了赶上高速加工技术发展的潮流，我国正在不断加大对超高速加工关键功能部件——电主轴单元的研究力度。图 2.2 所示为一种典型的高速电主轴单元结构。

（1）电主轴的基本参数

电主轴的主要参数包括主轴的最高转速和恒功率转速范围、主轴的额定功率及最大扭矩、主轴前轴颈的直径和前后轴承间的跨距等。其中，主轴的最高转速、额定功率及前轴颈的直径是电主轴的基本参数。

设计机床的电主轴时，一般是根据用户的工艺要求，综合、优化确定上述各参数。目前，电动机的转子与机床的主轴间是靠过盈套筒的过盈配合实现扭矩传递的，其过盈量是按所传递扭矩的大小计算出来的。电主轴的过盈套筒直径在 $\phi33\sim\phi250$ mm 内有多种规格，最高转速达 180 000 r/min，功率达 70 kW。此外，还要选择较好的扭矩－功率特性、调速范围足够宽的变频电动机及其控制模块。

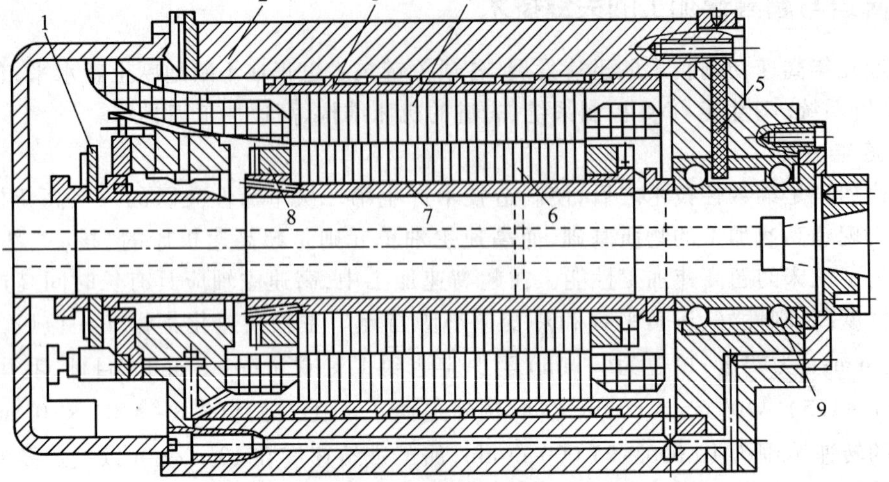

(a) 电动机置于两轴承间

1—编码盘；2—电主轴壳体；3—冷却水套；4—电动机定子；5—油气喷嘴；6—电动机转子；7—阶梯过盈套；8—平衡盘；9—角接触陶瓷球轴承

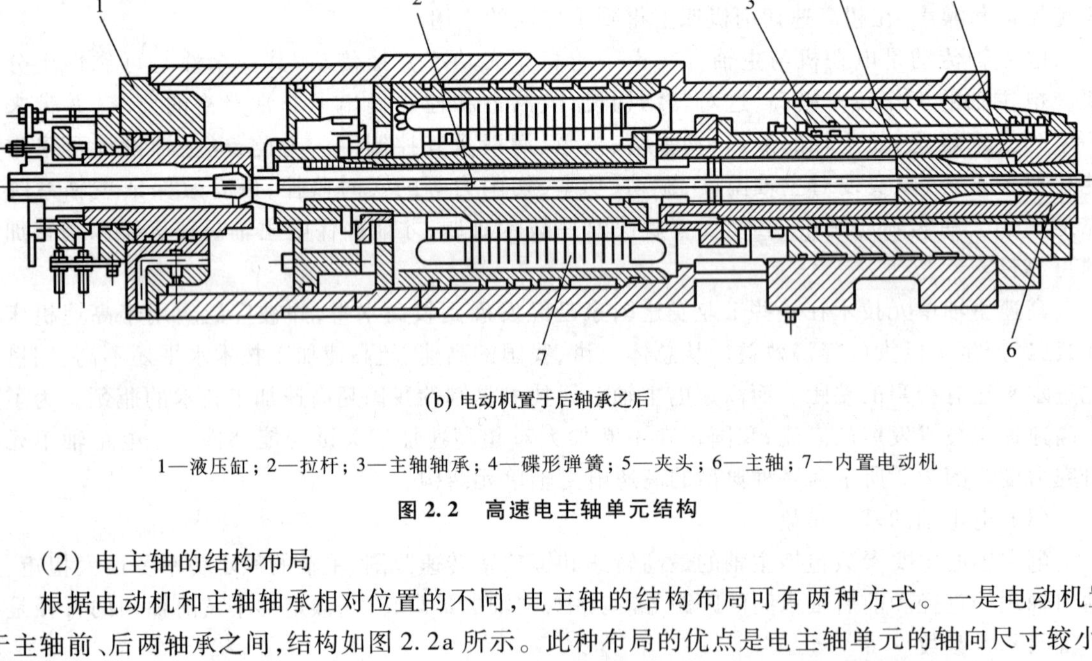

(b) 电动机置于后轴承之后

1—液压缸；2—拉杆；3—主轴轴承；4—碟形弹簧；5—夹头；6—主轴；7—内置电动机

图 2.2 高速电主轴单元结构

(2) 电主轴的结构布局

根据电动机和主轴轴承相对位置的不同,电主轴的结构布局可有两种方式。一是电动机置于主轴前、后两轴承之间,结构如图 2.2a 所示。此种布局的优点是电主轴单元的轴向尺寸较小、主轴刚度高、出力大,适用于大中型加工中心,故大多数加工中心采用此结构布局方式。二是电动机置于后轴承之后,结构如图 2.2b 所示。此时主轴箱与电动机作轴向的同轴布置,其优点是前端的径向尺寸可减小,电动机的散热条件较好。但整个电主轴单元的轴向尺寸较大,与主轴的同轴度不易调整。常用于小型高速数控机床,尤其适合于加工模具型腔的高速精密机床。

2. 主轴轴承

轴承是主轴设计中最重要的零部件,对高速主轴更是如此。高速主轴采用的轴承有滚动轴承、气浮轴承、液体静压轴承和磁悬浮轴承几种形式。

高速铣床主轴上多采用滚动轴承。在滚动轴承中,低速运行的主轴常常使用钢球轴承,油脂润滑。随着转速的提高,人们希望主轴既能输出大的功率又有高的转速。因此,一种陶瓷混合轴承受到人们青睐,其内、外圈由轴承钢制成,轴承滚珠由氮化硅陶瓷制成。陶瓷珠密度比钢珠低60%,可大幅度降低离心力;陶瓷的弹性模量比钢高50%,相同的滚珠直径,混合轴承具有更高的刚度。此外,氮化硅陶瓷摩擦系数低,由此可减少轴承运转时的摩擦发热,减少磨损及功率损失。

滚动轴承各运动体之间是接触摩擦,其润滑方式也是影响主轴极限转速的一个重要因素。适合高速主轴轴承的润滑方式有油脂润滑、油雾润滑、油气润滑等。其中,油气润滑的优点是油滴颗粒小,能够全部有效地进入润滑区域,容易附着在轴承接触表面;供油量较少,能够达到最小油量润滑;油、气分离,既润滑又冷却,而且对环境无污染。因此,油气润滑在超高速主轴单元中得到了广泛的应用。

气浮轴承主轴的优点在于高的回转精度、高转速和低温升,其缺点是承载能力较低,因而主要适合于工件形状精度和表面精度较高、所需承载能力不大的场合。

液体静压轴承主轴的最大特点是运动精度高,回转误差一般在0.2 μm以下;动态刚度大,特别适合于像铣削等的断续切削过程。但液体静压轴承最大的不足是高压液压油会引起油温升高,造成热变形,影响主轴精度。

磁悬浮轴承是用电磁力将主轴无机械接触地悬浮起来,其间隙一般在0.1 mm左右,由于空气间隙的摩擦热量较小,因此磁悬浮轴承可以达到更高的转速,其转速特征值 $d_m n$ 可达 4.0×10^6 mm · r/min以上,为滚动轴承主轴的两倍。高精度、高转速和高刚度是磁悬浮轴承的优点。但由于机械结构复杂,需要一整套传感器系统和控制电路,其造价也在滚动轴承主轴的两倍以上。

3. 快速进给系统

实现高速切削加工不仅要求有很高的主轴转速和功率,同时要求机床工作台有很高的进给速度和运动加速度。在20世纪90年代,工作台的快速进给大多采用大导程滚珠丝杠和增加进给伺服电动机的转速来实现,其加速度可达0.6g;在采用先进的液压丝杠轴承、优化系统的刚度和阻尼特性后,其进给速度可达到40~60 m/min。

若要进一步提高进给速度,滚珠丝杠就显得无能为力。然而,更先进、更高速的直线电动机已经发展起来,它可以取代滚珠丝杠传动,提供更高的进给速度和更好的加、减速特性。目前,直线电动机的进给速度可达到160 m/min,加速度可达10g;定位精度达0.5~0.05 μm,甚至更高。直线电动机消除了机械传动系统的间隙和弹性变形,减少了传动摩擦力,几乎没有反向间隙。专家预言,直线电动机将是未来机床进给传动的基本形式。

4. 功能强大的CNC控制系统

在高速加工中,为了实现高的进给速度,必须确保计算机数控系统有足够快的运算速度和运算精度以及快速响应的伺服控制,以满足高速及复杂型腔的加工要求。为此,许多高速切削机床的CNC控制系统采用多个32位甚至64位CPU,同时配置功能强大的计算处理软件,如几何补偿软件已被应用于高速CNC系统。当前的CNC系统具有加速预插补、前馈控制、钟形加减速、精确矢量补偿和最佳拐角减速控制等功能,使工件加工质量在高速切削时得到明显改善。相应的，伺服系统则发展为数字化、智能化和软件化，使伺服系统与CNC系统在A/D－D/A转换中不会有丢失或延迟现象。尤其是全数字交流伺服电动机和控制技术已得到广泛应用，该控制技术的主要特点为具有优异的动力学特征，无漂移，极高的轮廓精度，从而保证了高进给速度加工的要求。

5. 先进的机床结构

为了适应粗精加工、轻重切削负荷和快速移动的要求，同时保证高精度，高速切削机床床身必须具有足够的刚度、强度和高的阻尼特性以及高的热稳定性。其措施有：一是改革床身结构，如Gidding & Lewis公司在其RAM高速加工中心上将立柱与底座合为一个整体，使机床整体刚性得以提高；二是使用高的阻尼特性材料，如聚合物混凝土。日本牧野高速机床的主轴油温与机床床身的温度通过传感控制保持一致，协调了主轴与床身的热变形。机床厂商同时在切削、排屑、丝杠热变形等方面采用各种热稳定性措施，极大地保证了机床稳定性和精度。高速切削机床用防弹玻璃做观察窗，同时采用主动在线监控系统对刀具和主轴的运转状况进行在线识别与控制，确保人身和设备的安全。

6. 高速切削的刀具系统

高速切削时的一个重要问题是刀具磨损。与普通切削相比，高速切削时刀具与工件的接触时间减少，接触频率增加，切削过程中所产生的热量更多地向刀具传递，刀具磨损机理与普通切削有很大区别。此外，由于高速切削时的离心力和振动的影响，刀具必须具有良好的平衡状态和安全性能，刀具的设计必须根据高速切削的要求，综合考虑磨损、强度、刚度和精度等方面的因素。

目前，高速切削通常使用的刀具材料有：

(1) 硬质合金涂层刀具

由于刀具基体有较高的韧性和抗弯强度，涂层材料高温耐磨性能好，故允许采用高切削速度和高进给速度。

(2) 陶瓷刀具

陶瓷刀具和硬质合金刀具相比可承受更高的切削速度。陶瓷刀具与金属材料的亲和力小，热扩散磨损小，其高温硬度优于硬质合金。但陶瓷刀具的韧性较差，常用的有氧化铝陶瓷、氮化硅陶瓷和金属陶瓷等。

(3) 聚晶金刚石刀具

聚晶金刚石刀具的摩擦系数低，耐磨性极强，具有良好的导热性，特别适合于难加工材料及粘接性强的有色金属的高速切削，但价格较贵。

(4) 立方氮化硼刀具

具有高硬度、良好的耐磨性和高温化学稳定性，寿命长，适合于高速切削淬火钢、冷硬铸铁、镍基合金等材料。

高速切削不仅要求刀具本身具有良好的刚性、柔性、动平衡性和可操作性，同时对刀具与机床主轴间的连接刚性、精度和可靠性都提出了严格的要求。当主轴转速超过15 000 r/min时，由于离心力的作用将使主轴锥孔扩张，刀柄与主轴的连接刚度会明显降低，径向跳动精度会急剧下降，甚至出现颤振。为了满足高速旋转下不降低刀柄的接触精度，一种新型的双定位刀柄已在高速切削机床上得到应用，这种刀柄的锥部和端面同时与主轴保持面接触，定位精度明显提高，轴向定位重复精度可达 0.001 mm。这种刀柄结构在高速转动的离心力作用下会更牢固地锁紧，在整个转速范围内保持较高的静态和动态刚性，如图 2.3 所示的德国 HSK 刀柄就是采用的这种结构。

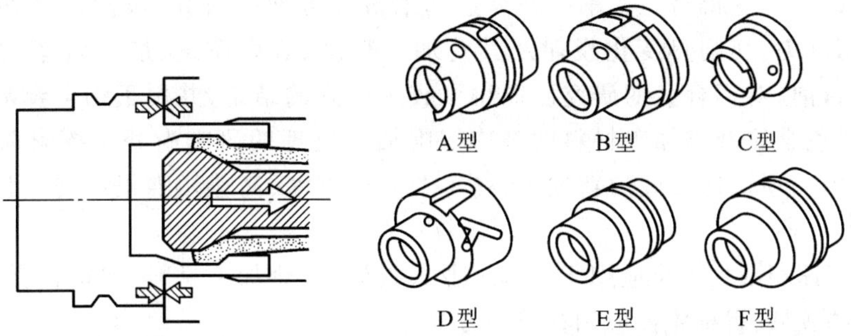

(a) 刀柄结构原理　　(b) 刀柄结构型式

图 2.3　HSK 刀柄结构

HSK 刀柄结构采用 1∶10 锥度，刀柄为中空短柄，如图 2.3a 所示。其工作原理是靠锁紧力及主轴内孔的弹性膨胀补偿端面间隙。由于中空刀柄自身有较大的弹性变形，因此对刀柄的制造精度要求可低一些。但中空刀柄结构也使其刚度和强度受到一定影响。HSK 整体式刀柄采用平衡式设计，刀柄结构有 A 型、B 型、C 型、D 型、E 型、F 型等六种型式，如图 2.3b 所示。

高速与超高速加工技术是一项非常复杂的技术，因此在最初尝试高速加工时，最好先做一些试验，如在工具钢上以合适的进给速度进行一些实际切削，然后根据加工结果上下调整加工参数。如何在保证加工精度要求的同时，尽量提高机床的进给速度，这是高速加工的研究者们十分关心的一个问题。

2.1.4　高速与超高速加工技术的发展与应用

从德国萨洛蒙博士提出高速切削概念以来，高速切削加工技术的发展经历了高速切削的理论探索、应用探索、初步应用、较成熟的应用四个发展阶段。特别是 20 世纪 80 年代以来，各工业国家相继投入大量的人力和财力进行高速加工及其相关技术方面的研究开发，在大功率高速主轴单元、高加减速进给系统、超硬耐磨长寿命刀具材料、切屑处理和冷却系统、安全装置以及高性能 CNC 控制系统和测试技术等方面均取得了重大的突破，为高速切削加工技术的推广和应用提供了基本条件。

近年来，高速切削加工机床发展迅速，美国、德国、日本、瑞士、意大利等工业国家相继开发了各自的高速切削机床。如 2001 年北京第七届国际机床展览会展出的瑞士 MIKRON 公司的铣削中心 HSM700，其主轴转速为 42 000 r/min，进给速度为 20 m/min；北京第一机床厂的 VRA400 立式加工中心，主轴转速也达到了 20 000 r/min，快速移动速度 X、Y 轴为 48 m/min，Z 轴为 24 m/min。

目前的高速切削机床均采用了高速的电主轴部件；进给系统多采用大导程多线滚珠丝杠或直线电动机，直线电动机最大加速度可达 $(2\sim10)g$；CNC 控制系统采用 32 位或 64 位多 CPU 系统，以满足高速切削加工的系统快速数据处理功能；采用强力高压的冷却系统，以解决极热切屑冷却问题；采用温控循环水来冷却主轴电动机、主轴轴承和直线电动机，有的甚至冷却主轴箱、横梁、床身等大构件;采用更完备的安全保障措施来保证机床操作者以及周围现场人员的安全。

在高速加工的工艺参数选择方面,国际上还没有面向生产的实用数据库可供参考,但在工件材料切削参数的研究方面取得了进展,使一些难加工材料,如镍基合金、钛合金和纤维增强塑料等在高速条件下变得易于切削。在高速切削机理方面的研究,包括高速切削过程中的切屑成形机理、切削力、切削热变化规律及其对加工精度、表面质量、加工效率的影响等已取得了一定进展。目前,对铝合金的研究已取得了较为成熟的结论,并用于铝合金的高速切削生产实践;但对于黑色金属及难加工材料的高速切削加工机理的研究尚处于探索阶段。高速切削是当今制造业中一项快速发展的新技术,在工业发达国家,高速切削正成为一种新的切削加工理念。

高速与超高速切削加工可应用于汽车工业大批生产、难加工材料、超精密微细切削、复杂曲面加工等不同的领域,目前主要应用在以下方面。

(1) 航空工业

飞机制造通常需切削加工长铝合金零件、薄层腹板件等,直接采用毛坯高速切削加工,可不再采用铆接工艺,从而降低飞机重量。飞机中多数零件是从原材料中切除80% ~90%的多余材料而制成的,即所谓的“整体制造法”。在整体上“掏空”加工以形成多筋薄壁构件,其金属切除量相当大,这正是高速切削的用武之地。采用高速加工,可使加工效率提高7 ~10倍,其尺寸精度和表面质量都达到无需再光整加工的水平。铝合金的切削速度已达1 500 ~5 500 m/min,最高达7 500 m/min(美国)。

(2) 模具制造

当采用高转速、高进给、低切削深度的加工方法时,对淬硬钢模具型腔加工可获得较佳的表面质量,可省去后续的电加工和手工研磨等工序。高速加工切削力小,可铣淬硬60 HRC的模具钢,加工表面粗糙度值很小,浅腔大曲率半径的模具完全可用高速铣削来代替电加工;对小曲率的深型腔,可用高速铣削加工作为粗加工和半精加工,电加工只作为精加工。这样可使生产率大大提高,周期缩短。高速加工技术在模具行业的应用,无论是在减少加工准备时间,缩短工艺流程,还是缩短切削加工时间方面都具有极大的优势。

(3) 汽车制造

汽车发动机的箱体、气缸盖大多采用组合机床加工。国外汽车工业以及上海大众、上海通用公司,对技术要求变化较快的汽车零件,如气缸盖的气门数目及参数经常变化,现一律采用高速加工中心来加工。为了满足市场个性化的需求而由大批量生产逐步转向为多品种变批量生产,由柔性生产线代替了组合机床刚性生产线,高速加工中心将柔性生产线的效率提高到组合机床生产线的水平。

(4) 难加工材料的加工

镍基高温合金(Inconel 718)和钛合金(Ti-6Al-4V)常用来制造发动机零件,因为它们很难加工,一般采用很低的切削速度。如采用高速与超高速加工,则可大幅度提高生产效率,减小刀具磨损,提高零件的表面质量。纤维增强复合材料切削时对刀具有十分严重的刻划作用,刀具磨损非常快。用聚晶金刚石刀具进行高速加工,收到满意效果,不仅可防止出现“层间剥离”,而且效率高、质量好。此外,干式切削和硬态切削也是高速切削扩展的领域。

近年来,我国在高速与超高速加工的各关键领域如大功率高速主轴单元、高加减速直线进给电动机、陶瓷滚动轴承等方面也进行了较多的研究，但总体水平同国外尚有较大差距，必须奋起直追。主要表现在以下几方面。

(1) 零件毛坯制造技术

零件毛坯材料的选择、成形工艺技术的优化，直接影响后序机械制造工艺过程，生产节拍快慢和产品质量、成本，是产品全生命周期的起点。国内在这个方面的研究还较少，而国外的快速原型工艺技术也还未真正实用于企业生产流程中。从绿色制造、环境保护角度来研究零件毛坯制造系统技术的变革与发展的工作做得也较少。

(2) 高速刀具技术

在高性能刀具材料(含表面涂层材料)的研究与开发、刀具制造工艺技术、刀具安全技术及刀具使用技术等领域还存在差距。

(3) 高速机床技术

在市场经济引进技术与设备的带动下，我国高速机床技术有了长足的进步，但差距在于机床关键功能部件的研究与开发上，落后于市场需求。如转速 20 000 r/min 以上的大功率高刚度主轴、无刷环形扭矩电动机、直线电动机、快速响应数控系统等离实际应用差距较大，多功能复合机床设计、制造网络、通信网络技术的应用，还处于初级阶段。

(4) 制造工艺数据库

国内制造企业普遍未重视建立自身企业生产技术及工艺系统数据库，其中包含制造工艺流程及相关的切削参数，金属(非金属)切削数据库，专家知识库，企业内外制造资源数据库等。高速切削机理的基础共性技术研究也处于初级阶段。

在全球一体化制造环境里，高速与超高速加工技术必然在各类制造企业中得到更广泛的应用，我国制造业必须应用新技术、新工艺实现跨越式发展与进步。就应用高速与超高速加工技术可从以下几方面入手：

(1) 零件毛坯制造技术方面

将快速原型技术实用化，进一步发展精铸、精锻及其它成形制造技术，使毛坯精度能满足少切削和无切削加工的要求，其材料的选择将适应绿色制造工程的技术要求，零件材料的可切削加工性能适应高速与超高速加工技术要求。

(2) 刀具技术

制造业中将普遍应用高速与超高速干式切削技术。超硬刀具材料的应用、复合(组合)式各类高速切削刀具(工具)的结构设计与制造技术将成为刀具(工具)品种发展的主导技术。其中，无切削加工工艺的搓、挤、滚压成形类刀具(工具)应用会更加广泛，超硬刀具材料将在各类刀具的涂层材料、Si_3N_4 陶瓷及钛基陶瓷领域发展更快、应用更广。

(3) 机床技术

随着数控系统、关键功能部件、网络通信技术的进步与完善，企业将促使多轴联动、多面高速加工中心、铣车功能为一体的复合加工中心技术将达到实用化，开发出各类数控专用高效率加工机床，并广泛应用激光技术于机械成形加工、切割加工领域，机床数控系统的功能可实现网络化制造，进一步提升数控机床的利用率。

(4) 自动生产线

以各类高速与超高速加工中心组成自动生产线，大力发展柔性、敏捷制造工程技术。

（5）测量技术

随着高速与超高速加工系统工程技术的广泛应用，数字化CCD、激光图形处理测量技术和随机在线高速测量技术将广泛应用于柔性数控生产线及数控专用高效率加工机床上。

（6）网络技术

将在不断进步的计算机技术支持下，大力发展宽带网及网络安全技术。

高速与超高速加工技术为机械制造企业快速响应市场提供了强有力的支持。而机械制造中要实现高速与超高速加工，必须集成、优化多学科领域的基础科研与知识，实施系统工程技术。21世纪我国正逐步融入全球化产业链中，随着国外先进制造技术设备的大量引进以及大力实施国家863等重大科技计划，我国综合科学技术水平将日益提高，高速与超高速加工技术在国内机械制造业将日趋实用与普及。

2.1.5　高速磨削加工

高速磨削是提高磨削效率和降低工件表面粗糙度值的有效措施，它与普通磨削的区别在于用很高的磨削速度和进给速度。高速磨削的定义随时间的不同在不断地推进，20世纪60年代以前磨削速度在50 m/s时即被称为高速磨削，而20世纪90年代磨削速度最高已达500 m/s。在实际应用中，磨削速度在100 m/s以上即被称为高速磨削。

高速磨削的特点是尽可能地提高切削速度，在材料去除率不变的条件下，提高切削速度可以降低单一磨粒的切削厚度，从而减小磨削力，降低工件的表面粗糙度值，且在加工刚性较低的工件时易于保证加工精度。假如高速磨削时仍维持原有的切削力，则可提高进给速度，减少加工时间，提高生产效率。

高速磨削的另一个特点是可用于精加工又可用于粗加工。以往磨削仅适用于精加工，加工精度虽高，但加工余量很小，磨削前须有许多粗加工工序，需配有不同类型的机床，构成了一个冗长的工艺链。当前的高速磨削的材料切除率已可与车削、铣削相比，因而对于以磨削为最终加工工序的产品而言，高速磨削可以大幅度地降低生产成本和提高产品质量。

虽然在20世纪90年代初，德国Konig教授在实验室把磨削速度提高到了500 m/s，但当前生产实际中，高速磨削的速度一般在100～200 m/s。这是因为，随着磨削速度的进一步提高，无功切削消耗呈超线性增长，而可用于切除材料的有效功率却相应的减少。此外，砂轮消耗加剧，润滑冷却要求严格，无法达到降低生产成本的目的。

高速磨削涉及的关键技术有如下几方面。

1. 高速主轴

高速磨削对砂轮主轴的基本要求与高速铣削相似。其不同之处在于砂轮直径一般大于铣刀的直径，由于制造、调整和装夹等误差，在更换砂轮或者修整砂轮后甚至在停车重新启动时，砂轮主轴必须进行动平衡，以保证获得低的工件表面粗糙度值。所以，高速磨削主轴上要有连续自动平衡系统，以便把非动平衡引起的振动降低到最小程度。

高速磨削主轴的另一个特点是主轴功率损失随转速的提高呈线性增长。当磨削速度由80 m/s提高到180 m/s时，主轴的无功功率消耗从不到20%增至90%以上，包括空载功耗、冷却润滑液摩擦功耗、冲洗砂轮喷流功耗。其中，冷却润滑液引起的损耗所占比例最大，其重要原因是提高磨削速度后砂轮与冷却液之间的摩擦急剧加大，将冷却润滑液加速到更高的速度也需要消耗大量的能量。试验证明,无功功率不仅与转速有关,而且还与砂轮的直径有关。例如,当磨削速度为 400 m/s 时,若采用 350 mm 直径的砂轮,无功功率消耗为 17 kW;而用 275 mm 直径的砂轮,无功功耗损耗可降至 13.5 kW。

2. 高速磨床结构

高速磨床除具有普通磨床的一般功能外,还需具有高动态精度、高阻尼、高抗震性和热稳定性等结构特征,机床工作台由直线电动机驱动,其往复频率提高到普通磨床的 10 倍以上。在磨削余量相同时,由于往复频率提高,每次往复的切入深度相应减少,从而减少了磨削力,也有利于控制工件的尺寸精度,这种机床特别适合加工精度要求很高的薄壁工件。因为薄壁工件易变形,提高磨削速度是减小摩擦力的一种有效办法,但磨削速度不可能无限制地提高,它受功率损失和振动的制约。

3. 高速磨削砂轮

高速磨削砂轮必须满足如下的要求:① 砂轮基体的机械强度必须能承受高速磨削的磨削力。② 磨粒突出高度要大,以便能容纳大量的长切屑。③ 结合剂要具有很高的耐磨性,以减少砂轮的磨损。④ 高速磨削时要安全可靠。

高速磨削砂轮的基体设计必须考虑高转速时离心力的作用,并根据应用场合进行优化。高速磨削砂轮的磨粒主要为立方氮化硼和金刚石,所用的结合剂有多孔陶瓷和电镀镍。电镀结合砂轮是高速磨削时最为广泛采用的一种砂轮,砂轮表面只有一层磨粒,其厚度接近磨粒的平均粒度。制造时通过电镀的方式将磨粒粘在基体上,磨粒的突出高度很大,能够容纳大量切屑,而且不易形成钝刃切削,所以这种砂轮十分有利于高速磨削。此外,单层磨粒电镀砂轮的生产成本较低。

除电镀结合剂砂轮外,高速磨削也有用多孔陶瓷结合剂砂轮。这种结合剂为纯粹的人造材料,它的主要成分是再结晶玻璃。由于它具有很高的强度,所以制造砂轮时结合剂的用量很少,从而减少了结合剂在砂轮中所占的容积比例。理论上讲,结合剂不产生切削作用,所以它的比例越小越好。采用这样的新型合成结合剂制造立方氮化硼砂轮时,所需炉温比常规砂轮低,可以保证不影响 CBN 的强度和硬度。

4. 冷却润滑液

冷却润滑液的功能是提高磨削的材料切除率,延长砂轮的使用寿命,降低工件表面粗糙度值。在磨削过程中,冷却润滑液需完成润滑、冷却、清洗砂轮和传送切屑的任务,因而它必须具有较高的热容量和热导率,能够承受较高的压力,具有良好的过滤性能、防腐性能和附着力,有较高的稳定性,有利于环境保护。

2.2 高能速与射流加工

2.2.1 电子束加工

电子束加工(Electron Beam Machining)是特种加工中的一个重要分支,是利用电子束的高密度能量对材料进行各种加工。电子束加工不仅是对材料的尺寸和形状进行加工,还包括焊接、表面改性、镀膜、热处理、熔炼以及光刻等工艺过程。

1. 电子束加工的基本原理、分类及特点

(1) 基本原理

人们通常把利用高密度能量的电子束对材料进行工艺处理的各种方法统称为电子束加工。材料在高能电子束流轰击下产生了热效应或辐射化学、物理效应,从而达到预定的工艺目的。

图 2.4 所示为电子束加工的原理图。通过加热发射材料产生电子,在热发射效应下,电子飞离材料表面。在强电场作用下,热发射电子经过加速和聚焦,沿电场相反方向运动,形成高速电子束流。例如,当加速电压为 150 V 时,电子速度可达 1.6×10^5 km/s (约为光速的一半)。电子束通过一级或多级会聚便可形成高能束流,当它冲击工件表面时,电子的动能瞬间大部分转变为热能。由于光斑直径极小(其直径可达微米级或亚微米级),从而获得极高的功率密度,可使材料的被冲击部位在几分之一微秒内温度升高到几千摄氏度,其局部材料快速汽化、蒸发,从而实现加工的目的。这种利用电子束热效应的加工方法称之为电子束热加工。

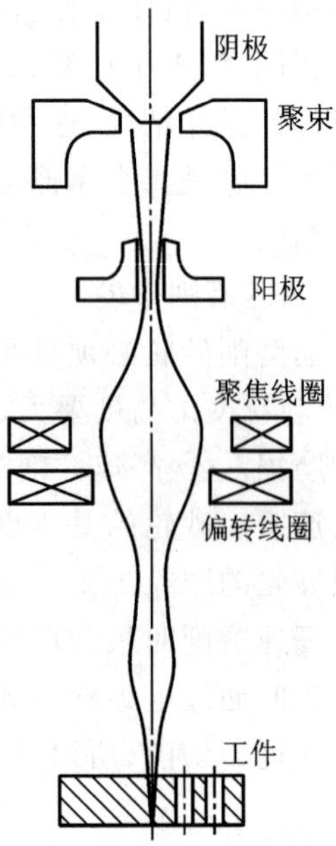

图 2.4　电子束加工原理图

另一类电子束加工是利用电子束的非热效应。利用功率密度比较低的电子束和电子胶(又称电子抗蚀剂,由高分子材料组成)相互作用,产生辐射化学或物理效应。当用电子束流照射这类高分子材料时,由于入射电子和高分子相碰撞,使电子胶的分子链被切断或重新聚合而引起相对分子质量的变化以实现电子束曝光。将这种方法与其它处理工艺联合使用,就能在材料表面进行刻蚀细微槽和其它几何形状,其工作原理如图 2.5 所示。该类工艺方法广泛应用于集成电路、微电子器件、集成光学器件、表面声波器件的制作,也适用于某些精密机械零件的制造。通常是在材料上涂覆一层电子胶(称为掩膜),用电子束曝光后,经过显影处理,形成满足一定要求的掩膜图形,而后进行不同后置工艺处理,达到加工要求。其槽线尺寸可达微米级。

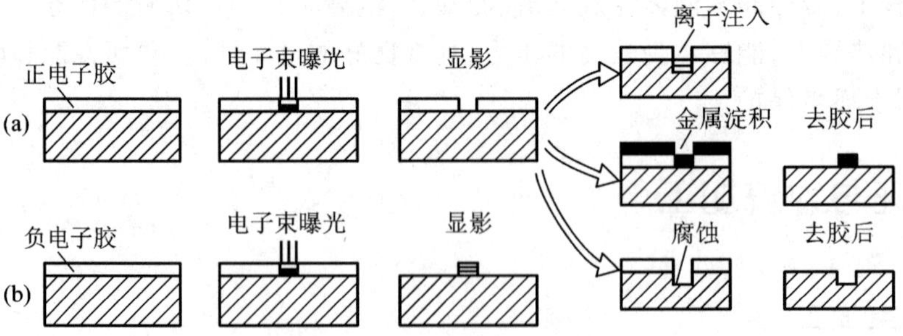

图 2.5　电子束非热加工原理

(2) 分类及特点

电子束加工可以根据其热效应和非热效应进行分类,分类方法如图 2.6 所示。

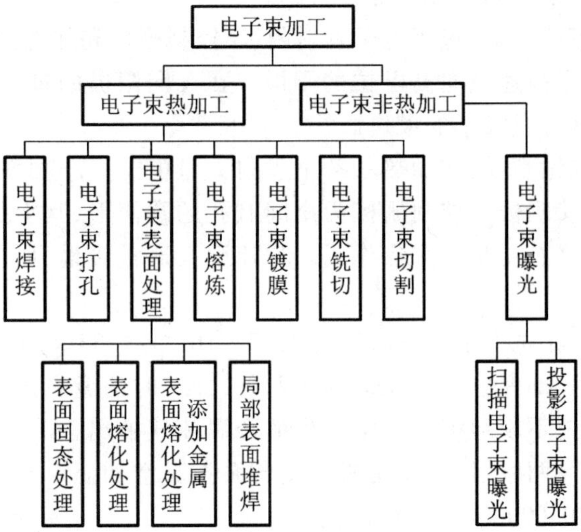

图 2.6 电子束加工分类

电子束加工的特点有以下几点：

1）束斑极小 束斑直径可达几十分之一微米至 1 mm，可以适用于精微加工集成电路和微机电系统中的光刻技术，即可用电子束曝光达到亚微米级线宽。

2）能量密度高 在极微小的束斑上能达到 $10^7 \sim 10^9$ kJ/cm^2，足以使任何材料熔化或汽化，这就易于对钨、钼或其它难熔金属及合金加工，而且还可以对石英、陶瓷等熔点高、导热性差的材料进行加工。

3）生产率高 由于电子束能量密度高，而且能量利用率可达 90% 以上，所以电子束加工的生产效率极高。例如，每秒钟可以在 2.5 mm 厚的钢板上加工 50 个直径为 0.4 mm 的孔；厚度达 200 mm 的钢板，电子束可以4 mm/s 的速度一次焊接，这是目前其它加工方法所达不到的。

4）可控性能好 电子束能量和工作状态均可方便而精确地调节和控制，位置控制精度能准确到 0.1 μm 左右，强度和束斑的大小也容易达到小于 1% 的控制精度。电子质量极小，其运动几乎无惯性，通过磁场或电场可使电子束以任意高的速度偏转和扫描，易于对电子束实行数控。

5）无污染 一般在真空室中进行加工，不会对工件及环境产生污染，所以适用于加工易氧化及合金材料，特别是纯度要求极高的半导体材料。

6）费用高 电子束加工需要一套专用设备和真空系统，价格较贵，因而生产应用有一定局限性。

2. 电子束加工设备

电子束加工设备的基本结构如图 2.7 所示，它主要

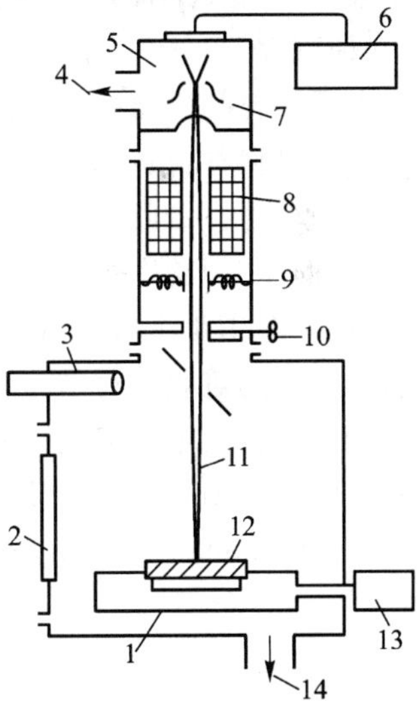

图 2.7 电子束加工设备结构示意图

1—移动工作台；2—真空室门窗；3—观察筒；4—抽气口；5—电子枪；6—加速电压控制；7—束流强度控制板；8—束流聚集控制；9—束流位置控制；10—更换工作用截止阀；11—电子束；12—工件；13—驱动电动机；14—抽气口

由电子枪、真空系统、控制系统和电源等部分组成。

电子枪是获得电子束的装置,包括电子发射阴极、控制栅极和加速阳极等。阴极经电流加热发射电子,带负电荷的电子高速飞向高电位的阳极。在飞向阳极的过程中,经过加速极加速,又通过电磁透镜把电子束聚焦成很小的束斑。

发射阴极一般用钨或钽制成,在加热状态下发射大量电子。小功率时用钨或钽做成丝状阴极,大功率时用钽做成块状阴极。控制栅极为中间有孔的圆筒形,其上加以较阴极为负的偏压,既能控制电子束的强弱,又有初步的聚焦作用。加速阳极通常接地,而阴极为很高的负电压,所以能驱使电子加速。

真空系统是为了保证在电子束加工时维持 $1.33\times10^{-2}\sim1.33\times10^{-4}$ Pa 的真空度,以避免电子与气体分子之间的碰撞,确保电子高速运动。此外,加工时的金属蒸气会影响电子发射,产生不稳定现象。因此,也需要不断地把加工中产生的金属蒸气抽出去。真空系统一般由机械旋转泵、油扩散泵或涡轮分子泵两级组成,先用机械旋转泵把真空抽至 1.4 ~ 0.14 Pa,然后由油扩散泵或分子泵抽至 0.014 ~ 0.000 14 Pa 的高真空度。

电子束加工装置的控制系统包括束流聚焦控制、束流位置控制、束流强度控制、工作台位移控制、束流通断时间控制、束流偏转控制以及电磁透镜控制等几部分。

电子束加工装置对电源电压的稳定性要求较高,常用稳压设备,这是因为电子束聚焦以及阴极的发射强度与电压波动有密切关系。

3. 电子束加工的应用

电子束加工可用于打孔、焊接、切割、热处理、蚀刻等多方面工作。生产中应用较多的是焊接、打孔和蚀刻。

(1) 电子束打孔

无论工件是何种材料,如金属、陶瓷、金刚石、塑料以及半导体材料都可以用电子束加工工艺加工出小孔和窄缝。由此可知,电子束加工不受材料硬度限制,又不需要容易磨损的加工工具。

电子束打孔利用功率密度高达 $10^7\sim10^8$ W/cm^2 的聚焦电子束轰击材料,使其汽化而实现打孔,打孔过程如图 2.8 所示。第一阶段是电子束 1 对材料表面层 2 轰击使其熔化并进而汽化(图 2.8a);第二阶段随着表面材料蒸发,电子束进入材料内部,材料汽化形成蒸汽气泡,气泡破裂后,蒸汽逸出,形成空穴,电子束进一步深入,使空穴一直扩展到材料贯通(图 2.8b、c);最后,电子束进入工件下面的辅助材料 3,使其急剧蒸发,产生喷射,将空穴周围存留的熔化材料吹出,完成全部打孔过程(图 2.8d)。被打孔材料应贴在辅助材料的上面。当电子束穿透金属材料到达辅助

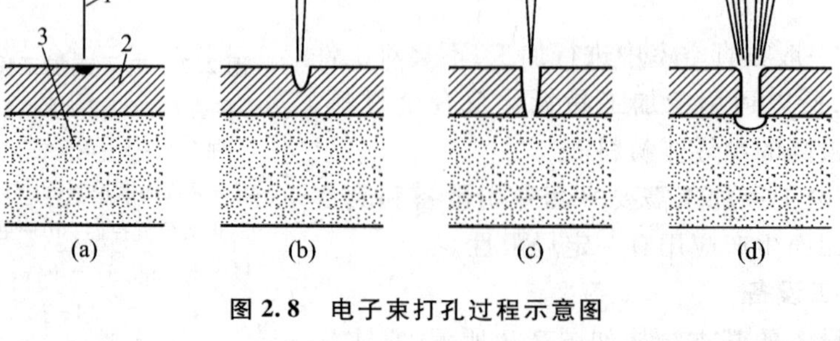

图 2.8　电子束打孔过程示意图

材料时,辅助材料应能急速汽化,将熔化金属从束孔通道中喷出去,形成小孔。由此可见,能否保证打孔质量,选择辅助材料也是很关键的环节。辅助材料的要求是既要有高蒸发性,如黄铜粉、硫酸钙等,还要有一定的塑性。典型的环氧基辅料配方为75%的环氧树脂、15%的黄铜粉和10%的固化剂。

电子束打孔的速度高,生产率也极高。这也是电子束打孔的一个重要特点。通常每秒可加工几十至几万个孔。例如,板厚0.1 mm、孔径0.1 mm时,每个孔的加工时间只有15 μs。利用电子束打孔速度快的特点,可以实现在薄板零件上快速加工高密度的孔。

综上所述,电子束打孔的主要特点为:① 可以加工各种金属和非金属材料。② 生产率极高,其它加工方法无可比拟。③ 能加工各种异形孔(槽)、斜孔、锥孔、弯孔。

电子束打孔在航空工业、电子工业、化纤工业及制革工业中得到应用,下面是一些应用实例。

1) 喷气发动机燃烧室罩打孔　经电子束打孔的某喷气发动机燃烧室罩如图2.9所示。零件材料为CrNiCoMoW钢,厚度为1.1 mm。共有3 478个直径为0.81 mm的圆通孔分布于外侧球面上,孔径公差为±0.03 mm,所有孔轴心线与零件底面垂直。用带有计算机控制的K19 - Q11P型电子束打孔机加工。零件置于真空室,真空度为2 Pa,安装于夹具上作连续转动。加工时以200 ms的单脉冲方式工作,脉冲频率为1 Hz。

2) 化纤喷丝头打孔　化纤喷丝头打孔示意图如图2.10所示。零件材料为钴基耐热合金,厚度为4.3 ~6.3 mm,需要加工出11 766个直径为0.81 mm的圆形通孔,其公差为±0.03 mm。用脉宽为16 ms的单脉冲方波,脉冲频率为5 Hz。零件置于真空室的夹具上,工件连续转动,打孔过程中电子束随工件同步偏转,每打一个孔,电子束跳回原位。喷丝头打孔加工一件只需要40 min,而用电火花加工则需30 h,用激光加工也要3 h才能完成,而且公差要优于激光加工,且无喇叭口。

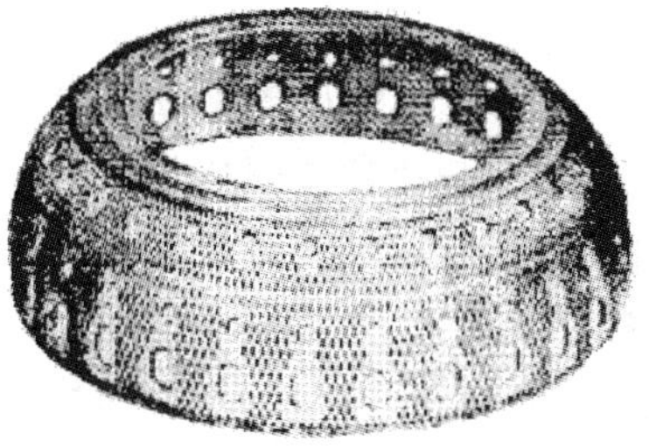

图2.9　喷气发动机燃烧室罩

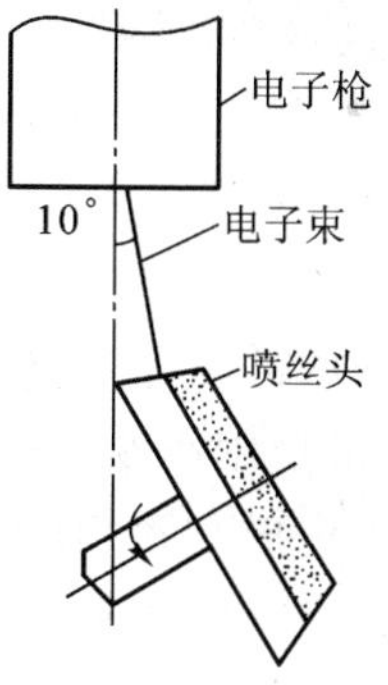

图2.10　化纤喷丝头打孔示意图

3) 人造革气孔打孔　人造革的应用虽很普及,但透气性很差,穿着很不舒服。用电子束在上面打孔效果相当好,如以天然革穿着的舒适度为100,微孔聚氨酯革只有55,而用电子束打孔的聚氯乙烯人造革可达85。

加工时,用一组钨杆将电子枪产生的单股电子束分割为200条平行细束,使其在一个脉冲内同时打出200个孔,由于对孔形无要求,因此效率非常高。当人造革在滚筒上连续旋转时,电子束无需随滚筒转动。如对1.5 mm厚的PVC革加工时,采用频率为25 Hz的脉冲电子束,滚筒转速为6 r/min,可获得每秒5 000个的打孔速率。

激光打孔生产效率较低,同时由于人造革有弹性,也不能用机械加工方法打孔,而电子束可以打出深径比为 10:1 的微孔,且生产效率极高。

用电子束还可加工航空油过滤器金属过滤网、涡轮叶片气膜冷却孔、宝石轴承孔、拉丝模孔等。利用电子束通过磁场发生偏转的原理还可以加工出弯曲孔和斜孔。总之,由于有众多的独特优点,电子束打孔已在多种工业领域中得到广泛应用。

(2) 电子束焊接

电子束焊接是电子束加工技术中发展最快、应用最为广泛的一种,已成为工业生产中不可缺少的焊接方法。

1) 电子束焊接的工艺特点　以电子束作为高能量密度热源的电子束焊接,比传统焊接工艺优越得多。它有以下主要特点:

① 焊缝深宽比高。电子束束斑小,能量密度高,因而能焊接具有高深宽比的工件。

② 焊接速度高。由于能量集中,熔化和凝固过程均大大加快,因而焊接速度加快,容易实现自动化高速焊接。

③ 工件热变形小。由于能量集中,热影响区小,工件热变形小,工件产生裂纹的可能性也相应减少。

④ 焊缝物理性能好。由于焊接速度快,避免了焊接过程中的晶粒粗大,使延展性增加。同时,由于高温作用时间短,热输入少,碳和其它合金元素析出少,焊缝耐蚀性好。

⑤ 工艺适应性强。电子束焊接的适应性广,能进行变截面焊接。可达性好,可通过窄缝进入零件腔体内部焊接或偏转焊接,多层焊缝可单道贯穿焊接;利用在焊缝内侧壁聚焦的原理,电子束能量能够达到很深的区域,从而实现对狭缝厚材料的深焊。

⑥ 焊接材料范围广。除了对普通的碳钢、合金钢、不锈钢焊接外,还可焊接高熔点金属(如钽、钼、钨、钛等及其合金)和活泼金属(如锆、铌等)。此外,还可焊接异种金属材料和半导体材料以及陶瓷和石英材料等。

2) 电子束焊接应用实例　在航空航天工业中,电子束焊接主要应用于制造发动机部件、航空航天器结构件。为了应用最新材料和省时省料,一般采用先分块加工然后利用电子束拼焊。

例如,批量制造发动机压气机轮盘时,采用分体制造轮毂和轮缘,将轮缘分为 8 段(由 8 个小锻件加工成扇形),再用电子束将其余轮毂组合拼焊成压气机轮盘。

为省去发动机转子连接螺栓及安装边,减轻转子重量,简化转子结构,增加刚性,采用电子束焊接将转子盘鼓拼焊为一个整体,从而提高了发动机工作的可靠性。航空发动机某些部件(如高压涡轮机匣、高压承力轴承等)可通过异种材料的组合,使发动机高速运转,利用材料线膨胀系数不同,实现主动间隙配合,从而达到提高发动机性能,增加发动机推重比,节省材料,延长寿命等目的。如将 GH4169 和 GH907 两种高温合金零件焊在一体,采用适当工艺参数和工艺措施,以满足异种材料拼焊。因两种材料线膨胀系数相差极大,GH4169 是镍基高温合金,而 GH907 是铁基高温合金;常温下 GH4169 无磁性,而 GH907 有磁性,可能影响焊接对中。

再如,可变后掠翼飞机的中翼盒长达 6.7 m,壁厚 12.7 ~ 57 mm,可以用钛合金小零件以电子束焊接制成,共 70 道焊缝。仅此项工艺,便可减少飞机重量 270 kg。大型涡轮风扇发动机钛合金机匣,壁厚 1.8 ~ 69.8 mm,外径 2.4 m,是发动机中体积最大、加工最复杂、成本最高的部件。采用电子束焊接后,节约了材料和工时,成本可下降 40%。据报道,苏联和美国所拥有的电子束焊机,约 30% 是应用于航空工业中,由此可见电子束焊接在航空工业中的地位。

又如,登月舱铍合金框架和制动引擎中的 64 处零部件都采用了电子束焊接。研究证明,在宇宙空间用电子束焊接是极有效的,宇宙空间满足了电子束焊接所需要的真空环境,而且电子束的能量转换效率很高,可以在宇宙飞行中进行特种材料焊接。使用的电子束焊接设备包括电源、控制系统和手握式电子枪,质量仅 28 kg。

(3) 电子束热处理

电子束热处理是把电子束作为热源,并适当控制电子束的功率密度,使金属表面加热而不熔化,达到热处理的目的。电子束热处理的加热速度和冷却速度都很高,在相变过程中,奥氏体花时间很短,只有几分之一秒乃至千分之一秒,奥氏体晶粒来不及长大,从而能获得一种超细晶粒组织,可使工件获得用常规热处理不能达到的硬度。硬化层深度可达 0.3 ~0.8 mm。

与激光热处理相比,电子束的电热转换效率高达 90% ,而激光的转换效率只有 7% ~10% 。电子束热处理在真空中进行,可以防止材料氧化,而且电子束设备的功率可以做得比激光功率大,所以电子束热处理工艺发展前景看好。

用电子束加热金属使之表面熔化后,可在熔化区内加入添加元素,使金属表面形成一层很薄的新合金层,从而获得更好的力学物理性能。其中,铸铁的电子束熔化处理可以产生非常细的奥氏体组织,其特点是耐滑动磨损性能好。研究表明,铝、钛、镍的各种合金几乎均可进行添加元素处理,从而使其耐磨性能大大提高。

(4) 电子束曝光

电子束曝光是先利用低能量密度的电子束照射称为电致抗蚀剂的高分子材料,由入射电子与高分子相碰撞,使分子的链被切断或重新聚合而引起相对分子质量的变化,这一步骤也称为电子束光刻。通常将它作为集成电路、微电子器件以及微型机械元器件的刻蚀前置工序。如图 2.11a 所示,如果按规定图形进行电子束曝光,就会在电致抗蚀剂中留下潜像。然后将它浸入适当的溶剂中,则由于相对分子质量不同而溶解度不一样,就会使潜像显影出来,如图 2.11b 所示。将光刻与离子束刻蚀或蒸镀工艺结合,见图 2.11c、d,就能在金属掩模或材料表面上制作出图形来,如图 2.11e、f。

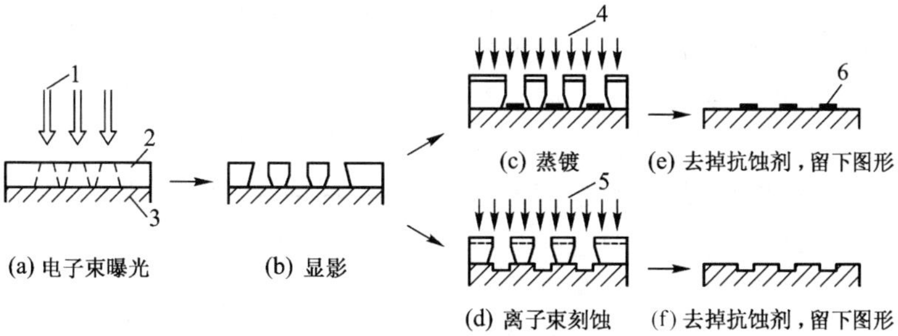

图 2.11 电子束曝光加工过程

1—电子束; 2—电致抗蚀剂; 3—基板; 4—金属蒸气; 5—离子束; 6—金属

电子束曝光主要分为两类:扫描电子束曝光(又称电子束线曝光)和投影电子束曝光(又称电子束面曝光)。电子束线曝光是将聚焦到小于 1 μm 的电子束斑在大约 0.5 ~5 mm 的范围内自动扫描,可曝光出任意形状的图形。早期的扫描电子束曝光采用圆形束斑。为提高生产率又研制出方形束斑,其曝光面积是圆形束斑的25倍。后来发展的可变成形束,其曝光速度比方形束又提高2倍左右。电子束面曝光是使电子束先通过原版,这种原版是用别的方法制成的比加工目标大几倍的模板,再以1/5～1/10的比例缩小投影到电致抗蚀剂上进行大规模集成电路图形的曝光。它可以在几毫米见方的硅片上安排十万个晶体管或类似的元件。

除了以上所讲四种电子束加工技术外,电子束表面改性处理、电子束熔炼、电子束铣切、电子束镀膜等方法也都得到了应用。

电子束表面改性处理可以根据聚焦电子束能量密度不同,分为只对材料表面加热而不熔化的固态处理和使金属熔化一定深度,实现表面熔化的处理,而且可以加入其它成分的合金,以满足材料耐蚀性、韧性和塑性等技术要求。

电子束熔炼是用电子束轰击金属锭,使其重熔,然后在坩埚中凝固结晶。可以熔炼钨、钽、铌等难熔金属材料,得到高纯度的金属锭。

电子束铣切是利用电子束热加工原理,对工件进行铣切的一种方法。用扫描电子束或程控脉冲电子束可在金属、玻璃、石墨和塑料等材料上直接加工出沟槽、型孔、窄缝等;还可用电子束局部蒸发的方法,在镀于基片表面的薄膜(厚度为10～100 nm)上铣切出薄膜图形。

2.2.2 离子束加工

1. 离子束加工的基本原理、分类及特点

(1) 基本原理

离子束加工是利用离子束对材料进行成形或表面改性的加工方法。在真空条件下,将由离子源产生的离子经过电场加速,获得具有一定速度的离子投射到材料表面,产生溅射效应和注入效应。由于离子带正电荷,其质量比电子大数千数万倍,所以离子束比电子束具有更大的撞击动能,它是靠微观的机械撞击能量来加工的。离子束加工的物理基础是离子束射到材料表面时所产生的撞击效应、溅射效应和注入效应。具有一定动能的离子斜射到工件材料(靶材)表面时,可以将表面的原子撞击出来,这就是离子的撞击效应和溅射效应。如果将工件直接作为离子轰击的靶材,工件表面就会受到离子刻蚀。如果将工件放置在靶材附近,靶材原子就会溅射到工件表面而被溅射沉积吸附,使工件表面镀上一层靶材原子的薄膜。如果离子能量足够大并垂直工件表面撞击时,离子就会钻进工件的表面,这就是离子的注入效应。离子束加工按其所利用的物理效应和达到的目的不同,可以分为四类,即利用离子撞击和溅射效应的离子刻蚀、离子溅射沉积、离子镀以及利用注入效应的离子注入。各类离子束加工方式如图2.12所示。

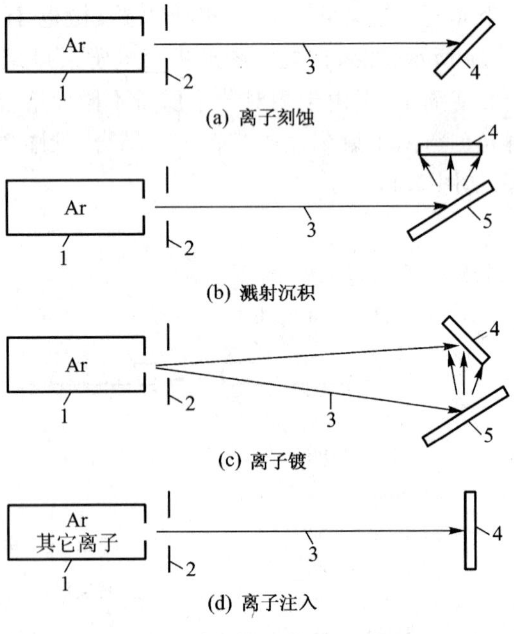

图2.12 各类离子束加工示意图

1—离子源;2—吸极(吸收电子,引出离子);3—离子束;4—工件;5—靶材

（2）离子束加工的特点

1）加工精度高，易精确控制　离子束可以通过离子光学系统进行聚焦扫描，其聚焦光斑可达 1μm 以内，可以精确控制尺寸范围。离子束轰击材料是逐层去除原子，离子束流密度及离子能量可以精确控制，所以离子刻蚀可以达到毫微米级（0.001 μm）的加工精度，离子镀膜可以控制在亚微米级精度，离子注入的深度和浓度也可极准确地控制。可以说，离子束加工是所有特种加工方法中最精密、最微细的加工方法，是当代毫微米加工技术的基础。

2）污染少　离子的质量远比电子的大，转换给物质的能量多，穿透深度较电子束的小，反向散射能量比电子束的小。因此，完成同样加工，离子束所需能量比电子束小，且主要是无热过程。加工在真空环境中进行，特别适合于加工易氧化的金属、合金及半导体材料。

3）加工应力、变形极小　离子束加工是一种原子级或分子级的微细加工，作为一种微观作用，其宏观作用力很小，故对脆性材料、极薄的材料、半导体材料、高分子材料都可以加工，而且加工表面质量好。

4）离子束加工设备费用高，成本高，加工效率低，因此应用范围受到一定的限制。

2. 离子束加工设备

离子束加工设备与电子束加工设备类似，它包括离子源、真空系统、控制系统和电源等四个部分。但对于不同的用途，离子束加工设备有所不同。

离子源用以产生离子束流。产生离子束流的基本原理和方法是使原子电离，具体办法是把要电离的气态原子（惰性气体或金属蒸气）注入电离室，经高频放电、电弧放电、等离子体放电或电子轰击，使气态原子电离为等离子体（即正离子数和负电子数相等的混合体）。用一个相对于等离子体为负电位的电极（吸极），就可从等离子体中引出离子束流。根据离子束产生的方式和用途的不同，离子源有很多型式，常用的有考夫曼型离子源和双等离子管型离子源。

（1）考夫曼型离子源

考夫曼型离子源由热阴极灯丝发射出电子，经过加速获得一定的能量，高速电子与从进气口进入放电室的氩原子碰撞，形成等离子体。等离子体中的离子沿着等离子体内弱的电位梯度向下游处移动。在等离子体包围的壁面附近，会由于壁面的电位引起等离子体电荷的再分布而出现鞘层（由电子负电荷层及离子正电荷层构成的双电荷层），放电等离子体中的离子要通过鞘层才能与壁面复合，也要通过鞘层才能拔出。离子中大约有 10% 左右被拔出并聚焦形成离子束，其余离子通过鞘层与壁面复合。

图 2.13 为考夫曼型离子源示意图，它由灼热的灯丝 2 发射电子，在阳极 9 的作用下向下方移动，同时受电磁线圈 4 磁场的偏转作用，做螺旋运动前进。惰性气体氩在 3 处注入电离室 10，在电子的撞击下被电离成等离子体，阳极 9 和引出电极（吸极）8 上各有 300 个直径为 0.3 mm 的小孔，上下位置对齐。在引出电极 8 的作用下，将离子吸出，形成 300 条准直的离子束，再向下则均匀分布在直径为 5 cm 的圆面积上。

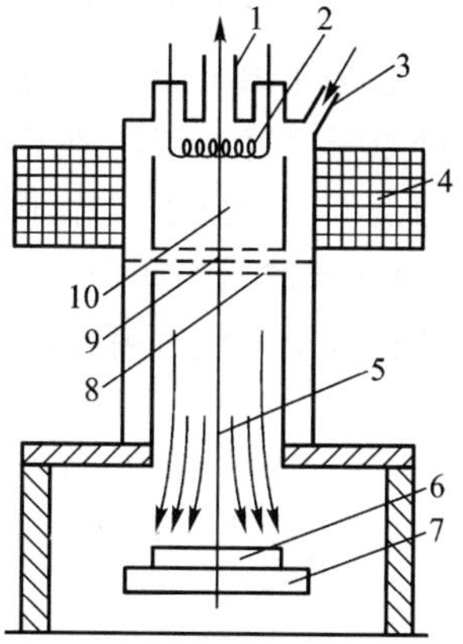

图 2.13　考夫曼型离子源

1—真空抽气口；2—灯丝；3—惰性气体注入口；4—电磁线圈；5—离子束流；6—工件；7—阴极；8—引出电极；9—阳极；10—电离室

(2) 双等离子体型离子源

双等离子体型离子源(简称双等源)是一种常用的气体放电细束离子源。它具有电离效率高、能散度小、亮度高的优点,可以聚成微米束。双等源属于间接引出方式,作为强流源,被广泛应用于加速器、分离器和注入机等设备中。

图2.14所示的双等离子体型离子源是利用阴极和阳极之间低气压直流电弧放电,将氩、氪、氙等惰性气体在阳极小孔上方的低真空中(0.1 ~ 0.01 Pa)等离子体化。中间电极的电位一般比阳极电位低,它和阳极都用软铁制成,因此在两个电极之间形成很强的轴向磁场,使电弧放电局限在电极之间,在阳极小孔附近产生强聚焦高密度的等离子体。引出电极将正离子导向阳极小孔以下的高真空区(1.33×10^{-5} ~ 1.33×10^{-6} Pa),再通过静电透镜形成密度很高的离子束去轰击工件表面。

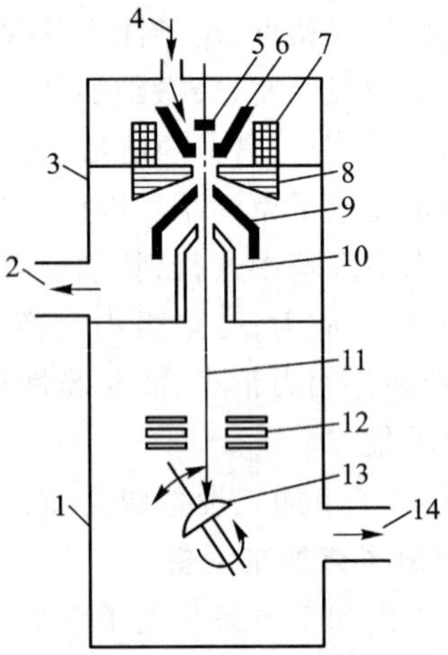

图2.14　双等离子体型离子源

1—工室;2—至第一真空泵;3—离子枪;4—氩气;5—阴极;6—中间电极;7—电磁铁;8—阳极;9—控制电极;10—引出电极;11—离子束;12—静电透镜;13—工件;14—至第二真空泵

3. 离子束加工的应用

离子束加工的应用范围正在日益扩大、不断创新。目前,用于改变零件尺寸和表面力学物理性能的离子束加工有用于从工件上作去除加工的离子刻蚀加工,用于给工件表面添加的离子镀膜加工以及用于表面改性的离子注入加工等。

(1) 离子束刻蚀加工

离子束刻蚀是从工件上去除材料,是一个撞击溅射过程。当离子束轰击工件,入射离子的动量传递到工件表面原子,传递能量超过了原子间的离子与工件材料的键合力,靶原子就从工件表面撞击溅射出来,达到刻蚀的目的。为了避免入射离子和工件材料发生化学反应,必须用惰性元素的离子。氩气的原子序数高,而且价格便宜,所以通常用氩离子进行轰击刻蚀。由于离子直径很小(约十分之几纳米),可以认为离子刻蚀的过程是逐个原子剥离的过程,刻蚀的分辨率可达微米级甚至是亚纳米级。但刻蚀速度很低,剥离速度大约每秒一层到几十层原子。因此,离子刻蚀是一种原子尺度的切削加工,又称离子铣削。表2.1列出了一些材料典型的刻蚀率。可见,离子束刻蚀是以高能离子或原子轰击靶材,将靶原子从靶表面移去的工艺过程,即溅射过程。显然,只有当入射离子与靶原子碰撞时将动能传递给靶原子,使其获得的能量超过原子的结合能,才可能使靶原子发生溅射。任何靶体都有发生溅射所需要的阈值能量,超过阈值,则溅射率才能急剧增加。

表2.1　一些材料典型的刻蚀率

靶材料	刻蚀率/(nm/min)	靶材料	刻蚀率/(nm/min)
Si	36	Fe	32
As、Ga	260	Mo	40
Ag	200	Ti	10
Au	160	Cr	20

目前,离子束刻蚀在高精度加工、表面抛光、图形刻蚀、电镜试样制备、石英晶体振荡器以及各种传感器件的制作等方面应用较为广泛。离子束刻蚀加工可达到很高的分辨率,适于刻蚀精细图形,实现高精度加工。离子束刻蚀加工小孔的优点是孔壁光滑,临近区域不产生应力和损伤,而且能加工出任意形状的小孔。

离子束刻蚀用于加工陀螺仪空气轴承和动压马达上的沟槽,分辨率高、精度高、重复性好,加工非球面透镜能达到其它方法不能达到的精度。

离子束刻蚀应用的另一个方面是图形刻蚀,如集成电路、声表面波器件、磁泡器件、光电器件和光集成器件等微电子学器件的亚微米图形。

用离子束轰击已被机械磨光的玻璃时,玻璃表面 1 μm 左右被剥离并形成极光滑的表面。用离子束轰击厚度为 0.2 mm 的玻璃,能改变其折射率分布,使之具有偏光作用。玻璃纤维用离子轰击后,变为具有不同折射率的光导材料。离子束加工还能使太阳能电池表面具有非反射纹理表面。

(2) 离子镀膜加工

离子镀膜加工有溅射沉积和离子镀两种。离子镀时工件不仅接受靶材溅射来的原子,还同时受到离子的轰击,这使离子镀具有许多独特的优点。

1) 离子溅射镀膜　离子溅射镀膜是基于离子溅射效应的一种镀膜工艺,不同的溅射技术所采用的放电方式是不同的,如直流二极溅射利用直流辉光放电,三极溅射利用热阴极支持的辉光放电,而磁控溅射则是利用环状磁场控制下的辉光放电。其中,直流二极溅射和三极溅射两种方式,由于生产率低、等离子体区不均匀等原因,难以在实际生产中大量应用。而磁控溅射具有高速、低温、低损耗等优点,镀膜速度快,基片温升小,没有高能电子轰击基片所造成的损伤,故其实际应用更为广泛。

离子溅射镀膜工艺适用于合金膜和化合物膜等的镀制。在各种镀膜技术中,溅射沉积最适合于镀制合金膜。具体方法有多靶溅射、镶嵌靶溅射和合金靶溅射三种。这些方法均采用直流溅射,且只适合于导电的靶材。化合物膜通常是指由金属元素的化合物镀成薄膜,镀膜方法包括直流溅射、射频溅射和反应溅射三种。具体应用实例如下:

用磁控溅射在高速钢刀具上镀氮化钛(TiN)硬质膜,可以显著提高刀具的寿命。由于氮化钛具有良好的导电性,可以采用直流溅射,直流磁控溅射的镀膜速度可达 300 nm/min。镀膜过程中,氮化钛膜的色泽逐渐由金属光泽变成明亮的金黄色。

在齿轮的齿面和轴承上可以采用离子溅射镀制二硫化钼(MoS_2)润滑膜,其厚度为 0.2 ~ 0.6 μm,摩擦系数为 0.04。溅射时,采用直流溅射或射频溅射,靶材用二硫化钼粉末压制成形。但为得到晶态薄膜,必须严格控制工艺参数。

离子溅射还可用以制造薄壁零件,其最大特点是不受材料限制,可以制成陶瓷和多元合金的薄壁零件。例如,一个直径为 15 mm 的管件,壁厚 63.5 μm,材料为 10 元合金,其成分为 Fe - Ni 42% - Cr 5.4% - Ti 2.4% - Al 0.65% - Si 0.5% - Mn 0.4% - Cu 0.05% - C 0.02% - S 0.008%。先将铝棒车成芯轴,而后镀膜。镀膜后,用氢氧化钠的水溶液将铝芯全部溶蚀,即可取下零件。或用不锈钢芯轴表面加以氧化,溅射成膜后,用喷丸方法或者液态冷却方法使之与芯轴脱离。

2) 离子镀　离子镀是在真空蒸镀和溅射镀膜的基础上发展起来的一种镀膜技术。离子镀时,工件不仅接受靶材溅射来的原子,还同时接受离子的轰击。这时离子流的组成可以是离子,也可以是通过能量交换而形成的高能中性离子。这种轰击使界面和膜层的性质发生某些变化,如膜层对基片的附着力、覆盖情况、密度以及内应力等,从而使离子镀具有许多优点。

图 2.15 为马托克斯型离子镀的示意图。其镀料离子来源是挂在电阻加热丝上的材料。类似于蒸镀,基片与镀料源之间加有 1 ~5 kV 的电压。工作室内通有氩气,气压维持在 1 ~5 Pa。其放电过程与溅射完全相同。由此可见,离子镀过程中溅射与沉积两种现象同时存在,导致其镀膜质量优于溅射镀膜和真空蒸镀。

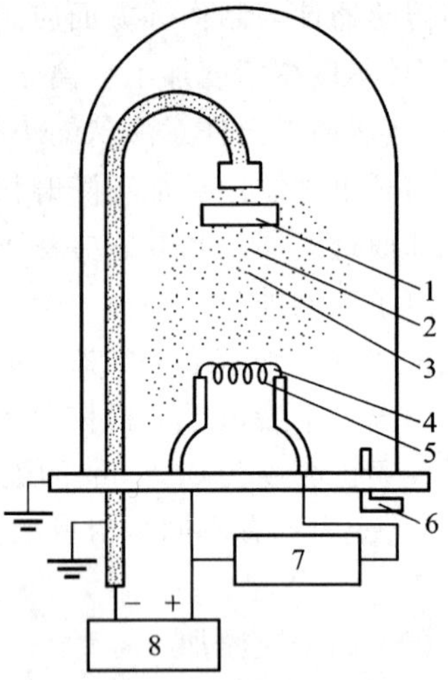

图 2.15 马托克斯型离子镀系统

1—基片;2—阴极暗区;3—辉光区;4—加热电阻丝;5—镀料;6—进气管;7—电阻丝加热电源;8—负偏压电源(1 ~5 kV)

离子镀附着力强,膜层不易脱落。这首先是由于镀膜前离子以足够高的动能冲击基体表面,清洗掉表面的玷污和氧化物,从而提高了工件表面的附着力。其次是镀膜刚开始时,由于工件表面溅射出来的基材原子,有一部分会与工件周围气氛中的原子和离子发生碰撞而返回工件。这些返回工件的原子与镀膜的膜材原子同时到达工件表面,形成了膜材原子和基材原子的共混膜层。而后,随膜层的增厚,逐渐过渡到单纯由膜材原子构成的膜层。这种混合过渡层的存在,可以减少由于膜材与基体两者膨胀系数不同而产生的热应力,增强了两者的结合力,使膜层不易脱落。镀层组织致密,针孔气泡少。

离子镀比真空镀的绕镀性好。离子镀时蒸发的镀料离子,要与气体分子多次碰撞才能到达基片,导致非面对蒸发源的基片上也有镀料离子沉积,从而使基片上的所有暴露表面均能被镀覆。同时,带正电荷的镀料离子会向加有负偏压的基片各处运动而沉积下来,这也是其绕镀性好的原因之一。

离子镀的可镀材料相当广泛,可在金属或非金属表面上镀制金属或非金属材料,各种合金、化合物、某些合成材料、半导体材料、高熔点材料均可镀覆。离子镀技术已应用于镀制润滑膜、耐热膜、刻蚀膜、耐磨膜、装饰膜和电气膜等。如在表壳或表带上镀氮化钛膜,这种氮化钛膜呈金黄色,它的反射率与 18K 金镀膜相近,其耐磨性和耐腐蚀性大大优于镀金膜和不锈钢,其价格仅为黄金的 1/60。离子镀装饰膜还用于工艺美术品的首饰、景泰蓝,以及金笔套、餐具等的修饰上,其膜厚仅 1.5 ~2 μm。

用离子镀方法在切削工具表面镀氮化钛、碳化钛等硬质材料,可以提高刀具的寿命。一些试验表明,在高速钢刀具上用离子镀镀氮化钛,刀具寿命可提高 1 ~2 倍。镀碳化钛后,刀具寿命提高 3 ~8 倍。而硬质合金刀具用离子镀镀上一层氮化钛或碳化钛,刀具寿命可提高 2 ~10 倍。

(3) 离子注入加工

离子注入是将工件放在离子注入机的真空靶中,在几十至几百千伏的电压下,把所需元素的离子注入工件表面。离子注入工艺比较简单。它不受热力学限制,可以注入任何离子,而且注入量可以精确控制。注入的离子固溶于工件材料中,含量可达 10% ~40%,注入深度可达 1 μm 甚至更深。

离子注入机示意图如图 2.16 所示,其主要部件有离子源、质量分析器、加速聚焦系统和靶室。离子束中往往包含多种离子,质量分析器可选择出所需要的离子,再加速注入靶室中的零件。靶室的真空度约为 1×10^{-4} Pa。离子注入机的布局各不相同,图 2.16 所示为先加速而后再分析方式,也有先分析后加速的方式,还有的是用加速—分析—再加速或加速—分析—减速的方式。采用什么样的注入方式要根据需要和客观条件而定。

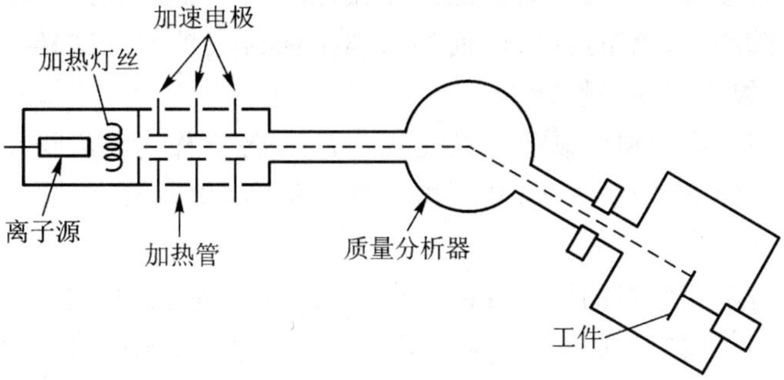

图 2.16 离子注入机示意图

除了常规的离子注入工艺以外,近年来又发展了几种新的工艺方法,如反冲注入法、轰击扩散镀层法、动态反冲法以及离子束混合法等,从而使得离子注入加工技术的应用更为广泛。

离子注入加工的应用很多,在半导体方面的应用是,用硼、磷等"杂质"离子注入半导体,用以改变导电型式(P 型或 N 型),以制造一些通常用热扩散难以获得的各种特殊要求的半导体器件。由于离子注入的浓度、深度和注入区域均可精确控制,所以已成为制作半导体器件和大面积集成电路的重要手段。

离子注入表面改性是离子注入加工技术应用的另一个重要领域。离子注入可用以改变金属表面的物理化学性能,可以制得新的合金,从而改善金属表面的耐磨性能、耐腐蚀性能、抗疲劳性能和润滑性能等,如表 2.2 所示。

表 2.2 离子注入金属样品后的表面性能

注入目的/基体	离子种类	能量/keV	剂量/(离子/cm^2)	效果(最大提高)/%
耐磨性	B、C、Ne、N、S、Ar、Co、Cu、Kr、Mo、Ag、In、Sn、Pb	20 ~ 100	$>10^{17}$	—
耐腐蚀性	B、C、Al、Ar、Cr、Fe、Ni、Zn、Ga、Mo、In、Eu、Ce、Ta、Ir	20 ~ 100	$>10^{17}$	—
摩擦系数	Ar、S、Kr、Mo、Ag、In、Sn、Pb	20 ~ 100	$>10^{17}$	—
拉伸疲劳/Ni	B、C、N	30 ~ 60	$10^{16}\sim10^{19}$	127
弯曲疲劳/AISI1018	B、N	400 ~ 550	2×10^{17}	250
微动磨损疲劳/Ti 合金	Ba		10^{16}	提高显著
高温疲劳/Ti 合金	C	150	$(1\sim2)\times10^{16}$	提高显著
腐蚀疲劳/AISI1018	N、Ti、Ta、Mo	30	$10^{16}\sim10^{17}$	降低

离子注入对金属表面进行掺杂，是在非平衡状态下进行的，能注入互不相溶的杂质而形成一般冶金工艺无法制得的一些新的合金。若将 W 注入低温的 Cu 靶中，可得到 W－Cu 合金。

离子注入可以提高材料的耐腐蚀性能。若把 Cr 注入 Cu 中，能得到一种新的亚稳态的表面相，从而改善了耐腐蚀性能。离子注入还能改善金属的抗氧化性能。

离子注入可以改善金属材料的耐磨性能。如在低碳钢中注入 N、B、Mo 等元素以后，在磨损过程中，材料表面局部温升形成温度梯度，使注入离子向衬底扩散。这样，在材料磨损过程中不断在表面形成硬化层，提高了耐磨性能。

离子注入可以提高金属材料的硬度。这是因为注入离子及其凝集物将引起材料晶格畸变、缺陷增多的缘故。如在纯 Fe 中注入 B，其显微硬度可提高 20%；用 Si 注入 Fe 可形成马氏体结构的强化层。

离子注入还可改善金属材料的润滑性能。离子注入表层后，在相对摩擦过程中，被注入的细粒起到了润滑作用，提高了材料的使用寿命。若把 C^+、N^+ 注入碳化钨中，其工作寿命可大大延长。此外，离子注入在光学方面可以制造光波导等。

但是，离子注入表面改性的生产效率低、成本高，目前尚处于研究阶段，投入实际应用还需要进一步的深入研究。

2.2.3 激光加工

激光加工是把具有足够能量的激光束聚焦后照射到所加工材料的适当部位，在极短的时间内，光能转变为热能，被照部位迅速升温。根据不同的光照参量，材料可以发生汽化、熔化、金相组织变化以及产生相当大的热应力，从而达到工件材料被去除、连接、改性或分离等加工。

1. 激光的产生及其特点

（1）激光的产生

光的产生与光源内部原子运动状态有关。原子内的原子核与核外电子间存在着吸引和排斥的矛盾。电子按一定半径的轨道围绕原子核运动，当原子吸收一定的外来能量或向外释放一定能量时，核外电子的运动轨道半径将发生变化，即产生能级变化，并发出光。

激光是由处于激发状态的原子、离子或分子受激辐射而发出的光。

原子从高能态自发地跃迁到低能态而发光的过程称之为自发辐射（图 2.17）。自发辐射所发出的光称为荧光，白炽灯、荧光灯、汞灯等平时所见的普通光源，都是由自发辐射跃迁而产生的。自发辐射产生的光，由于各个跃迁发生的时间不一致，而且由于激发能级有多个，所以由高能态向低能态跃迁的过程存在着多种能级差，发出的光的频率多种多样。自发辐射也叫漫辐射，光传向四面八方。因此，自发辐射光的单色性、方向性都很差，是非相干光。

与自发辐射不同，如果处于高能级 E_2 的原子受到能量为 $\varepsilon(\varepsilon = h\gamma = E_2 - E_1)$ 的外来光子诱发，原子就会从高能态 E_2 跃迁到低能态 E_1，并发射出一个与入射光子完全相同的光子，即它的频率、相位、传播方向、偏振方向都与入射光子相同（图 2.18），这个过程称为受激辐射。受激辐射也叫光的放大，是形成激光的重要因素。

某些具有亚稳态能级结构的物质，在一定外来光子能量激发下，会吸收光能，使处于较高能级（亚稳态）的原子或粒子数目大于处于低能级（基态）的原子数目。在这种状态下，如果有一束光照射该物体，而光子的能量恰好等于这两个能级相对应的能量差，这时仅能产生受激辐射，输

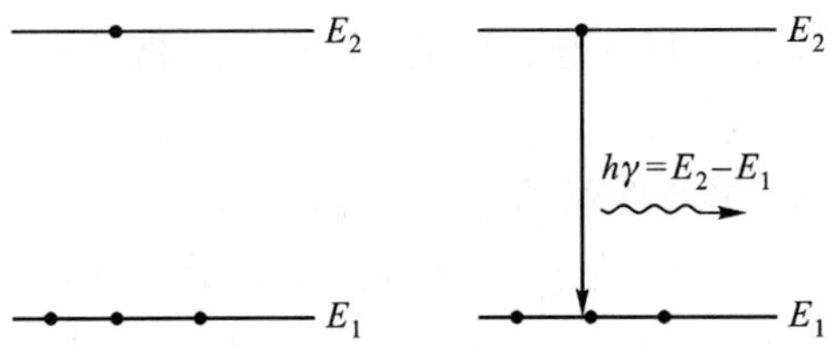

图 2.17　自发辐射

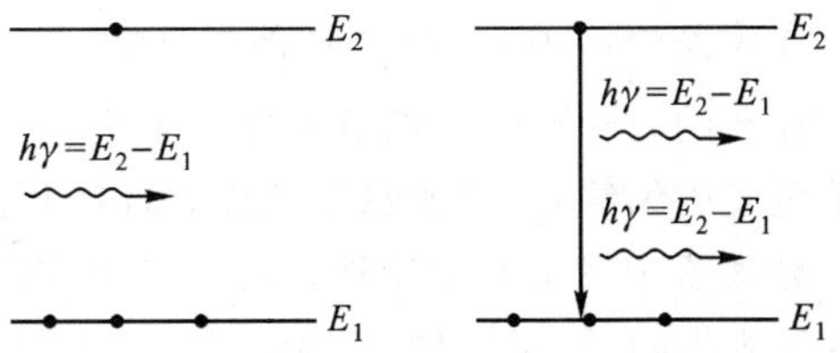

图 2.18　原子的受激辐射

出大量的光。

例如人工晶体红宝石，基本成分为氧化铝，其中掺杂 0.05%（质量分数）的氧化铬，铬离子是可发射激光的。当脉冲氙灯照射到红宝石时，处于 E_1 的铬离子大量激发到 E_n 状态，由于 E_n 状态的寿命很短，E_n 状态的铬离子又很快回跳到寿命较长的亚稳态 E_2，这时当有频率为 $\gamma=(E_2-E_1)/h$ 的光子去“刺激”它时，就可以产生从能级 E_2 到 E_1 的受激辐射跃迁，发出频率 $\gamma=(E_2-E_1)/h$ 的光子。而这些光子又继续“刺激”别的亚稳态原子发出光来，这样互为因果，连锁反应，在极短的时间内受激原子的能量以同一频率 $\gamma=(E_2-E_1)/h$ 的单色光辐射出来，可以达到很高的能量密度，这就是激光。

（2）激光的基本特性

首先，激光也是一种光，因此具有一般光的共性，即具有反射、折射、干涉、衍射等性质。此外，由于激光的光发射是以受激辐射为主，因而发光物质中基本上是有组织地、相互关联地产生光发射的，发出光波的频率、方向、偏振状态相同和位相关系严格。由此产生了激光的四大特性：亮度（强度）高、单色性好、相干性好和方向性强。

1）强度高　激光的强度高，主要是由于激光在空间上和时间上可以实现光能的高度集中。就光能在空间上的集中而论，如果能将分散在 180°立体角范围内的光能全部压缩到 0.18°立体角范围内发射，则在不必增加总发射功率的情况下，发光体在单位立体角内的发射功率就可提高一百万倍，亦即其亮度提高一百万倍。就光能在时间上的集中而论，如果把 1 s 时间内所发出的光压缩在亚毫秒数量级的时间内发射，形成短脉冲，则在总功率不变的情况下，瞬时脉冲功率又可以提高几个数量级，从而大大提高了激光的亮度。从表 2.3 中可以看出，一台每平方厘米输出功率为 10^6 kW 的红宝石巨脉冲激光器所发出的激光的亮度，要比高压脉冲氙灯高 370 亿倍，比太阳表面的亮度也要高出 200 多亿倍。

表 2.3　光源亮度比较

光源	亮度/(10^4 cd/m^2)	光源	亮度/(10^4 cd/m^2)
蜡烛	约 0.5	太阳	约 1.65×10^5
电灯	约 470	高压脉冲氙灯	约 10^5
碳弧	约 9 000	每平方厘米输出功率为 10^6 kW、发散角为毫弧度的红宝石巨脉冲激光器	约 3.7×10^{13}
超高压汞灯	约 1.2×10^5		

2）单色性好　太阳光包含红、橙、黄、绿、青、蓝、紫等 7 种颜色，每一种颜色的光对应一定的波长与频率，而激光往往是只有一种频率的光，因此激光是单色光。

在光学领域中,“单色”是指光的波长(或者频率)为一个确定的数值,实际上严格的单色光是不存在的,波长为 λ_0 的单色光都是指中心波长为 λ_0、谱线宽为 $\Delta\lambda$ 的一个光谱范围。$\Delta\lambda$ 称为该单色光的谱线宽,是衡量单色性好坏的尺度,$\Delta\lambda$ 越小,单色性就越好。

激光器所发出的激光具有其它光源难以达到的、极高的单色性。这是由于构成激光的谐振腔的反射镜对波长选择性极佳,并且利用原子固有能级跃迁的结果。激光是受激辐射产生的,它的谱线宽度很窄,如单纵模稳频激光的谱线宽度可以小于 10^{-8} nm,而在激光出现以前,单色性最好的光源——氪灯,所发出的单色光 $\Delta\lambda$ 为 0.000 47 nm。激光的谱线宽度比普通光源的谱线宽度要窄几个数量级,即单色性比氪灯提高了上万倍。因此,激光单色性比普通光源单色性好得多。激光是颜色最纯、色彩最鲜的光。

3)相干性好　光源的相干性可以用相干时间或相干长度来度量。相干时间是指光源先后发出的两束光能够产生干涉现象的最大时间间隔。在这个最大的时间间隔内光所走的路程(光程)就是相干长度,它与光源的单色性密切有关,即

$$L=\frac{\lambda_0^2}{\Delta\lambda} \tag{2.1}$$

式中:L——相干长度;

λ_0——光源的中心波长;

$\Delta\lambda$——光源的谱线宽度。

由式(2.1)可知,$\Delta\lambda$ 越小,单色性越好,相干长度就越大,光源的相干性也越好。某些单色性很好的激光器所发出的光,采取适当措施以后,其相干长度可达到几十千米。而单色性很好的氪灯所发出的光,相干长度仅为 78 cm,用它进行干涉测量时最大可测长度只有 38.5 cm,其它光源的相干长度就更小了。

4)方向性强　光束的方向性是用光束的发散角表征的。普通光源由于各个发光中心是独立发光,而且方向各不相同,所以发射的光束很发散,即使是加上聚光系统,要使光束的发散角小于 0.1 mrad(球面度),仍然是十分困难的。激光则不同,它的各个发光中心是互相关联地定向发射,所以可以把激光束压缩在很小的立体角内,发散角实际可以小到 0.1×10^{-3} mrad 左右。

应当指出,上述激光的四个特性不是相互无关的,而是相互联系、相互渗透的。正是由于激光具有这些特性,使得它的巨大能量可以汇聚到很小的面积(焦点光斑直径可小于 0.01 mm)上并通过透镜加以聚焦,形成极高的能量密度,从而使激光加工成为可能。

2. 激光加工的基本原理

固体激光器加工的原理如图 2.19 所示。当激光工作物质 3(如红宝石、钕玻璃等具有亚稳态能级结构的物质)受到光泵 2(激励光源,如脉冲氙灯)的激发后,便产生受激辐射跃迁,造成光放大,并通过由两个反射镜 1、4(全反射镜和部分反射镜)组成的谐振腔产生振荡,由谐振腔一端输出激光,经过透镜 5 将激光束聚焦到工件 6 的待加工表面上。该聚焦光斑的直径仅有几微米到几十微米,而其功率密度可达 $10^8\sim10^{10}$ W/cm^2,温度可达 10 000 °C 以上,因此能在千分之几秒甚至更短的时间内使各种物质熔化和汽化。在微细加工方面,它的蚀除速度是其它任何加工方法所无法相比的。

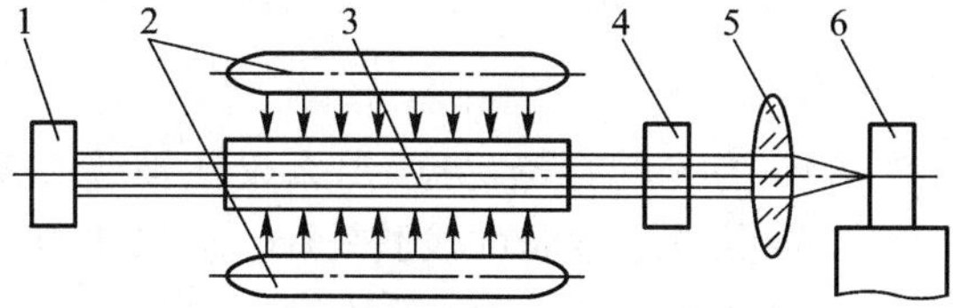

图 2.19 固体激光器加工原理示意图

1—全反射镜；2—光泵；3—激光工作物质；
4—部分反射镜；5—透镜；6—工件

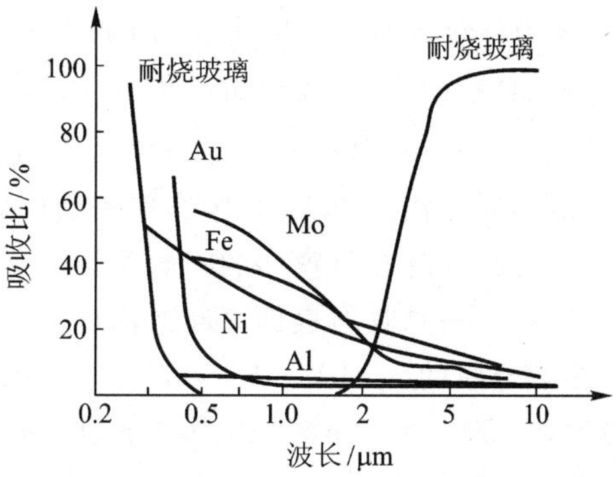

图 2.20 几种材料的吸收比

激光加工大多数都是基于光对非透明体的热作用过程，激光蚀除加工的物理过程大致可分为材料对激光的吸收与能量转换、材料的加热熔化、汽化、蚀除产物的抛出等几个连续阶段。

（1）材料对激光的吸收与能量转换

激光束照射到材料表面时，一部分从材料表面反射，一部分透入材料内被材料吸收，透入材料内部的光通量对材料起加热作用。不同材料对于不同波长光波的吸收与反射，有着很大的差别。图 2.20 是几种不同材料的光洁表面对不同光波波长的相对吸收比。

如果设材料表面的反射比为 R，则吸收比为 $A=1-R$。对于大多数金属，其反射比 $R=70\%\sim95\%$，当材料表面与空气分界且光波正入射时，R 可用下式估算：

$$R \doteq \frac{(1-n)^2+k^2}{(1+n)^2+k^2} \tag{2.2}$$

式中，n 和 k 是复数折射率的实数和虚数部分。对于非金属材料，$k=0$。

一般而言，电导率高的金属材料对光波的反射比也高，表面光亮度高的材料其反射比也高。反之，表面粗糙或人为涂黑的表面，在加工过程中金属表面温升、加热而形成的液相或气相等，都有利于提高材料对光能的吸收。

材料吸收激光后首先产生的不是热，而是某些质点的过量能量——自由电子的动能、束缚电子的激发能，或者还有过量的声子。这些有序的原始激发能需经历两个步骤才转化为热能。第一步是受激粒子运动的空间和时间随机化。这个过程在粒子的碰撞时间内完成，这个时间比最短的激光脉冲宽度还短，甚至可短于光波周期。第二步是能量在各质点间的均布。这个过程包含大量的碰撞和中间状态，而以非金属材料尤甚。其中可存在若干能量转换机制，每种转换又具有特定的时间常数。例如，金属中受激运动的自由电子通过与晶体点阵的碰撞将多余能量转化为晶体点阵的振动。对于一般激光加工，均可认为材料吸收的光能向热能的转换是瞬间发生的。在这个瞬间内，热能仅作用于材料的激光辐照区。随后通过热传导使热量由高温区流向低温区。

（2）材料的加热熔化

材料的加热是光能转换成热能的过程。首先，当激光照射金属表面时，一部分被金属表面反射，另一部分被吸收。设入射激光的光功率密度为 q_i，则有

$$q_0=q_i(1-R) \tag{2.3}$$

式中，R 为材料表面的反射比，q_0 为被金属表面吸收的光功率密度。被金属表面吸收的光功率密度会深入材料内部，其规律由朗伯定律确定：

$$q(z) = q_0 e^{-ax} \tag{2.4}$$

式中：$q(z)$——沿光束方向，距金属表面深度 z 处的光功率密度；

a——光在材料中的吸收系数；

z——从材料表面算起的深度。

多数金属的 $a = 10^5 \sim 10^6\ \text{cm}^{-1}$，如果规定 $z = \delta = 1/a$ 为光的穿透深度，那么仅在被照金属材料厚度为 0.01 ~ 0.1 μm 的范围内产生光的吸收，这个现象就是金属的浅肤效应。金属中自由电子的热运动动能增加，并在很短时间内（$10^{-11} \sim 10^{-10}$ s）与晶格碰撞，把电子的能量转化为晶格的热振动能，引起材料温度升高。然后，按热传导的机理向各个方向传播，改变材料表面及内部各加热点的温度。

材料吸收激光能，并转化为热能后，其受射区的温度迅速升高，首先引起材料的汽化蚀除，然后才产生熔化蚀除。开始时，蒸气发生在大的立体角范围内，以后逐渐形成深的圆坑，一旦圆坑形成之后，蒸气便以一条较细的气流喷出，这时熔融材料也伴随着蒸气流溅出。开始阶段，圆坑不论在深度和直径上都在不断增大，但到一定时间之后，圆坑直径变化就很小了。这是因为圆坑侧壁的加热和破坏是受很多因素影响的，其中主要是激光束的散射随着深度的增加而增加；侧壁的温度随着深度的增加而逐渐降低。经过一段时间之后，整个加工区的加热速度有所降低。这是由于光束被蒸气和飞溅物所遮蔽，同时蒸气和飞溅物本身也在不断地吸收能量，但加工区的温度仍在增加，蒸气和熔融物也在不断地产生。若激光功率密度不再继续增加（决定于激光脉冲波型），则这时熔融的液相相对增加，熔化层的过程程度并不减弱。同时也会加剧小气泡的增长速度，最后导致液相从激光作用区抛出。

（3）材料的破坏

在足够功率密度的激光束照射下，被加工材料表面达到熔化和汽化温度，从而使材料汽化蒸发或熔融溅出，会引起材料的破坏。

激光功率密度过高时，材料在表面上汽化，而不是在深处熔化。如果功率密度过低，则能量就会扩散分布和加热较大体积，这时焦点处熔化深度会很小。有些激光加工工艺，如激光焊接，对加热温度有一定的限制，但由于其熔化深度较大，则应提高总输入功率而使用较小的功率密度和较长的作用时间。随着作用时间的增加和功率密度的减小，由于热对流、热辐射、热传导产生的能量损耗和外部输入能量将保持平衡，温度不再上升。如果功率密度与作用时间选择合适，可使材料达到最大熔化深度。

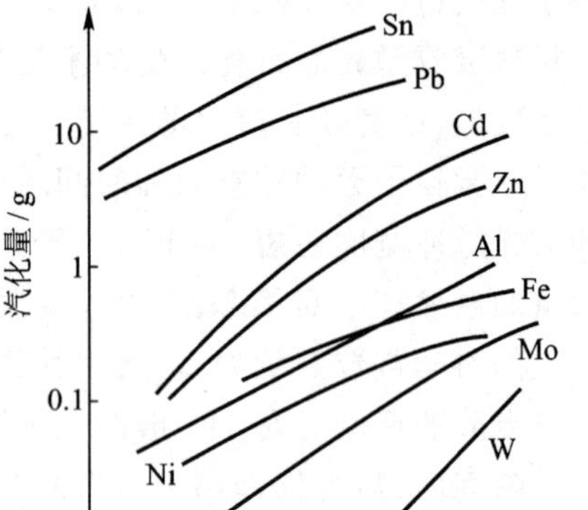

图 2.21 几种材料汽化量与能量密度的关系

提高激光功率密度，使材料表面达到汽化温度，部分材料被汽化，激光功率密度的大小决定材料汽化的量的多少，如图 2.21 所示。由于激光进入材料的深度很小，所以在光斑中央，材料表面温度迅速提高，利用激光脉冲可以达到 10^{10}℃/s 的加热速度和

10^6 ℃/cm 的温度梯度，在极小区域达到材料的熔点和沸点而被破坏。这种局部去除材料的效应可用于打孔、动平衡、电阻微调等方面。

非金属材料在激光照射下的破坏与金属材料有本质的不同，不同的非金属材料区别很大。一般情况下，非金属材料的反射率比金属低得多，因而进入非金属材料内部的激光能量就比金属多得多。有机材料的熔点或软化点一般较低，有些有机材料由于吸收了光能，内部分子振荡十分激烈，以致使通过聚合作用形成的巨分子又起解聚作用。部分材料迅速汽化，激光切割有机玻璃就是这种情况。有些有机材料，如硬塑料和木材、皮革等天然材料，在激光加工中会形成高分子沉积和加工位置边缘炭化。对于无机非金属材料，如陶瓷、玻璃等，在激光的照射下几乎能吸收激光的全部光能。但由于其导热性很差，加热区很窄，沿着光束的轨迹产生很高的热应力，导致材料破碎且无法控制。而石英材料膨胀系数很小，可以进行激光切割和焊接。

（4）蚀除产物的抛出

由于激光束照射加工区域内材料的瞬时急剧熔化、汽化作用，加工区内的压力迅速增加，并产生爆炸冲击波，使金属蒸气和熔融物高速地从加工区喷射出来，熔融产物高速喷射时所产生的反冲力，又在加工区形成强烈的冲击波，进一步加强了蚀除产物的抛出效果。

3. 激光加工的特点与应用

（1）激光加工的特点

1）一机多能　在同一台机床上可分别进行切割、打孔、焊接、表面处理等多种加工，既可分步加工，又可在几个工位同时加工。比如，双光路激光焊接机既可单光路单工位加工，又可两个工位进行同步焊接，这对提高生产效率，尤其对于特殊定位要求的加工，如光纤耦合等，比传统加工工艺有着无与伦比的优势。

2）适应性强　可加工各种材料，包括高硬度、高熔点、高强度及脆性、软性材料；既可在大气中又可在真空中加工。

3）加工质量好　由于激光具有能量密度高、瞬态性和非接触等特点，工件热变形极小，且无机械变形，对精密小零件的加工非常有利。

4）加工精度高　对微型陀螺转子，采用激光动平衡技术，其平衡精度可达百分之一或千分之几微米的质量偏心值。

5）加工效率高　在某些情况下，用激光切割可提高效率 8～20 倍。用激光进行深熔焊接时生产效率比传统方法提高 30 倍。用激光强化电镀，其金属沉积率可提高 1 000 倍。

6）经济效益高　与其它方法相比，激光打孔的直接费用可节省 25%～75%，间接加工费用可节省 50%～75%。与其它切割法相比，用激光切割钢件可降低加工费用 70%～90%。

7）节能和省材　激光束的能量利用率为常规热加工工艺的 10～1 000 倍，激光切割可节省材料 15%～30%。

8）无公害和污染　激光束不会产生 X 射线等有害射线，无加工污染，也无需安装射线防护装置。

激光加工虽有多样性的特点，但必须按照工件的加工特性，选择合适的激光器，对照射能量密度和照射时间实现最佳控制。如果激光器、能量密度和照射时间的条件选择不当，则加工效果同样不会理想。

（2）激光加工的应用

激光在加工中应用很广,其原因是激光输出功率较大,它既可脉冲输出,也可连续输出;激光束既可以聚焦成很小的光斑,也可以聚焦成直线或其它形状;功率密度可调范围大;激光可以在不同的环境下工作,还能很方便地到达其它方法不易加工的地方。激光在加工上的应用,主要是打孔、切割、焊接、强化以及光泽处理等几个方面。就激光器而言,目前应用较多的工业激光器主要有二氧化碳激光器、氩离子激光器和掺钕钇铝石榴石(YAG)激光器。为适应加工的需要,目前这三种激光器件发展都很快,主要用于汽车工业、钢铁工业、轻纺工业和电子工业的各类加工。

1) 激光打孔 利用激光加工微小型孔,目前已应用于火箭发动机和柴油机的燃料喷嘴加工、化学纤维的喷丝头、仪表及钟表中宝石轴承孔、金刚石拉丝模加工等方面。

例如,钟表行业中加工 ϕ0.12 ~ 0.18 mm、深 0.6 ~ 1.2 mm 的宝石轴承孔,采用自动输送工件,每分钟可连续加工几十个工件;又如,采用硬质合金制成的喷丝板,一般要在 ϕ100 mm 的喷丝板上打出 12 000 多个直径为 ϕ60 μm 的小孔。

激光打孔后,被蚀除的材料要重新凝固,除大部分飞溅出来变为小颗粒外,还有一部分粘附在孔壁,甚至有的还要粘附到聚焦物镜及工件表面。为此,大多数激光加工机多采用了吹气或吸气措施,以帮助排除蚀除物。有的还在聚焦物镜上装有一块透明的保护膜,以免聚焦物镜损坏。

采用超声调制的激光打孔,是把超声振动的作用和激光加工复合起来,可以增加打孔的深度,改善孔壁的表面粗糙度,提高激光打孔的效果。因为一定功率的激光束加工时,如果只延长激光照射时间,则既不能增加孔深,还将降低孔壁质量。原因是只有在激光照射的初期,高温气体突然膨胀,有很强的冲击波和抛出力,到了激光照射较长时间的中后期,即使是已经熔化和汽化了的金属,也会因缺乏冲击波和爆炸力将其抛出,冷却后仍能留在孔底和孔壁。如果使一次激光调制成断断续续的多次脉冲性照射,就可以多次爆炸抛出。

2) 激光切割 激光切割的原理和激光打孔原理基本相同,都是基于聚焦后的激光具有极高的功率密度而使工件材料瞬时汽化蚀除。所不同的是,工件与激光束要相对移动,在生产实践中,一般都是移动工件。如果是直线切割,还可借助于柱面透镜将激光束聚焦成线,以提高切割速度。激光切割大都采用重复频率较高的脉冲激光器或连续振荡的激光器。但连续输出的激光束会因热传导而使切割效率降低,同时热影响层也较深。因此,在精密机械加工中,一般都采用高重复频率的脉冲激光器。

YAG 激光器输出的激光已成功地应用于半导体划片,重复频率为 5 ~ 20 Hz,划片速度为 10 ~ 30 mm/s,宽度为 0.06 mm,成品率达 99% 以上,比金刚石划片优越得多,可将 1 cm^2 的硅片切割为几十个集成电路块或几百个晶体管管芯。同时,还用于化学纤维喷丝头的型孔加工,精密件的窄缝切割、划线以及雕刻等。

大功率二氧化碳气体激光器所输出的连续激光,可以切割钢板、钛板、石英、陶瓷以及塑料、木材、布匹、纸张等,其工艺效果都较好。

大量的生产实践表明,切割金属材料时,采用同轴吹氧工艺,可以大大提高切割速度。而且粗糙度也有明显改善。切割布匹、纸张、木材等易燃材料时,则采用同轴吹保护气体(二氧化碳、氩气、氮气等),能防止烧焦和缩小切缝。

3) 激光焊接 激光焊接与激光打孔的原理稍有不同,焊接时不需要那么高的能量密度使工件材料汽化蚀除,而只要将工件的加工区“烧熔”使其粘合在一起。因此,激光焊接所需要的能量密度较低,通常可用减小激光输出功率来实现。如果加工区域不需要限制在微米级的小范围内,也可通过调节焦点位置来减小工件被加工点的能量密度。

脉冲输出的红宝石激光器和钕玻璃激光器适合于点焊,而连续输出的二氧化碳激光器和YAG激光器适合于缝焊。此外,氩离子激光器用于集成电路的引线焊接效果也相当好,因为它的波长是488 nm的蓝色可见光,便于观察调节。

激光焊接有如下特点:

① 激光照射时间短,焊接过程极为迅速,它不仅有利于提高生产率,而且被焊接材料不易氧化,热影响区极小,适合于对热敏感很强的晶体管元件焊接。

② 激光焊接既没有焊渣,也不需去除工件的氧化膜,甚至可以透过玻璃进行焊接,宜用于微型精密仪表中的焊接。

③ 激光不仅能焊接同种材料,而且还可以焊接不同的材料,甚至还可以焊接金属与非金属材料。例如,用陶瓷作基体的集成电路,由于陶瓷熔点很高,又不宜施加压力,采用其它焊接方法很困难,用激光焊接是比较方便的。当然,激光焊接不是所有的异种材料都能很好地焊接,而是有难有易。

4) 激光热处理　激光热处理的过程是将激光束扫射零件表面,其红外能量被零件表面吸收而迅速形成极高的温度,使金属产生相变甚至熔融。随着激光束离开零件表面,零件表面的热量迅速向内部传递而形成极高的冷却速度。作为表面相变硬化,只需加热到金属的临界点以上,而激光合金化要求表面有熔融状态层。所以,激光热处理实际上只是一种表面处理技术,它与火焰淬火、感应淬火等成熟工艺相比具有以下优点:

① 加热快。半秒钟内可以将工件表面从室温加热到临界点以上,因而热影响区小,工件变形小,热处理后不需修磨只需精磨。

② 由于激光束传递方便,便于控制,可以对形状复杂的零件或局部进行处理。如盲孔底部、深孔内壁、小槽等。

③ 因加热点小,散热快,形成自淬火,不需冷却介质,不仅节省能源,并且工作环境清洁。

但是激光热处理也有其弱点,例如硬化层较浅,一般小于1 mm。它只是一种表面处理方法。另外,在目前的情况下设备投资和维护费用较高。因此,采用激光热处理必须选准待处理的零件。根据激光的功率密度和作用时间的不同,目前已研究的激光热处理技术有表面相变硬化、表面合金化、表面非晶态化和表面冲击硬化等。

5) 激光存储　激光存储就是利用激光进行视频、音频、文字资料以至计算机信息的存取。它是近代激光技术、光学系统、精密机械、电子控制和信息处理等多方面技术综合应用的产物。

利用激光存取视频信息就是激光电视,存取音频信息就是激光音乐唱片,和电子计算机联机,存取计算机信息就是计算机用的光盘。

激光电视是指利用激光刻录、激光拾取的激光反射式视唱系统,它用电视机来显示图像,用激光电视唱片作为图像信息和音响载体。

激光电视重放的图像逼真,色彩鲜艳,音质优美,广泛用于家庭娱乐、教育和训练、商业广告、储存文献资料和图片等,可以长期保存,而且便于随机检索。

激光电视录像的基本原理就是在录制电视唱片时,先用电视摄像机和话筒将节目的活动图像与声音转换成电信号,电信号经过一系列的信息处理后被送至激光调制器,使一束激光随着电信号的变化而时断时续。这束经调制的激光射到一张旋转着的表面镀有一层极薄金属膜的玻璃圆盘上。由于激光束的能量密度相当大,照射在金属膜上足以使金属汽化,从而形成一连串椭圆形凹坑,凹坑的长度与凹坑间的间隔是随电信号而变化的,电视节目的图像与声音就被记录进玻璃圆盘。在玻璃圆盘旋转的同时,经调制的激光束也相应地沿着玻璃圆盘的半径方向缓慢地由内向外移动,在玻璃圆盘上形成一条极细密的螺旋轨迹。目前的录制密度已经能在一张外径为 30 cm 的圆片上,单面记录 60 min 左右的电视节目。

录制好的玻璃圆盘即为电视唱片的原版。采用类似于制作普通唱片模板的工艺,制成与原版表面上的凸凹相反的电视唱片模板,然后用模板去印压受热而软化的塑料薄膜,最后制成与原版表面凹凸相同的电视唱片。

在放像时,电视唱片上的凹凸信号被激光读出头检出,并转换成电信号,这些电信号经信息处理后,再转换成电视信号,将其送进电视机,就能在屏幕上显示出有声有色的节目。

由于激光可以将光束聚焦到微米级,其存储单元可以以平方微米来计,且用激光来存、取信息可以非接触式地进行,所以光盘存储具有下列特点:

① 存储密度高。光存储容量比磁存储容量可以大一个数量级。这可使一张 300 mm 直径的光盘的存储容量高达 $10^{10}\sim10^{11}$ bit,即可录进 2 h 的电视节目,也可存储 5×10^4 页图书资料或 10 年的《人民日报》。

② 数据存取速度快。光盘存储可以随机存取,存取数据只需 0.1 s 左右。

③ 存储寿命长。光盘存储为非接触式存取,存储介质表面涂上保护层,其存储寿命可达 10 年之久,而且光盘要求存放条件低。

④ 介质成本低。目前,光盘存储已在文化娱乐、商业信息流通和工业生产中得到广泛应用。

4. 激光辅助切削加工

工业生产中常会遇到许多难以切削加工的材料,如高 Mn 钢、耐蚀高合金、热强合金、钢基硬质合金、Ti 合金和高 Cr 铸铁等。这时提高切削加工生产率和降低刀肯损耗成为很重要的问题,由此出现了加热切屑形成区以改善切削性能的新技术。激光加热辅助切削工艺既可用于切削金属材料,出可用于切削陶瓷。

(1) 激光辅助切削金属的基本原理

金属的激光辅助切削是以高温热切削为基础的。随温度升高,金属的强度降低、延伸率增大。加热切削的目的就是将常温下较硬的难切削材料加热软化,再用刀具进行切削。现有高温切削的加热方法有通电、氧炔焰和等离子体加热等,激光辐照又提供了一种新方法。

(2) 激光辅助切削金属工艺的特点和应用

1) 与其它加热方法相比,激光的功率及其空间分布较易控制,能够集中加热剪切变形区,而不致过多地加热与刀具接触的切屑,因而不会降低刀具的耐用度。

2) 切屑为连续流线状,并可减少形成积屑瘤的可能性,从而可改善被加工表面的质量,包括表面粗糙度、残余应力和微观缺陷等。

3) 温度的升高使材料的屈服应力明显减小,从而降低切削力,这样既可使工件的弹性变形和颤振减少,易于保证加工精度,又能延长刀具的耐用度,并有利于提高难切材料的金属切除率和除低加工成本。

4) 在改善切削加工性的同时,不会使工件基材的显微组织和性质发生变化。

如加工高强度 30NiCrMo166 钢和钨铬钴 6 合金用 5 kWCO_2 激光器辅助加工,切削力降低

70%，刀具磨损减少90%，切削速度的提高使金属切除率增加2倍。但金属切削表面对CO_2激光的吸收率低于10%，还存在切屑的阻挡，能量利用不经济，另外高功率激光器的成本和运行费用较高，故激光辅助切削应用于工业尚待进一步研究。

(3) 激光辅助切削陶瓷

工程陶瓷的应用日益扩大，由于其特有的硬度和脆性，切削加工性很差，金刚石砂轮磨削远远不能满足对陶瓷零件的加工要求，因而激光辅助切削陶瓷工艺应有较好的应用前景。

在非加热状态，车刀一接触陶瓷材料，即产生很大的切削阻力，被切材料崩碎，切削过程无法进行。但当陶瓷材料加热到1 000 ℃以上时，均显示一定的塑性，切削可顺利进行，切屑大体上显现完整的带状型。此外，陶瓷材料的热膨胀系数较小，仅为钢材的1/10左右，加热切削所带来的尺寸补偿问题较小。

某试验用激光车床上配备了一台2.5 kW的CO_2激光器，用来进行激光辅助切削陶瓷的试验，被切材料为SiN陶瓷，用激光将被切材料局部加热到1 250 ℃，切削深度可达1.5 mm。

2.2.4　高压水射流加工

高压水射流加工技术是20世纪80年代进入实用化阶段的一种高性能切削加工技术，它是利用高压、高速的细径液流作为工作介质，对工件表面进行喷射，依靠液流产生的冲击作用来去除材料，利用这种技术可进行去毛刺、清砂、表面抛光、穿孔、切割和研磨等加工，其中尤以切割加工应用最为广泛。

1. 超高压水射流切割的原理

超高压水射流切割原理如图2.22所示。储存在带有过滤器的水箱1中的水，经过过滤器处理后，由水泵2抽出送至蓄能器3中。液压机构10驱动增压器11，使水压增高。高压水经控制器4、阀5和蓝宝石喷嘴6喷射到工件8上的加工部位，进行切割。切割过程中产生的切屑和水混合在一起，排入水槽9。

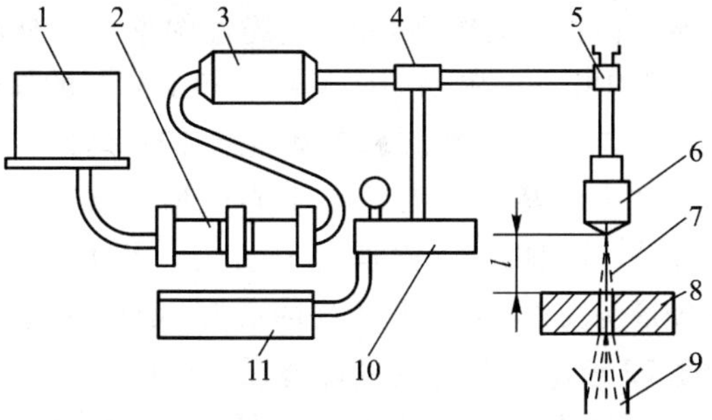

图2.22　超高压水射流切割原理图

1—带有过滤器的水箱；2—水泵；3—蓄能器；4—控制器；5—阀；6—蓝宝石喷嘴；7—射流；8—工件；9—水槽；10—液压机构；11—增压器

超高压水射流本身具有较高的刚性，在与工件发生碰撞时，会产生极高的冲击动压和涡流。从微观上看，相对于射流平均速度存在着超高速区和低速区(有时可能为负值)，因而超高压水射流表面上虽为圆柱模型，而内部实际上存在刚性高和刚性低的部分。刚性高的部分产生的冲击动压使传播时间减少，增大了冲击强度，宏观上看，起快速楔劈作用；而低刚度部分相对于高刚度部分形成了柔性空间，起吸屑、排屑作用。两者的结合，使其在切割材料时犹如一把轴向“锯刀”加工一样。

超高压水射流破坏材料的过程是一个动态断裂过程。对于脆性材料(如石材)，主要是以裂纹破坏及扩散为主；而对于塑性材料(如钢板)，遵循最大的拉应力瞬时断裂准则，即一旦材料中某点的法向拉应力达到或超过某一临界值时，该点即发生断裂。根据弹塑性力学，动态断裂强度与静态断裂强度相比,要高出一个数量级左右。主要原因是动态应力作用时间短,材料中裂纹来不及发展,因而动态断裂不仅与应力有关,而且还与拉应力作用的时间长短相关。

2. 超高压水射流切割的分类及特点

根据高压射流工作介质的不同,超高压水射流切割技术可分为两类:纯水高压水切割(Water - Jet Cutting,WJ),磨料高压水切割(Abrasive Water - Jet Cutting,AWJ)。

纯水高压水切割使用经过处理的工业用水作为工作介质,经过精细过滤,不掺杂任何固体颗粒物料,用于切割软质材料,如纸张、纸板、玻璃纤维制品、食品等。磨料高压水切割则是在液流中掺和了一定比例的细粒度磨料,磨料比例最高可达20%(质量),目的在于增加射流的能量密度,提高切割效率,用于切割硬脆材料,如各种金属材料、石材、玻璃、塑料、陶瓷等。

与普通切割相比,超高压水射流切割的特点如下:

(1) 由于使用水作为介质,其价格便宜,易于处理,且处理后的水可重复使用,无毒、不污染环境,是一种冷态切割新工艺,属于绿色加工范畴,是目前世界上先进的切割加工方法之一。

(2) 加工中的切屑混入水中排出,无灰尘,工作场地清洁。

(3) 由于加工产生的热量几乎全部被水带走,加工质量好,工件不变形。

(4) 被切断面无压力,切缝窄,可达0.075 mm,切割面光滑美观,切口公差上偏差可达0.03 mm。

(5) 将动力部件及泵等设备远离工件场地,工作地点噪声低。

(6) 便于进行计算机控制,可方便地加工出三维空间的任意形状。

(7) 切割能力强、效率高,可切割金属及非金属材料。在射流中加入磨料后可加工钛合金、玻璃、石头、水泥等高硬度、高脆性的难切割材料,从而大大拓宽了切割能力和应用范围。例如,可切割180 mm厚的中碳钢板、250 mm厚的钛合金板。

3. 超高压水射流加工系统及工艺参数

高压水射流加工系统主要由增压部分、切割部分、控制部分及过滤部分组成。其中,增压部分最为关键,是整个系统的心脏,增压原理如图2.23所示。图中变量柱塞泵1将油液经单向阀2、换向阀3输送到双向增压缸4中时,活塞5带动增压柱塞6运动。由水泵7输送来的低压水通过单向阀8或9进入增压腔12中,在柱塞的挤压下形成高压水经单向阀10从喷嘴13中喷射出去。在增压系统中,增压缸4是关键部件,它决定了增压系统的增压比。一般情况下,活塞5与柱塞6的面积比为18:1。因此,如果活塞5上的油压作用力为23 MPa,则增压腔可获得414 MPa的压力。

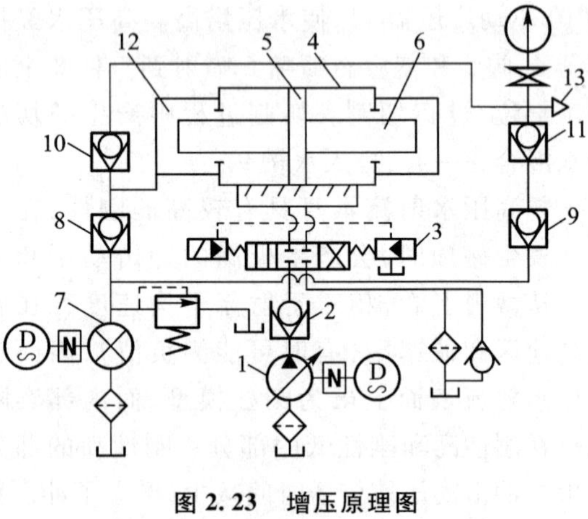

图2.23　增压原理图

1—变量柱塞泵;2、8、9、10、11—单向阀;3—换向阀;4—增压缸;5—活塞;6—柱塞;7—水泵;12—增压腔;13—喷嘴

切割部分最主要的零件是喷嘴。为了满足精密切割的要求,喷嘴应具有优良的射流特性和较长的使用寿命,用于制造喷嘴的材料除应具有优良的耐磨性及耐腐蚀性外,还应能承受很高的压力。目前,多用硬质合金、蓝宝石、红宝石和金

刚石。蓝宝石喷嘴工作寿命为150 h左右，而金刚石喷嘴寿命可高达1 500 h，但后者加工困难，成本高。

控制系统由液压、气压和机械三部分组成。液压部分用来推动增压器活塞以调节高压水流量，气压用来控制喷嘴开关，机械部分用来调节各运动机构，以适应加工工件的形状和厚度要求。

若水中含有尘埃、矿物质沉淀物或者水质过硬会把喷嘴划出沟槽，影响高压水喷射的密集性，致使高压水射流提前扩散，降低加工效果。水的过滤由二组三级组成。所谓二组是指有完全相同的二组过滤器以提高设备使用的可靠性，即当第一组过滤器发生阻塞或故障时，第二组可及时取代第一组工作。所谓三级是指每组过滤器均由三种规格（10 μm、1 μm、0.45 μm）的金属网眼进行三次过滤。

影响切削性能的工艺参数较多，包括水压力、喷嘴结构及参数、喷嘴与工件距离、工件进给速度、工件材料及厚度等，目前对切削参数规律性的研究尚不完善。

4. 高压水射流切割的应用

随着高压水射流加工技术的发展，其应用也越来越广泛，目前已应用于国防、航天、汽车制造、建筑、造船、玻璃制造、造纸、橡胶、医疗等行业。在机械制造行业尤以金属或非金属板材下料切割最为典型。

在建材工业和建筑装潢业中，可用于切割大理石、花岗岩、陶瓷、玻璃纤维、石棉等材料，可切割出复杂形状的石材拼花，切割尺寸准确，无粉尘污染，使陶瓷地砖一改过去的单调呆板，呈现出五彩缤纷的装饰效果，使破损的陶瓷地砖、石材边脚料经过深加工升值数十倍，成为精美的花鸟虫鱼、生肖艺术拼花图案而进入千家万户。

在汽车制造业，用于切割仪表盘、内饰及外饰件、门板、车窗玻璃，不需要模具，可提高生产线的加工柔性。

在航空航天工业，用于切割硼纤维、碳纤维等复合材料，切割时不产生分层，无热聚集，工件切割边缘质量高。切割铝合金、不锈钢、钛合金、耐热合金等金属材料时，无金相变化，无热影响区，无热应力，切缝窄，切口质量高，材料利用率高。

超高压水射流切割技术的应用范围在日益扩展，潜力巨大。随着设备成本的不断降低，其应用的普遍程度将进一步得到提高。

2.3 干切削加工

环境保护是人类生存的需要，是生产持续发展的需要，也是高质量生产的需要。工业生产对环境的污染和破坏主要体现在四个方面：

（1）生产过程对环境的污染。

（2）生产产品的运行过程对环境造成的污染。

（3）废弃物对环境的污染。

（4）对能源原材料及其它资源的不合理消耗。

消除或减少工业生产对环境污染的根本出路在于清洁制造工艺技术。为此，必须仔细分析生产过程的每一要素，改进传统工艺或开发新型替代工艺。

传统的切削与磨削加工过程中，切削液几乎是不可缺少的，切削液在传统切削过程中的作

用,一般有三个主要作用:

(1) 冷却作用,带走切削产生的热量,减少刀具磨损,防止工件表面氧化。

(2) 润滑作用,减小摩擦,降低切削力,保证切削顺畅。

(3) 排屑作用,迅速带走工件表面的热切屑,同时带走热量,并防止切屑划伤工件表面。

虽然切削液通常是大多数加工中不可缺少的生产要素之一,对保证加工精度,提高表面质量和生产效率具有重要作用,但随着人们环境意识的增强及环保法律法规的要求越来越严格,切削液的负面效应愈加明显,主要表现在:

(1) 加工过程中产生的高温使切削液形成雾状挥发,污染环境并威胁操作者健康。

(2) 某些切削液及粘带有切削液的切屑必须作为有毒、有害材料处理,处理费用相当高。

(3) 切削液的渗漏、溢出影响安全生产。

(4) 切削液的添加剂(如硫、氯等)会给操作者健康造成危害并影响加工质量。

切削过程的研究表明,切削液传统的冷却、润滑、排屑等作用在加工过程中得不到充分有效的发挥。因此,人们试图不用或少用切削液来改变这种状况,适应清洁生产工艺及减小生产成本的要求。干切削加工技术就是这样的一种方法,它可较好地解决生存环境、技术与经济之间的协调与持续发展。干切削不是简单地停止使用切削液,而是要在停止使用切削液的同时,保证高效率、高产品质量、高的刀具耐用度以及切削过程的可靠性,这就需要用性能优良的干切削刀具、机床以及辅助设施替代传统切削中切削液的作用,来实现真正意义上的干切削。

2.3.1 干切削加工技术

1. 干切削及其特点

干切削就是在加工过程中不用任何切削液的新的工艺方法。它是相对于采用切削液的传统湿式加工而言,是控制环境污染源头的清洁制造工艺。由于不用切削液,因而干切削可以完全消除切削液带来的一系列负面效应,它具有以下特点:

(1) 形成的切削干净、清洁、无污染,易于回收和处理。

(2) 省去了与切削液有关的传输、回收、过滤等有关装置及费用,简化了生产系统,节约了生产成本。

(3) 省去了与切屑及切削液处理相关的费用。

(4) 不污染环境,也不发生与切削液有关的安全及质量事故。

由于具有这些特点,干切削已成为目前清洁制造工艺研究的热点之一,并在车、铣、钻、铰、镗削等加工中得到了成功应用。

2. 干切削加工技术

干切削虽然具有上述诸多优点,但由于没有切削液,其冷却、润滑及排屑作用就会丢失,切削加工中的热量就会增加,从而导致过高的切削温度,使排屑不畅,刀具寿命变短,降低了生产效率,并使加工表面质量变差,如何克服这些不利因素,使干切削具有湿式切削的同样效果,就成为干切削成功应用的关键所在。而切削技术、刀具材料及刀具设计技术的发展,使干切削的实施成为可能。只有采用高热刚度、高硬度、高冲击韧性的刀具材料,结合不需要润滑的涂层技术以及有利于快速排屑的刀具结构,才能够实现可靠的干切削。因此,具有相应的刀具材料和不需要润滑的刀具涂层是实现干切削的重要前提。

(1) 刀具材料

刀具材料的发展可使刀具(片)承受更高的切削温度,因而减少了对冷却的要求。切削加工中切削热的产生是不可避免的,通常都要加冷却液冷却,然而采用新型刀具材料(新型硬质合金、陶瓷、涂层刀具材料等)及选择合理的进给量和切削速度,既可承受切削过程中的高温,进行高速切削,又可使产生的大部分热量传给切屑,即可进行干切削加工。

开发适合于干切削的刀具材料是其成功应用的关键。干切削刀具材料要有优良的热硬度,常用的有特殊硬质合金、涂层材料及某些陶瓷刀具材料。例如,用于干铰削的铰刀要求有锋利的刀刃,以保证加工精度及表面粗糙度要求;选用超细晶粒硬质合金(如 DK4600F,含 Co 8% ~ 10%;晶粒尺寸 0.3 μm;韧性比晶粒尺寸为 2.5 μm 的普通硬质合金高 60% ~70%),可满足锋利性要求,但刀具磨损严重;而采用金属陶瓷铰刀,则可满足加工质量要求,刀具又有较长的寿命,可进行满意的干铰削。此外,用 HSS 钻头加工铸铁,刀具寿命和生产效率均受限制,而对 HSS 刀具表面进行 TiAlN 及 Al_2O_3 组合涂层处理,则用于铸铁干钻削,性能比 HSS 钻优越得多。

(2) 刀具涂层

涂层技术的发展有两大作用。第一,可减小刀具 - 工件表面之间的摩擦,减小了切削力,降低了对切削液润滑作用的依赖;第二,可提供低热导率层,以抵抗切削热向刀具的传播,取代切削液冷却刀具的作用。

目前,所用刀具中的 40% 是涂层刀具,而且这种趋势还在不断增长,为了优化各种加工方法,新涂层也在不断地出现。1995 年,德国 Guhring 公司介绍了两种涂层,它们可减小钻削、铰削、攻螺纹及铣削加工中的摩擦。这些涂层有些像特氟隆(Teflon),与刀具基体表面粘接性能优良,且形成的涂层表面光滑,摩擦系数小。其中一种涂层是基于二硫化钼(MoS_2),被称为 MOVIC 的软涂层。在 9% 的硅铝合金工件上攻螺纹时,非涂层丝锥(基体为含钴 10% 的超细晶粒硬质合金)只能加工 20 个孔,TiAlN 涂层丝锥可加工 1 000 个孔,而 MOVIC 涂层丝锥可加工 4 000 个孔。另一种涂层是组合涂层,即 MOVIC 软涂层涂覆在某种硬涂层之上,这种涂层也在钻削钢及 9% 硅铝合金中得到了成功应用。图 2.24 为这种涂层的钻头,软的润滑性良好的涂层涂覆在排屑部位,而要求有一定硬度的刀尖部位则仅涂一层硬涂层。

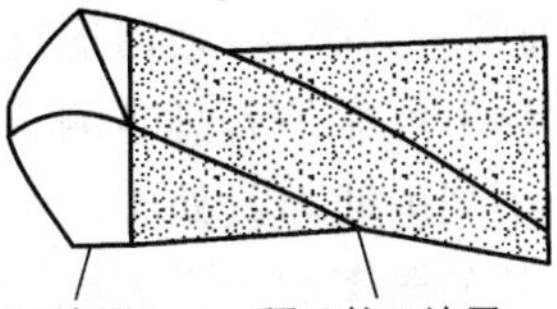

图 2.24 在不同部位含不同涂层的钻头

因此,涂层可以代替切削液的润滑作用,减小了对切削液的依赖,还可降低切削力。新型涂层,如金刚石(未来的 CBN)也可减小刀具 - 工件表面的摩擦。由此可见,涂层技术是干切削成功应用的最关键的技术。

(3) 排屑方法

合理的加工方式、刀具设计及制造能力的提高,使切屑排出容易,减小了依赖切削液排屑的作用。

研究表明,切削液的润滑作用只有 10%,其余主要作用是排屑。因此,湿式加工中排屑主要由切削液来完成,而干切削由于没有切削液,排屑就成为一个主要问题。但随着加工技术的发展,采用合理的加工方式、刀具设计以及制造能力的提高,排屑问题也得到了逐步解决,以下是几种成功用于干切削的排屑方法:

1）借助重力排屑。通常钻削都是从上往下进行，切屑从孔中向上排出。但如果倒过来，将工件安装在主轴下部，从下向上钻削，则将产生完全不同的效果。在重力的作用下，切屑就会顺利从孔中排出，也无需用一定压力的切削液来辅助排屑。这一思想已在美国某刹车制造厂的一条自动线上的柔性加工机床上得以实现。

此外，可将工件倾斜45°安装，机床主轴也相应倾斜45°，从下往上钻削，此时不能实现完全干钻削，但需要切削液的量可达最少，其处理费用也比普通钻削少得多，这种方式称为准干钻削。

2）利用虹吸现象将切屑从孔中吸出，虹吸是利用干燥的空气吸出切屑，也无需切削液。

3）利用真空或喷气系统也可改善排屑条件，实现干切削加工。

4）由于先进制造设备的使用，复杂刀具的设计及制造能力有了很大改善，复杂的刀具几何结构可以解决空间的排屑问题，同时还可降低切削力。

同时，刀具要有耐磨损、耐冲击的结构，干切削过程中刀具与切屑接触区域的温度升高，容易导致干切削刀具的月牙洼磨损失效。因此，通常干切削刀具具有大的前角和刃倾角，这样的刀具大大减小了刀具与切屑之间的接触面积。例如，采用具有大前角和大刃倾角的干铣刀片，试验证明可大大减小刀具与切屑之间的接触面积，使切屑带走大量热量。另外，干切削的高硬度刀具材料一般都有较大的脆性，前角增大后，刀刃强度又会降低，此时应配合以适宜的T型刃带，强化刃口，加强刀刃强度，采用适宜的负倒棱或前刀面加强单元以加强支撑，分散压力。

（4）可靠的刀具监测装置

干切削使刀具处于一个更加恶劣的加工环境，温度升高、切削力增大等，同时使刀具破损、磨损失效的概率增大。因此，刀具监测装置将成为干切削可靠性、安全性以及加工质量的有利保证。目前，随着传感器、数字信号处理技术的发展以及神经网络、人工智能在刀具监测领域的应用，各种性能稳定、可靠性高的刀具监测装置都能在市场上找到，区别主要取决于对其性能的要求和经济角度的考虑。

2.3.2 干切削加工技术的应用

干切削技术于20世纪90年代源于欧洲，目前在西欧各国最为流行。在干式切削技术的研究和应用方面，德国居国际领先地位。日本也已成功开发出不使用切削液的干式加工中心，装有液氮冷却的干式切削系统，从空气中提取高纯度氮气，常温下以0.5～0.6 MPa压力将液氮送往切削区，顺利实现干式切削。

以色列ISCAR公司认为，干式切削工艺是切削加工技术的主要发展趋势。因为车削中切削区的热量恒定，容易通过采用新型硬质合金刀具，选用合理的进给量和切削速度，就能进行干式切削，在某些场合还可利用激冷气体或旋风喷雾器降低切削温度。

1. 铸铁的干切削

铸铁加工通常都不用切削液，是最典型干切削加工方式。目前，铸铁干切削的研究主题是如何提高加工效率，美国LeBond Makino公司研究开发的“红月牙”（Red Crescent）铸铁干切削技术就是利用陶瓷或CBN刀具进行高速加工。由于切削速度和进给量很高，产生的热量很快聚集在刀具前端，使这一部分材料达到红热状态，其屈服强度下降，可大大提高切削效率。通常，铸铁的金属切除率（车削）为16 cm^3/min，而采用红月牙干切削加工可使其提高到149 cm^3/min。

2. 铝的干切削

铝材的应用量在不断增加，特别是在汽车行业更是如此。因此，铝的高效干切削加工就成为必须解决的问题。美国 Turchan 公司研制了一种用于开口零件平面铣削的机床，并配有获得专利的真空系统，排屑非常流畅。Big Three 公司安装了八台高速（15 000 r/min）金刚石干切削加工系统，用以加工变速箱上的铝通道盘，加工精度为 0.05 mm，每小时加工 600 件，与以往采用的磨削加工方法相比每年可节约经费达 3 百万美元。

金刚石刀具是有色金属干切削成功应用的关键。美国 QQC 公司开发了一种可使金刚石与基体材料之间得到真正冶金结合的扩散工艺，其优点是导热系数大，热扩散快，与铝不亲和，且可对成形刀具进行涂覆。

3. 镁的干切削

镁是金属中最难加工的材料之一，它具有易燃性，与切削液中的水反应会形成氢化镁，并释放出危险的氢气，造成切削液中的水硬化，而且镁一旦受潮就成为污染物，因此镁必须采用干切削加工技术。美国的 Cargill Petroit 公司正在研究镁的干切削工艺。

4. 其它材料干切削

美国的 LeBlond Makimo 公司发明了一种专利工艺，利用这种工艺在切削速度高达 305 m/min 时，可用硬质合金刀具对淬硬钢（ >50HRC）及钛合金进行干车削加工。加工中产生的热量可由通过主轴的高压气体冷却，可使切削温度降至最低，每转中可将刀具与工件的接触限制在 25% 内。

2.3.3 准干切削

干切削的应用范围目前还比较有限，而完全的湿式加工又有诸多不足，若将两者相互结合，既可满足加工要求，又可使与切削液有关的费用降至最低，将这种介于湿式切削与干切削之间的加工技术称为准干切削技术。由于它使用的切削液量最少，因而切削液供给系统简单、体积小、容易布局。如美国 Thysessn 公司将设计的最小润滑系统集成在主轴电动机中，其流量由 CNC 程序控制，该单元在 6.5 s 时间内可钻削 10 个直径为 8 mm、中心距为 20 mm 的孔，其每小时仅用一杯润滑液，且大部分被蒸发，切屑中切削液含量大大减小，回收处理费用大幅度下降。

准干切削研究的主题是最少的切削液为多少。针对钻削、镗削进行了试验研究，受控变量为切削液类型、浓度、工件材料、刀具类型及几何参数、切削参数；控制目标为表面粗糙度、刀具积屑瘤和切削力的大小。

2.3.4 成熟的干切削工艺方法

干切削不是一项通用技术，它的应用还有一定的局限，在一定的工艺条件下，对一些加工材料、加工类型可以采用干切削，另一些则不宜。一般对尺寸精度、表面质量要求不高的非封闭式的切削加工，完全可以直接采用干切削，对要求较高的非封闭切削加工，采用一些技术措施，如提高主轴转速、减少进给、使用新型刀具等，都可以进行干切削。经过干切削专家十多年研究、试验，有以下几种适用于不同材料、不同加工类型的成熟干切削工艺方法。

1. 微量润滑（Minimal Quantity of Lubrication，MQL）的准干切削

切削液消耗在 50 ml/h 以下，用气雾外部润滑剂“喷涂到”切削位置，使少量切削液得到最充分的利用。这种工艺主要适用在铸铁、钢、铝合金工件上进行钻、铰、攻螺纹加工以及深孔钻削和铝合金的端面铣削等。

2. 加工铸铁的"红月牙"技术

利用陶瓷或CBN刀具进行高速加工,聚焦在刀具前端的热量使工件达到红热状态,降低工件的屈服强度,大大提高了切削效率。主要应用于灰铸铁或淬硬钢的干切削。

3. 高速干切削技术

高速切削有切削效率高、一次切削能达到很高的加工质量、大量切削热被切屑带走的切削特点。这种切削特点应用于干切削是非常有利的,因为只要快速处理掉切屑,就基本上解决了高速干切削的瓶颈问题(即发热严重的问题)。例如,在铝合金的普通切削中,铝屑常常会在大量的切削热作用下部分熔化,粘附在刀具上,严重影响工件表面的加工质量,而采用高速干切削可使铝屑还来不及熔化的时候就脱离刀具和工件,一次加工就能达到很高的表面质量。

4. 采用其它辅助方法的干切削技术

没有切削液进行冷却,可以采用其它冷却方法。对于刀具的冷却可以采用蒸汽或低温物质内冷,如把液氮通过刀体内部的管腔送至刀片下面循环冷却刀片;对于工件及加工区的冷却则可在封闭区内合理布置冷气吹入和切屑、杂尘抽吸,如在不锈钢等难加工材料的切削中,应用冷风加工方法进行微量润滑的准干切削,使难加工材料变得不再难加工。另外,还有激光辅助切削加工、导电辅助加热切削工艺技术等,都有助于干切削的实现。

2.3.5 干切削加工技术的发展

在达到干式切削的目标之前还需经过很长一段过渡阶段,当前的任务是,限制使用有害、有毒的添加剂,研制新的环保型添加剂并开发切削液处理技术。

1. 对切削液的新要求

过渡阶段的切削液除了应具备原切削液已具备的冷却、润滑、清洗和防锈性能外,还应具有下列性能:

(1) 无毒,不伤害操作者,对环境无污染(或低污染)。

(2) 不容易腐蚀变质,寿命长。

(3) 通用性强,可适用于各种切削加工方式和多种工件材料。

(4) 透明或半透明,便于观察加工状态。

(5) 有相应的废液处理技术且处理方便。

2. 切削液的发展趋势

(1) 从油基向水基过渡

油基切削液润滑性能好,但冷却效果差,在高速重切削时易产生烟雾,严重污染环境,易着火,使用不安全,能源浪费较严重,故油基切削液已不能满足先进制造技术的使用要求。而水基切削液则具有冷却效果好、防火性好、对环境污染问题较易解决一系列优点,故它是发展方向。

(2) 微乳状切削液前景广阔

微浮状切削液与乳化液、合成切削液同为水基切削液。微浮状切削液的液体形态与合成切削液相近,呈透明或半透明状,使用寿命比乳化液长4~6倍,其性能类似乳化液,废液处理也比合成切削液要容易,它综合了乳化液与合成切削液的优点且通用性强,性能优异,也称半合成切削液。预计它将是未来切削液的主要品种。

（3）向“无公害”或“低公害”方向发展

防止公害和防止环境污染，确保劳动者的安全健康是当前世界各国极为关注的问题，许多国家都颁布了环保法律和条例。切削液废液是重要的污染源，如何把废液对环境的危害降到最低程度是个非常重要又不易解决的问题。据报道，美国已开发了先进切削液生物降解处理技术，并已在工业界广泛应用，日本目前采用水稀释或用活性污泥对切削液废液进行处理。

（4）逐步推广集中冷却润滑系统

这是将多台加工设备各自独立的冷却润滑装置合并集中成为一个冷却润滑的系统。其优点是：延长切削液的使用寿命；易于实现对切削液性能指标的自动控制，确保切削液的质量；可减少废液量且便于集中处理，利于保护生态环境；便于对系统设备的维护、保养和管理；便于切屑的运输和集中处理等。集中冷却润滑系统已在一些发达国家开始使用，我国也将逐步推广使用。

（5）实现切削液质量管理的自动化

随着机械加工自动化程度的不断提高和无人化工厂（车间）的出现，在冷却润滑系统中实现对切削液的自动检测和自动控制势在必行。可以检测、控制切削液的工作温度、使用浓度、pH 值和气味等，并对切削液的失效进行预报。

3. 限制使用切削液中的有害添加剂

切削液中的添加剂很多都是有害、有毒的，使用时应严加限制。

（1）亚硝酸盐及类似化合物

亚硝酸盐、铬酸盐是钢铁类工件良好的防锈剂，但它们均是有毒物质且污染环境。如亚硝酸盐与溶液中的有机胺会形成致癌的亚硝胺。日本、美国、西欧一些国家已限用或禁用。铬酸盐也有毒性且污染环境，也被禁用。

（2）磷酸盐类化合物

含磷酸盐的工业污水的排放会使江河湖海中水的营养富化而出现赤潮。欧盟已对它的排放作出了限制。

（3）氯化物

含氯的极压切削液润滑性能优异，但有人认为会腐蚀金属、有毒且污染环境。欧洲一些国家，特别像德国和瑞典等已限用氯化物作添加剂。

（4）甲醛及类似化合物

甲醛在切削液中有极强的防腐作用，但有毒，刺激人的眼鼻，与皮肤接触能导致组织坏死，危害人的健康。另外，酚类和苯类杀菌剂也有毒，均应限用。

4. 研制新型环保型添加剂

研制开发新型高效无毒添加剂，已引起各国学者的关注。

（1）硼酸酯类添加剂

研究证明，硼酸酯是一种多功能环保型添加剂。它的特点是油膜强度高，摩擦系数小，减摩、耐磨性能好；防锈性能好；抗菌、杀菌功能强且无毒害作用。硼酸酯又容易合成，它是由羟基物质（醇）与硼化剂（如硼酸）反应而成的。

（2）钼酸盐系缓蚀剂

钼酸盐是阳性缓蚀剂，能使金属表面生成 $Fe-MoO_4-Fe_2O_3$ 钝化膜，有良好的缓蚀效果，且无毒、不污染环境，但价格高，故影响其推广使用。使用由钼酸盐、硼酸盐和有机胺组成的高效价廉的防锈铬化物比单独用任何缓蚀剂性能都好。

(3) 新型防腐杀菌剂

切削液中有微生物和菌类滋生繁衍的条件,因而切削液极易腐败,必须在切削液中添加防腐杀菌剂,才能延长切削液的使用寿命。据日本专利介绍,用油酸、硬脂酸等羧酸制取的铜盐能有1年以上的抗腐败能力。据美国资料介绍,柠檬酸具有较好的抗菌效果。美孚石油公司研制了一种名为 Mobilment Aqua Rho 乳状油,添加了含磷、氮和硼的化合物,可使乳化液的使用寿命达到4个月以上。

环境意识的增强及生产中努力降低生产成本、不破坏生存环境的要求,使得加工方法不得不考虑采用有利于生态环境的加工技术。作为生产要素之一的切削液,在生产过程中对环境、操作者及产品质量的负面作用已愈加明显,解决切削液的负面效应也成为迫在眉睫的问题。干切削加工技术可从根本上解决切削液带来的不利因素,是一种很有前途的工艺方法,由于它与诸多技术有关,若要广泛地用于生产,还有待于进一步地研究。

2.4　电化学加工

电化学加工(Electrochemical Machining,ECM)是通过电化学反应去除工件材料或在其上镀覆金属材料等的特种加工。早在1834年,法拉第就发现了电化学作用原理,后来人们又先后开发出诸如电镀、电铸、电解加工等电化学加工方法,并早已在工业上获得广泛应用。近十几年来,借助高新技术,在精密电铸、复合电解加工、电化学微细加工等方面发展较快。目前,在机械制造业中,电化学加工已成为一种不可缺少的去除或镀覆金属材料及进行微细加工的重要方法。

2.4.1　电化学加工的基本原理、分类及特点

1. 电化学加工的基本原理

用两片金属作为电极,通电并浸入电解溶液中,形成如图2.25所示的通路。导线和溶液中均有电流通过。但是,金属导线和电解质溶液是两类性质不同的导体,前者是靠自由电子在外电场作用下沿一定方向移动而导电的,是电子导体;后者是靠溶液中正、负离子移动而导电的,是离子导体。

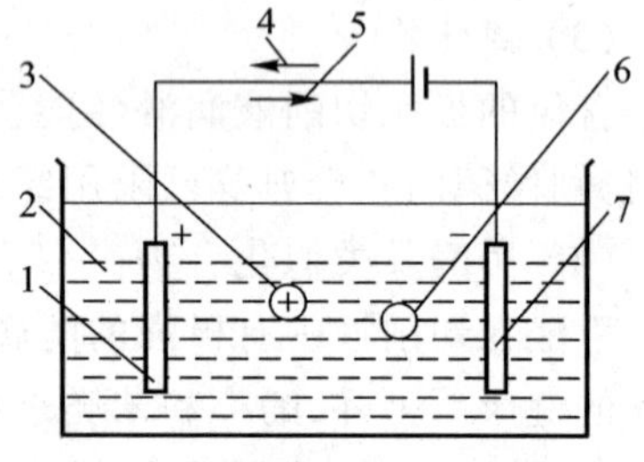

图2.25　电解溶液中的电化学反应

1—阳极;2—电解液;3—阳离子;4—电流方向;5—电子流方向;6—阴离子;7—阴极

当上述两类导体构成通路时,在金属片和溶液的界面上产生交换电子的反应,即电化学反应。若所接的电源是直流电,溶液中的离子便做定向移动,正离子移向阴极并在阴极上得到电子进行还原反应;负离子将移向阳极并在阳极表面失掉电子进行氧化反应(也可能是阳极金属原子失去电子而成为正离子进入溶液)。溶液中正、负离子的定向移动称为电荷迁移。在阳、阴极表面产生得、失电子的化学反应叫做电化学反应。

2. 电化学加工的分类及特点

电化学加工按其作用原理可分为两大类。第一类是利用阳极金属的溶解作用进行去除材料

的加工，主要有电解抛光、电解加工等。第一类电化学加工是被加工工件为阳极，工件金属在电场的作用下失去电子变成金属离子，金属离子又与电解液中的氢氧根化合沉淀，逐渐将工件一层一层蚀除掉，即

$$\text{M(金属)} - e \rightarrow M^{+}\text{(金属离子)} \tag{2.5}$$

$$M^{+} + (OH)^{-} \rightarrow M(OH)\downarrow \tag{2.6}$$

第二类是利用金属在阴极的沉积镀覆作用进行镀覆加工的，主要有电镀、电铸等。第二类加工方法以被加工工件为阴极，电解液中的金属离子(正离子)被吸引到阴极(工件)表面而得到电子，金属离子沉积在工件的表面，即

$$M^{+} + e \rightarrow M \tag{2.7}$$

阳极失去电子变成金属离子进入电解液，起补充电解液中金属离子被消耗的作用。

电化学加工与传统加工相比，有如下主要特点：

(1) 可对任何金属材料进行形状、尺寸和表面的加工。加工高温合金、钛合金、淬硬钢、硬质合金等难加工金属材料时，优点更加突出。

(2) 加工中无机械切削力和切削热的作用，故加工后表面无冷硬层、残余应力，加工后也无毛刺或棱角。

(3) 加工可以在大面积上同时进行，也无需划分粗、精加工，故一般都具有较高的生产率。

(4) 电化学作用的产物(气体或废液)对环境有污染、对设备也有腐蚀作用。而且，"三废"处理比较困难。

2.4.2 电解加工

电解加工(Electrolytic Machining)是利用金属在电解液中产生阳极溶解的原理去除工件材料的特种加工。自20世纪50年代开始研究并用于生产以来，至今已成为电化学加工中发展较快、应用较广泛的加工方法之一。在国内外已成功地应用于枪、炮、导弹、喷气发动机制造等国防工业部门，在模具制造等民用工业部门中也得到了广泛的应用。

1. 电解加工的基本原理

电解加工是利用金属产生阳极溶解的原理，将工件加工成形的。图2.26所示为电解加工的示意图，在工件和工具电极之间接6～24 V的直流电源，工件接正极(阳极)，工具(铜或不锈钢)接负极(阴极)，两者之间保持较小的间隙(通常为0.02～0.7 mm)，在间隙处通以6～60 m/s高速流动的电解液，形成极间导电通路。

当在工件和工具之间施加一定的电压时，工件表面的金属就不断地产生阳极溶解，溶解的产物被高速流动的电解液冲走，使阳极溶解能够不断地进行。电解加工开始时，工件的形状与工具阴极形状不同，工件上各点距工具表面的距离不相等，因而各点的电流密度不一样。距离近的地

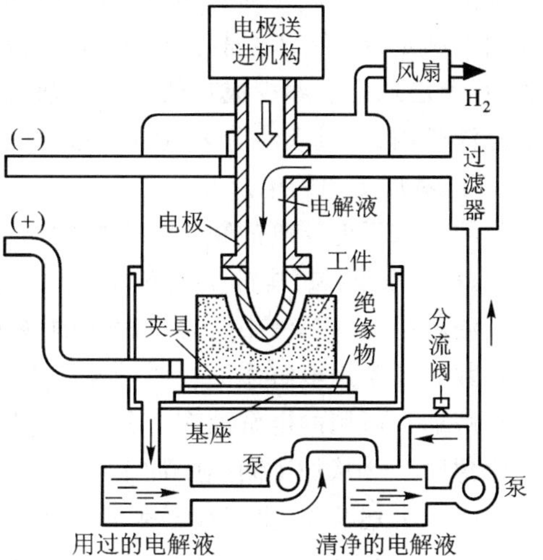

图2.26 电解加工的示意图

方电流密度大，阳极溶解的速度快；距离远的地方电流密度小，阳极溶解的速度慢。这样，当工具不断进给时，工件表面上各点就以不同的溶解速度进行溶解，工件的型面就逐渐地接近于工具阴极的型面，直到把工具的型面复印在工件上，得到所需要的型面。

为了保证加工精度，在电解加工过程中需要经常保持一定的加工间隙（工件和工具阴极之间的距离）。因此，随着加工的进行，工具电极必须按一定的速度向工件移动。因为电解加工在所加电压和电极送进速度一定的条件下，不论加工开始的间隙有多大，经过一段时间后，总会接近某一定数值。目前，电解加工大多采用固定电压，工具电极按一定速度送进的方式。

电解电流流过加工间隙时，在两电极（阳极和阴极）上会产生电极反应。例如，当电解液采用 NaCl 溶液，阳极是铁时，电解液中存在四种离子（Na^+、H^+、Cl^-、OH^-），负离子趋向阳极，正离子趋向阴极。即在阳极附近有 Cl^-、OH^- 和 Fe^{2+}，在阴极附近有 Na^+ 和 H^+。因此在阳极上发生下列反应：

$$Fe^{2+} + 2(OH^-) \rightarrow Fe(OH)_2 \downarrow \tag{2.8}$$

$Fe(OH)_2$ 是绿色沉淀，它又不断地和电解液及空气中的氧反应逐渐成为黄褐色的氢氧化亚铁，其反应式为

$$4Fe(OH)_2 + 2H_2O + O_2 \rightarrow 4Fe(OH)_3 \downarrow \tag{2.9}$$

在阴极上的反应为

$$H^+ + 2e \rightarrow H_2 \uparrow \tag{2.10}$$

因此在电解过程中，阳极铁不断溶解腐蚀，最后变成氢氧化亚铁沉淀；阴极材料并不受腐蚀损耗，只是氢气不断从阴极上析出，水逐渐消耗，而 NaCl 的含量并不减少。

电解加工时，由于电流密度很大，加工间隙非常小，电解电流流过狭窄的加工间隙时，电解液迅速被加热，直至达到沸腾状态，此时电流密度变得非常不均匀。上述的电解生成物和电解液的加热会对电解加工过程带来不利影响。为了消除这些影响，电解液就必须以很高的速度流过加工间隙，流速的大小随加工条件不同而有所不同，通常为 6 ~ 60 m/s。要使高速流动的电解液通过狭窄的加工间隙，一般都采用图 2.26 所示的方法，即用泵将电解液加压，通过工具的内部喷向加工间隙。电解液流过加工间隙时，在时间上、空间上都应该是均匀分布的。复杂形状要在较大的表面上满足这一要求是相当困难的。为此，采用改变电解液喷嘴的形状、尺寸、个数及位置的方法，目前已取得了不少成功的经验。通过加工间隙把电解生成物及运走热量的电解液集中流到电解液槽内，经过离心分离、沉淀、过滤，去掉电解生成物，经净化处理后再循环使用。

2. 电解加工中的电解液

凡溶于水后能导电的物质叫做电解质，如盐酸（HCl）、氢氧化钠（NaOH）、食盐（NaCl）、氯酸钠（$NaClO_3$）等酸、碱、盐都是电解质。电解质与水形成的溶液称为电解质溶液（简称电解液）。电解液浓度是指电解液中所含电解质的多少，一般以质量分数表示，即指每 100 g 溶液中所含溶质的克数。还常用电解质的物质的量浓度（符号 mol）表示，即指 1 L 溶液中的电解质的摩尔数。

电解加工所用的电解液有三种作用：①传递电流使工件进行阳极溶解，并破坏阳极表面形成的极化薄膜。②从加工间隙中冲走电解生成物。③带走加工中产生的热量。

要完成上述功能，电解液必须具备下列性质：①在被加工物的表面不生成钝化膜之类的不溶解物，使电化学反应不能持续进行。②阳离子不附着到工具表面，否则工具的形状就会发生变化，造成加工形状误差。③电导率高，粘度低，从而减少发热，容易迅速地从加工间隙中除去产生

的热量和电解生成物。④应无毒，腐蚀性小且价格便宜。

电解液可分为中性、酸性和碱性三种。应用最广泛的是中性溶液，而酸性溶液和碱性溶液仅用在特殊的场合。

NaCl 是较早使用的中性水溶液。它的阴离子 Cl^- 不容易在阳极生成钝化膜，阳离子 Na^+ 也不易附着到阴极表面，因此是一种良好的电解液。但 NaCl 水溶液有腐蚀性，不能得到高的加工精度。这是因为在 NaCl 中性水溶液里，不管电流密度的大小如何，几乎所有材料的电流效率都是 100%，故即使在距离工具电极较远的地方也会引起阳极溶解，从而造成大的加工误差。

为了克服 NaCl 中性水溶液的这些缺点，又开发了 $NaNO_3$ 水溶液。它比用 NaCl 中性水溶液费用高，电流效率也低，但可以获得高的加工精度和低的表面粗糙度值，这是由于当电流密度变小时电解电流效率会急剧下降。在低电流密度的条件下，电流效率几乎变为零，阳极溶解仅在离电极近和电流密度大的地方进行。$NaNO_3$ 水溶液的这种良好性质是由于它在低电流密度的部分会生成不易溶解的钝化膜，当电流密度变大时，这种钝化膜就遭到破坏，阳极溶解可再次继续进行。

酸性电解液（如 HCl、HNO_3 等酌稀溶液）的电导率高，蚀除速度大，电解产物易溶于电解液中，在加工间隙中不生成沉淀物，对加工深而小的孔特别有利。但是它有严重缺点，如对金属的腐蚀性大、对人的皮肤和眼睛有损害、加工过程中溶液成分不易保持稳定等。因此，这类电解液仅用于高精度的小间隙加工或用于加工细长孔，以及钛、钼等难加工材料的加工。

碱性电解液（如 NaOH、KOH 等）对人体有害，同时在加工一般金属材料时，会在工件表面上形成难溶性的阳极膜，使阳极溶解难于进行，因此采用较少，仅在加工钨、钼等金属材料时，用作添加剂，以增强对难溶于酸或盐的碳化物的溶解。

3. 电解加工设备的组成

电解加工设备主要由机床本体、电源和电解液系统等部分组成。

机床本体主要作安装工件、夹具和工具电极之用，并实现工具电极在高压电液作用下的稳定进给。电解加工机床应具有良好的防腐、绝缘以及通风排气等安全防护措施。

电源的作用是把普通 50 Hz 的交流电转换成电解加工所需要的低电压、大电流的直流稳压电源。

电解液系统主要由泵、电解液槽、净化过滤器、热交换器、管道和阀等组成，要求能连续而平稳地向加工部位供给流量充足、温度适宜、压力稳定、干净的电解液，并具有良好的耐腐蚀性。

4. 电解加工的特点及应用

电解加工的类型很多，常见的有电解孔加工、电解套料加工、电解型腔加工、电解成形加工、电解切断及电解磨削等。

电解孔加工时，工具电极是各种不同断面的管材，如图 2.27 所示，管的外面涂有绝缘涂料，仅露出端部凸缘进行加工。电解孔加工应用最广泛的是涡轮叶片的冷却孔加工。涡轮叶片是耐热合金材料，其冷却孔是直径为 $\phi0.8$ mm、深为 150 mm 的细长孔，用电解加工可显著提高生产率。此外，电解加工可用来加工弯曲孔和槽，如图 2.28 所示。

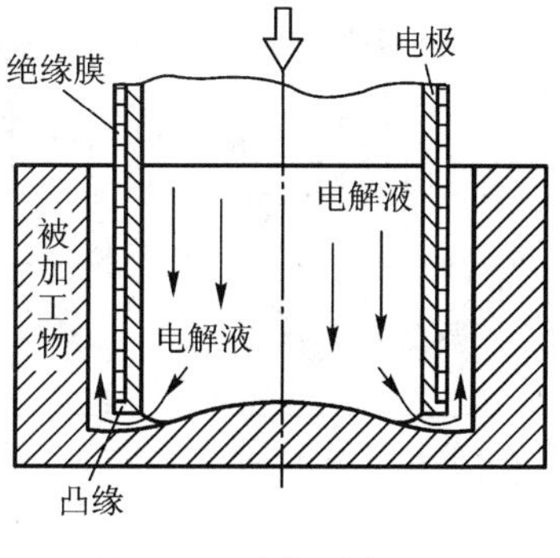

图 2.27 电解孔加工图

电解套料加工和电解孔加工用的装置完全相同，只是工具电极稍有不同。如图 2.29a 所示，管的内、外面都进行了绝缘，管内留下的部分是所要的工件。当工件较大时，管的断面相应增大，电解液的流量难以控制，此时可采用图 2.29b 所示的具有二重壁的工具电极。

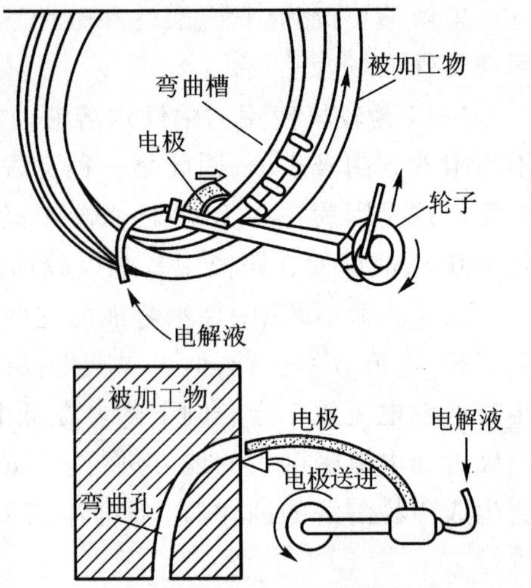

图 2.28 弯曲孔电解加工

电解加工还主要用于各种模具的型腔面加工。由于模具的形状复杂，使用的材料强度高，难以用切削加工方法加工。采用电火花加工比电解加工的型腔面精度高，但加工速度却远不如电解加工的高，因此电解加工多用在精度要求不太高的锻模、压铸模的型腔加工上。

电解成形加工广泛地应用于涡轮叶片的外形表面加工。图 2.30 所示是左、右同时加工两个叶片时的装置示意图。图 2.30a 所示为用电极 1 和电极 2 同时加工两个叶片的毛坯，图 2.30b 所示为交换毛坯并反过来进行加工。

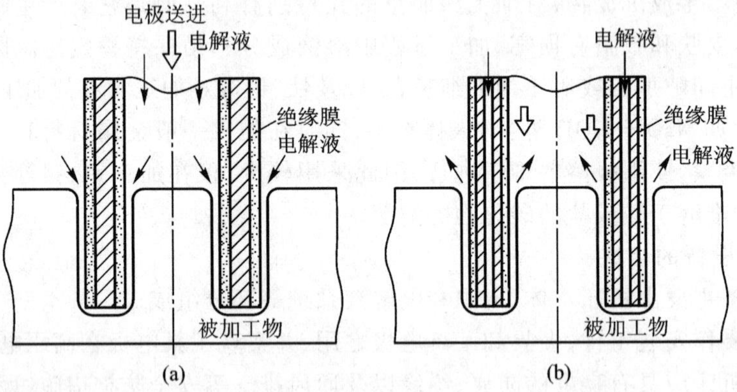

图 2.29 电解套料加工

电解切断可以使用各种形状的工具电极。图 2.31 所示为用回转圆板电极进行电解切断加工。切断时，两侧面经过绝缘的薄金属圆板电极作回转运动，电解液喷向圆板，由离心力的作用流到加工间隙。该方法容易进行多处切断加工。图 2.32 是用细的管状工具电极进行切断加工的示例，电解液经管状电极小孔喷向加工间隙。

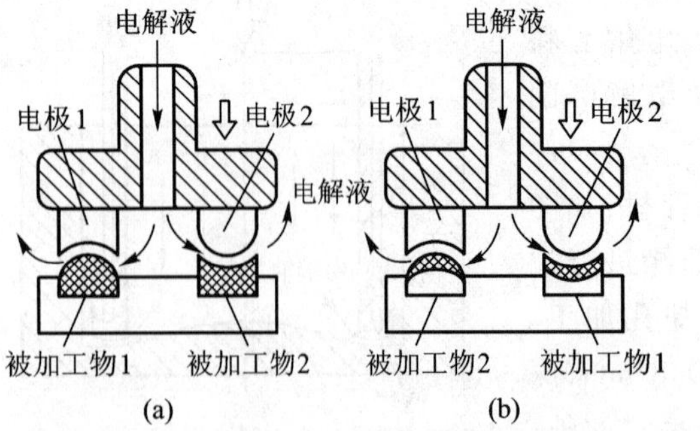

图 2.30 电解曲面加工

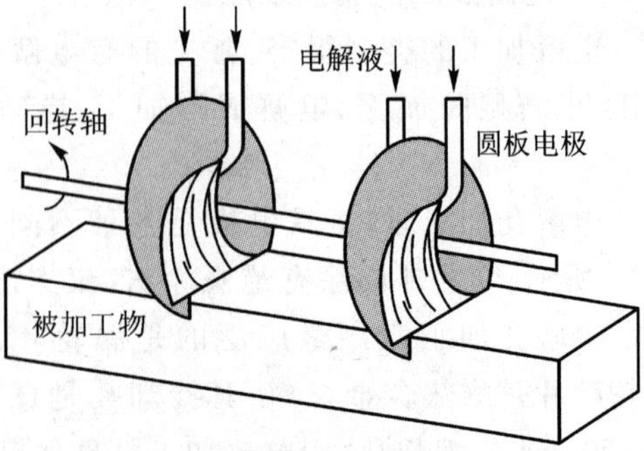

图 2.31 用回转圆板电极进行切断加工

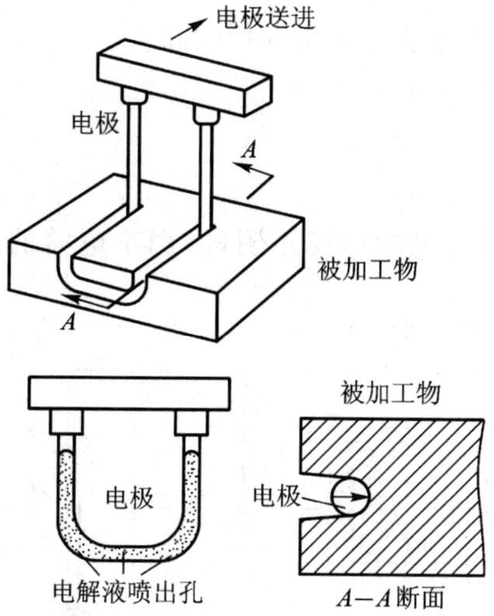

图 2.32 用细管电极进行切断加工

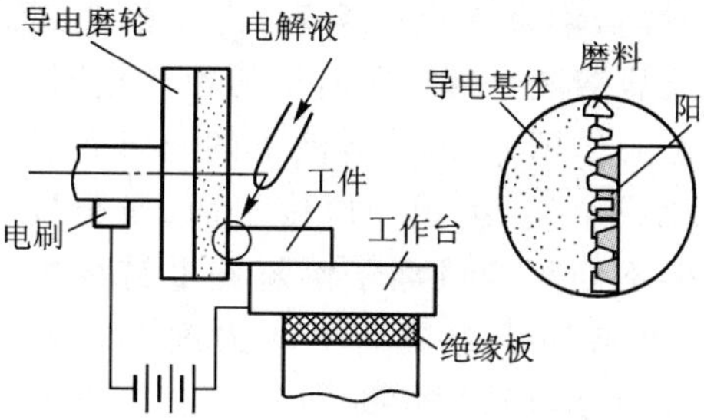

图 2.33 电解磨削原理图

电解磨削是利用电解作用与机械磨削相结合的一种复合加工方法。其工作原理如图 2.33 所示。工件接直流电源正极,高速回转的磨轮接负极,两者保持一定的接触压力,磨轮表面突出的磨料使磨轮导电基体与工件之间有一定的间隙。当电解液从间隙中流过并接通电源后,工件产生阳极溶解,工件表面上生成一层称为阳极膜的氧化膜,其硬度远比金属本身低,极易被高速回转的磨轮所刮除,使新的金属表面露出,继续进行电解。电解作用与磨削作用交替进行,电解产物被流动的电解液带走,使加工继续进行,直至达到加工要求。

电解加工的优点如下:

(1) 不受材料硬度的限制,能加工任何高硬度、高韧性的导电材料,并能在一个工序上以简单的进给运动一次加工出形状复杂的形面和型腔,加工前后材料表面的硬度不发生变化。

(2) 工具电极不损耗。由于工具电极是阴极,在加工过程中,阴极上只发生氢气和沉淀现象而无溶解作用,因此工具电极无损耗。

(3) 加工速度快,且随电流密度的增大而增大。与电火花加工相比,加工形面和型腔的效率高 5 ~ 10 倍。

(4) 由于加工过程中无热及机械力的作用,加工表面质量好,无毛刺,在加工面上不产生残余应力、变形及加工变质层。

(5) 可得到镜面加工,且加工速度愈大,表面质量愈好。

电解加工的缺点如下:

(1) 加工设备投资较大,有污染,需防护。电解液一般都具有腐蚀性,因此要采取防腐措施。

(2) 因为电解生成物最终形成淤渣,需要进行处理。特别是当加工特殊钢时,除了 Fe 元素之外还包含 Cr、Ni、W、Co 等离子,其中六价 Cr 是有害物,更要严格地进行处理。

(3) 工具电极制造需要熟练的技术,虽然开发了不少工具电极的制作方法,但对于复杂形状的加工,其电解液喷出口的位置、形状、尺寸、数目等还需要由经验确定。

(4) 加工精度与工件的形状有关。对简单形状及曲面,可以得到很高的加工精度,但对于复杂、细小形状零件,即使仔细地制造工具电极,也不如用其它方法加工出的精度高。

2.4.3 电铸加工

1. 电铸加工的基本原理

电铸加工(Electrotyping)基本原理如图 2.34 所示,用导电的原模作阴极,用于电铸的金属作阳极,金属盐溶液作电铸溶液,即阳极金属材料与金属盐溶液中的金属离子的种类相同,在直流电源的作用下,电铸溶液中的金属离子在阴极还原成金属,沉积于原模表面,而阳极金属则源源不断地变成离子溶解到电铸液中进行补充,使溶液中金属离子的浓度保持不变。当阴极原模电铸层逐渐加厚达到要求的厚度时,与原模分离,即获得与原模型面相反的电铸件。

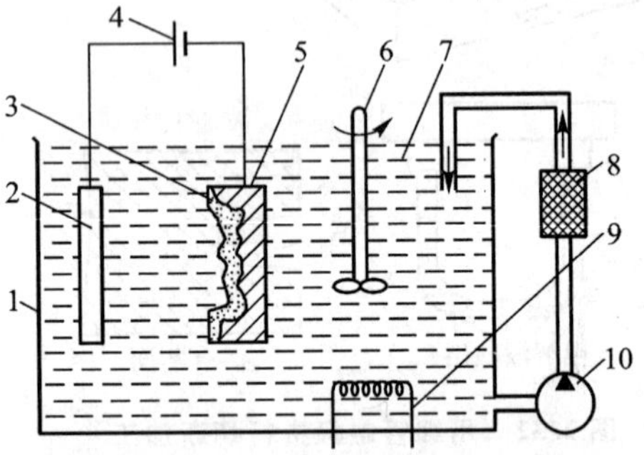

图 2.34 电铸原理示意图

1—电铸槽;2—阳极;3—电铸层;4—直流电源;5—原模(阴极);6—搅拌器;7—电铸液;8—过滤器;9—加热器;10—泵

2. 电铸加工的特点和应用范围

(1) 电铸加工的主要特点

1) 能将传统加工较困难的零件内表面转化为原模外表面,并将难成形的金属转化为易成形的原模材料(如石蜡、树脂等),因而可制造出其它方法不能或很难制造的特殊形状的零件。

2) 能准确地复制表面轮廓和微细纹路。

3) 改变电铸液成分和工作条件,使用添加剂,可使电铸层的性能在宽广的范围内变化,以适应不同加工的需要。

4) 能够获得尺寸精度高、表面粗糙度值为 $Ra0.125\ \mu m$ 以下的产品;同一原模生产的电铸件一致性好。

5) 可以获得高纯度的金属制品。

6) 可以制造多层结构的构件,并能将多种金属、非金属拼铸成一个整体。

7) 电铸也有诸如生产周期长、尖角或凹槽部分铸层不均匀、铸层存在一定的内应力、原模上的伤痕会带到产品上、电铸加工时间少等缺点。

(2) 电铸加工的应用范围

1) 形状复杂,精度高的空心零件,如波导管等。

2) 注塑用的模具、厚度仅几十微米的薄壁零件。

3) 复制精细的表面轮廓,如唱片模、艺术品、纸币、证券、邮票的印刷版等。

4) 表面粗糙度标准样块、反光镜、表盘、喷嘴和电加工电极等特殊零件。

3. 电铸加工基本设备

电铸设备主要由电铸槽、直流电源、搅拌及循环过滤系统、加热和冷却系统等组成(图 2.34)。

(1) 电铸槽

电铸槽的材料应以不被电铸液腐蚀为准。一般用钢板焊接,内衬铅板、橡胶、聚氯乙烯薄板或其它塑料。也有用较厚的聚氯乙烯硬板焊接或用聚树脂和玻璃纤维粘合而成。小型槽可用陶瓷、玻璃或搪瓷制品,大型的可用耐酸砖衬里的水泥槽。

(2) 直流电源

通常采用低电压、大电流的直流电。电压一般在 12 V 以下,并可调压,电流密度一般在 15 ~ 30 A/mm^2。

直流电源一般采用整流器和发电机。常用的有硒整流器、硅整流器和可控硅整流器。

(3) 搅拌和循环过滤系统

为了降低电铸液的浓差极化,加大电流密度,减少电铸加工时间,提高加工质量和加工速度,最好在阴极运动的同时,加速溶液的搅拌。搅拌的方法有循环过滤法、压缩空气法、超声振动法和机械法。

机械搅拌法包括阴极水平方向上的往复运动、垂直方向上下振动、圆周旋转和左右摆动等。循环过滤法的特点是,不仅将溶液进行搅拌,而且在溶液不断反复流动的同时,进行过滤。为此,要用过滤泵吸出槽底的深液及杂质,经过滤器过滤,除去溶液中的固体杂质,而后再返回槽内。

(4) 加热和冷却器

由于电铸所需时间较长,在电铸期间要保持溶液的温度,故需要加热或冷却进行恒温控制。加热的方式有蒸汽、热水、电热或煤气加热。冷却可采用水冷或冷冻机等方法。常用的方法是在槽底或侧壁上安装蛇形管,加热时管内通入蒸汽或热水。冷却时通入冷水。

4. 电铸的工艺过程

电铸的主要工艺过程如图 2.35 所示。

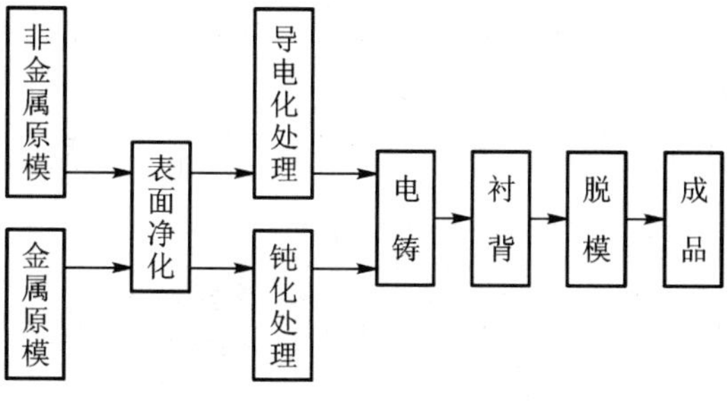

图 2.35 电铸的主要工艺过程

(1) 原模的材料与设计

制造合格的原模是电铸的第一步。原模按使用次数可以分为临时性原模和耐久性原模,其选用原则主要根据电铸零件的形状、精度和表面粗糙度要求,以及加工批量来决定。通常,要求公差小、表面粗糙度值低、批量生产时,选用耐久性原模;当精度和表面粗糙度要求不高,或形状复杂、脱模困难时,选用临时性原模。

1) 原模的材料 必须根据电铸件具体要求和原模材料的性能及原模类型进行合理选择。常用的耐久性原模和临时性原模的材料、性能见表 2.4。此外,橡胶、陶瓷、木材等也可作原模材料。

表 2.4　常用原模材料和性能

原模类型	原模材料	材料性能								注
		可加工性	表面粗糙度	加工精度	抗破坏能力	钝化处理	脱模方式	使用寿命	表面金属化	
耐久性原模	碳素钢	好	低	高	好	要	机械	长	不要求	表面需镀铜－镍－铬
	镍	差	低	高	好	要	机械	长	不要求	应力大，难以获得厚而平的工件
	不锈钢	差	低	高	好	要	机械	长	不要求	电铸溶液稳定
	黄铜、青铜	好	低	高	较好	要	机械	较长	不要求	表面需镀镍－铬
	玻璃	较好	低	中等	较差	不要	加热、冷却或溶剂	短	要	容易破碎
	环氧树脂或热固性塑料	好	中等	中等	较差	不要	溶解或机械	较短	要	用前要固化
临时性原模	铝	好	低	高	较差	浸锌	化学溶解	较短	不要	易被电铸液侵蚀、脱模溶解慢
	蜡	铸造	中等	较低	较差	不要	热溶化	短	要	电铸溶液温度宜低
	石膏	铸造	中等	较低	较差	不要	热溶化	短	要	表面涂漆
	低熔点合金	铸造	中等	较低	较差	不要	溶化	较短	不要	工件上可能粘附锡
	聚苯乙烯或热塑性塑料	好	中等	中等	较差	不要	热溶化或溶解	短	要	电铸溶液温度不宜过高

2）原模的设计　必须考虑工件的结构、精度、可加工性能及脱模工艺等因素。例如：

① 内外棱角应采取尽可能大的过渡圆弧，以免电铸层内棱角处太薄而外棱角处过厚。

② 原模长度应大于工件长度，即留有 8～12 mm 的加工余量，以便电铸后切去的交接面粗糙。

③ 对耐久性原模，脱模斜率一般为 1°～3°。如果不允许有斜度，则应选用与电铸金属热膨胀系数相差较大的材料制作原模，以便电铸后用加热或冷却的方法脱模。

④ 即使对零件表面粗糙度没有要求，为了顺利脱模，原模表面粗糙度值也不应低于 $Ra0.4$～0.2 μm。

⑤ 零件尺寸精度要求不高时,可在原模上涂上或浸入一层蜡或易熔合金,待电铸后将涂层熔去脱模。

⑥ 外形复杂不能完整脱模的零件,应选用临时性原模或组合式原模。

(2) 原模电铸前的预处理

电铸前预处理的目的是使原模能够电镀和电铸后的工件能够顺利脱模。

1) 清洗处理 原模电铸前,必须进行清洗,以去掉表面的脏物或油污,保证金属离子能电铸到原模表面上。清洗的方法有多种,如有机剂清洗、酸洗、碱洗、阴极电解清洗等。由于电铸有精度和表面粗糙度要求,所以不可用苛性碱或浓酸清洗,以确保原模不受腐蚀。

2) 钝化处理 电铸前,对金属原模表面要进行钝化处理,使金属表面形成一层钝化膜,一般在重铬酸盐溶液中处理。

对于耐久性金属原模,电铸前要保持在半活化半钝化状态,才能使电铸件与原模有不太牢固的结合力,以利用机械方法脱模,并可使原模重复使用。

在耐久性原模中,镍及其合金必须钝化;不锈钢和镀铬的原模表面,由于本身具有钝化膜,故不必再钝化处理,直接进行电铸即可。

在临时性原模中,铝原模电铸前宜浸锌,预镀铜,以防止原模在电铸液中被腐蚀;对低熔点合金的原模可涂石墨,以免锡粘在电铸件表面上。

3) 导电化处理 对非金属原模的表面,电铸前必须进行导电化处理。一般有以下几种:

① 以极细的石墨、铜粉或银粉混合少量胶合剂做成导电漆,涂敷在非金属原模表面上。

② 用真空涂膜或阴极溅射的方法,在非金属表面覆盖一薄层金、银或铂等金属膜。

③ 用化学镀的方法,在非金属表面镀上一层银、铜或镍。此法在生产上经常应用。

(3) 电铸溶液

1) 对电铸溶液的要求 由于电铸层较厚,又有物理、机械性能等要求,所以对电铸溶液有以下要求:

① 沉积速度快。采用高电流密度,合理选择电铸液,采用加热、搅拌、超声波等强化措施。

② 成分简单便于控制。由于电铸产品主要要求物理、机械性能,因此要求成分简单,便于控制,可使电铸层的性能保持稳定。

③ 对溶液的净化处理要求高。由于电铸层厚,各种有机、无机和机械杂质的影响严重,使电铸层粗糙、变脆,将影响其它物理、机械性能。因此,必须定期过滤和处理。

④ 能获得均匀的电铸层。因电铸件脱模后要独立存在,所以对铸层厚度要有最低要求,否则强度不足;此外,如果各部分厚度差别太大,将影响产品的性能。因此,要尽量选用均铸能力好的电铸溶液。

2) 常用电铸溶液 电铸常用金属材料有铜、镍和铁,与之相应的电铸溶液有:

① 铜的电铸溶液。铜电铸件的性质柔韧,具有一定的机械强度,传热、导电性能良好,成本低。电铸铜常用的溶液有硫酸盐、氟硼酸盐和焦磷酸盐。

硫酸盐溶液成分简单,价格低廉,溶液稳定,导电性能良好,沉积速度快,控制容易,操作方便,应用较广。

氟硼酸盐溶液成分简单,对杂质不敏感,易于控制,允许使用更高的电流密度,沉积速度更快,电铸层柔韧、平滑、结晶细致。但配制溶液成本高,溶液腐蚀性强,电铸层内应力较大。

焦磷酸盐溶液的成分也简单，工艺稳定，均铸性好，用空气搅拌电铸速度较快。因这种溶液属于弱碱性，适合不耐强酸、强碱的原模材料，但成本较高。

② 镍的电铸溶液。电铸镍层比电铸铜层具有更高的硬度和机械强度，抗蚀性也高得多。因此，应用比较广泛，如用于制造标准表面粗糙度样板、高强度、高硬度的压模等。常用的镍电铸溶液有硫酸盐、氟硼酸盐和氨基磺酸盐等。

③ 铁的电铸溶液。铁电铸层机械性能好，韧而致密，成本低。某些方面可代替铜和镍。广泛用于磨损零件的修复和电铸件的加固。但铁易生锈，应镀镍或铬。常用的铁电铸溶液主要有氯化物和氟硼酸盐。

氯化亚铁电铸溶液的导电性能良好，可在大电流密度下操作，沉积速度快，电铸件性质柔韧致密，机械性能好，但溶液温度较高，pH 变化大。

氟硼酸亚铁溶液性质稳定，导电性能良好，可以在较低温度下，采用大电流密度，但铸层内应力较大。

(4) 衬背

某些电铸件，如塑料模具和印刷版等，电铸成形之后需要用其它材料衬背加固，然后再加工至一定尺寸。衬背的方法有浇铸铝或铅 - 锡合金及热固性塑料等。对某些零件可以在外表面包覆树脂进行加固。

(5) 脱模

如果电铸件需要机械加工，最好在脱模之前进行，一方面原模可以加固铸件，以免零件在机械加工中变形或损坏；另一方面机械力能促使电铸件与原模分离，便于脱模。

脱模的方法，视原模材料而定(表 2.5)。

5. 电铸加工的应用

电铸具有极高的复制精度和重复精度，可用于形状复杂，精度要求很高的空心零件，厚度仅几十微米的薄壁零件、高尺寸精度且表面粗糙度值低于 $Ra0.1\ \mu m$ 的精密零件、唱片膜、邮票、纸币、证券等印刷版之类微细表面轮廓或花纹的金属制品、各种具有复杂曲面轮廓或微细尺寸的注塑模具、电火花型腔用电极等金属零件的制造和复制。已在航空、仪器仪表、塑料、精密机械、微型机械研究等方面发挥了重要作用，并作为一项先进制造工艺技术日益受到国内外的重视。其加工应用举例如表 2.5。

表 2.5　电铸件的几种脱模方法

耐久性原模	临时性原模
a. 突击性锤打 b. 加热或冷却 c. 用压机或螺旋缓慢地推拉 d. 平面工件可用薄刀尖分离	a. 铝及铝合金可溶于热氢氧化钠溶液 b. 低熔点合金，以热硅油浴熔化 c. 热塑性塑料，先加热软化，挖出，再以溶剂溶解洗涤 d. 蜡模，可用沸水溶化，溶剂清洗 e. 石膏原模可打碎取出

(1) 精密微细喷嘴的电铸

精密喷嘴内孔直径为 0.2 ~ 0.5 mm，内孔表面要求镀铬，采用传统加工方法比较困难，用电铸加工则比较容易(图 2.36)。

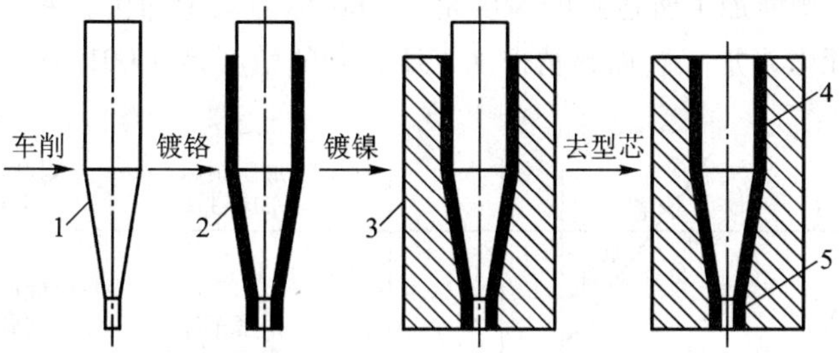

图 2.36 精密喷嘴内孔镀铬工艺过程

1—型芯；2—镀铬层；3—镀镍层；4—内孔镀铬层；5—精密喷嘴

首先加工精密黄铜型芯，其次用硬质铬酸进行电沉积，再电铸一层金属镍，最后用硝酸类溶液溶解型芯。由于硝酸类溶液对黄铜溶解速度快，且不侵蚀镀铬层，所以可得到具有光洁内孔表面镀铬层的精密微细喷嘴。

（2）微孔的电铸

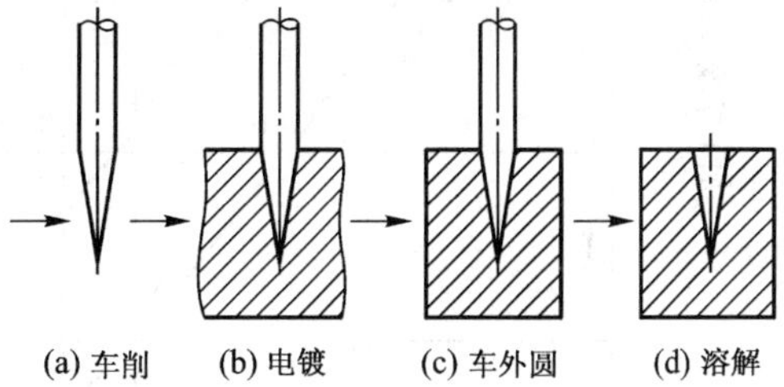

图 2.37 微孔电铸加工过程示意图

加工如图 2.37 所示的微孔，其剖面具有一定斜度、最大孔径几十微米、孔深数毫米，采用电铸加工效果较好。先根据加工孔的要求，制造型芯，然后用电镀的方法在型芯周围制备电铸金属，并对电铸金属的外圆进行加工，最后抽出型芯或溶解掉，即可得到所需的微孔。微孔的形状、尺寸精度、表面粗糙度完全取决于型芯的质量和材料，就当今机械加工和材料科学的水平而言，型芯的质量和材料是不难保证的。

2.5 精密与超精密加工

2.5.1 精密与超精密加工的基本概念

1. 精密加工与超精密加工的定义

精密加工和超精密加工代表了加工精度发展的不同阶段，至今没有准确的定义，其划分是相对的，由于生产技术的不断发展，划分的界限将随着历史进程而逐渐向前推移，过去的精密加工对今天来说已是一般加工。精密加工是指在一定的发展时期，加工精度与表面质量达到较高程度的加工工艺。超精密加工则是指在一定的发展时期，加工精度与表面质量达到最高程度的加工工艺。显然，在不同的发展时期，精密与超精密加工有不同的标准。

2. 加工精度与年代之间的关系

加工精度与年代之间的关系如图 2.38 所示。从图中可见，传统的机械加工方法（普通加工）与精密和超精密加工方法一样，随着新技术、新工艺、新设备以及新的测试技术和仪器的采用，其加工精度都在不断地提高。加工精度的不断提高，反映了加工工件时材料的分割水平不断由宏观进入微观世界的发展趋势。随着时间的进展，原来认为是难以达到的加工精度会变得相对容易。因此，普通加工、精密加工和超精密加工只是一个相对概念，其间的界限随着时间的推移不断变化。当前一般认为，普通加工所达到的精度是 1 μm（称为微米加工），精密加工所达到的精度是 0.1 ~0.01 μm（称为亚微米加工），而超精密加工所达到的精度是 0.001 μm（也称为纳米加工）。

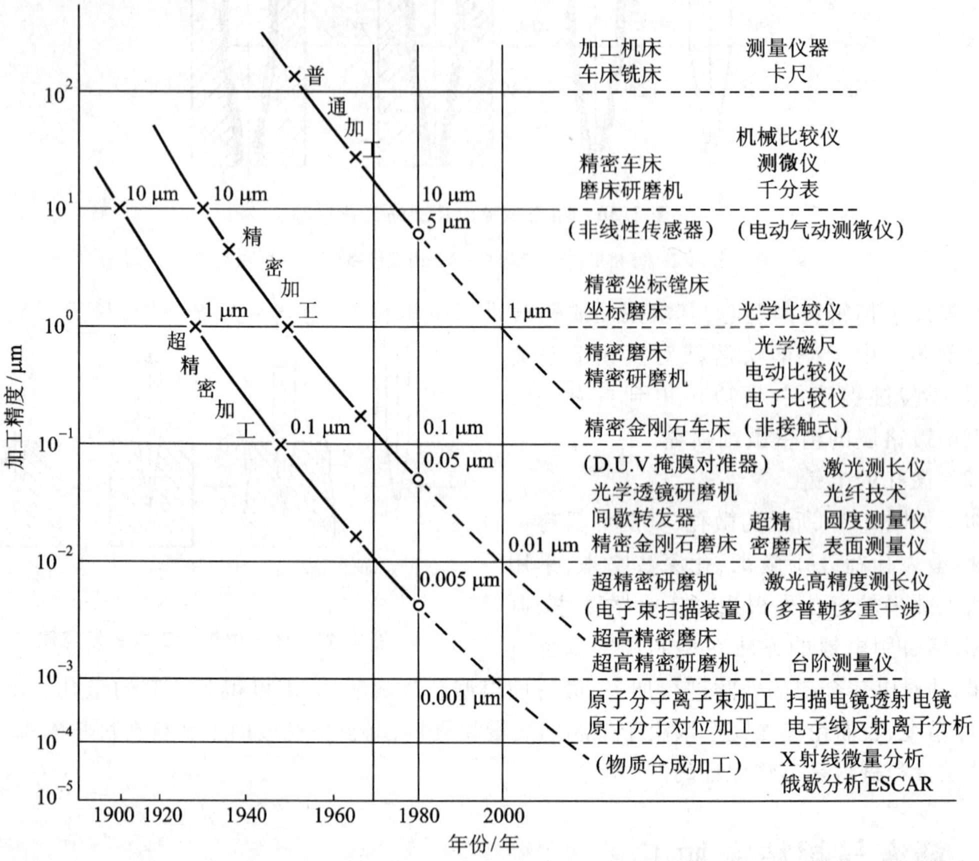

图 2.38　加工精度与年代之间的关系

3. 精密加工与超精密加工的特点

（1）"蜕化"和"进化"加工原则

一般加工时，"工作母机"（机床）的精度总是要比被加工零件的精度高，这一规律称之为"蜕化"原则，或称"母性"原则。对于精密加工和超精密加工，由于被加工零件的精度要求很高，用高精度的"母机"有时甚至已不可能，这时可利用精度低于工件精度要求的机床设备，借助工艺手段和特殊工具，直接加工出精度高于"母机"的工件，这是直接式的"进化"加工；另外，用较低精度的机床和工具，制造出加工精度比"母机"精度更高的机床和工具（即第二代"母机"和工具），用第二代"母机"加工高精度工件，为间接式的"进化"加工，两者统称"进化"加工，或称创造性加工。

（2）微量切除（极薄切削）

超精密加工时，背吃刀量极小，是微量切除和超微量切除，因此对刀具刃磨、砂轮修整和机床均有很高要求。

（3）形成了综合制造工艺系统

精密加工和超精密加工是一门综合性高技术，要达到高精度和高表面质量，要考虑加工方法的选择、加工工具及其材料的选择、被加工材料的结构及质量、加工设备的结构及技术性能、测试手段和测试设备的精度、恒温净化防振的工作环境、工件的定位与夹紧方式和人的技艺等诸多因素，因此精密和超精密加工是一个系统工程，不仅复杂，而且难度很大。

(4) 与自动化联系十分紧密

采用计算机控制、在线检测、适应控制、误差补偿等技术，提高加工质量，减少人的因素的影响。

(5) 特种加工方法和复合加工方法的出现

精密和超精密加工方法中，不仅有传统加工方法，如超精密车削、铣削、磨削等，而且有特种加工和复合加工方法，如精密电加工、激光加工、电子束加工、离子束加工等。

(6) 加工检测一体化

精密和超精密加工时，加工和检测联系十分紧密，有时采用在线检测和在位检测（工件加工完毕后不卸下，在机床上直接进行检测），甚至进行在线检测和误差补偿，以提高加工精度。

4. 提高机械加工精度的技术基础

加工精度的提高主要有两种表现形式。一是机械加工精度的不断改进；二是各种非传统（非机械）加工方法的使用。而机械加工精度的提高有赖于以下技术的发展：

(1) 新的机械加工工艺方法的研究与应用

如现在已创造出单刃金刚石刀具精密、超精密车削及铣削的新工艺，砂带磨削工艺等。

(2) 新型刀具材料的研制和采用

如应用涂层硬质合金、聚晶立方氮化硼、人造金刚石材料和单晶金刚石刀具等。

(3) 新型超精密加工机床的使用

该类机床多采用空气轴承，一般具备低速进给机构和微量进刀机构，并具有优越的抗热、抗震特性。

(4) 新的测量手段和测量方法的应用

精密加工和超精密加工的实现有赖于相应测量手段和测量方法的使用。例如，应用光学的或电磁的计量方法，可在加工过程中对加工精度进行自动监控。而以亚微米级加工精度为计量对象的非接触测量系统的研制和实用，是近些年里实现自动化精密加工的重大研究课题。

采用激光高速扫描的尺寸计量系统如图 2.39 所示。它采用平行光管透镜将激光准确地调

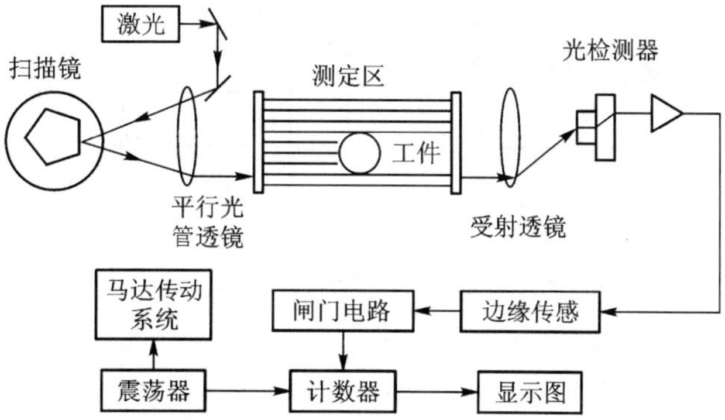

图 2.39 激光高速扫描的尺寸计量系统

整到多角形旋转扫描镜上聚焦。通过激光扫描被测工件两端，根据扫描镜旋转角、扫描镜旋转速度、扫描镜和透镜之间的间隔即透镜焦点距离等数据计算出被测工件的尺寸。

2.5.2 精密和超精密切削加工

1. 精密和超精密切削加工工作原理

精密和超精密切削加工的工作原理与普通切削加工一样，都是通过一个或有次序的多个刀刃在被加工表面的切削形成工件形状。但所不同的是，加工所用的刀具不一样，加工使用的机床性能不一样，从而切削用量也不一样。

2. 精密和超精密切削加工刀具

在精密加工中，常用的刀具材料有硬质合金和涂层硬质合金、立方氮化硼(CBN)和人造聚晶金刚石。在超精密切削加工中，最常用的刀具材料是天然或人造单晶金刚石。

金刚石车削主要用于铜、铝及其合金等软金属零件的精密加工。例如，用于车削铝合金磁盘基片，表面粗糙度可达 *Ra*0.003 μm，平面度可达 0.2 μm；金刚石数控车削可加工非球面光学金属反射镜；金刚石镜面铣削可加工多棱体光学金属反射镜等。

3. 精密和超精密切削加工机床

实现金刚石超精密切削，对机床的要求主要是具有很高的主轴回转精度、导轨运动精度和精细走刀的平稳性，对环境的要求是恒温、净化和防振隔振。

美国 Moore 公司的 Moore 金刚石车床如图 2.40 所示，采用卧式主轴、空气轴承，有很高的动、静刚度。金刚石刀具装在回转工作台上，加工各种曲面时，刀具始终垂直于加工表面，提高了加工精度和表面质量。表 2.6 给出了当前一种有代表性的金刚石车床的基本数据。

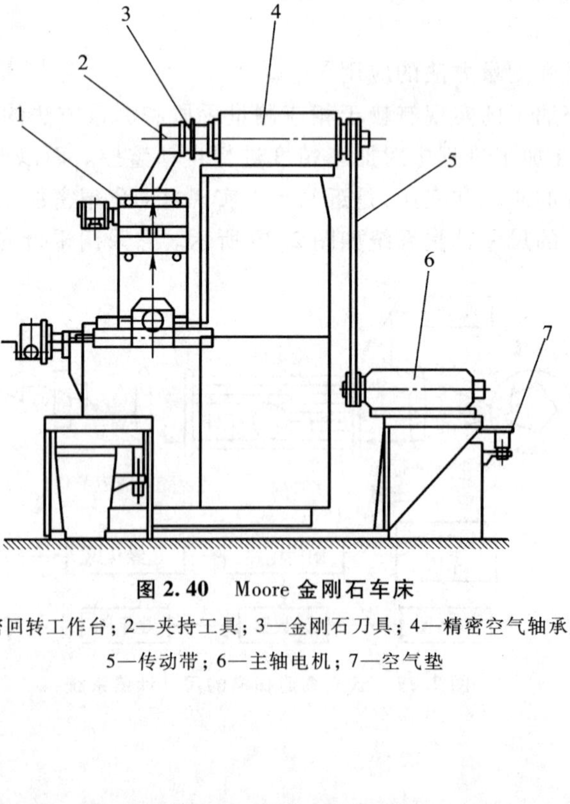

图 2.40 Moore 金刚石车床

1—精密回转工作台；2—夹持工具；3—金刚石刀具；4—精密空气轴承主轴；5—传动带；6—主轴电机；7—空气垫

表 2.6 金刚石车床技术参数

最大车削直径/mm	400	主轴轴向圆跳动/μm		<0.1
最大车削长度/mm	100	滑台运动的直线度/(mm/mm)		<0.001/150
最高转速/(r/min)	3 000 ~ 20 000	滑台对主轴的垂直度/(mm/mm)		<0.002/100
最大进给速度/(mm/min)	5 000	主轴前静压轴承的刚度(ϕ100)/(N/μm)	径向	1 140
数控系统分辨率/μm	0.1 ~ 0.05		轴向	1 020
重复精度($\pm 2\sigma$)/mm	<0.000 2/100	主轴后静压轴承的刚度(ϕ80)/(N/μm)		640
主轴径向圆跳动/μm	<0.1	纵、横滑台的静压支承的刚度/(N/μm)		720

2.5.3 精密磨料加工

精密磨料加工主要用于黑色金属以及玻璃、陶瓷等脆性材料的精密加工和超精密加工。在精密磨料加工中，除常规的研磨、珩磨、超精研磨及抛光外，近年来相继推出了两种新的工艺：塑性磨削(Ductile Grinding)和镜面磨削(Mirror Grinding)。

1. 塑性磨削

它主要是针对脆性材料而言，其命名来源出自该种工艺的切屑形成机理，即磨削脆性材料时，切屑形成与塑性材料相似，切屑通过剪切的形式被磨粒从基体上切除下来。磨削后的表面呈有规则的纹理，没有裂纹形成，也没有脆性剥落时的凹凸不平现象产生。

塑性磨削的机理至今仍不十分清楚，在切屑形成由脆断向塑性剪切转变的理论上存在各种看法。大多数研究者认为，当磨粒的切削深度小到一定程度时，切屑就由脆断转变为塑断，这一切削深度被称为临界切削深度，它与工件材料特性和磨粒的几何形状有关。一般来说，临界切削深度在 1 μm 以下，因而这种磨削方法也被称为纳米磨削(Nanogrinding)。

对形成塑性磨削的另一种观点认为，切削深度不是唯一的因素，只有磨削温度才是切屑由脆性向塑性转变的关键。从理论上讲，当磨粒与工件的接触点的温度高到一定程度时，工件材料的局部物理特性会发生变化，导致了切屑形成机理的变化。

2. 超精密磨削和镜面磨削

超精密磨削通常是指加工精度高于 0.1 μm，表面粗糙度值低于 *Ra*0.025 μm 的磨削方法。超精密磨削技术主要是为了弥补金刚石精密车削技术的不足而发展起来的。因为金刚石刀具在切削钢、铁材料时易于产生“扩散磨损”；在微量切削陶瓷、玻璃等硬脆材料时，由于巨大的切应力又易于产生较大的机械磨损。故对于这些材料，超精密磨削成为一种理想的加工方法。

镜面磨削一般是指加工表面粗糙度达到 *Ra*0.02 ~ 0.01 μm，磨削表面光泽如镜的磨削方法。镜面磨削对加工精度要求不很明确，主要强调表面粗糙度要求。从精度和表面粗糙度统一的观点理解，镜面磨削应属于超精密磨削的范畴。

超精密磨削除需要使用超精密磨床和严格控制工作环境外，砂轮的选用和修整是十分重要的。通常采用超硬磨料(如金刚石或 CBN)和微细粒度的砂轮，并采用金属结合剂。金刚石或

CBN 砂轮的修整与一般砂轮修整不同,分为整形和修锐两步进行。(1) 整形。使砂轮获得所要求的几何形状。可采用碳化硅砂轮进行整形,也可以使用金刚石笔进行整形。(2) 修锐。目的是去除部分结合剂,使磨粒突出结合剂一定的高度,一般为磨粒尺寸的 1/3 左右。

砂轮修锐方法有很多种,其中日本东京大学理化研究所的 Nakagawa 和 Ohmori 教授发明的电解在线修锐法 ELID(Electrolytic In - Process Dressing)效果突出。图 2.41 是 ELID 原理示意图。

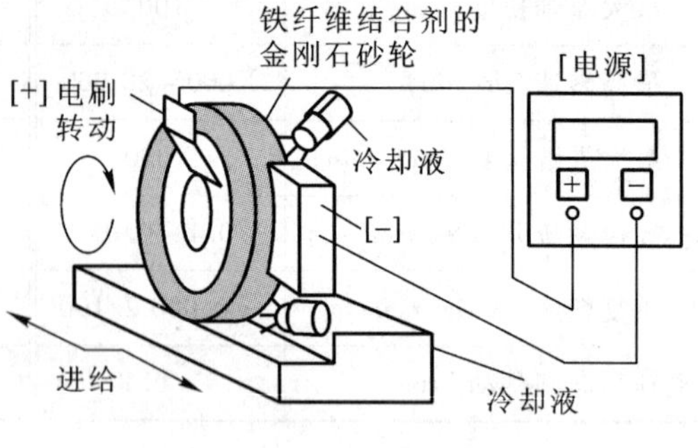

图 2.41　ELID 磨削原理示意图

在使用 ELID 磨削时,冷却润滑液为一种特殊的电解液。电极与砂轮之间接上电压时,砂轮的结合剂发生氧化,氧化层会阻止电解的进一步进行。在切削力的作用下,氧化层脱落,从而露出了新的锋利的磨粒。由于电解修整在整个磨削过程中是连续进行的,所以能保证砂轮在整个磨削过程中保持同一锋利状态。

3. 精密砂带抛光

模具是现代制造业使用越来越多的一种工具,模具型腔表面的加工精度直接影响制造工件的精度。特别是各种塑料模具,模具型腔表面的粗糙度将直接影响工件的外观质量。为进行模具型腔等复杂曲面的超精抛光加工,多采用精密砂带抛光机进行终加工。用细粒度磨料制成的砂带加工出的表面粗糙度可达 Ra0.02 μm。目前,砂带的带基用聚氨酯薄膜材料,有极高的强度,用静电植砂法制作的砂带,砂粒的等高性和切削性能更好。精密砂带抛光一般采用开式砂带加工方式。与闭合环形砂带高速循环磨削不同,砂带由卷带轮低速卷绕。始终有新砂带缓慢进入加工区,砂带经一次性使用即报废。这种开式砂带加工方法保持了加工工况的一致性,从而提高了生产过程中加工表面质量的稳定性。

2.5.4　微细加工技术

1. 微细加工的概念

一般把尺寸在微米至毫米范围内的零件的加工都归属为微细加工。由于尺寸微小,相应的尺寸公差和形位公差都很小,通常在 100 nm 范围内,而表面粗糙度值更是小于 10 nm。因此,细微加工同时具备精密和超精密加工的特征。

微细加工与一般尺寸加工有许多不同,主要表现在:

(1) 精度表示方法不同

一般尺寸加工的精度用其加工误差与加工尺寸的比值来表示,这就是精度等级的概念。在微细加工时,由于加工尺寸很小,需要用误差尺寸的绝对值来表示加工精度,即用去除一块材料的大小来表示,从而引入了“加工单位”的概念。在微细加工中,加工单位可以小到分子级和原子级。

(2) 加工机理不同

微细加工时,由于切屑很小,切削在晶粒内进行,晶粒作为一个个不连续体而被切削。这与一般尺寸加工完全不同,一般尺寸加工时,由于吃刀量较大,晶粒大小可以忽略而作为一个连续体来看待。因而常规的切削理论对微细加工不适用。

(3) 加工特征不同

一般尺寸加工以获得一定的尺寸、形状、位置精度为加工特征。而微细加工则以分离或结合分子或原子为特征，并常以能量束加工为基础，采用许多有别于传统机械加工的方法进行加工。

2. 微细加工方法

目前使用的微细加工方法主要有以下几种：

(1) 采用微型化的定形整体刀具或非定形磨料工具进行机械加工

如车削、钻削、铣削和磨削。由于刀具具有清晰明显的界限，因此可以方便地定义刀具路径，加工出各种三维形状的轮廓。

(2) 采用电加工或在其基础上的复合加工

如微细电火花加工（MEDM）、线放电磨削加工（WEDG）、线电化磨削（WECG）、电化加工（ECM，又称电解液射流或微细喷射制模）等。

(3) 采用光、声等能量法加工

如微细激光束加工（MLBM）、微细超声加工等。

(4) 采用光化掩膜法加工

如光刻法、LIGA 法（X 射线蚀刻和电铸制模成形法）等。

(5) 采用层积增生法加工

如曲面的磁膜镀覆、多层薄膜镀覆（用于 SMA 微型线圈制造）和液滴层积等。

3. 微细机械加工工艺

对于工件的平面、内腔、孔或相对较大直径外圆的加工，由于工件尺寸相对较大，有一定的刚度，因此可用切削加工的方法进行加工，包括铣、钻和车三种形式。车或铣多用单晶金刚石车刀或铣刀。对于孔加工，孔的直径决定于钻头的直径。现在用于微细加工的麻花钻的直径可小到 50 μm，如加工更小直径的孔，可采用自制的扁钻。

4. 微细电加工工艺

对于一些刚度小的工件和特别微小的工件，用机械加工的方法很难实现。必须使用电加工、光刻化学加工或生物加工的方法。例如线放电磨削（WEDG）和线电化磨削（WECG）。用 WEDG 方法加工微型轴的原理如图 2.42 所示。在图中，用作加工工具的电极丝在导丝器导向槽的夹持下靠近工件，在工件和电极丝之间加有放电介质。加工时，电极丝一面在导向槽中低速滑动（0.1 ~ 0.2 mm/s），通过脉冲电源使电极丝和工件之间不断放电，去除工件的加工余量。利用数字控制导丝器和工件之间的相对运动，可加工出不同的工件形状，如图 2.43 所示。

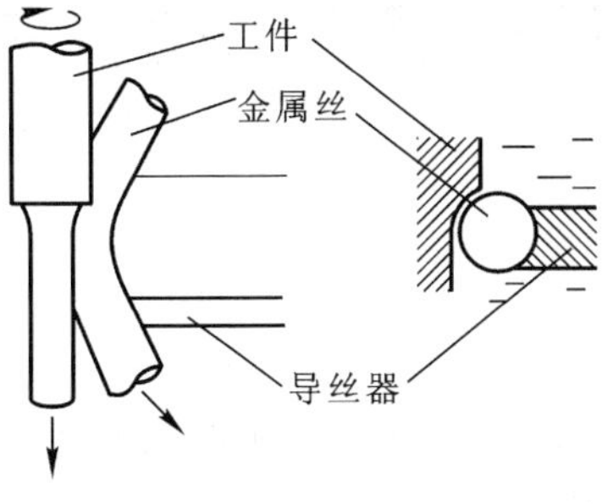

图 2.42 线放电磨削（WEDG）工作原理

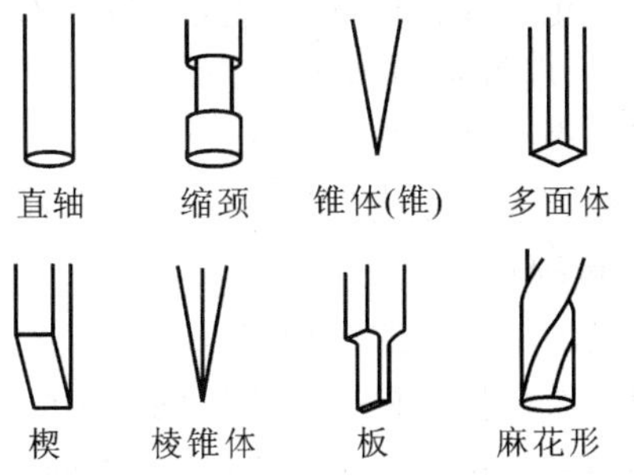

图 2.43 利用线放电磨削加工的各种工件

5. 光刻加工

光刻加工(又称光刻蚀加工或刻蚀加工,简称刻蚀)是微细加工中广泛使用的一种加工方法,主要用于制作半导体集成电路,其工作原理如图 2.44 所示。光刻加工可分为两个阶段,第一阶段为原版制作,生成工作原版或工作掩膜,为光刻时的模板。第二阶段为光刻。光刻加工的主要过程如下:

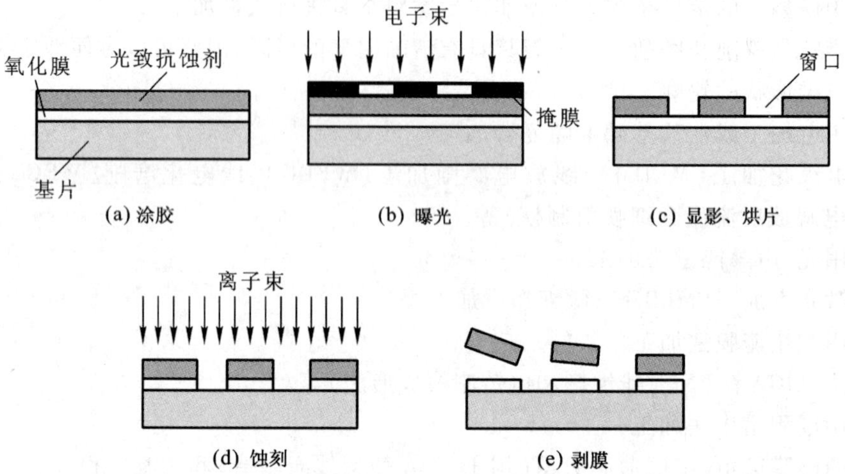

图 2.44 光刻加工过程

(1) 涂胶

把光致抗蚀剂涂敷在已镀有氧化膜的半导体基片上。

(2) 曝光

曝光通常有两种方法:1) 由光源发出的光束,经掩膜在光致抗蚀剂涂层上成像,称为投影曝光。2) 将光束聚焦形成细小束斑,通过扫描在光致抗蚀剂涂层上绘制图形,称为扫描曝光。常用的光源有电子束、离子束等。

(3) 显影与烘片

曝光后的光致抗蚀剂在一定的溶剂中将曝光图形显示出来,称为显影。显影后进行 200 ~ 250 °C 的高温处理,以提高光致抗蚀剂的强度,称为烘片。

(4) 刻蚀

利用化学或物理方法,将没有光致抗蚀剂部分的氧化膜除去。常用的刻蚀方法有化学刻蚀、离子刻蚀、电解刻蚀等。

(5) 剥膜(去胶)

用剥膜液去除光致抗蚀剂。剥膜后需进行水洗和干燥处理。

6. 微细加工设备

微细加工机床的结构有以下特点:

(1) 微小位移机构。为达到很小的单位去除率(UR),需要各轴能实现足够小的微量移动,微量移动应可小至几十纳米,电加工的 UR 最小极限取决于脉冲放电的能量。

(2) 高灵敏的伺服进给系统。它要求低摩擦的传动系统和导轨支承系统,以及高跟踪精度的伺服系统。

(3) 高平稳性的进给运动，尽量减少由于制造和装配误差引起各轴的运动误差。

(4) 高的定位精度和重复定位精度。

(5) 低热变形结构设计。

(6) 刀具的稳固夹持和高的安装精度。

(7) 高的主轴转速及动平衡。

(8) 稳固的床身构件并隔绝外界的振动干扰。

(9) 具有刀具破损检测的监控系统。

如图 2.45 所示为日本 FANUC 公司开发的能进行车、铣、磨和电火花加工的多功能微型超精密加工机床的结构示意图。该机床有 X、Z、C、B 四个轴，在 B 轴回转工作台上增加 A 轴转台后，可实现 5 轴控制，数控系统的最小设定单位为 1 nm。

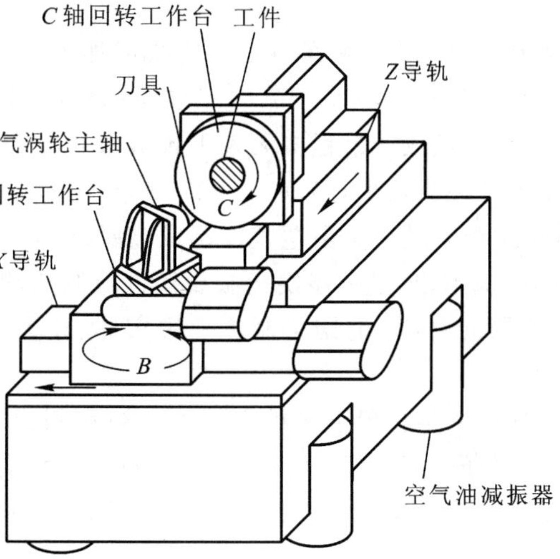

图 2.45 FANUCROBOnano Ui 型微型超精密加工机床

2.6 快速原型制造

2.6.1 快速原型制造技术产生的背景

随着全球市场一体化的形成，制造业的竞争十分激烈，产品的开发速度日益成为竞争的主要矛盾。在这种情况下，自主快速产品开发（快速设计和快速工模具）的能力（周期和成本）成为制造业全球竞争的实力基础。同时，制造业为满足日益变化的用户需求，又要求制造技术有较强的灵活性，能够以小批量甚至单件生产而不增加产品的成本。因此，产品开发的速度和制造技术的柔性就变得十分关键了。

从技术发展角度，计算机科学、CAD 技术、材料科学、激光技术的发展和普及为新的制造技术的产生奠定了基础。快速原型制造技术（Rapid Prototyping & Manufacturing，RPM）就是在这种社会背景下，于 20 世纪 80 年代后期产生于美国并很快扩展到日本及欧洲，是近 20 年来制造技术领域的一项重大突破。

按照由原材料或毛坯制造成为零件过程中，其质量 M 的变化可以分为 $\Delta M<0$、$\Delta M=0$、$\Delta M>0$三类技术。铸造、锻造、冲压、注塑成形中 $\Delta M=0$，材料主要是改变其形状，而不改变其质量。切削、磨削及特种加工工艺等，属于 $\Delta M<0$，在制造过程中材料逐渐被切除或蚀除而获得成形的目的。快速原型制造技术也称为生长型制造技术，在其工艺过程中，工件材料是在逐渐增加，因此属于 $\Delta M>0$ 类型的技术。这种技术可以制作各种形状十分复杂的零件，包括精细的花纹、镂空的多层壳体等，它可以将计算机中所设计的零件快速地转换成零件的实物模型，根本无需采用刀具或磨具。

2.6.2 快速原型制造技术的原理

快速原型制造技术是由 CAD 模型直接驱动的快速制造任意复杂形状三维实体的技术总称。它的特征是：

(1) 能制造任意复杂形状的三维实体零件而无需机械加工。

(2) 系统由 CAD 模型直接驱动，能将产品的三维计算机模型直接制成实体零件，而不必设计、制造模具、专用夹具或工具，且成形过程中无人干预或较少干预，因而制造周期大大缩短(由几个月或几周缩短为十几小时甚至几小时)。

(3) 能借电铸、电弧喷涂技术进一步由塑胶件制成金属模具，或者能将快速获得的塑胶件当作易熔铸模(如同失蜡铸造)或木模，进一步浇铸金属铸件或制造砂型。

(4) 能根据 CAE(如有限元分析)的结果制成三维实体，作为试验模型，评判仿真分析的正确性。

快速原型制造技术的基本思路起源于三维实体可以被切割成一系列连续薄切片的逆过程，也即只要用二维的制造方法制成一系列的连续薄切片，就可堆叠成任意形状的三维零件。其制造过程是将材料不断地按需要添加在未完成的在制品上，直到零件制造完毕，这个过程即所谓的“材料生长的制造过程”。本质上是一个由渐变、累积到质变的过程，这样就将传统的“去除”式加工模式转变为“渐增”式的生长模式，从而在根本上改变了关于零件制造的传统观念。

快速原型制造技术采用离散/堆积成形的原理，其过程如图 2.46 所示。先由三维 CAD 软件设计出所需要零件的计算机三维曲面或实体模型(亦称电子模型)，然后根据工艺要求，将其按一定厚度进行分层，把原来的三维电子模型变成二维平面信息(截面信息)，即离散的过程；再将分层后的数据进行一定的处理，加入加工参数，产生数控代码，在微机控制下，数控系统以平面加工方式有序地连续加工出每个薄层并使它们自动粘接而成形，这就是材料堆积的过程。

快速原型制造技术彻底摆脱了传统的“去除”方法的束缚，它采用了全新的“增长”方法(图 2.47)，并将复杂的三维加工分解为简单的二维加工的组合。快速原型制造技术的精华在于“快速”，它直接由 CAD 模型驱动，采用“分层制造”的方法，是对传统零件成形方法的一次革命。虽然，目前快速原型制造方法还主要用于制造产品样品和模具，但可以预见其应用将不断扩大。随着 RPM 技术的发展和人们对该项技术认识的深入，它的内涵也在逐步扩大。目前，快速原型技术包括一切由 CAD 直接驱动的成形过程，而主要的技术特征即是成形的快捷性。对于材料的转移形式可以是自由添加、去除以及添加和去除相结合等形式。

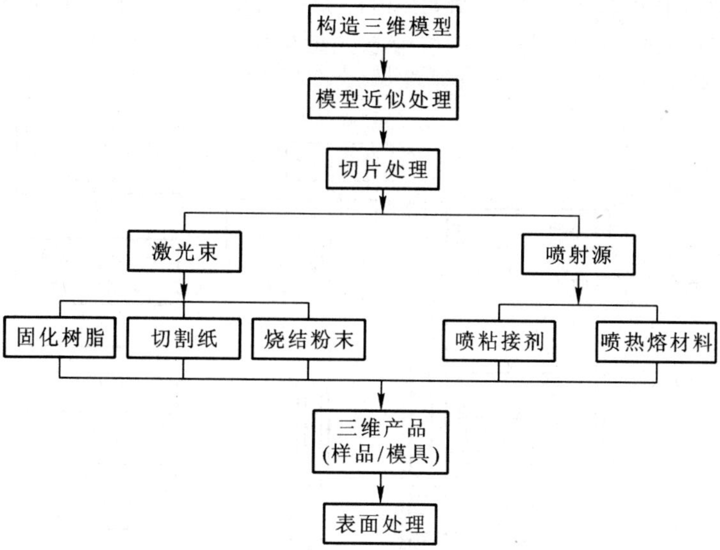

图 2.46 快速原型制造过程

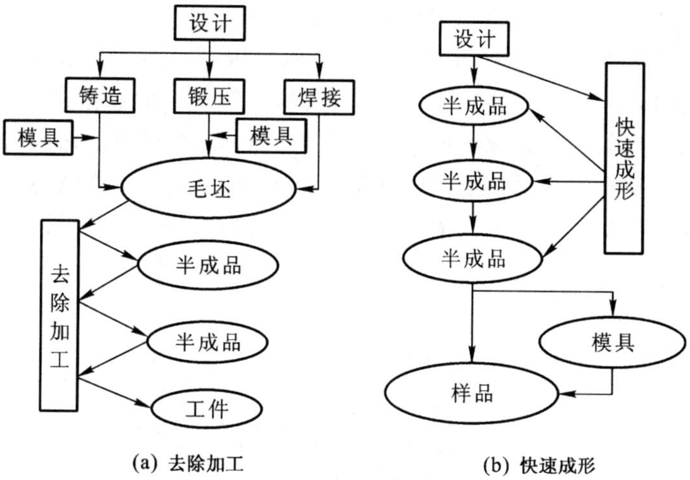

图 2.47 去除加工与快速成形比较

2.6.3 快速原型制造技术的主要方法

RPM 技术的具体工艺不下 30 余种,根据采用材料及对材料处理方式的区别,可归纳为以下五类方法。

1. 光固化法/SL 法(Stereolithography)

该技术以光敏树脂为原料,将计算机控制下的紫外激光按预定零件分层截面的轮廓为轨迹对液态树脂逐点扫描,使被扫描区的树脂薄层产生光聚合反应,从而形成零件的一个薄层截面,其工艺原理如图 2.48 所示。固化过程从工作平台上的第一层液体开始,此层固化后,数控装置驱动工作平台沿 z 方向下降一段距离,使新的一层液态树脂覆盖在已固化层上面。此时,数控装置再使工作平台精密上升到预定高度，激光束开始扫描固化第二层，新固化的一层牢固地粘合在前一层上。该过程反复进行，直到最后一层液态光敏树脂固化完毕，便“生长”成为三维实体的塑胶零件。

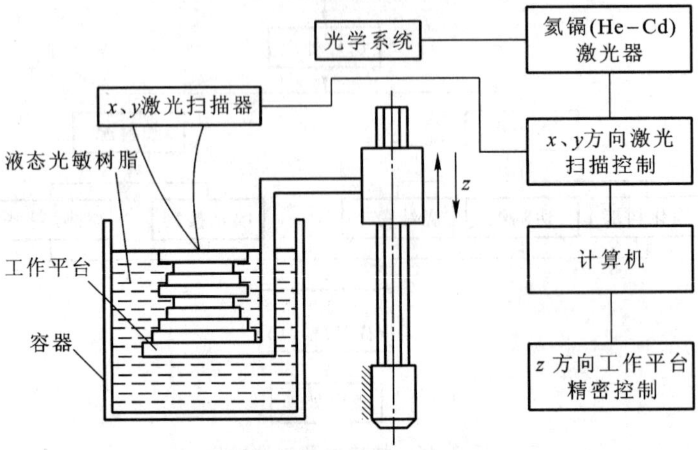

图 2.48　SL 工艺原理图

2. 叠层制造法/LOM 法(Lamited Object Manufacturing)

LOM 工艺的工作循环如下：步进电机带动进给机构辊芯沿逆时针方向转动，原材料(卷纸)自右向左移动预定距离，工作台升高至上切割位置，热压辊自左向右滚动，将涂胶纸热粘在基底上，计算机根据样品模型的截面轮廓线信息驱动激光切割头，在材料上切出轮廓线并在中间余料上切出方形小网格，工作台连同被切出的轮廓层下降到预定高度，步进电机再次驱动主动芯辊沿逆时针方向转动，新的一层纸再叠加在上面，通过热压装置和下面已切割层粘合在一起，激光束再次切割，这样反复逐层切割—粘合—切割……直到整个零件模型制作完成。该法只需切割轮廓，特别适合制造实心零件，LOM 工艺原理如图 2.49 所示。

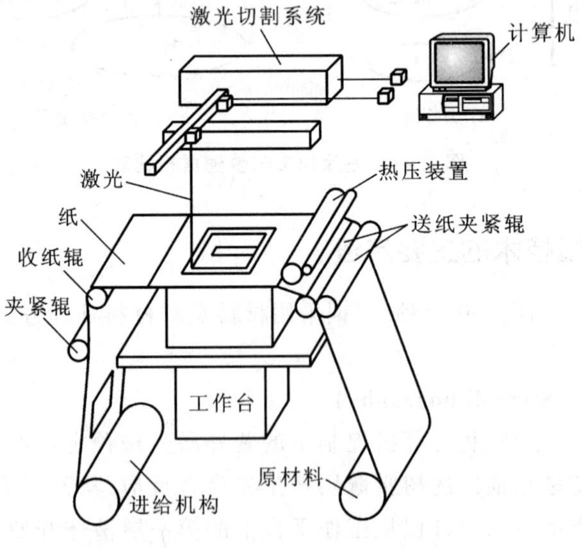

图 2.49　LOM 工艺原理图

3. 激光选区烧结法/SLS 法(Selective Laser Sintering)

该法采用 CO_2 激光器作能源,目前使用的造型材料多为各种粉末材料。在工作台上均匀铺上一层很薄(100~200 μm)的粉末,激光束在计算机控制下按照零件分层轮廓有选择性地进行烧结,一层完成后再进行下一层烧结。全部烧结完后去掉多余的粉末,再进行打磨、烘干等处理便获得零件,SLS 工艺原理如图 2.50 所示。目前,成熟的工艺材料为蜡粉及塑料粉,用金属粉或陶瓷粉进行直接烧结的工艺正在实验研究阶段,它可以直接制造工程材料的零件,具有诱人的前景。

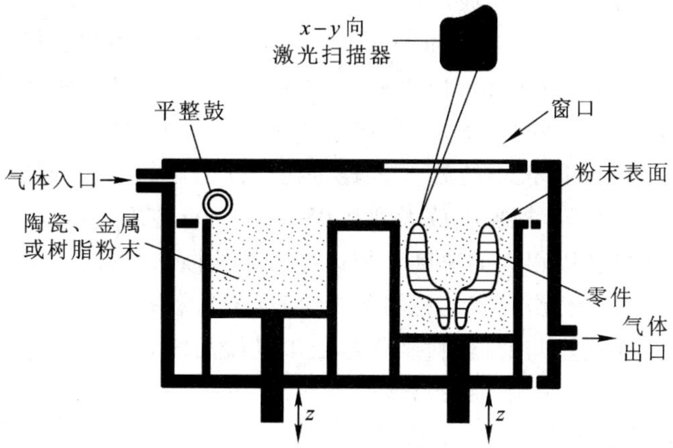

图 2.50 SLS 工艺原理图

4. 熔融挤压成形法/FDM 法(Fused Deposition Modeling)

FDM 工艺的关键是保持半流动成形材料刚好在熔点之上(通常控制在比熔点高 1 ℃ 左右)。FDM 喷头受 CAD 分层数据控制,使半流动状态的熔丝材料从喷头中挤压出来,凝固形成轮廓形状的薄层。每层厚度范围在 0.025~0.762 mm,一层叠一层最后形成整个零件模型。熔融挤压成形方法工艺原理如图 2.51 所示。

5. 喷墨印刷成形法/IJP 法(Ink-Jet Printing)

喷墨印刷是将固体材料熔融,采用喷墨打印原理(气泡法和晶体振荡法)将其有序地喷出,一个层面又一个层面地堆积建造而形成一个三维实体。喷墨印刷工艺原理如图 2.52 所示。

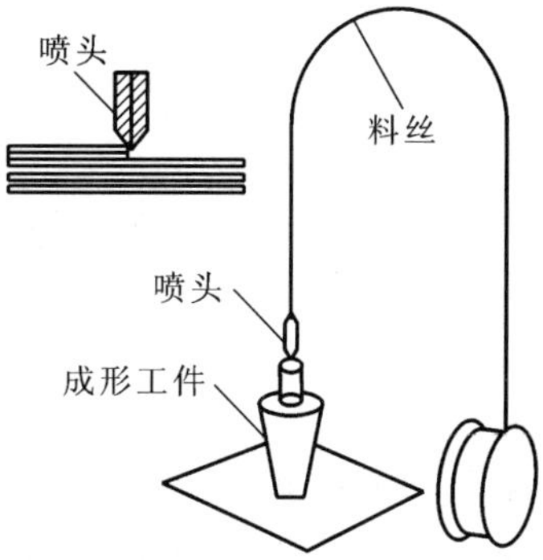

图 2.51 FDM 工艺原理图

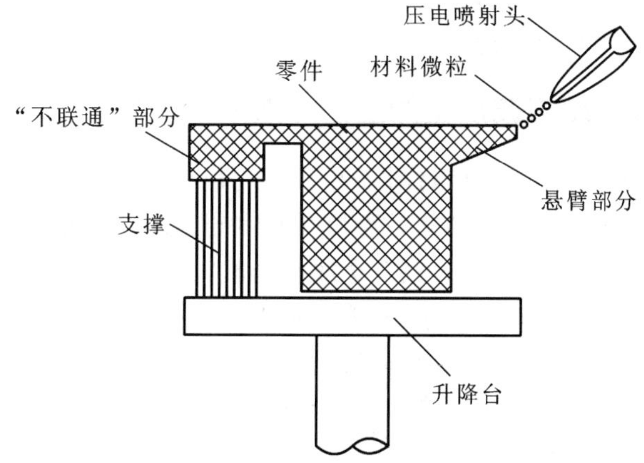

图 2.52 IJP 工艺原理图

2.7　超声波加工

2.7.1　超声波加工的基本原理

人耳对声音的听觉范围约为16～16 000 Hz的声波。频率低于16 Hz的振动波称为次声波，频率超过16 kHz的振动波称为超声波。加工用的超声波频率为16～25 kHz。

超声波加工是利用产生超声波振动的工具，带动工件和工具间的磨料悬浮液，冲击和抛磨工件的被加工部位，使其局部材料破坏而成为粉末，以进行穿孔、切割和研磨等加工。

图2.53为超声波加工原理图。加工时，在工具3和工件1之间加入液体(水或煤油等)和磨料混合的悬浮液2，并使工具以很小的力F轻轻压在工件上。超声波换能器5产生16 kHz以上的纵向振动，并借助于变幅杆4把振幅放大到0.05～0.1 mm左右，驱动工具端面作超声波振动，迫使工作液中的悬浮液磨料以很大的速度和加速度不断地撞击、抛磨加工表面，把表面材料粉碎成微粒打击下来。虽然每次打击下来的材料很少，但由于每秒打击的次数多达16×10^3次以上，所以仍具有一定的加工速度。与此同时，工作液受工具端面的超声振动作用而产生的高频、交变的液压正负冲击波和“空化”作用，促使工作液钻入被加工材料的微裂缝处，加剧了机械破坏作用的效果。所谓“空化”作用，是指当工具端面以很大的加速度离开工件表面时，加工间隙内形成的负压和局部真空，在工作液体内形成很多微空泡；当工具端面以很大的加速度接近工件表面时，空泡闭合，引起极强的液压冲击波，可以强化加工过程。此外，循环流动的工作液不断带走加工碎屑，同时也使得加工区域的磨料不断得到更新。随着工具不断地进给，上述加工过程持续进行，工具的形状便被复映到工件上，直至达到所要求的尺寸和形状为止。

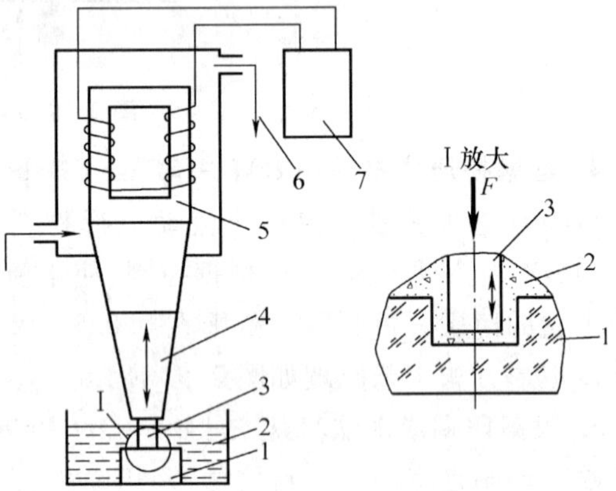

图2.53　超声波加工原理图

1—工件；2—悬浮液；3—工具；4—变幅杆；5—超声波换能器；6—冷却水；7—超声波发生器图

2.7.2　超声波加工的工艺特点

(1) 可加工任何材料

被加工材料受到的是磨粒和液体分子的连续冲击、抛磨和空化作用，所以该方法适合加工高熔点的硬质合金、淬火钢等金属硬脆材料，并且特别适合电火花和电解无法加工的非导电材料，如宝石、陶瓷、玻璃和锗、硅等各种半导体材料。

(2) 加工精度高、表面质量好

由于材料的去除是靠极小粒度磨料和水分子的瞬时局部撞击作用，因此，工件表面的宏观切削力、切削应力和切削热均很小，不会引起残余应力及烧伤等现象。而且，由于工件的被加工过程是上述微去除过程的迭加，因此加工表面粗糙度值较小，Ra值可达0.1 μm，加工精度可达

0.01 mm。

(3) 加工设备简单

由于被加工出的工件形状是工具形状的复映，而工具可用软的材料制成较复杂的形状，因此不需要工具与工件之间作比较复杂的相对运动即可完成诸如异形孔、雕刻花纹及图形的加工。

(4) 超声波加工效率不高

对导电材料的加工效率远不如电火花与电解加工，对软质材料及弹性大的材料，加工较为困难。

2.7.3 超声波加工应用

目前，在各工业部门中，超声波加工主要用于硬脆材料的孔加工、套料、切割、雕刻以及研磨金刚石拉丝模等。此外，在加工硬质金属及贵重脆性金属材料时，利用工具做超声振动，辅以其他加工方法（如切削加工或电加工）进行复合加工，可减小切削力、降低表面粗糙度值、延长刀具使用寿命、提高生产率。图 2.54 即为超声振动车削加工示意图。超声车削时，超声频电振荡通过换能器和变幅杆使刀具在工件切削点位置的切向产生一定频率和振幅的振动，从而改变了刀具与工件表面的相互作用条件：当刀尖振动位移与工件表面旋转方向相反时，提高了实际切削速度及车刀实际前角，有利于降低切削力，改善切屑形成条件；当刀尖振动位移与工件表面旋向同向时，刀尖瞬时脱离加工表面，使相对净切削时间减少，从而有利于刀具和工件表面的冷却润滑，提高加工表面质量。

另外，超声波还可用于超声清洗、超声焊接、超声测距和探伤等。

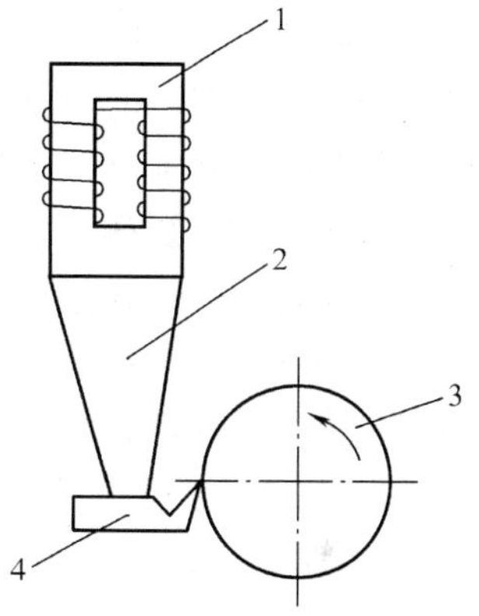

图 2.54 超声振动车削加工

1—换能器；2—变幅杆；3—工件；4—车刀

2.8 摩擦焊

2.8.1 摩擦焊基本原理

摩擦焊接是利用金属焊接表面摩擦加热的一种热压焊接方法。两个圆截面工件摩擦焊接时，其焊接原理如图 2.55 所示，这是摩擦焊的一种最普通的形式。工件 1 夹持在可以高速旋转的夹头上。焊接开始时，工件 1 首先高速旋转，然后工件 2 向工件 1 方向移动、接触，并施加一定的轴向压力，即摩擦压力，这时摩擦加热过程就开始了。当经过一段选定的摩擦时间或达到规定的摩擦变形量（即工件 2 的摩擦位移量）以后，立即停止工件 1 的转动，同时对接头施加较大的顶锻压力。接头在顶锻压力的作用下产生一定的塑性变形，即顶锻变形量。在保持一段时间以后，松开两个夹头，取出焊件，全部焊接过程结束。

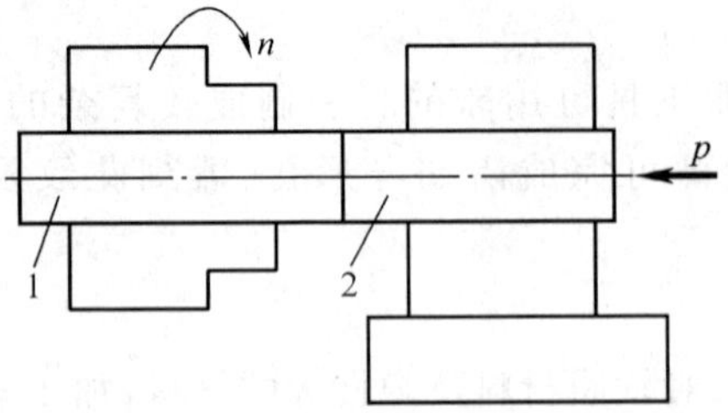

图 2.55 摩擦焊原理示意图

1、2—工件；n—转速；p—轴向(摩擦或顶锻)压力

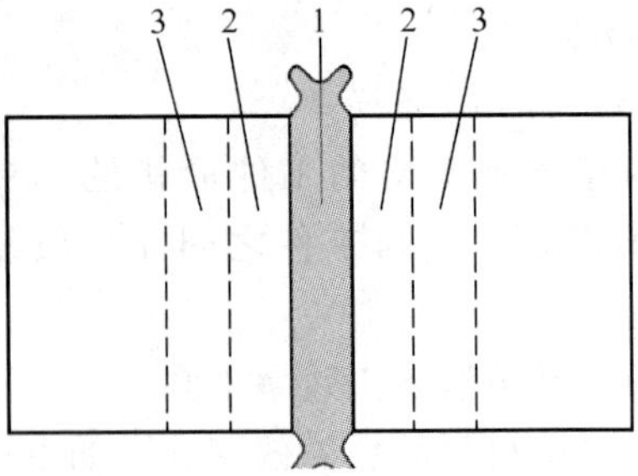

图 2.56 45 号钢摩擦焊接头的金相组织

1—正火区；2—部分正火区；3—回火区

2.8.2 接头组织、性能和金属的摩擦焊接性

以45号钢为例,摩擦焊接头的金属组织如图2.56所示,可以分成以下3个区域:(1) 正火区:指接头金属被加热到820 ℃以上的区域,其中包括未被挤出的高速摩擦塑性变形层和产生塑性变形的高温(950 ℃以上)母材金属。正火区一般为机械性能良好的索氏体组织,但当接头的加热和冷却速度太快和太慢时,也会产生马氏体组织和过热组织。(2) 部分正火区:指接头金属被加热到723～820 ℃之间的区域,通常是索氏体和铁素体组织,但当接头的加热和冷却速度太快时,也可能产生马氏体组织。(3) 回火区:指接头金属加热温度在723 ℃以下的区域,由于摩擦焊的加热时间很短,通常看不出回火区金属组织的变化。

从45号钢摩擦焊接头的金相分析可见,在焊缝中没有未焊透、夹杂、气孔、裂缝和金属过热等缺陷,接头的焊接断面大于母材断面,加热区窄,拉伸试验断于母材,弯曲试验可达180 °角。接头有很高的强度、塑性和韧性,机械性能良好。

金属的摩擦焊接性是指金属在摩擦焊接过程中形成与母材等力学性能接头的能力,它与下列因素有关:(1) 同种金属与合金易焊在一起,而两种互不溶解和扩散的金属很难焊在一起。(2) 表面氧化膜易破碎的金属摩擦焊接性好,如低碳钢比不锈钢好焊。(3) 高温强度高、塑性低、导热性好的金属及高温力学性能和物理性能差别太大的异种金属摩擦焊接性差。(4) 淬透性好的材料及脆性材料不易摩擦焊。(5) 高温氧化性大的材料不易摩擦焊。(6) 摩擦系数低的材料如黄铜、铸铁由于摩擦加热功率低也不容易焊接。

2.8.3 摩擦焊工艺的特点

(1) 生产率高

焊接时间以秒计,摩擦焊机易实现自动化,操作简单,容易维护。

(2) 焊接质量好且稳定

由于摩擦焊热源特点和顶锻压力的作用,使得焊缝金属形成晶粒细化、力学性能高的锻造组织,焊件尺寸精度高,废品率低。如我国用摩擦焊代替闪光焊生产锅炉省煤器蛇形管,生产率由原来20件/小时提高到120件/小时,但接头废品率由10%降低到0.01%,焊接的柴油机预燃室全长的最大误差为±0.1 mm。

(3) 成本低

由于焊机功率小,焊接时间短,与闪光焊相比可节省电能80%～90%左右,同时焊件顶锻留量小，且焊前不需特殊加工处理、不需要填充材料和保护气体等，因此与电弧焊相比，成本大约可降低 30%。

（4）适用面广

适用的金属材料广泛，并能焊接异种钢和异种金属。

（5）工作场地无火花、弧光及有害气体，大大改善了卫生和劳动条件。

（6）摩擦焊的主要缺点

接头形状应为圆形或圆环形，非圆截面工件的焊接很困难；由于受到摩擦焊机主轴电动机功率和压力不足的限制，目前最大的焊接断面为 200 cm^2；大型盘状工件和薄壁管件因不容易夹持也很难焊接；摩擦焊机的一次性设备投资较贵，因此更适于大批量集中生产。

2.8.4 摩擦焊应用

自 1956 年以来，摩擦焊在国内外得到了迅速的发展，到目前为止，全世界在生产上应用的摩擦焊机已有 5 000 台左右，每年大约生产 10 亿件产品。我国是研究、应用摩擦焊最早的国家之一，在电力电气、电机变压器、电站锅炉、汽车拖拉机、金属切削刀具、轻工机械和石油钻探等工业部门，已应用摩擦焊方法生产各种铝—铜过渡接头、铜—不锈钢水电接头、锅炉蛇形管和阀门、内燃机排气门和轴瓦、圆柄刀具、纺织机梭芯和石油钻杆等产品，并且建立了摩擦焊专业化生产厂和自动生产线。目前我国最大的摩擦焊机——石油钻杆摩擦焊机，其主轴电动机功率 180 kW，最大顶锻压力 120 t，可以焊接直径 168 mm 的大型石油钻杆。

思考题与习题

1. 何为高速与超高速加工技术？
2. 高速与超高速切削的关键技术有哪些？
3. 高速与超高速切削有哪些特点？高速与超高速切削对机床提出了哪些新要求？
4. 什么是电主轴？电主轴基本参数有哪些？
5. 高速与超高速切削的应用情况如何？
6. 激光加工材料的物理过程是什么？
7. 激光加工的装置由哪些部分组成？激光有哪些应用？
8. 激光加工有哪些特点？
9. 激光打孔时要考虑哪些影响因素？
10. 影响激光切割质量的主要因素有哪些？
11. 电子束加工有何特点？电子束加工装置由哪些部分组成？
12. 电子束打孔、电子束焊接、电子束曝光各自应用的场合。
13. 离子束加工的物理基础是什么？离子束加工有哪些方法？有何应用？
14. 何谓高压水射流加工？高压水射流切割有哪几种形式？
15. 干式切削的特点及实施的必要条件有哪些？采取哪些措施来实现干式切削？
16. 举例说明干式切削的发展情况及应用前景。
17. 试述电化学加工的基本原理、分类及特点。
18. 试说明电解加工的原理、特点及应用。

19. 试说明电铸加工的原理、特点及应用。
20. 试说明精密加工与超精密加工的概念、特点及其重要性。
21. 超精密切削加工常采用什么刀具？为什么？
22. 精密磨削为什么能加工出高精度、低表面粗糙度值的工件？
23. 什么是 ELID 磨削？说明其工作原理及特点。
24. 什么是微细加工？微细加工与一般加工有什么不同？
25. 微细加工方法有哪些？用于微细加工的机床有什么特殊要求？
26. 试述集成电路微细光刻加工的工艺过程。
27. 试述快速原型制造技术的原理、主要方法及其特点。
28. 试述超声波的加工原理及工艺特点。

第3章　现代制造装备

3.1　现代制造装备概述

装备制造业是为国民经济和国防建设提供各类技术装备的各制造业的总称，是各类制造业产品的“工作母机”，是发展制造业的关键。装备制造业具有范围广、门类多、技术含量高、与其它产业关联度大、带动性强等特点，是一个高就业、节省能（资）源、高附加值、事关国家经济安全、民族长远利益及综合国力的战略性产业。也是一个国家、一个地区工业化水平乃至经济、科技总体实力的体现。

现代制造装备是支撑现代制造业的重要基础。随着计算机技术及网络通信技术的飞速发展，传统的制造装备也产生了质的突破，推动了新一代制造装备——数控机床、加工中心、工业机器人、刀具系统、夹具系统以及现代检测设备等的产生和发展。以数控机床为代表的应用数字化技术进行柔性自动控制的现代制造装备以其优异的性能和精度、敏捷而多样化的功能引起世人瞩目，数控技术也成为现代制造技术的一项核心技术。因此，发展在信息技术支持下的先进的数控技术来推进现代制造装备及其控制运行过程的自动化、网络化和智能化的数字化技术，将是实现现代制造的关键。数控技术的发展体现了现代制造装备的发展历程。

3.1.1　数控技术与制造装备的发展

数控技术是制造装备现代化的关键技术，也是发展先进的光机电一体化数控机床的技术基础。它包含了自动化数字编程和仿真、智能化伺服驱动、型面优化建模与多轴联动加工、智能化诊断监控与自适应控制以及构建网络化和信息集成的开放式数控平台等一系列先进的信息控制技术。这些技术的应用将对提高数控机床的生产率和加工精度起到重大的作用。

在现代制造业中，数控机床的潜在效能能否得到充分发挥，还受到企业生产组织和管理水平等方面一系列因素的制约。特别是在多品种、小批量、离散型生产条件下，据统计，数控机床的使用情况，由于生产准备不及时引起的待工工时占整个工时的11% ~30%，因设备故障和正常维护所引起的停机时间占9% ~15%。也就是说，数控机床的利用率在良好的使用条件下为80%，而通常仅为60%左右。由于数控机床待工的工时损失占着主要部分，主要包括数控加工程序、刀具、工具以及夹具未及时到位，试切调整和参数设定等时间。为此，从20世纪70年代起，人们就开始重视把数控技术与相关的管理信息技术结合起来，以提高对数控机床在生产过程中的自主管理能力并改善机床的利用率，提高制造系统的生产效率，缩短生产周期，实现按期交货以及有效降低成本。

数控技术的发展历程表明，现代数控技术已由早期的单纯地发展设备的光机电系统信息的数字化控制技术走向与企业管理和生产过程信息更广泛地融合。它将涉及生产管理与调度，工、夹、刀具管理，工艺技术参数优化，数据库以及计算机网络通讯等技术，从而形成了更先进和更全面的信息化数字控制技术。

3.1.2 现代制造装备发展的特点

现代数控技术是以现代机械制造企业所面临的严峻生存环境为背景而发展起来的。面对激烈的市场竞争，不断变化而增多的产品品种，以及每种产品批量的日益减少，企业无法沿用传统的制造技术和制造模式面对挑战。

因此，现代制造装备必须具有一定的柔性，以适应生产方式的转变，满足现代制造业的需求。制造装备的柔性化是指当产品品种需求发生变化时，仍能在满足经济性的前提下，及时适应新产品的生产。具有柔性的数控制造装备是实现在快速多变的市场环境中对客户需求作出快速响应的关键。评定现代制造装备效能的基本指标也将由传统的工作精度和切削能力改变为用达到的高精度和高柔性程度来衡量。

传统非数控的制造装备也具有一定的柔性，但它不能获得稳定的精度和高的生产效率，更不能适应复杂型面的加工。现代制造装备的高效、柔性化指标如表3.1所示。

表3.1 现代制造装备的高效柔性化指标

<table>
<tr><th colspan="2">基本指标</th><th colspan="2">指标组成项目</th><th>影响因素</th></tr>
<tr><td rowspan="4">高效</td><td rowspan="4">高的机床利用率</td><td rowspan="2">高生产率</td><td>高金属切除率</td><td rowspan="2">· 高速强力切削
· 高功率
· 空载快速运动
· 高机床刚度和抗振性</td></tr>
<tr><td>缩短辅助时间</td></tr>
<tr><td rowspan="2">高运行稳定性</td><td>低的故障率和短的修复时间</td><td rowspan="2">· 可靠性增长技术和健壮化设计
· 智能化和适应控制技术</td></tr>
<tr><td>无人化环境下的连续工作能力</td></tr>
<tr><td rowspan="2">柔性</td><td rowspan="2">短的新产品上市期</td><td>多品种生产变换的敏捷性</td><td rowspan="2">缩短调整和试切周期
扩大加工零件族(组)的能力
技术准备和生产安排的及时性
低重构成本</td><td rowspan="2">· 品种变换所需调整和试运行时间
· 工夹刀具供应的快速性
· 制造装备及系统的重构技术
· 大批量定制化生产技术
· 优化工艺和物流及信息流</td></tr>
<tr><td>经济可承受性</td></tr>
</table>

3.1.3 现代制造装备的发展趋势

随着科学技术的发展，制造技术的进步，以及社会对产品多样化的需求愈加强烈，产品的更新换代加速，多品种、中小批量生产的比重明显增加。要求现代制造装备成为新的高效率，高质量、高柔性和低成本的新一代制造装备，以满足市场需要。同时为满足制造业向更高层次发展，为柔性制造单元(FMC)、柔性制造系统(FMS)以及计算机集成制造系统(CIMS)提供基础装备。现代制造装备的趋势归纳为以下几点：

1. 以高速化为先导，提高数控机床的综合性能

现代数控机床正向更高的速度、更高的精度、更高的可靠性及更完善的功能发展。现代数控机床的高速化是提高高效柔性化和高精度的一个重要措施。它既可提高切削能力和缩短辅助时间,又能借此改善切屑形成过程,减少刀齿每转进给量和降低切削力,有助于提高加工精度。但随着主轴转速和进给速度的提高,其结构和测量系统的热变形和位置控制的跟踪误差将随之增大。为此,应用信息技术发展诸如热误差补偿、进给速度前瞻控制和加速平稳控制等一系列先进控制技术,便能在高速控制条件下,仍能保证加工精度不断地改善。

2. 实现长时间地、连续地自动加工

普通机床在零件加工过程中,操作者要根据图样的要求,不断地测量被加工零件的尺寸,试切调整机床、修正加工量的偏差,以达到加工技术要求。数控机床加工零件时,则可以完全按照预定的程序自动进行。操作者只需发出启动命令,并进行加工过程的监视。刀具的进给,工件的检测,全部由数控系统自动完成,操作者无需干预,因此可以实现无人看管。

在现代数控机床上,装有各种类型的监控、检测装置。例如红外、声发射检测装置,对工件及刀具进行监测。发现工件超差、刀具磨损、破损,能及时报警、补偿,或对刀具进行调换,提高了机床的自动化程度,保证数控机床长时间工作时的产品质量。

3. 提高现代制造装备的利用率及生产效率

数控机床的初期投资大,为了使采用数控机床的用户能真正获得效益,要求数控机床具有更高的性能价格比,更高的利用率及生产效率。为了提高数控机床的利用率,实现一机多能,现代数控机床上一般都采用自动换刀、自动更换工件等机构,实现工件一次装夹完成全部加工工序,减少中途换刀、装卸工件及调整、维修机床的辅助时间。在同一台机床上不仅能实现粗加工,也能进行精加工,提高了机床的利用率。

为了提高数控机床的生产效率,现代数控机床一般采用更大的功率,并选用新型的刀具,以提高切削效率,缩短加工时间。

4. 发展复合加工数控机床,缩短加工过程链

多功能复合加工机床简称复合机床(Complex Machine Tools),也称为多功能加工(Multi Functional Machining)或完全加工(Complete Machining 或 End to End Machining)机床。

复合加工机床的含义是在一台机床上实现或尽可能实现从毛坯至成品的全部加工。从20 世纪 70 年代以来,已开始出现以旋转刀具做主切削运动的以镗铣加工为主的加工中心和以工件旋转做主运动的以车、螺纹加工为主的车削中心,这两类多功能的数控机床在推进数控机床的工序集中的工艺方法上发挥了重要的作用。但对于较复杂的零件,它们的功能范围尚不足以完成从毛坯至成品的全部工序加工,因而还不能充分提高在单件和中小批量生产条件下的生产效率,且由于工件在多台机床间的转移,增加了安装误差,也不利于加工精度的稳定性。

因此,发展复合数控机床,通过进一步提高工序的集中度,缩短加工过程链,以提高多品种单件和中小批量加工的效率。复合数控机床可以减少在不同数控机床间进行工序的转换而引起的待工以及多次上下料等时间。通常,这些时间常占零件整个生产周期的 40% ~60%,即使在信息管理较良好的情况下,仍将占 20% 左右。

复合数控机床根据其结构特点,可分为如下两类:

(1) 跨加工类别的复合数控加工机床

主要为刀具回转加工或特种加工等多类功能的复合。因而在机床结构上要体现不同加工方式的需求。目前,常见的有车铣中心、铣车中心和铣削－激光加工机床等。例如,以车削为基型的车铣中心和以铣削为基型的铣车中心,它们都具有实现车削和铣削的两个主轴单元,并至少有五个进给运动驱动轴,以及自动换刀装置或再配以多工位回转刀架,它们可从棒料或坯件直接加工出形状复杂的零件。

(2) 多面多轴联动加工的复合数控机床

最典型的是五轴五面数控铣床,早期主要用于大型龙门铣床和数控镗铣床上,它通过更换附件头和五轴联动可在大型工件一次安装下完成各加工表面的铣镗等加工,大大缩短加工周期。如图3.1所示,五轴五面加工中心配以固定和旋转工作台装置,在该机床上,零件经一次装夹,可完成除安装底面外其余各面及孔系的加工,确保被加工零件的各面、孔之间的加工精度及位置精度,是加工关键零件如床身、立柱、箱体及加工精度要求较精确零件的理想设备。与龙门加工中心和非数控龙门铣床相比,缩短了零件加工工时,提高了机床利用率。

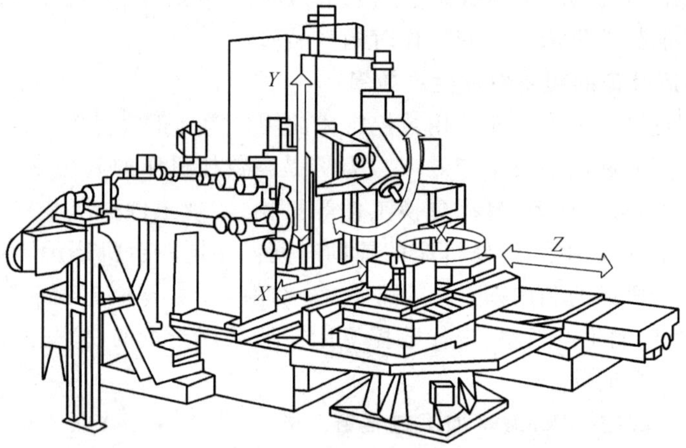

图3.1 功能复合的五轴加工中心

近年来,对中小型复杂零件加工也已采用五轴五面加工,以减少因多次安装引起的误差,提高加工精度。对于车削类零件,则出现双主轴车削中心和双主轴车铣中心,可在一台机床上完成棒料和坯件两端的加工。

5. 提高数控机床的可靠性

提高数控机床可靠性的关键是提高数控系统的可靠性。现代数控机床采用计算机数字控制(Computer Numerical Control,CNC)系统,只要改变软件或控制程序,就可以适应各类机床的不同要求。数控系统的硬件,制成多种功能模块,根据机床数控功能的需要,选择不同的模块。可自行扩展或裁剪,组成满意的数控系统。由于数控系统的模块化、通用化及标准化,便于组织批量生产,保证产品的质量。

新型的数控系统,大量采用大规模或超大规模的集成电路,采用专用芯片及混合式集成电路,提高了线路的集成度,减少了元器件的数量,降低了功耗,提高了可靠性。现代数控机床,都具有很好的故障自诊断功能及保护功能,数控系统一般都具有软件、硬件及故障的自诊断程序。为了防止超程,可以在系统内预先设定工作范围,避免由于限位开关的不可靠,造成轴端超程。具有自动返回功能,当机床在加工过程中,如果出现某种特殊情况,譬如刀具断裂等原因,造成加工中断时,CNC 系统可以将刀具位置储存起来。在更换刀具后,只要重新输入刀具的数据,刀具就能自动地回到正确位置上,保证通电后继续工作,而不使工件报废。

6. 采用自动程序编制技术,具有很好的操作性能

现代数控机床都有很好的人机界面,使用户在使用机床操作面板时,一目了然。采用彩色 CRT 屏幕显示,配合手动操作的硬件及软件键。并大量采用菜单选择操作方式,使操作越来越方便。

数控机床加工的零件程序编制是实现数控加工很重要的环节。传统的数控机床,零件程序编制都是脱机进行的。用专用的程编机或计算机来完成。编好的零件程序,由穿孔纸带或其它数据载体(如磁带、磁盘)输入数控系统。现代数控机床,可以利用 CNC 很强的存储及运算能力,使零件的程序编制工作可以在数控系统上在线进行,实现了人机对话功能。通过彩色显示器与手动操作键盘的配合,实现程序的输入、编辑、修改、删除;具有前台操作、后台编辑的前后台功能。

新型的数控系统中,还装入了小型的工艺数据库,使得在程序编制过程中,可以根据机床性能、工件的材料及零件加工要求,自动选择最佳的刀具及切削用量。并具有自适应控制功能。还有二维的图形轨迹显示或者三维彩色动态图形显示。

7. 具有功能强大的内装式高性能 PLC 数控系统

机床数控系统中有内装高性能可编程控制器(PLC)控制模块,可直接用梯形图或高级语言编程,具有直观的在线调试和在线帮助功能。编程工具中包含用于车床、铣床的标准 PLC 用户程序实例,用户可在标准 PLC 用户程序基础上进行编辑修改,从而方便地建立自己的应用程序。

8. 智能化、网络化、柔性化、集成化

21 世纪的数控装备将是具有一定智能化的系统,智能化的内容包括在数控系统中的各个方面。为追求加工效率和加工质量方面的智能化,如加工过程的自适应控制、工艺参数自动生成;为提高驱动性能及使用连接方便的智能化,如前馈控制、电机参数的自适应运算、自动识别负载、自动选定模型等;简化编程、简化操作方面的智能化,如智能化的自动编程、智能化的人机界面等;还有智能诊断、智能监控方面的内容,方便系统的诊断及维修等。

数控系统在控制性能上向智能化发展。随着人工智能在计算机领域的渗透和发展,数控系统引入了自适应控制、模糊系统和神经网络的控制机理,不但具有自动编程、前馈控制、模糊控制、学习控制、自适应控制、工艺参数自动生成、三维刀具补偿、运动参数动态补偿等功能,而且人机界面极为友好,并具有故障诊断专家系统,使自诊断和故障监控功能更趋完善。伺服系统智能化的主轴交流驱动和智能化进给伺服装置,能自动识别负载并自动优化调整参数。直线电机驱动系统已实用化。为解决传统的数控系统封闭性和数控应用软件的产业化生产存在的问题,数控系统开放化已经成为数控系统的未来之路。开放式数控系统就是数控系统的开发可以在统一的运行平台上,面向机床厂家和最终用户,通过改变、增加或剪裁结构对象(数控功能),形成系列化,并可方便地将用户的特殊应用和技术诀窍集成到控制系统中,快速实现不同品种、不同档次的开放式数控系统,形成具有个性的名牌产品。目前开放式数控系统的体系结构规范、通信规范、配置规范、运行平台、数控系统功能库以及数控系统功能软件开发工具等是当前研究的核心。

网络化数控装备是近年国际机床博览会的一个新亮点。数控装备的网络化将极大地满足生产线、制造系统、制造企业对信息集成的需求,也是实现新的制造模式如敏捷制造、虚拟企业、分散化、网络化制造的基础单元。国内外一些著名数控机床和数控系统制造公司都在近年推出了相关的新概念和样机,如在EMO2001展中,日本山崎马扎克(Mazak)公司展出的CPC(Cyber - Production Center,智能生产控制中心);日本大隈(Okuma)机床公司展出IT广场(信息技术广场);德国西门子(Siemens)公司展出的OME(Open Manufacturing Environment,开放制造环境)等,反映了数控机床加工向网络化方向发展的趋势。

分散化、网络化制造,在广义上表现为使用网络的,实现企业与企业间可进行跨地域的协同设计、协同制造、信息共享、远程监控及远程服务,以及企业与社会间的供应、销售和服务等内容,在狭义上表现为企业内部的网络化,将企业内部的管理部门(产、供、销、人、财、物等)、设计部门(CAD/CAPP/CAE/CAM等)、生产部门(生产监测,生产管理,刀、夹、量具管理,材料管理,设备管理等)在网络、数据库技术支持下进行系统集成,通过Internet/Intranet/Extranet,为制造商提供整套且数据信息一致的生产方案,使不同的CNC控制程序、编程加工位置以及刀具定位点等数据信息得到统一。通过这样的网络通信,数据传递的速度得到极大提高。过去要几个小时才能完成传输的大程序,现在只需几秒钟就行了。

数控机床向柔性自动化系统发展的趋势是一方面从点(数控单机、加工中心和数控复合加工机床)、线(FMC、FMS、FML)向面(工段、车间、独立制造岛、自动化工厂)、体(CIMS、分布式网络集成制造系统)的方向发展,另一方面向注重应用性和经济性方向发展。柔性自动化技术是制造业适应动态市场需求及产品迅速更新的主要手段,是各国制造业发展的主流趋势,是先进制造领域的基础技术。其重点是以提高系统的可靠性、实用化为前提,以易于联网和集成为目标;注重加强单元技术的开拓、完善;CNC单机向高精度、高速度和高柔性方向发展;数控机床及其构成柔性制造系统能方便地与CAD、CAM、CAPP连接,向信息集成方向发展;网络系统向开放、集成和智能化方向发展。

9. 具有更高的通信功能和更好的开放性

为了适应FMC、FMS以及进一步联网组成CIMS的要求,一般的数控系统都具备RS232和RS422高速远距离串行接口。可以按照用户级的格式要求,同一级计算机进行多种数据交换。高档的数控系统应具有DNC接口,可以实现几台数控机床之间的数据通信,也可以直接对几台数控机床进行控制。现代数控机床,为了适应自动化技术的进一步发展,适应工厂自动化规模越来越大的要求,为了满足不同厂家、不同类型数控机床的联网需要,纷纷采用MAP工业控制网络,现在已经实现了MAP3.0版本。为现代数控机床进入FMS及CIMS创造了条件。

为了适应数控进线、联网、普及型个性化、多品种、小批量、柔性化及数控技术迅速发展的要求,最重要的发展趋势是数控体系结构的开放性,设计生产开放式的数控系统,例如美国、欧盟及日本发展开放式数控的计划等。

开放式数控系统是为适应制造自动化的发展,为FMC、FMS和CIMS提供基础装备,它要求数控系统不仅能完成通常的加工功能,而且要具备自动测量、自动上下料、自动换刀、自动更换主轴头、自动误差补偿、自动诊断、进线和联网等功能,实现FMC、FMS及无图纸制造技术。

围绕数控技术,制造过程技术在快速成形、并联机构机床、机器人化机床、多功能机床等整机方面和高速电主轴、直线电机、软件补偿精度等单元技术方面先后有所突破。并联杆系结构的新型数控机床实用化,这种虚拟轴数控机床,用软件的复杂性代替传统机床机构的复杂性,开拓了数控机床发展的新领域。

以计算机辅助企业管理和工程数据库、因特网等为主体的制造业信息化技术和智能化决策系统，可对机械加工中大量信息进行存储和实时处理。应用现代网络与通讯技术，使整个制造系统更趋于资源合理调配并高效应用，实现优化生产。

3.2 自动化加工设备

3.2.1 数控机床的分类

数控机床的品种很多，涉及的专业技术也很广，它可以从不同的角度进行分类。

1. 按工艺用途分类

(1) 金属切削类数控机床

金属切削类数控机床有数控车床、数控铣床、数控钻床、数控镗床、数控磨床、加工中心等。加工中心（Machining Centre，MC）是带有刀具库和自动换刀装置的多工序加工的数控机床，它可以对一次装夹的工件进行车、铣、镗、钻、铰、攻螺纹等多种工序加工。使用加工中心加工零件，避免了因零件多次装夹而造成的定位误差，减少了机床数量和占地面积，能稳定可靠地保证加工精度，大大提高了生产效率和降低了生产成本。

(2) 金属成形类数控机床

如数控折弯机、数控弯管机、数控回转头压力机等。

(3) 数控特种加工及其它类型数控机床

如数控线切割机床、数控电火花加工机床、数控激光切割机床、数控火焰切割机床等。

2. 按控制运动的方式分类

(1) 点位控制数控机床

点位控制（Positioning Control）又称点到点控制（Point to Point Control）。点位控制系统的特点是只控制刀具相对工件定位点的坐标位置。从某一工作位置移动到另一工作位置的过程中不进行加工，因此对轨迹无要求，仅要求位置的准确性。这类数控机床的数控装置只要求精确地控制一个坐标点到另一个坐标点的定位精度，如图 3.2a 所示。为了精确定位和提高生产率，首先系统高速运行，然后进行减速，使之慢速趋近定位点，以减小定位误差。这类数控机床主要有数控钻床、数控坐标镗床、数控冲剪床和数控测量机等。使用数控钻镗加工零件可以省去钻模、镗模等工装，又能保证加工精度。

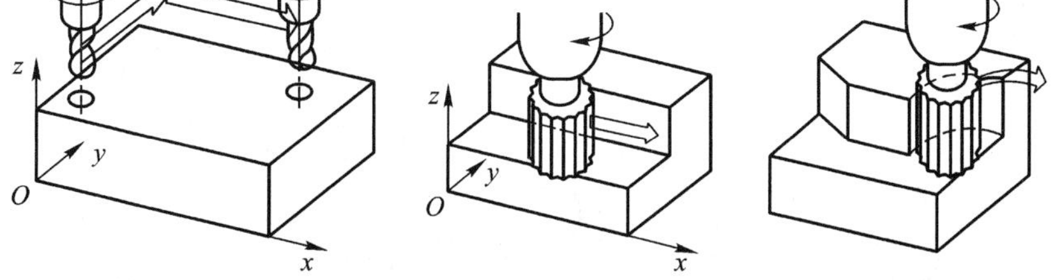

(a) 点位控制　(b) 直线控制　(c) 轮廓控制

图 3.2　点位、直线及轮廓控制加工

(2) 直线控制数控机床

直线切削控制(Straight Cut Control)又称平行切削控制(Parallel Cut Control)。直线控制系统的特点是除有定位要求外,还要求进给运动沿平行于坐标轴的方向直线移动进行切削加工,或者控制两个坐标轴以同样的速度同时运动,沿45°斜线进行切削加工。这类数控机床不仅要求具有准确的定位功能,而且还要保证从一点到另一点之间移动的轨迹是一条直线。其路线和移动速度是可以控制的。对于不同的刀具和工件,可以选择不同的切削用量。这一类数控机床包括数控车床、数控镗铣床、加工中心等,如图3.2b所示。直线控制的数控车床,只有两个坐标轴,可用于台阶轴的加工。直线控制的数控铣床,有三个坐标轴,可用于平面铣削加工。

(3) 轮廓控制数控机床

轮廓控制(Contouring Control)又称为连续轨迹控制(Continuous Path Control)。轮廓控制系统的特点是能够同时控制两个以上的坐标轴联动,使刀具和工件按平面任意直线、曲线或空间曲面轮廓进行相对运动,能加工出任何形状复杂的零件。这类数控机床的数控装置同时控制两个或两个以上坐标轴,并具有插补功能。对位移和速度进行严格的不间断的控制,即可以加工曲线或者曲面零件,如凸轮及叶片等。轮廓控制数控机床有两坐标及两坐标以上的数控铣床、可加工曲面的数控车床、加工中心等,如图3.2c所示。这类数控机床在加工中,需要不断地进行插补运算与相应的速度和位置控制,目前大部分数控系统都属于这类系统。按照联动(同时控制)轴数分,可以分为2轴联动、2.5轴联动、3轴联动、4轴联动、5轴联动等数控机床。2.5轴联动是三个坐标轴(X、Y、Z)中任意两轴联动,另一个是点位控制或直线控制。

3. 按伺服系统的类型分类

根据有无检测反馈元件及其检测装置,数控机床的伺服系统可分为开环伺服、闭环伺服和半闭环伺服。

(1) 开环控制数控机床

开环控制数控机床就是不具有任何被控量实际值反馈的数控机床。这种数控机床的控制系统通常使用步进电动机作为执行机构。数控装置根据所要求的进给速度和位移,输出一定频率和数量的进给指令脉冲,经过驱动电路放大后,每一个进给脉冲驱动步进电动机旋转一个步距角,再经过传动系统转换成工作台的一个当量位移,这类数控机床没有检测反馈装置(图3.3),数控装置发出的指令信号的流程是单向的,其精度主要取决于驱动器件和电动机(如步进电动机)的性能。这类数控机床其控制系统精度较低,响应速度低,输出功率不能太大。但开环控制数控机床结构简单、运行平稳、成本低、工作比较稳定、调试方便。它适用于精度、速度要求不高的场合,如经济型、中小型机床。

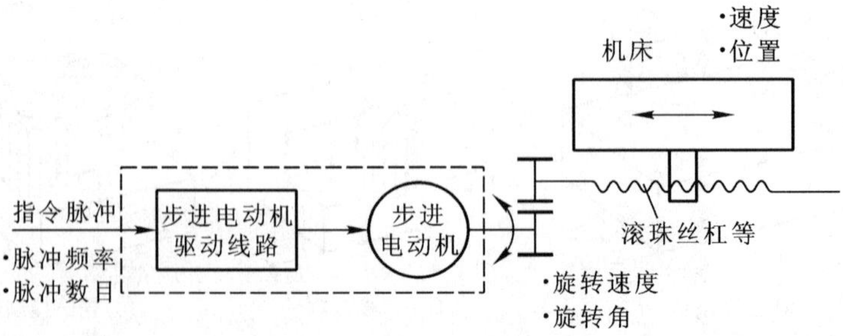

图3.3　开环伺服系统

(2) 闭环控制数控机床

闭环控制数控机床采用直接测量移动部件输出的被控量作为反馈量。如采用光栅尺来直接检测移动部件的直线位移这一被控量。这类机床数控装置中插补器发出的指令信号与工作台末端测得的实际位置反馈信号进行比较,根据其差值不断控制运动,进行误差修正,直至差值在误差允许的范围内为止。采用闭环控制的数控机床(图3.4),可以消除由于传动部件制造中存在的精度误差给工件加工带来的影响,从而可获得很高的加工精度。但是,由于很多机械传动环节(尤其是惯量较大的工作台等)包括在闭环控制的环路内,各部件的摩擦特性、刚性及间隙等都是非线性量,直接影响伺服系统的调节参数,故闭环系统的设计和调整都有较大的难度,设计和调整得不好,很容易造成系统的不稳定。所以,闭环控制数控机床主要用于一些精度要求高和速度高的精密大型数控机床,如数控镗铣床、数控超精车床、数控超精磨床等。

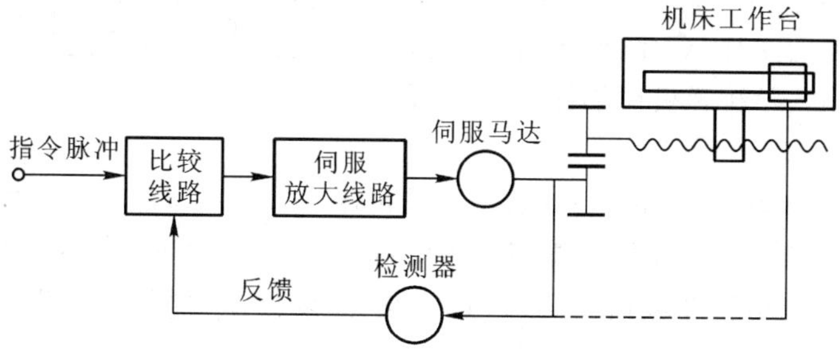

图3.4 闭环伺服系统

(3) 半闭环控制数控机床

大多数数控机床都采用半闭环控制系统,它的检测元件安装在电动机或丝杠的端头,如图3.5所示。这种数控系统的闭环路内不包括机械传动环节,因此可获得稳定的控制特性。由于采用高分辨率的测量元件(如脉冲编码器),又可以获得比较满意的精度和速度。半闭环系统的控制精度介于开环与闭环之间。

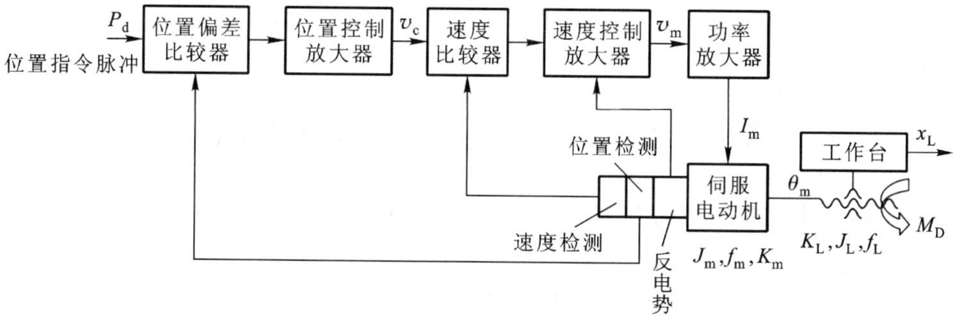

图3.5 半闭环伺服系统

闭环和半闭环数控系统具有位置和速度检测元件,数控装置将位移指令与位置检测元件检测到的实际位置进行实时比较,其差值与数控装置给定的指令速度按一定的关系转换得到伺服驱动系统的速度指令。同时,速度检测元件将测得的实际速度反馈信号与该速度指令相比较,以对电动机的转速进行实时校正。利用这种位置控制和速度控制的双回路控制,可以获得比开环控制系统精度更高、响应速度更快、驱动功率更大的特性指标。

闭环和半闭环控制系统的区别在于检测被控量实际值的方法不同。闭环控制系统采用直接测量移动部件输出的被控量作为反馈量,而半闭环控制系统则采用间接测量被控量作为反馈量。如,测量电动机或丝杠的角位移来间接检测移动部件的直线位移这一被控量。由于角位移和直线位移之间多了一个不在控制环路内的机械传动环节,因而半闭环控制系统比闭环控制系统精度低,但角位移检测元件比直线位置检测元件结构简单、安装方便、稳定性好、价格便宜,且控制系统容易调整,所以应用非常广泛。

3.2.2　数控机床的组成与结构特点

1. 数控机床的组成

数控机床一般由下列几个部分组成(图3.6)。

(1) 主机

主机是数控机床的主体,包括床身、立柱、主轴、工作台、刀架、刀库、丝杠、导轨等机械部件。

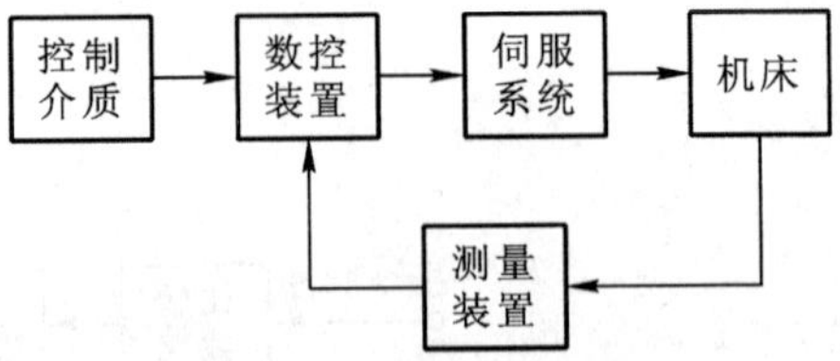

图3.6　数控机床的组成

(2) CNC装置

CNC(Computer Numerical Control)装置是数控机床的核心,包括硬件(CPU、RAM、ROM、接口、CRT、键盘等)以及相应的软件(控制软件包括译码、刀具补偿、速度控制、插补运算以及位置控制等,管理软件包括零件程序的输入输出、显示以及诊断等)。

(3) 伺服系统

数控机床伺服系统是数控装置与机床的连接环节,它是以机床移动部件(工作台)的位置和速度作为控制量的自动控制系统,用来接受数控装置(或计算机)插补生成的进给脉冲或进给位移量,驱动机床执行机构运动。它包括主轴驱动单元(主要是速度控制)、进给驱动单元(主要是速度控制和位置控制)、主轴电动机和进给电动机等。一般来说,数控机床的伺服系统要求有良好的快速响应性能,进给速度范围要大,灵敏而准确地跟踪指令功能和转速,在较大范围内有良好的工作稳定性。现在常用的是直流伺服系统和交流伺服系统,且交流伺服系统正在取代直流伺服系统。

(4) 测量反馈装置

该装置可以包括在伺服系统中。它由检测元件和相应的电路组成,其作用主要是检测速度和位移,并将信息反馈回控制系统,构成闭环控制。无测量反馈装置的系统称为开环系统。常用的测量元件有脉冲编码器、旋转变压器、感应同步器、光栅、磁尺及激光位移检测系统等。

(5) 控制介质

数控机床加工时,所需的各种控制信息要靠某种中间载体携带和传输,这种载体称作"控制介质"。控制介质是存储数控加工所需要的全部动作和刀具相对于工件位置信息的媒介物,它记载着零件的加工程序。控制介质有多种,如穿孔带、穿孔卡、磁带及磁盘等,也可通过通信接口直接输入各种信息,采用何种控制介质则取决于数控装置的类型。所谓信息,就是被称作代码的阿拉伯数字、文字和符号等。

(6) 其它辅助装置

指数控机床的一些必需的配套部件,用以保证数控机床运行。它包括液压和气动装置、排屑装置、交换工作台、数控转台和数控分度头,还包括刀具及监控检测装置、编程机及其它一些附属装备。图3.7为数控机床的组成框图。

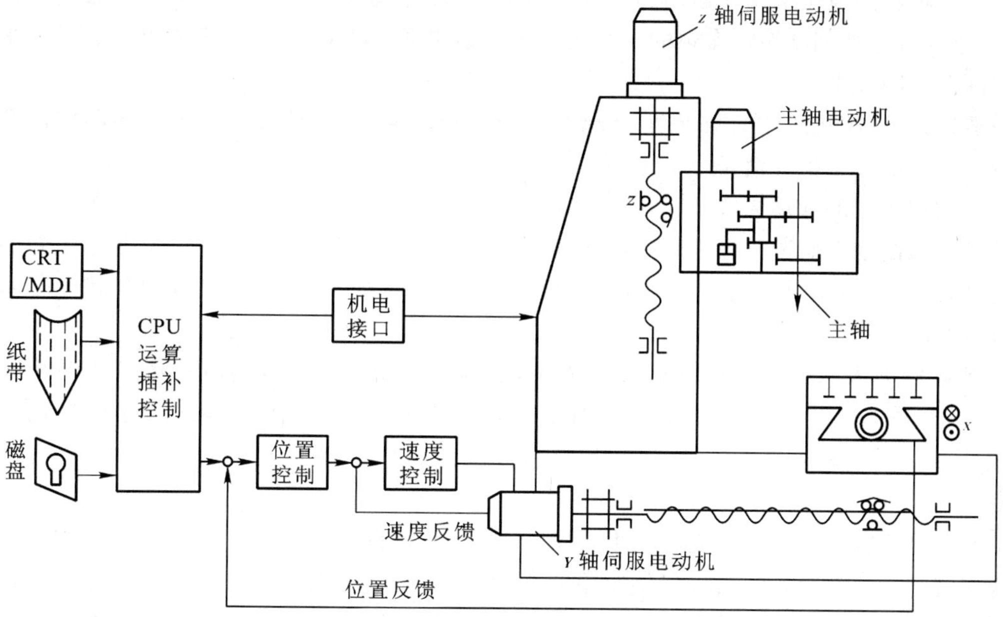

图3.7 数控机床的组成框图

2. 数控机床的特点

(1) 机床主机

主机是数控机床的主体,是用于完成各种切削加工的机械部分。根据不同的零件加工要求,有数控车床、数控铣床、数控钻床、数控镗床、数控磨床、数控重型机床、数控电加工机床以及其它类型数控机床。与普通机床不同的是,数控机床的主机结构具有以下特点:

1) 由于大多数数控机床采用了高性能的主轴及伺服传动系统,因此数控机床的机械传动结构得到了简化,传动链较短。

2) 为了适应数控机床连续、自动化加工的要求,数控机床机械结构具有较高的动态刚度、阻尼精度及耐磨性,热变形较小。

3) 更多地采用高效传动部件,如滚珠丝杠副,直线滚动导轨等。

(2) CNC装置

数控机床的CNC装置是用于实现输入数字化的零件程序,存储输入信息、进行数据变换、插补运算以及实现各种控制功能。

现代数控机床的数控装置一般可实现多坐标控制(多轴联动),实现多种函数的插补(包括直线插补、圆弧插补、抛物线插补等)。可以实现代码转换、英制/公制转换以及绝对值与增量值转换等。具有人机对话、手动数据输入、加工程序输入、编辑及修改功能。可实现各种加工循环、重复加工、凹(凸)模加工以及镜像加工等加工选择功能。可实现各种补偿功能,进行刀具半径、刀具长度、传动间隙、螺距误差的补偿。实现故障自诊断,图形、轨迹、字符CRT显示,具有联网及通信功能。

(3) 伺服系统

伺服系统是数控机床执行机构的驱动部件。普通机床的主轴和进给系统,主要由电机驱动进给箱及主轴箱的齿轮来实现运动和变速。而数控机床主轴和进给则是由数控装置发出进给指令,通过电气或电液伺服系统实现的。当几个进给轴实现了联动时,可以完成点位、直线、平面曲线或空间曲面的加工。

一般来说,数控机床的伺服驱动,要求有好的快速响应性能,能灵敏而准确地跟踪由数字控制装置发送来的数字指令信号。

(4) 数控机床的辅助装置及其它一些附属设备

数控机床的辅助装置是保证数控机床功能充分发挥所需要的配套部件。它包括电器、液压、气动元件及系统,冷却、排屑、防护、润滑、照明、储运等一系列装置,它对开发数控机床本身的功能具有很大的作用。

现代数控机床不仅可以利用 CNC 装置上的键盘直接输入零件的程序,也可以利用自动程编机,在机外进行零件的程序编制,将程序记录在信息载体上(如纸带、磁带、磁盘等),然后送入数控装置。对于较复杂的零件,可采用这种办法,这种方式称为自动程序编制或计算机程序编制。

随着计算机技术以及现代制造技术的发展,大多数零件数控加工的程序编制工作已经由计算机来实现了。一些公司还可以提供专用的程编机,并配有完整的附属设备。使用专用的数控加工程编软件,可以方便、高质量地编制出各种需要的零件程序。图 3.8 为 JCS-018 立式加工中心机床外形图。

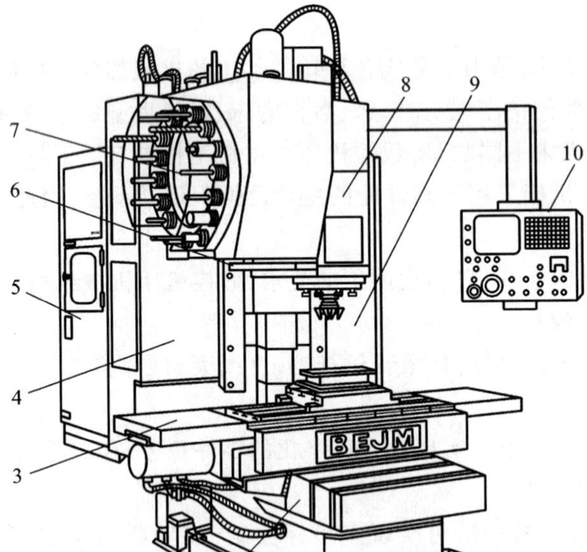

图 3.8　JCS-018 立式加工中心机床外形图

1—床身;2—滑座;3—工作台;4—立柱;5—数控柜;6—机械手;7—刀库;8—主轴箱;9—驱动电控柜;10—操纵面板

3.2.3 伺服系统与检测元件

数控机床伺服系统是以机床移动部件的位置和速度为控制量的自动控制系统。伺服系统接收计算机插补软件生成的进给脉冲或进给位移量，经变换和放大转化为工作台的位移。伺服系统的性能，在很大程度上决定了数控机床的性能。数控机床最高移动速度、重复定位精度等重要指标均取决于伺服系统的动态性能和静态性能。位置调节伺服系统的典型结构框图如图 3.9 所示。从控制的角度来讲，该位置调节伺服系统由双环组成，内环为速度环，外环为位置环。伺服系统的一般结构为三闭环控制，即有电枢电流闭环、速度闭环和位置闭环。为了满足三环伺服控制反馈信号，有多种传感元件可供选择。电流反馈一般采用取样电阻、霍尔集成电路传感器等。速度反馈一般采用测速发电机、光电编码器、旋转变压器等。位置反馈一般采用光电编码器、旋转变压器、光栅等。一般的电气伺服产品中主要包括电流闭环和速度闭环控制，而位置闭环则由 CNC 装置中的计算机进行控制。从器件上来说，电气伺服系统包括执行部件（例如交、直流伺服电动机及速度检测元件）、伺服驱动器（速度、电流控制单元，功率放大器等）以及连接 CNC 与伺服驱动的位置控制器三部分。

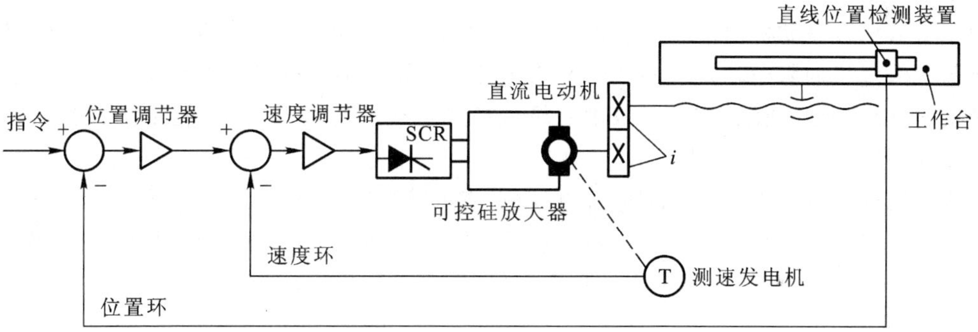

图 3.9 位置调节伺服系统结构框图

数控机床的伺服驱动系统主要有两种：进给驱动系统和主轴驱动系统，前者控制机床各坐标轴的切削进给运动，后者控制机床主轴的旋转运动。它们提供切削过程中所需要的转矩和功率，以及任意调节运转速度和准确的位置控制。

1. 常用伺服执行元件

常用的伺服执行元件主要有直流伺服电动机、交流伺服电动机、步进电动机和直接驱动电动机。

（1）步进电动机

步进电动机是一种将电脉冲信号转化成直线或角位移的执行元件。对这种电动机施加一个电脉冲后，其转轴就转过一个角度，称为一个步长；增加脉冲数，直线或角位移随之增加；脉冲频率越高，则电动机旋转速度就越高，反之则慢；分配脉冲的相序改变后，电动机便改变方向。步进电动机的驱动电源是方波脉冲电压，需要专用步进电动机驱动器。步进电动机的运行性能取决于电动机和驱动器两者的性能。数控装置每输出一个脉冲，步进电动机就严格地转过一个角度（步距角）。使用步进电动机的伺服系统不需要反馈信号就可实现速度和位置控制，因而它可以直接组成位置调节的开环伺服系统。

(2) 直流伺服电动机

直流伺服电动机一般有永磁式直流伺服电动机和小惯量直流电动机两类。永磁式直流伺服电动机是以永磁材料获得励磁磁场的一类直流电动机,也叫大惯量宽调速直流伺服电动机。小惯量直流伺服电动机具有较小的转动惯量,适合于要求有快速响应的伺服系统,但其过载能力低,电枢惯量与机械传动系统匹配较差,适合于起动、反转频繁的电气伺服系统。

永磁式直流伺服电动机具有体积小、转矩大、力矩和电流成正比、伺服性能好、反应迅速、功率体积比大、功率重量比大、稳定性好等优点。永磁式直流伺服电动机能在较大过载转矩下长时间工作。它的转子惯量较大,可以直接与丝杠相连而不需中间传动装置。永磁式直流伺服电动机的缺点是需要电刷,限制了电动机转速的提高,一般转速为 1 000 ~ 1 500 r/min。

(3) 交流伺服电动机

交流伺服电动机转子惯量比直流伺服电动机小,动态响应性能好。在同样的体积下,交流伺服电动机的输出功率可比直流伺服电动机提高 10% ~ 70%。交流伺服电动机的容量可以做得比直流伺服电动机大,达到更高的电压和转速。交流伺服电动机可分为永磁式同步交流伺服电动机和感应式异步交流伺服电动机。交流伺服电动机已逐渐替代直流伺服电动机而占据伺服电动机的主要位置。

同步交流伺服电动机由永磁同步电动机、转子位置传感器、速度传感器组成。永磁交流伺服电动机与永磁直流伺服电动机不同之处在于用转子位置传感器取代了直流电动机整流子和电刷的机械换向,因此无此项维护要求,且没有机械换向造成的电火花,使其能用在有腐蚀性、易燃、易爆气体的环境。

异步交流伺服电动机是一种感应式电动机,它的笼型转子结构简单、坚固,电动机价格便宜,过载能力强。但与同步交流伺服电动机相比,其效率低、体积大,转子有较明显的损耗和发热,且需要供给无功励磁电流,从而要求驱动功率大,其控制系统也比较复杂。

(4) 直接驱动电动机

直接驱动电动机就是电动机与其驱动的负载直接耦合在一起,中间不存在任何机械传动装置,是一种较为理想的驱动方式。它具有很高的伺服刚度和传输效率,动态响应性能好和定位精度高。采用直接驱动伺服系统可大大简化数控机床结构,但维护的技术要求高。

2. 检测元件

检测元件是闭环伺服系统的重要组成部分。检测系统的精度决定了数控系统的精度和分辨率。检测元件的作用是检测位置和速度,发送反馈信号,检测元件的安装位置及与机床运动部件的耦合方式,可分为直接测量和间接测量两种。间接测量精度低,需要增加补偿措施。直接测量和间接测量方法如图 3.10 所示。

开环系统用步进电动机驱动无检测装置,每输入一个指令脉冲,步进电动机就旋转一定角度,它的旋转速度由指令脉冲频率控制,转角大小由脉冲个数决定。对应每一个脉冲,步进电动机转过一个步距角,并使工作台相对刀具移动一个距离,这个距离叫脉冲当量。加工时,刀具相对工件移动距离,等于脉冲当量乘以指令脉冲数;由于传动件有间隙和弹性变形,当阻力(包括摩擦力、切削力、惯性力)发生变化时,刀具相对工件的实际移动距离与指令值存在误差,这就是加工误差。由于开环系统没有检测装置,这个误差无法测出和补偿,因此开环系统加工精度不高,适用于驱动力较小的中小型机床和电加工机床。

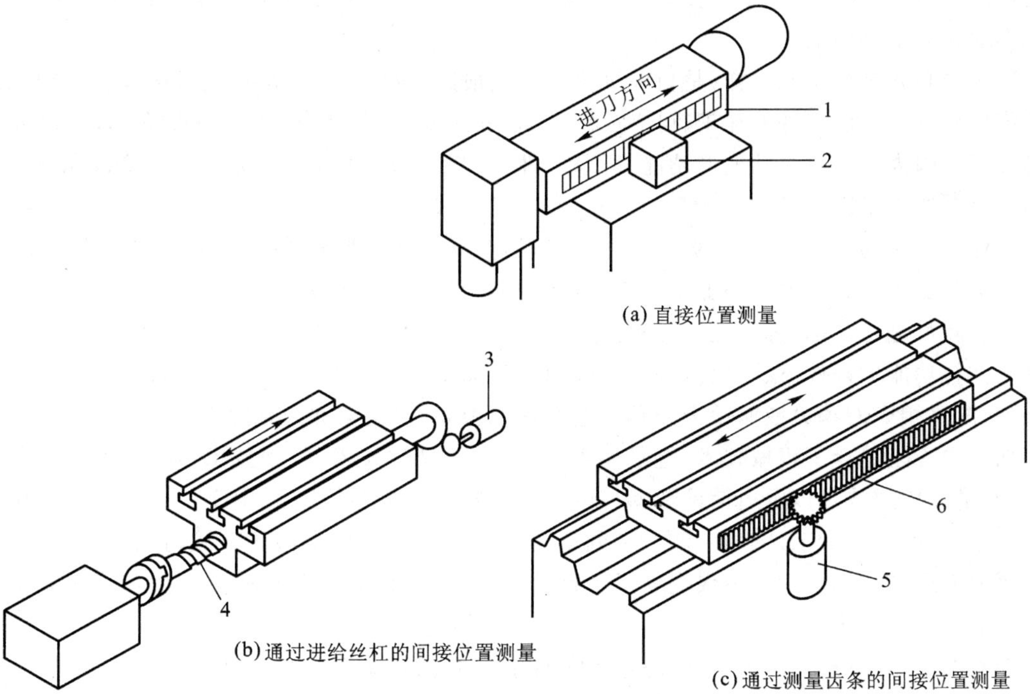

(a) 直接位置测量

(b) 通过进给丝杠的间接位置测量

(c) 通过测量齿条的间接位置测量

图 3.10　直接测量与间接测量

1—刻度尺；2—位置测量系统；3—旋转角传感器；4—滚珠丝杠；5—旋转角传感器；6—测量齿条

闭环伺服系统和半闭环伺服系统有检测装置。闭环系统的检测装置安装在带动刀具或工件移动的部件上，如工作台的支承导轨和动导轨上。它可直接检测移动部件的移动距离，由于系统中采用了检测数据反馈和误差补偿技术，因而可很精确地控制移动件的距离。半闭环系统和闭环系统的区别，是半闭环系统中的检测元件安装在伺服电动机上，在伺服电动机的尾部装有编码器或测速发电机，分别检测移动部件的位移和速度。由于从电动机到工作台还要经过齿轮和滚珠丝杠副传动，这些传动件又不可避免地存在受力变形和消除传动间隙等问题，因而半闭环系统控制精度不如闭环系统。

闭环控制系统所用的检测元件有光栅、磁栅和感应同步器等测量装置。由于测量元件通常是安装在工作台上，因而测量元件的长度应等于导轨的长度。由于测量元件造价高、使用维修困难，因而使用受到限制。而半闭环系统简单可靠、价格便宜、调整方便，故应用较多。随着对数控机床的加工精度要求越来越高，闭环系统应用会更广泛。

3.3　加工中心

3.3.1　加工中心的定义

加工中心(Machining Center，MC)是适应现代制造业发展需求而迅速发展起来的自动换刀数控机床，具备省力、省时和节能的功能。它将数控铣床、数控镗床、数控钻床等的多种功能集于一台加工设备上，具有自动换刀装置和刀库，可在一次安装工件后，按不同加工工序要求自动选择和更换刀具,自动改变机床主轴转速、进给量和刀具相对工件的运动轨迹及其它辅助功能,依次完成多面和多工序的加工。

加工中心和数控车床一样,是目前世界上产量最高、应用最广泛的数控机床。它主要用于箱体类零件和复杂曲面零件的加工,可完成铣平面、铣沟槽、镗孔、钻孔、内外圆倒角、环形槽及攻螺纹等加工。因为它具有自动换刀功能,所以工件一次装夹后,可以自动完成或者接近完成工件各表面的所有加工工序。

箱体类零件的加工中心,一般是在镗、铣床的基础上发展起来的,可称为镗铣类加工中心,习惯上简称为加工中心。另一类加工中心是以轴类零件为主要加工对象,它是在车床基础上发展起来的。除可进行车削、镗削之外,还可进行端面和周面上任意部位的钻削、铣削和攻螺纹加工。在具有插补功能的条件下,可以实现各种曲面铣削加工。这类加工中心设有刀库,根据加工工件的需要,配置相应的动力或非动力刀具。这类加工中心,习惯上称为车削中心。

加工中心是综合了机械技术、电子技术、计算机软硬件技术、气动技术、拖动技术、现代控制理论、测量及传感技术以及通信诊断、刀具和编程技术的高科技产品,由于加工中心能集中完成多种工序,因而可减少工件装夹、测量和调整时间,减少工件等待、搬运存放时间,使机床的切削利用率大大提高。加工中心不仅提高了工件的加工精度,而且是数控机床中生产率和自动化程度最高的综合性机床。

随着电子、计算机技术的迅速发展,各种性能良好的传感器的出现和运用,使加工中心的功能日趋完善,包括刀具寿命、刀具磨损和损伤、切削状态、切削过程的监视、报警和自动停机功能以及自动检测、自我诊断及自适应控制功能等。加工中心还与载有随行夹具的自动托板有机连接,并能进行切屑自动处理,使得加工中心已成为柔性制造系统、计算机集成制造系统和自动化工厂的关键设备和基本单元。

3.3.2 加工中心的工作原理

当复杂零件加工工序要求高度集中时,在加工中必须多次更换刀具,以满足加工要求。为解决自动换刀问题,人们研制出一种立式转塔头钻镗铣床,如图 3.11 所示。在转塔头上设有多根短主轴,每根主轴上装一把刀具。当处于工作位置的刀具加工完毕之后,机床控制转塔头松开、转位,让下一工序的刀具进入工作位置,夹紧转塔头后,再继续加工,直至完成全部工序加工。1958 年,美国 K&T 公司首次把铣、钻、镗等多种工序集中于一台数控机床上,通过换刀方式实现连续加工,成为世界上第一台加工中心。该产品出现后,销路惊人,引起了日、美、德、英、法、意等先进工业国家高度重视,竞相开发生产,不断扩大和完善机床的功能,成为数控机床中发展最快、需求量最大的商品之一。如今世界上出现了立式、卧式、龙门式、落地式等各种加工中心,据不完全统计,大约有 1 000 多个品种规格。

加工中心的工作原理是根据零件图纸,制定工艺方案,采用手工或计算机自动编制零件加工程序,把零件所需的机床各种动作及全部工艺参数变成机床的数控装置能接受的信息代码,并把这些代码存储在信息载体(穿孔带、磁盘等)上,将信息载体送到输入装置,读出信息并送入数控装置。进入数控装置的信息,经过一系列处理和运算转变为脉冲信号。有的信号送到机床的伺服系统,通过伺服机构进行转换和放大,再经过传动机构,驱动机床有关零部件,使刀具和工件严格执行零件程序所规定的相应运动。还有的信号送到可编程序控制器中用以顺序控制机床的其它辅助动作,实现刀具自动更换。

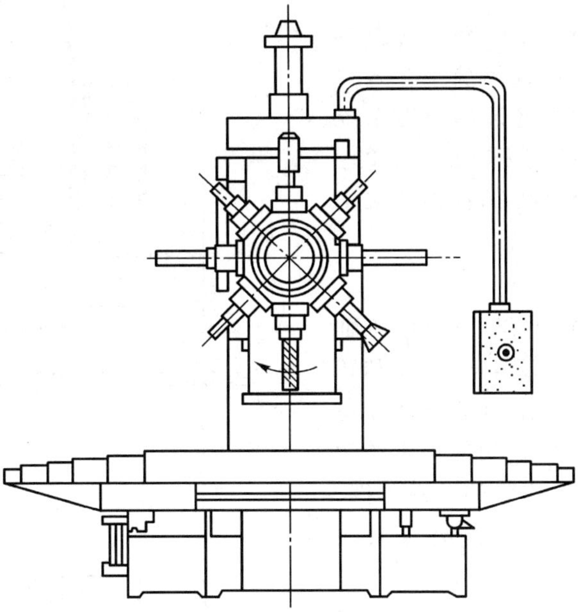

图 3.11 立式转塔头钻镗铣床

3.3.3 加工中心的组成与分类

1. 加工中心的组成

加工中心的组成随机床的类别、功能、参数的不同而有所不同。机床本身分基本部件和选择部件,数控系统有基本功能和选用功能,机床参数有主参数和其它参数。机床制造厂可根据用户提出的要求进行定制生产,但同类加工中心机床的基本功能和部件组成基本相同。图 3.12 为卧式加工中心组成部件示意图。

实际生产中有各种类型加工中心,外形结构各不相同,但总体组成大体相同,主要由以下部分组成。

(1) 基础部件

基础部件由床身、立柱和工作台等大件组成,是加工中心的基础构件,它们可以是铸铁件,也可以是焊接钢结构件,要承受加工中心的静载荷以及在加工时的切削载荷。要求刚度高,是加工中心中质量和体积最大的部件。

加工中心大多可设计成双工作台交换,当一个工作台在加工区内运行,另一工作台则在加工区外更换工件,为下一个工件的加工做准备。工作台交换的时间视工作台大小,从几秒到几十秒即可完成。最新设计的加工中心考虑到结构上要适合组成模块式制造单元(FMC)和柔性生产线(FMS),模块式制造单元一般至少有两台加工中心和四个交换工作台组成。加工中心全部并排放置,交换工作台在机床前一字形排开,交换工作台多的可以排成两行、双层设计。两边各有一个工位作为上下工件的位置,其余工位上的交换工作台安装着工件等待加工,有一辆小车会按照系统指令,把装着工件的交换工作台送进加工中心,或从加工中心上取出完成加工的交换工作台,送到下一个工位或直接送到下料工位,完成整个加工操作。柔性生产线除了小车、交换工作台之外,还有统一的刀具库,一般会有几百把刀具,在系统中存入刀具的身份编码信息,再通过刀具输送系统送进加工中心,并把用完的刀具取回,柔性生产线往往还需要一台 FMS 的控制器来指挥运行。

(2) 主轴组件

主轴组件由主轴箱、主轴电动机、主轴和主轴轴承等零件组成。其启动、停止和转动等动作均由数控系统控制,并通过装在主轴上的刀具参与切削运动,是切削加工的功率输出部件。主轴是加工中心的关键部件,其结构优劣对加工中心的性能有很大的影响。

(3) 数控系统

单台加工中心的数控系统是由 CNC 装置、可编程序控制器、伺服驱动装置以及电动机等部分组成。它们是加工中心执行顺序控制动作和完成加工过程中的控制中心。CNC 系统一般由中央处理器、存储器和输入、输出接口组成。中央处理器又由存储器、运算器、控制器和总线组成。CNC 系统主要特点是输入存储、数据的加工、插补运算以及机床各种控制功能都通过计算机软件来完成,能增加很多逻辑电路中难以实现的功能。计算机与其它装置之间可通过接口设备连接。当控制对象改变时,只需改变软件与接口。

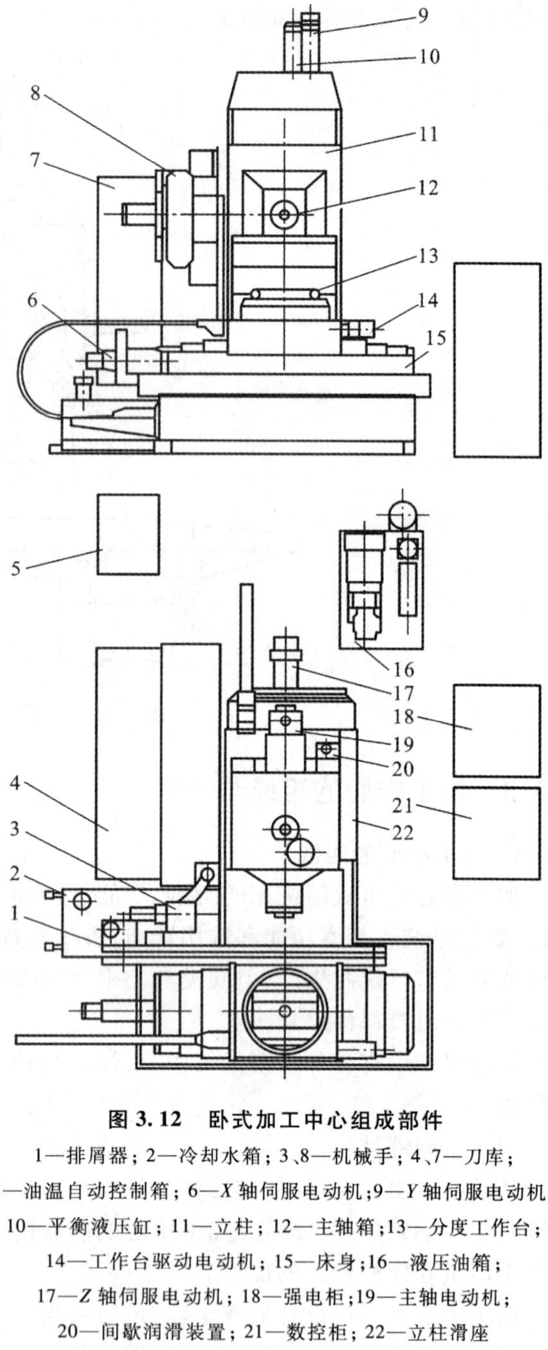

图 3.12 卧式加工中心组成部件

1—排屑器;2—冷却水箱;3、8—机械手;4、7—刀库;5—油温自动控制箱;6—*X* 轴伺服电动机;9—*Y* 轴伺服电动机;10—平衡液压缸;11—立柱;12—主轴箱;13—分度工作台;14—工作台驱动电动机;15—床身;16—液压油箱;17—*Z* 轴伺服电动机;18—强电柜;19—主轴电动机;20—间歇润滑装置;21—数控柜;22—立柱滑座

(4) 伺服系统

伺服系统的作用是把来自数控装置的信号转换为机床移动部件的运动,其性能是决定机床的加工精度、表面质量和生产效率的主要因素之一。加工中心普遍采用半闭环、闭环和混合环三种控制方式。

(5) 自动换刀装置

自动换刀装置由刀库、机械手和驱动机构等部件组成,刀库(图 3.13)是存放加工过程所使用的全部刀具的装置。刀库有盘式、鼓式和链式等多种形式,容量从几把到几百把,当需要换刀时，根据数控系统指令，由机械手（或通过别的方式）将刀具从刀库取出装入主轴中。机械手的结构如图3.14所示，它根据刀库与主轴的相对位置及结构的不同也有多种形式，如单臂式、双臂式、回转式和轨道式等。有的加工中心不用机械手而利用主轴箱或刀库的移动来实现换刀。尽管换刀过程、选刀方式、刀库结构、机械手类型等各不相同，但都是在数控装置及可编程序控制器控制下，由电动机和液压或气动机构驱动刀库和机械手实现刀具的选择与交换。当机构中装入接触式传感器，还可实现对刀具和工件误差的测量。

图3.13　加工中心刀库

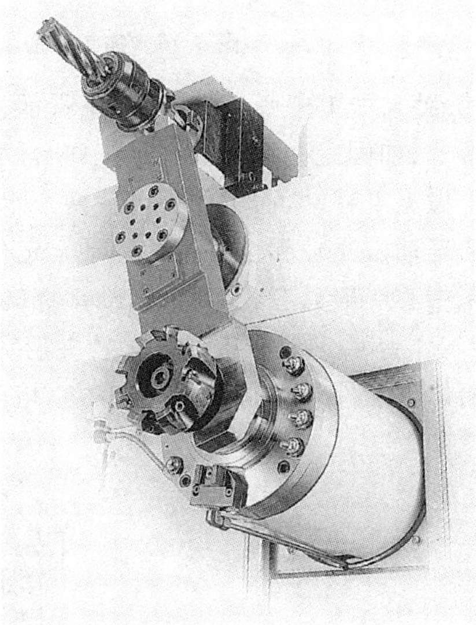

图3.14　加工中心自动换刀装置

（6）辅助系统

辅助系统包括润滑、冷却、排屑、防护、液压和随机检测系统等部分。辅助系统虽不直接参加切削运动，但对加工中心的加工效率、加工精度和可靠性起到保障作用，因此也是加工中心不可缺少的部分。

（7）自动托盘更换系统

加工中心为进一步缩短非切削时间，配有两个自动交换工件托盘，一个安装在工作台上进行加工，另一个则位于工作台外进行装卸工件。当完成一个托盘上的工件加工后，便自动交换托盘，进行新零件的加工，这样可减少辅助时间，提高生产效率。图3.15所示为某型号加工中心的自动托盘交换装置及圆锥头清洁装置。

2. 加工中心的分类

根据用途不同，加工中心有不同的分类方法，一般可按主轴加工时的空间位置分类、按工艺用途分类以及按功能特殊分类等几种方法。

（1）按主轴加工时的空间位置分类

按主轴加工时的空间位置分类有卧式和立式加工中心。

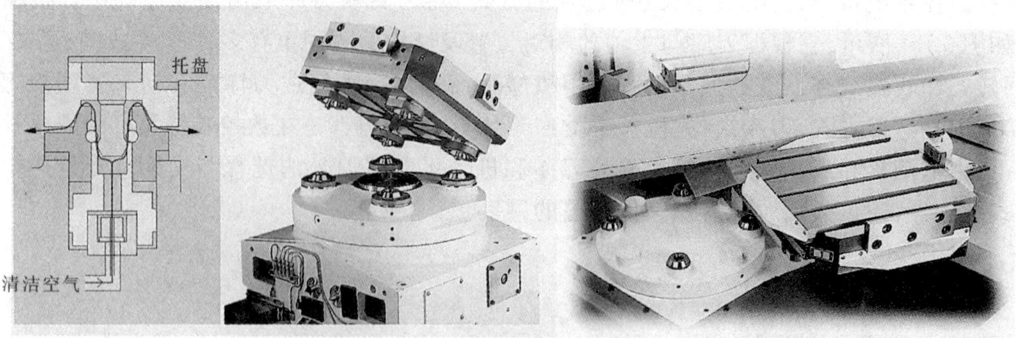

图 3.15　加工中心的自动托盘交换装置及圆锥头清洁装置

1）卧式加工中心　如图3.16所示，是指主轴轴线水平设置的加工中心。卧式加工中心有多种形式，如固定立柱式或固定工作台式。固定立柱式的卧式加工中心的立柱不动，其主轴箱在立柱上做上下移动，而工作台可在两个水平方向移动；固定工作台式的卧式加工中心的三个坐标方向的运动由立柱和主轴箱的移动来定位，安装工件的工作台是固定不动的（指直线运动）。卧式加工中心一般具有3～5个运动坐标轴，常见的是三个直线运动坐标轴和一个回转运动坐标轴（回转工作台），它能在工件一次装夹后完成除安装面和顶面以外的其余四个面的加工，最适合加工箱体类工件。它与立式加工中心相比，结构复杂，占地面积大，质量大，价格亦高。

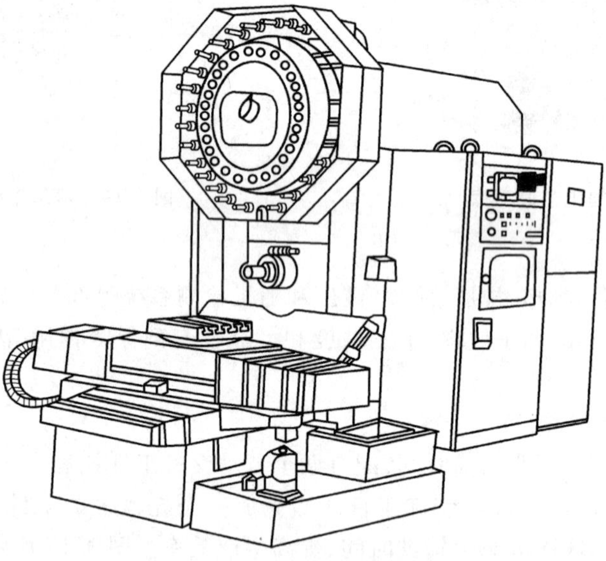

图 3.16　卧式加工中心结构示意图

2）立式加工中心　如图3.8所示，是指主轴的轴线为垂直设置的加工中心，其结构多为固定立柱式，工作台为十字滑台，适合加工盘类零件，一般具有三个直线运动坐标轴，并可在工作台上安置一个水平轴的数控转台（第四轴）来加工螺旋线类零件。立式加工中心结构简单，占地面积小，价格低，配备各种附件后，可进行大部分工件的加工。

3）五坐标加工中心　这种加工中心具有立式和卧式加工中心的功能，在工件一次装夹后，能完成除安装面外的所有五个面的加工,这种加工方式可以大大提高被加工工件的形状精度;避免多次装夹工件,从而提高了被加工工件表面的位置精度,提高了生产效率,降低了加工成本。常见的五坐标加工中心有两种形式,一种是主轴可做90°旋转,可同时具有卧式加工中心和立式加工中心的切削功能;另一种是工作台可带着工件做90°旋转,而主轴不改变方向来完成五面加工。但五坐标加工中心结构复杂,造价高,且由于加工方式转换时,受机械结构的限制,使可加工空间受到一定限制,故其加工范围比同规格的加工中心要小,而机床的占地面积却大。目前,它的使用和生产在数量上远不如其它类型的加工中心。

具有三坐标以上联动能力的数控机床称为多坐标数控机床。它们用来加工形状复杂的零件,如螺旋桨、叶轮、复杂模具等。图 3.17 为五坐标加工中心示意图。与三坐标数控机床相比,它多了一个可作圆周进给运动的数控回转工作台和一个数控主轴摆头,从而使机床除了可沿 X、Y、Z 三个坐标轴作直线移动外,还可绕 Z、Y 轴转动(分别为 C 运动和 B 运动)。主轴摆头的作用是,使刀具在加工过程中摆动一定角度,避免刀具与工件产生干涉,或者使刀具轴线处于合适的位置,以改善切削条件,提高生产率,保证被加工零件的加工面质量。

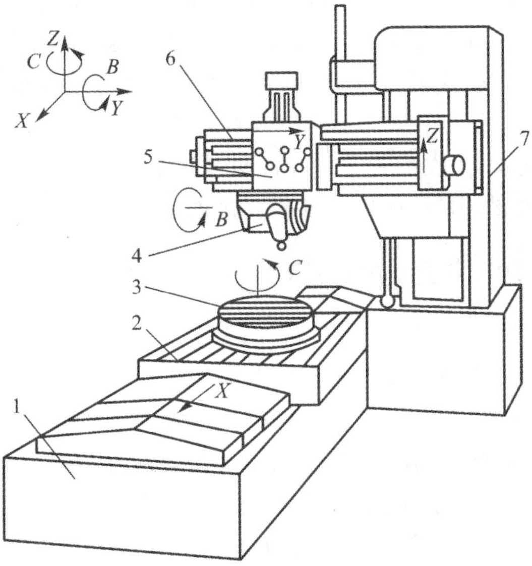

图 3.17 五坐标加工中心示意图

1—床身;2—纵向工作台;3—回转工作台;4—主轴摆头;5—主轴箱;6—横梁;7—立柱

(2) 按工艺用途分类

按工艺用途分类有镗铣加工中心和复合加工中心。

1) 镗铣加工中心 这种加工中心分立式镗铣加工中心、卧式镗铣加工中心和龙门镗铣加工中心。其加工工艺以镗铣加工为主,用于箱体、壳体以及各种复杂零件特殊曲线和曲面轮廓的多工序加工,适合于多品种小批量生产。

2) 复合加工中心 复合加工中心主要指五面复合加工,主轴头可自动回转进行立、卧加工,在主轴自动回转后,在水平和垂直方向实现刀具自动变换。

(3) 按功能特殊分类

按功能特殊分类有单工作台、双工作台和多工作台加工中心;单轴、双轴、三轴及可换主轴箱的加工中心;立式转塔加工中心和卧式转塔加工中心;刀库加主轴换刀加工中心;刀库加机械手加主轴换刀加工中心;刀库加机械手加双主轴转塔加工中心等。

3.4 五轴联动加工中心

随着现代制造业的快速发展,加工中心逐渐成为机械加工中最主要的加工设备,加工范围广、使用量大。近年来在品种、性能、功能方面有很大的发展。在品种方面:有新型的立、卧五轴联动加工中心,可用于航空、航天零件加工;有专门用于模具加工的高性能加工中心,集成三维CAD/CAM对模具复杂的曲面超精加工;有适用于汽车、摩托车大批量零件加工的高速加工中心,生产效率高且具备柔性化。在性能方面:普遍采用了万转以上的电主轴,最高可达60 000~100 000 r/min;直线电机的应用使机床加速度达到了3~5 g;执行ISO/VDI检测标准,促使制造商提高加工中心的双向定位精度。在功能方面,糅合了激光加工的复合功能,结构上适合于组成模块式制造单元(FMC)和柔性生产线(FMS),并具有机电、通讯一体化功能。

领先一步的机床制造商正在构想更新型的"加工中心",它将是万能型的设备,可用于车削、铣削、磨削、激光加工等,成为真正意义上的加工中心。全自动地从材料送进,到成品产出,粗精加工、淬硬处理、超精加工、自动检测、自动校正,将无所不能。设备将重视环保、节能,呈现出绿色制造业的标志。具有21世纪时代特征的IT功能是绝对不可少的,设备将通过网络与外界交换信息,获得最新的技术成果,人类的智慧将在高科技产品加工中心上得到充分的展现。本节主要介绍五轴联动加工中心的结构特点、应用及研究进展。

3.4.1 五轴联动加工中心对结构的要求

1. 具备更高的静动刚度

加工中心价格昂贵,其加工费用比传统机床要高得多,这就要求必须采取措施大幅度地压缩单件加工时间。压缩单件加工时间包括两个方面:一方面是新型刀具材料的发展,使切削速度成倍地提高,大大缩短了切削时间;另一方面,采用自动换刀系统,加快装夹、变换等操作,这又大大减少了辅助时间。这些措施大幅度地提高了生产率,获得了好的经济效益,然而,也明显地增加了机床的负载及运转时间。另外,机床床身、导轨、工作台、刀架和主轴箱等部件的结构刚度将影响它们本身的几何精度及因变形所产生的误差,所有这些因素都要求加工中心具有更高的静刚度。

切削过程中的振动不仅直接影响零件的加工精度和表面质量,还会降低刀具寿命,影响生产率。而加工中心又是连续作业,不可能在加工过程中通过人为调整(如改变切削用量或改变刀具的几何角度)来消除或减少振动,因此,还必须提高加工中心的动刚度。

在设计加工中心结构时,考虑到这些因素,其基础大件通常采用封闭箱形结构,合理地布置加强筋板以及加强各部件的接触刚度,以提高机床的静刚度。此外,改变系统的自振频率,改善机床的阻尼特性,也是提高机床动刚度的有效措施。

2. 具有更小的热变形

加工中心在加工中受切削热、摩擦热等内外热源的影响,各部件将发生不同程度的热变形,这将影响工件的加工精度。由于加工中心的主轴转速、进给速度及切削用量等都大于传统机床,而且工艺过程自动化，常常是连续加工，因而产生的热量也多于传统机床，这就要求必须采取措施减少热变形对加工精度的影响。针对此，可以采取如下改善措施：对发热源采取有效的液冷、风冷等方法来控制温升；改善机床结构，使构件的热变形发生在非误差敏感方向上。例如卧式加工中心的立柱采用框式双立柱结构，左右对称（图 3.18），热变形对主轴轴线产生垂直方向的平移，它可以由坐标修正量进行补偿，减少发热，尽可能将热源从主机中分离出去。

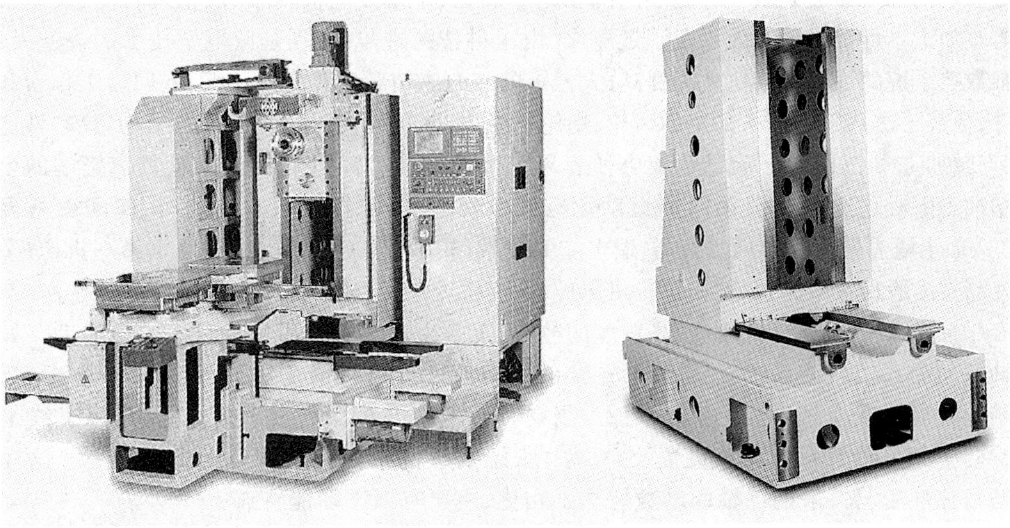

图 3.18 加工中心的床身和机座

3. 运动件间的摩擦小并消除传动系统间隙

加工中心工作台的位移量以脉冲当量作为它的最小单位，在对刀、工件找正等情况下，工作台常以极低的速度运动。这就要求工作台能对数控装置发出的指令做出准确响应，这与运动件的摩擦特性有关。加工中心采用滚动导轨和静压导轨，静摩擦力较小，并且在润滑油的作用下，它们的摩擦力随运动速度的提高而加大，这就有效地避免了低速爬行现象，从而使加工中心的运动平稳性和定位精度都有所提高。进给系统中采用滚珠丝杠代替滑动丝杠（图 3.19），也是基于同样的道理。另外，采用脉冲补偿装置进行螺距补偿，消除了进给传动系统的间隙，也可采用无间隙传动副。

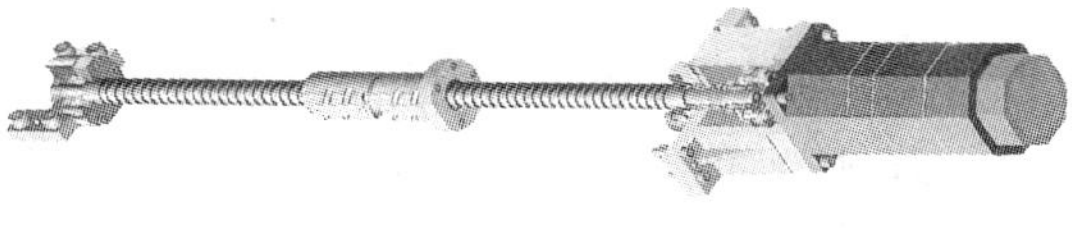

图 3.19 加工中心的滚珠丝杠和轴驱动装置

4. 寿命高、精度保持性好

良好的润滑系统保证了加工中心的寿命，导轨、进给丝杠及主轴部件都采用新型的耐磨材料，使加工中心在长期使用过程中能够保持良好的精度。

5. 宜人性

加工中心采用多主轴、多刀架及自动换刀装置，一次装夹完成全工序的加工，节省了大量装卡换刀时间。由于不需要人工操作,故采用了封闭或半封闭式加工,使人机界面明快、干净、协调。设有紧急停车装置,以避免发生意外事故,而且所有操作都集中在一个操作面板上,一目了然,减少了误操作。

3.4.2 五轴联动加工中心的功能特点

五轴联动加工中心是解决叶轮、叶片、船用螺旋桨、重型发电机转子、汽轮机转子、大型柴油机曲轴等难加工零件加工的有效手段。近年来,由于科技的进步,特别是微电子技术的快速发展,使得五轴数控系统的性能价格比大为提高;大力矩电机的成功开发并应用于摆动、回转工作台和主轴头部件,代替了这些部件原来采用的齿轮、蜗轮蜗杆传动,从而使得这些部件的结构紧凑、性能质量提高,五轴加工中心的设计、制造也更方便容易了,价格也有较大下降。目前比较有影响的生产五轴联动加工中心的公司有美国哈斯自动化有限公司、美国哈挺机械有限公司、德国德马吉公司(DMG)、瑞士威力铭－马科黛尔公司、瑞士宝美技术(BUMOTEC)有限公司、北京第一机床厂、北京机电院高技术股份有限公司、沈阳第一机床厂、大连机床集团、桂林机床股份有限公司等。

五轴联动加工中心有高效率、高精度的特点,工件一次装夹就可完成五面体的加工。如配置上五轴联动的高档数控系统,还可以对复杂的空间曲面进行高精度加工,更适用于汽车零部件、飞机结构件等现代模具的加工。五轴加工指在一台机床上至少有五个坐标轴(三个直线坐标和两个旋转坐标),而且可在计算机数控(CNC)系统的控制下同时协调运动进行加工。这样的五轴联动数控加工与一般的三轴联动数控加工相比,主要有以下功能特点:

(1) 可以加工一般三轴数控机床所不能加工或很难一次装夹完成加工的连续、平滑的自由曲面

对于航空发动机和汽轮机的叶片、舰艇用的螺旋推进器,以及许许多多具有特殊曲面和复杂型腔、孔位的壳体和模具等,如用普通三轴数控机床加工,由于其刀具相对于工件的位姿角在加工过程中不能变,加工某些复杂自由曲面时,就有可能产生干涉或欠加工(即加工不到)。采用五轴联动的机床加工时,由于刀具、工件的位姿角在加工过程中随时可调整,就可以避免刀具工件的干涉并能一次装夹完成全部加工。

(2) 可以提高空间自由曲面的加工精度、质量和效率

三轴机床加工复杂曲面时,多采用球头铣刀。球头铣刀是以点接触成形,切削效率低,而且刀具、工件位姿角在加工过程中不能调,一般就很难保证用球头铣刀上的最佳切削点(即球头上线速度最高点)进行切削,而且有可能出现切削点落在球头刀上线速度等于零的旋转中心线上的情况,这时不仅切削效率极低,加工表面质量严重恶化,而且往往需要采用手动修补,精度随之降低。如采用五轴机床加工,由于刀具、工件位姿角随时可调,不仅可以避免上述情况的发生,而且还可以充分利用刀具的最佳切削点来进行切削,或用线接触成形的螺旋立铣刀来代替点接触成形的球头铣刀,甚至还可以通过进一步优化刀具、工件的位姿角来进行铣削,从而获得更高的切削速度、切削线宽,即获得更高的切削效率和更好的加工表面质量。

(3) 工件一次装夹便可完成全部或大部分加工

现代产品,不仅是航空、航天产品和运载工具(如汽车、船、舰等),而且也包括精密仪器、仪表,医疗、运动器械,以及家用、办公用的电器和儿童玩具等产品的零件,都愈来愈多地采用由整体材料加工而成,而且其上还包含有许多各种各样的复杂曲面和斜孔、斜面等。这些零件,如用

传统机床或三轴数控机床来加工,必须用多台机床,经过多次定位安装才能完成。这样不仅设备投资大,占用生产面积多,生产加工周期长,而且精度、质量还难于保证。为了解决这些问题,就要发展能集中工序进行高精、高效和复合加工的机床,以期能实现工件一次装夹便可完成全部或大部分加工。这已成为当今机床发展的大趋势,而具备高速加工能力的五轴机床,完全符合这一发展要求的趋势。因为它不仅具备现代生产加工设备所要求具有的主要功能,而且一台五轴机床的工效约相当于两台三轴加工机床,甚至可以省去更多机床。

3.4.3 实现五轴联动加工的难点

五轴联动加工的方法和五轴加工中心,早在 20 世纪 60 年代,国外航空工业为了加工一些具有连续平滑而复杂的自由曲面大件时,就已开始采用了,但一直没能在更多的行业中获得广泛应用,只是近 10 年来才有了较快的发展。究其原因,主要是五轴加工存在着如下实现难点:

(1) 编程复杂、难度大

因为五轴加工不同于三轴,它除了三个直线运动外,还有两个旋转运动参与,其所形成的合成运动的空间轨迹非常复杂和抽象,一般难以想象和理解。如为了加工出所需的空间自由曲面,往往需通过多次坐标变换和复杂的空间几何运算,同时还要考虑各轴运动的协调性,避免干涉、碰撞,以及插补运动要适时适量等,以保证所要求的加工精度和表面质量。

(2) 对数控及伺服控制系统要求高

由于五轴加工需要有五轴同时协调运动,这就要求数控系统首先必须具有至少五轴联动控制的功能;另外由于合成运动中有旋转运动的加入,这不仅增加了插补运算的工作量,而且由于旋转运动的微小误差有可能被放大从而大大影响加工的精度,因此要求数控系统要有较高的运算速度(即更短的单个程序段的处理时间)和精度。所有这些都意味着数控系统必须增加 RISC 芯片的处理器来进行处理(即采用多个高位数的 CPU 结构)。而且五轴加工机床的机械配置有刀具旋转方式,工件旋转方式和两者的混合式,数控系统也必须能满足不同配置的要求。最后,为了能实现高速、高精度的五轴加工,数控系统还要具有前瞻功能和较大的缓冲存储能力,以便在程序执行之前对运动数据进行提前运算、处理并进行多段缓冲存储,从而保证刀具高速运行时误差仍然较小。所有这些要求,无疑都将增加数控系统结构的复杂性和开发的难度。

(3) 五轴加工中心的机械结构设计和制造比三轴机床更加复杂和困难

因为机床要增加两个旋转轴坐标,就必须采用能倾斜和转动的工作台或能转动和摆动的主轴头部件。对增加的这两个部件,既要求其结构紧凑,又要具有足够大的力矩、运动的灵敏性及精度,显然比设计和制造普通三轴加工机床更难以实现。

3.4.4 五轴加工中心的类型

1. 立式五轴加工中心

立式五轴加工中心的回转轴有两种方式,一种是工作台回转轴,如图 3.20 所示。设置在床身上的工作台可以环绕 X 轴回转,定义为 A 轴,A 轴的工作范围一般为 +30°至 -120°。工作台的中间还设有一个回转台,在图示的位置上环绕 Z 轴回转,定义为 C 轴,C 轴可以 360°回转。这样通过 A 轴与 C 轴的组合,固定在工作台上的工件除了底面之外,其余的五个面都可以由立式主轴进行加工。A 轴和 C 轴最小分度值一般为 0.001°，这样又可以把工件细分成任意角度，加工出倾斜面、倾斜孔等。A 轴和 C 轴若与 X、Y、Z 三直线轴实现联动，就可加工出复杂的空间曲面，当然这需要高档的数控系统、伺服系统以及软件的支持。这种设置方式的优点是主轴的结构比较简单，主轴刚性非常好，制造成本比较低。但一般工作台不能设计太大，承重也较小，特别是当 A 轴回转大于等于 90°时，工件切削时会对工作台带来很大的承载力矩。另一种是依靠立式主轴头的回转，如图 3.21 所示。主轴前端是一个回转头，能自行环绕 Z 轴 360°，成为 C 轴，回转头上还有带可环绕 X 轴旋转的 A 轴，一般可达 ±90°以上，实现上述同样的功能。这种设置方式的优点是主轴加工非常灵活，工作台也可以设计的非常大，客机庞大的机身、巨大的发动机机壳都可以在这类加工中心上加工。而且，当人们在使用球面铣刀加工曲面时，当刀具中心线垂直于加工面时，由于球面铣刀的顶点线速度为零，顶点切出的工件表面质量会很差，采用主轴回转的设计，令主轴相对工件转过一个角度，使球面铣刀避开顶点切削，保证有一定的线速度，可提高表面加工质量。这种结构非常适合高精度模具曲面加工，这是工作台回转式加工中心难以做到的。为了达到回转的高精度，高档的回转轴还配置了圆光栅尺反馈，分度精度高，当然这类主轴的回转结构比较复杂，制造成本也较高。

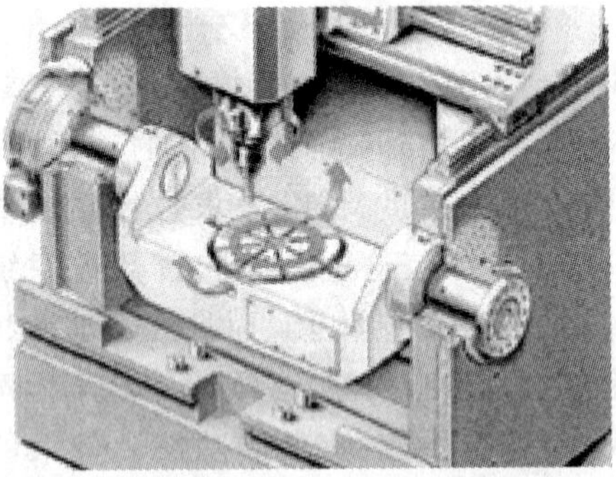

图 3.20　工作台回转的立式五轴加工中心

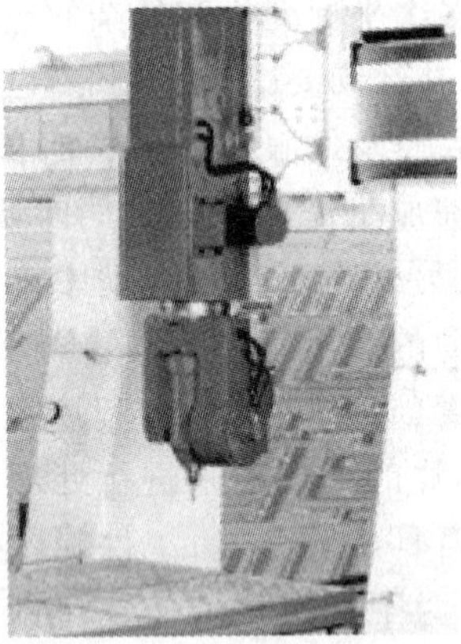

图 3.21　主轴回转的立式五轴加工中心

立式加工中心的主轴重力向下，轴承高速空运转的径向受力是均等的，回转特性很好，因此可提高转速，一般高速可达 12 000 r/min 以上，最高转速已达到 40 000 r/min。主轴系统都配有循环冷却装置，循环冷却油带走高速回转产生的热量，通过制冷器降到合适的温度，再流回主轴系统。X、Y、Z 三直线轴也可采用直线光栅尺反馈，双向定位精度在微米级以内。由于快速进给达到 40～60 m/min 以上，X、Y、Z 轴的滚珠丝杠大多采用中心式冷却，同主轴系统一样，由经过制冷的循环油流过滚珠丝杠的中心，带走热量。

2. 卧式五轴加工中心

卧式五轴加工中心的回转轴也有两种方式，一种是卧式主轴摆动作为一个回转轴，再加上工作台的一个回转轴，实现五轴联动加工。这种设置方式简便灵活，如需要主轴立、卧转换，工作台只需分度定位，即可简单地配置为立、卧转换的三轴加工中心。由主轴立、卧转换配合工作台分度，对工件实现五面体加工，制造成本降低，又非常实用。也可对工作台设置数控轴，最小分度值 0.001°，但不作联动，成为立、卧转换的四轴加工中心，以适应不同加工要求。

另一种为传统的工作台回转轴的卧式五轴加工中心(图3.22),设置在床身上的工作台 A 轴一般工作范围为 $+20°$ 至 $-100°$。工作台的中间也设有一个回转台 B 轴,B 轴可双向 360°回转。这种卧式五轴加工中心的联动特性比第一种方式好,常用于加工大型叶轮的复杂曲面。回转轴也可配置圆光栅尺反馈,分度精度达到几秒,当然这种回转轴结构比较复杂,价格也昂贵。

目前卧式加工中心工作台面积可以做到大于 1.25 m^2,对第一种五轴设置方式没有什么影响。但是对第二种五轴设置方式比较困难,因为面积 1.25 m^2 的工作台做 A 轴的回转,还要与工作台中间的 B 轴回转台联动,实现起来非常困难。卧式加工中心的主轴转速一般在 10 000 r/min 以上,由于卧式设置的主轴在径向有自重力,轴承高速空运转时径向受力不均等,加上还要采用较大的 BT50 刀柄,一般最高可达 20 000 r/min。卧式加工中心快速进给达到 30 ~ 60 m/min 以上,主轴电动机功率 22 ~ 40 kW 以上,刀库容量按需要可从 40 把刀增加到 160 把刀,加工能力远远超过一般立式加工中心,是重型机械加工的首选。

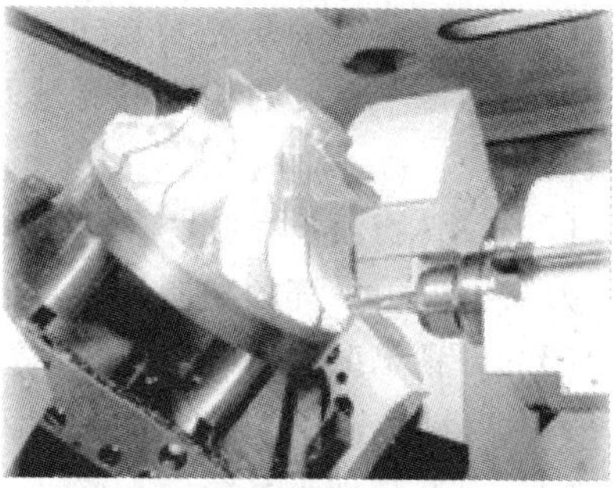

图 3.22 工作台回转的卧式五轴加工中心加工叶轮

机床是一个国家制造业水平的象征,而代表机床制造业最高水平的五轴加工中心系统,从某种意义上说,它反映了一个国家的工业发展水平状况。长期以来,以美国为首的西方工业发达国家,一直把五轴联动数控机床系统作为重要的战略物资,实行出口许可证制度。特别是冷战时期,对中国、苏联等社会主义国家实行封锁禁运。可见五轴联动数控机床系统对一个国家的航空、航天、军事、科研、精密器械、高精医疗设备等行业,有着举足轻重的影响力。目前,五轴联动数控机床系统仍是解决叶轮、叶片、船用螺旋桨、重型发电机转子、汽轮机转子、大型柴油机曲轴等加工的唯一有效手段。

由于五轴联动数控机床系统价格十分昂贵,加之 NC 程序制作较难,使五轴系统难以普遍化应用。但近年来,随着计算机辅助设计(CAD)、计算机辅助制造(CAM)系统取得了突破性发展,国内多家数控企业,纷纷推出五轴联动数控机床系统,打破了外国的技术封锁,占领了这一战略性产业的至高点,大大降低了其应用成本,从而使中国装备制造业迎来了一个崭新的时代! 以信息技术为代表的现代科学的发展对装备制造业注入了强劲的动力,同时也对它提出更强要求,更加突出了机械装备制造业作为高新技术产业化载体,在推动整个社会技术进步和产业升级中无可替代的基础作用。作为国民经济增长和技术升级的原动力,以五轴联动为标志的机械装备制造业将伴随着高新技术和新兴产业的发展而共同进步。

3.5 工具系统

3.5.1 刀具系统

刀具是机械制造系统中不可缺少的组成部分,在自动化加工中,刀具准备工作非常复杂,往往成为加工中的关键问题。为此,应建立刀具系统,以保证生产制造顺利进行。

1. 刀具系统的组成及功能

刀具系统所涉及的工作内容很多,包括刀具管理,刀具设计与制造,刀具装配和拆卸,刀具尺寸预调,刀具的储存、交换和运送,刀具工况监测等。根据刀具在零件制造过程中的工作内容,可将它分为下列4个子系统。

(1) 刀具准备子系统

刀具准备子系统的功能主要是刀具的计算机辅助设计与制造、刀具的拆卸刃磨、刀具的组装和预调等。

(2) 刀具物流子系统

刀具物流子系统的功能是刀具的储存、交换和运送。

(3) 刀具工况监测子系统

刀具工况监测子系统用于监测刀具的磨损、破损等工作状况。

(4) 刀具管理子系统

刀具管理子系统用于刀具的分类、识别、静动态数据采集储存、查询等管理工作。

刀具系统所涉及的硬件设备有刀具预调仪、刀库、刀具交换输送装置、刀具管理计算机、条形码打印机和阅读机、刀具监测系统等。

2. 刀具的组装及预调

自动化加工中的刀具从结构上可分为整体式与模块式两种。模块式刀具是把整体式刀具按功能进行分割,做成系列化的标准模块,有刀柄、刀杆、接长杆、接长套、刀夹、刀体、刀头、刀刃等组件,再根据需要快速地组装成不同用途的刀具,当某些模块损坏时可部分更换。这样既便于批量制造,降低成本,也便于减少用户的刀具储备,节省开支,因此模块式刀具系统在FMS中备受推崇。

我国为了满足现代制造业发展的需要,制定了"镗铣类整体数控工具系统"标准(简称为TSG工具系统)和"镗铣类模块式数控工具系统"标准(简称为TMG工具系统),TSG工具系统部分刀具组件如图3.23所示。

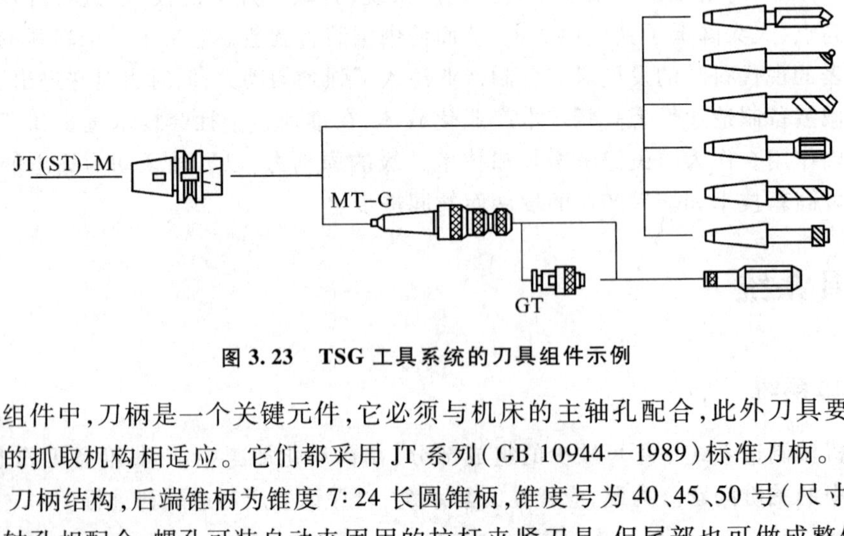

图3.23 TSG工具系统的刀具组件示例

在刀具组件中,刀柄是一个关键元件,它必须与机床的主轴孔配合,此外刀具要与刀库和自动换刀装置的抓取机构相适应。它们都采用JT系列(GB 10944—1989)标准刀柄。如图3.24所示为JT-M刀柄结构,后端锥柄为锥度7:24长圆锥柄,锥度号为40、45、50号(尺寸各不相同),与机床的主轴孔相配合,螺孔可装自动夹固用的拉杆夹紧刀具,但尾部也可做成整体结构;前端可有不同形式,可装不同刀具;圆柱部分有一个 V 形槽,因此也称为槽式刀柄,是供换刀机械手夹持用的;键槽是与主轴端部的传动键配合以传递扭矩。刀柄中圆锥孔与中间接杆(或刀夹)相配。

我国的 GB 10944—1989、德国的 DIN 69871、美国的 ANSIL 5.50 都已与 ISO 7388 标准趋于一致,在主轴端为同一锥度号的加工中心的主轴孔,以及刀库、换刀机械手之间互相通用。考虑到事实上使用日本的 MAS/BT 403 刀柄的机床目前在我国数量较多,TSG、TMG 系统也可按 BT 系列刀柄制作。为适应高速加工需求,目前较盛行的是德国开发的 HSK 系列短锥刀柄。该刀柄采用锥面和端面双重定位,刚性好,精度高,但无法与长圆锥柄互换。日本在吸取 HSK 优点的基础上,开发了 BIG - PLUS 系列刀柄,该刀柄除保留了 HSK 双面定位的特点外,可与长圆锥柄互换。

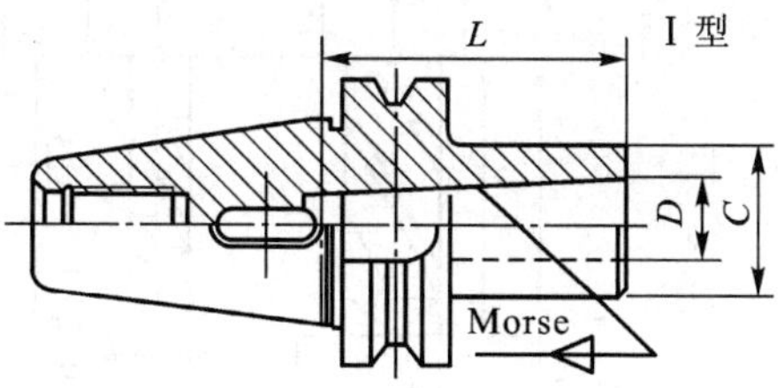

图 3.24 槽式刀柄结构

机械手夹持部位有槽式的以外,还有蝶式的,如图 3.25a 所示,在刀柄圆柱部分有两块扁平部,形同蝶翅,可供两个机械手分别夹持,方便刀具组件的中间运送和交换,如图 3.25b 所示。

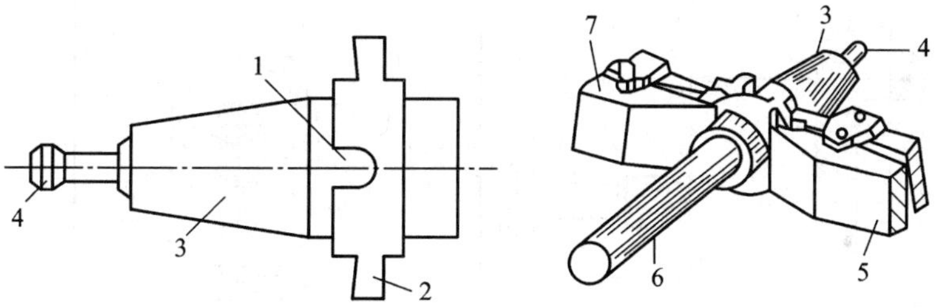

(a) 蝶式结构刀柄　　(b) 换刀机械手夹持状况

图 3.25 蝶式刀柄及夹持

1—键槽; 2—机械手夹持处; 3—刀柄柄部; 4—尾部; 5—第一机械手; 6—刀具; 7—第二机械手

刀具组件装配成刀具后,需要在专用的对刀仪上检测尺寸和预调,刀具组件的装配和预调是联系在一起的,刀具组件的装配图也就是刀具预调图,预调完毕是刀具组件装配的最终完成。一般尺寸预调包括车刀径向、轴向、刀具高度位置的调整,镗刀径向尺寸的调整以及铣刀与棒状刀具(如钻头)轴向尺寸的调整。如图 3.26 所示,要在加工中心上用 6 把刀加工工件上的一个 $\phi22$ 的孔,一个 M6 螺纹孔和两个带倒角的 $\phi10H8$ 孔,数控编程就要调整(测量)各刀具在 Z 向的长度 Z_r,用于控制各刀具的轴向行程。

图 3.26 所示为光学对刀仪预调铰刀组件的示例,调整时,刀具组件呈直立状态安装在对刀仪上的座孔中(如图 3.27b 所示),可直接测量图 3.27a 中的 Z_r 值。

在购买加工中心的同时,应购买相应的对刀仪,才能保证加工中心的工作顺利进行。对刀仪有光学的也有用电测头的。最新的对刀仪和计算机相连,能将所测刀具数据记下供 FMS 调用刀具时使用。

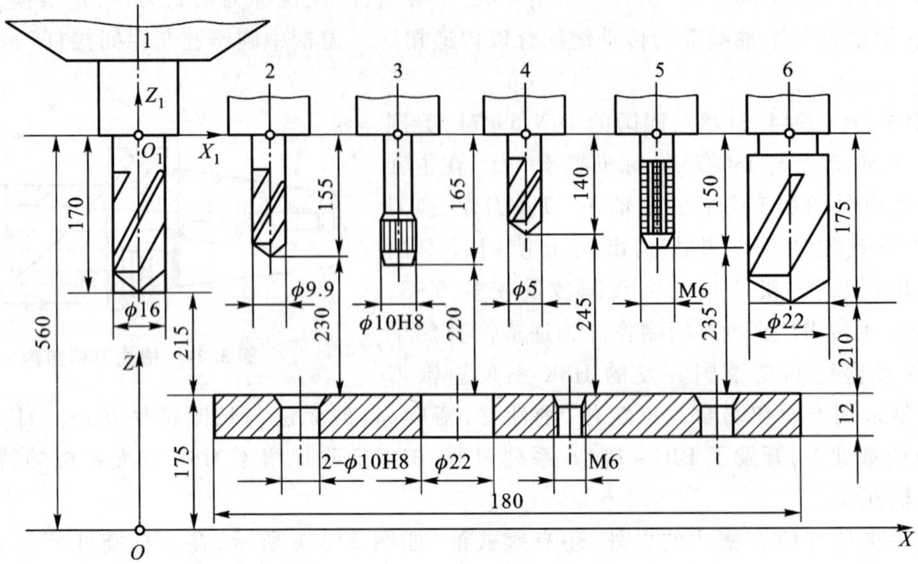

图 3.26　孔加工刀具轴向尺寸调整示例

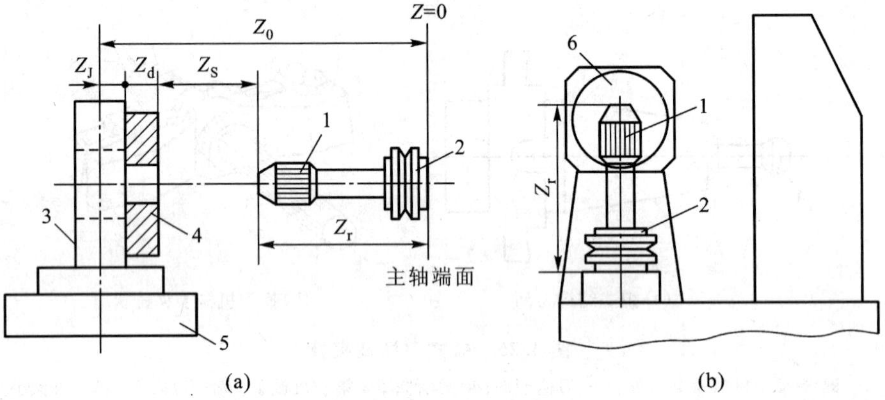

图 3.27　对刀仪上调整刀具轴向尺寸示意图

1—铰刀；2—刀柄；3—夹具；4—工件；5—工作台；6—光学显示屏

3. 刀具的储存、运输与交换

(1) 刀库

刀具组件存放在刀库内，刀库一般有机床刀库、中央刀库以及分布式刀库三种类型，一般可根据不同需要来设置。

1) 机床刀库　这种刀库安装在机床上，也称之为刀盘，刀具容量通常在 8～80 把之间，有各种形式，如图 3.28 所示。大体可分为以下三类。

① 盘式刀库。盘式刀库有轴向圆盘式(图 3.28a)、径向圆盘式(图 3.28b)、斜向圆盘式(图 3.28c)、刀具翻转圆盘式(图 3.28d)、多盘式(图 3.28e)、鼓筒弹夹式刀库(图 3.28f)。盘式刀库结构简单，应用广泛，但容量较小，因此出现了多盘式、鼓筒弹夹式等结构。

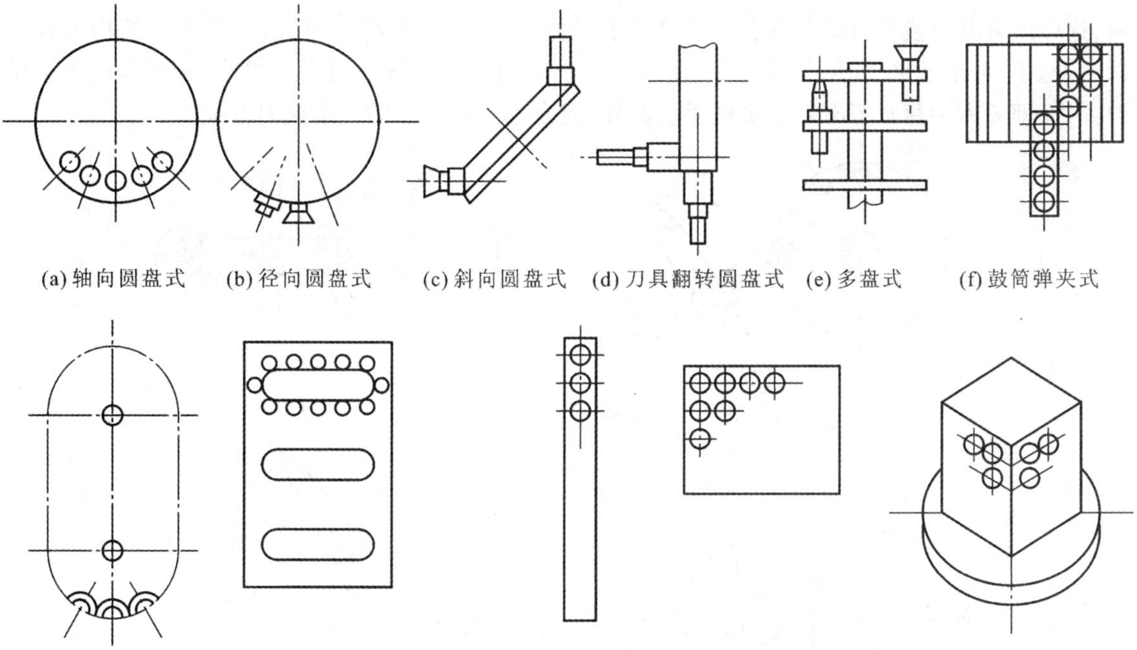

(a) 轴向圆盘式 (b) 径向圆盘式 (c) 斜向圆盘式 (d) 刀具翻转圆盘式 (e) 多盘式 (f) 鼓筒弹夹式

(g) 单排链式 (h) 多排链式 (i) 直线格式 (j) 单面格式 (k) 多面格式

图 3.28 机床刀库型式

② 链式刀库。有单排链式和多排链式刀库，如图 3.28g、h 所示。链式刀库容量较大，扩展性好，在加工中心上的配置位置灵活，单排链式刀库多装于机床立柱或床身上，多排链式刀库面积大，多装于机床旁边地面上。缺点是结构复杂。

③ 格式刀库（盒式刀库）。有直线式、单面式和多面式几种，如图 3.28i、j、k 所示。这种刀库容量大，在机床上应用时多采用整体盒式结构，每刀盒 12 ~ 24 把刀。

2）中央刀库 它是一种集中刀库的类型，中央刀库为多台加工中心或整个柔性制造系统提供刀具组件，它有格架式刀库和鼓轮式刀库等多种形式。中央刀库的特点是：① 便于集中管理。② 若各机床刀库的刀座尺寸相同，则刀具可以在各机床通用，从而减少了刀具存储量。③ 刀具运送距离长，刀具交换不方便。

3）分布式刀库 它是一种分散刀库的类型，在每台加工中心旁边设置一个落地刀库，可以与机床刀库交换刀具组件，解决了机床刀库容量不够的矛盾。分布式刀库的特点是：① 能方便地提供刀具给各自机床，刀具运送路径短。② 每个刀库的容量不会太大。

（2）刀具的交换和运送

中央刀库和机床刀库间的刀具交换和运送是通过机器人、机械手、运输小车等来进行。为了能有效地进行刀具交换和运送，在运输小车和机床上要做一些相应的专用设备。

在加工中心上，机床刀库与主轴之间的换刀，分布式刀库与机床刀库之间的换刀多是通过换刀机械手来完成的，而其间的刀具运送多由刀库本身的盘式、链式等结构来实现。

加工中心的换刀机械手有单臂式、双臂式、回转式和轨道式等。现在用得较多的是双臂式结构，其一端从机床刀库中取出准备要用的刀具，另一端从机床主轴上取下已用过的刀具，机械手旋转使两把刀互换位置，一端将用过的刀具装入机床刀库，另一端将要用的刀具装入机床主轴孔内,这样既可缩短换刀时间又有利于使机械手保持平衡。常用双臂式机械手的手爪结构形式有钩手、抱手、伸缩手和叉手,如图 3.29 所示。除上述的公用机械手换刀方式外,还有多机械手换刀方式,即刀库中每把刀有一个机械手。此外,还有不用机械手的直接换刀方式。

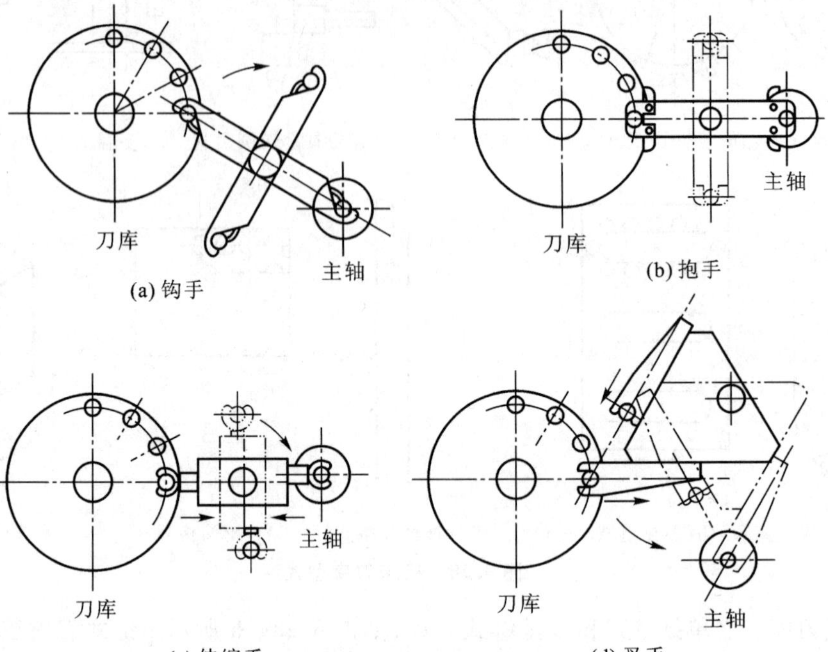

图 3.29 换刀机械手

衡量加工中心刀库和自动换刀装置的指标有刀库容量、刀具最大尺寸与重量、换刀重复定位精度、安全性、可靠性、可扩展性、选刀方法和换刀时间等。

选择刀库容量要考虑加工零件的类别、复杂程度、精度和表面粗糙度要求。对于非回转体零件、复杂箱体零件、精度高、表面粗糙度值低的,则要求刀具数量多,因此刀库容量大。对于机床刀库来说,由于它要安装在机床上,所以不能太大,中型加工中心的刀库大多在 48 ~64 刀位;大型加工中心的刀库容量为 80 左右,小型加工中心的刀库容量为 8 ~32 左右。

通常,加工中心的技术参数中给出的换刀时间是刀对刀换刀时间,指主轴和刀库刀座都回到换刀点后交换刀具所需的时间,目前最快为 0.45 s,一般为 5 s 左右。换刀时间取决于换刀机构(如机械式快于机 - 液\气式)、刀柄规格(如小规格刀柄换刀速度快)、刀具重量(如刀具轻换刀速度快)、机床规格、机械手尺寸和惯量等。因此,通常刀柄号越大,换刀速度越低。

自动化加工中,除了自动换刀具以外,还可换刀片、换装好刀的刀夹或刀柄,也可以是换包括刀具在内的主轴箱。

4. 刀具的编码与识别

加工中心换刀时需从刀库中选择指定的刀具,主轴头也必须回到换刀位置。从刀库中挑选所需刀具的方法有顺序选择法和任意选择法。

顺序选择法是将预调好的刀具组件按加工的工序依次插入刀库中,加工时,根据数控指令,依次用机械手从刀库中取出刀具,每次换刀时刀库依次转动一个刀座位置。这种方法,刀库驱动控制非常简单,但刀库中的任一把刀具在零件整个加工中都不能重复使用。

任意选择法分刀具编码法和刀座编码法，刀具编码法是预先将识别标志设计在刀具上，刀具可放在刀库中的任何刀座中，刀库运转中，每把刀具都经过识别装置接受识别。当某一把刀具的编码与数控指令代码相符时，刀具识别装置即发出信号，令刀库将该把刀具输送到换刀位置，等待机械手取出使用。刀座编码法是将识别标志设计在刀库刀座上，刀具放在相应的刀座上，不能任意放置，选刀时以刀座号为准。任意选择法的优点是刀具可以重复使用，减少了刀具库存量，刀库也可相应小些，但刀库驱动控制比较复杂。刀具编码法适合于 FMS 刀具的集中管理。

刀具编码的识别方法很多，有机械识别装置、光电识别装置、磁性识别装置、电子识别装置、摄像识别系统等方法。

（1）机械识别方式

1）编码环　编码环可分为接触式和非接触式两种数码读取装置。图 3.30 为采用接触式识别方法的钻头夹头。在夹头前端组装了一些表示刀具编码的环，称为数码环，预先规定大直径的数码环为“1”，小直径为“0”。数码环可以是大直径或小直径的，图 3.30 中有 5 个数码环，故有 $2^5=32$ 种组合情况，即 32 种刀具编码。图示编码为 11010，刀库储存量愈多，则数码环数目也愈多。在刀库附近有一接触式刀具编码识别装置，从其中伸出与数码环数量相等的几个触针。根据触针与数码环接触与否，即可判断数码环是大直径的，还是小直径的。每个触针与一个继电器连接。当数码环为大直径时，与触针接触，继电器通电，其数码为“1”。当数码环是小直径时，与触针不接触，继电器不通电，其数码为“0”。只有当各继电器读出的数码与所需刀具的数码一致时，刀库才由控制装置操纵自动停止，然后被机械手取出刀具并输送到机床主轴中，从而实现自动换刀。

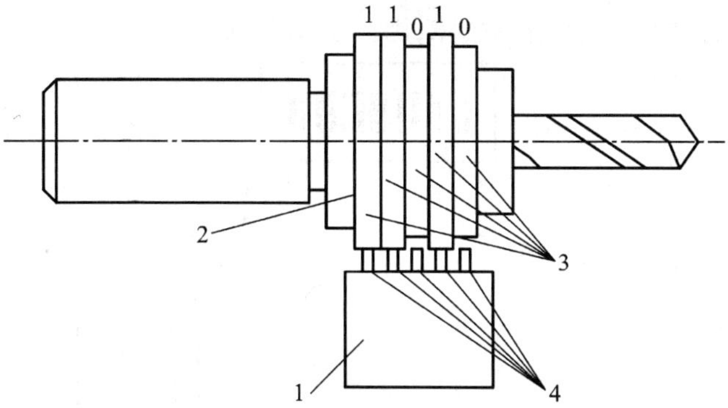

图 3.30　带编码环的标准刀柄

1—接触式识别装置；2—刀具夹头；
3—数码环；4—触针

2）编码钥匙　编码钥匙及其钥匙孔结构如图 3.31 所示。在编码钥匙上有 16 个代码突起，分为 4 组，是四位代码，采用二－十六进制。当钥匙由横向钥匙孔缝放入回转 90°时，其两边的代码突起分别与第一触片和第二触片接触，有代码突起时，触片将产生变形，与数码读取装置的碳刷接触，从而可以识别。

编码钥匙可以安装在刀库刀座上，当刀具装在刀座上时，可确定刀具编号对应的由编码钥匙设置的刀座编号，选刀时按刀座编号识别刀具，实际上仍是按刀具编号识别，是一种刀库的可变地址识别法。

这种方法十分方便，可以对大量刀具编码，同时改变编码也很方便。

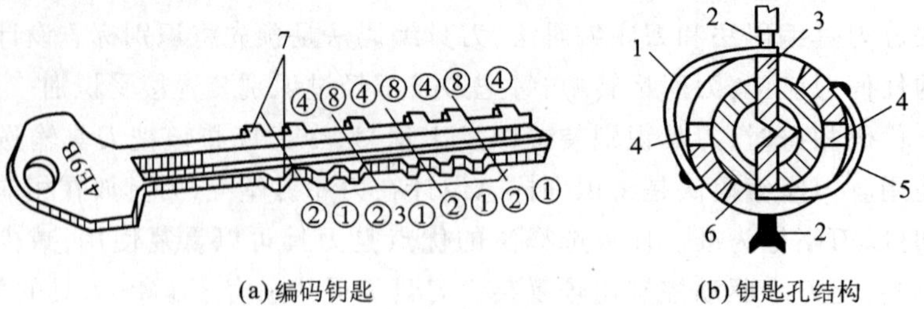

图 3.31 编码钥匙及其钥匙孔结构

1—第一触片；2—碳刷；3—代码突起；4—钥匙缝；5—第二触片；6—钥匙；7—导向突起

(2) 条形码识别方式

条形码可以在很小的尺寸范围内容纳极高密度的信息，而且易于实现信息识别的自动化，目前已被广泛地应用于刀具识别技术中。所谓条形码是指一组印在浅色衬底上的，深色的、粗细不同的条形码符。它实际上是采用国际上通用的编码方法，通过长条形线条的某种排列组合而得出一定含义的编码。条形码识别系统由光源、条形码标记、光敏元件和读出控制电路组成，如图3.32所示。当识别装置中光源发出的光线射向移动的刀具上的条形码标记时，由于条形码标记上的线条本身粗细不同、线条间隙宽窄不同、和衬底的反射率不同，就会产生强弱不同的反射光，并经聚光镜聚焦在光敏元件上。不同强弱的反射光使光敏元件输出的信号电流大小也随之不同。这一电流信号送入读出控制电路后，经放大、整形，便被最终转换成数字信号，将其送入计算机或其它逻辑电路中作必要的处理，即可实现刀具的识别。这种识别方法是在非接触状态下工作的，不会由于磨损和接触不良而造成故障，因而工作可靠。

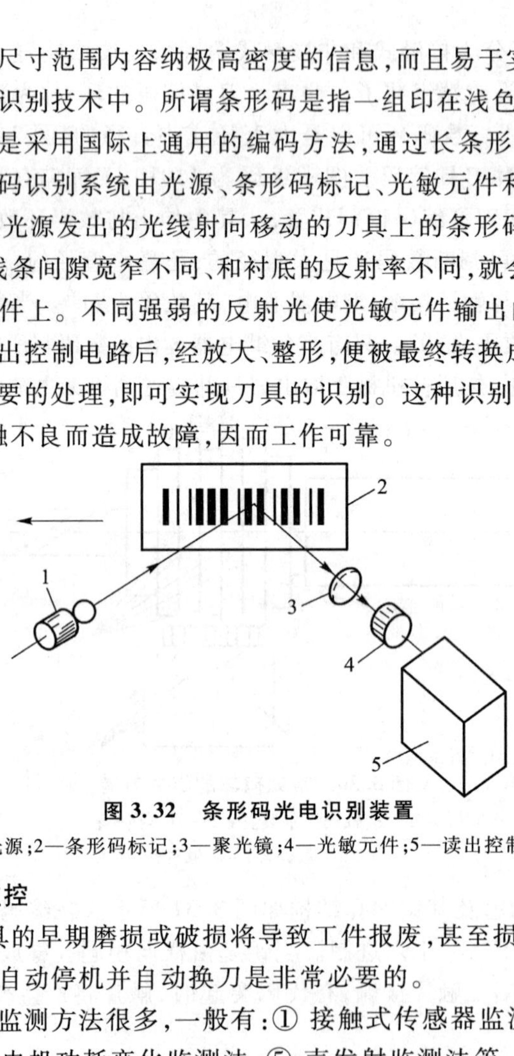

图 3.32 条形码光电识别装置

1—光源；2—条形码标记；3—聚光镜；4—光敏元件；5—读出控制电路

5. 刀具工作状态的监控

在自动化加工中，刀具的早期磨损或破损将导致工件报废，甚至损坏机床。刀具磨损破损的在线监测，及时发出警报，自动停机并自动换刀是非常必要的。

刀具磨损破损的在线监测方法很多，一般有：① 接触式传感器监测法；② 光学摄像监测法；③ 切削力变化监测法；④ 电机功耗变化监测法；⑤ 声发射监测法等。在这些监测方法中，除少数方法如功率法、声发射法等已开始用于生产外，大多数监测方法还处在实验研究阶段。因此，刀具磨损破损的在线检测是一项正在研究发展中的技术。

通常，刀具正常磨损的监控由刀具寿命监控程序来完成，其方法是当机床主轴回转加工时，刀具寿命值以0.5 s的间隔累积递减计数，直至刀具剩余寿命值到零为止，因此对刀具寿命值应进行动态数据处理。

3.5.2 夹具系统

机床夹具是在机床上用以装夹工件的一种装置，其作用是使工件相对于机床或刀具有一个正确的位置，并在加工过程中保持这个位置不变。为此，它需要有定位、导向、夹紧、连接等功能。机床夹具按其使用范围可分为通用夹具（如三爪卡盘、平口台虎钳、回转工作台等）、专用夹具、可调整夹具、成组夹具、随行夹具（托盘及安装在其上的夹具）和组合夹具（也称模块化夹具）等。通常，对于不复杂的回转体类工件的夹具，可选用通用夹具，如高速动力卡盘等。对于棱柱体类工件，原则上当工件底面可定位时，可用压板、螺钉等将其直接安装在托盘上；当工件品种多、形状变化较大，或需在一个托盘上同时安装多个工件加工时，可选用组合夹具；当工件形状复杂、不易安装，且批量较大时，可考虑设计专用夹具。由于 FMS、MC 的加工过程是自动的，除对夹具的常规要求外，它的加工系统还要求夹具有统一的基准，以便依靠机床精度和数控程序自动保证工件的位置精度，同时还要求夹具的“敞开性”好，以便在一次安装中尽可能加工较多的面。

1. 托盘

托盘是 FMS 加工系统中的重要配套件。对于棱柱体类工件，通常是在 FMS 中用夹具将它安装在托盘上，进行存储、搬运、加工、清洗和检验等。因此，在物料（工件）流动过程中，托盘不仅是一个载体，也是各单元间的接口。对加工系统来说，工件被装夹在托盘上，由托盘交换器送给机床并自动在机床支承座上定位、夹紧，这时托盘相当于一个可移动的工作台。又由于工件在加工系统中移动时，托盘及其夹具也跟随着一起移动，所以托盘连其安装在托盘上的夹具一起被称为随行夹具。加工系统对托盘的要求有：在加工设备、托盘交换器及其它存储设备中能够通用；机械结构合理，材料性能稳定，有足够的刚度，能在大切削力的作用下不变形或变形量微小，使用寿命长；工件在托盘上装夹方便，精度高；托盘被送往机床后能快速、准确定位，夹持安全、可靠，且都是自动地进行；在加工循环中不需要人工的任何干预；能在加工过程中的苛刻环境（如切削热、湿气、振动、高压切削液等）下可靠工作；定位、夹紧和排屑等不影响工件的精度和已加工完的工件表面质量；便于控制与管理，保证在安装工件、输送及加工中不混乱和不出差错。为了保证托盘能在不同厂家生产的加工设备、运储设备上共用，国际标准化组织已制定了公称尺寸小于等于 800 mm 的托盘标准（ISO/DIS 8526－1）和公称尺寸大于 800 mm 的托盘标准（ISO/DIS 8526－2），规定了与工件安装直接有关的托盘顶面结构尺寸和与自动化运储有关的底面结构尺寸。托盘的公称尺寸是指安装工件的托盘顶面的宽度，其尺寸系列有 320 mm、400 mm、500 mm、630 mm、800 mm、1 000 mm、1 250 mm 和 1 600 mm 共8 级。托盘的代号依次由下列部分组成：ISO 号、宽×长、顶面形式号、槽距或孔距、工件的定位方式、托盘的定位方式。如 ISO 8526－2－1 000×1 250－1－100－a－b，表示是 ISO 8526－2 的矩形托盘，顶面尺寸为 1 000 mm×1 250 mm，带螺孔系的顶面，螺孔的中心距为 100 mm，工件用侧定位块定位，托盘用两锥孔和支承件上的两圆锥销定位。ISO 托盘基本形状如图 3.33 所示。

2. 组合夹具

组合夹具是由一套完全标准化的元件组合而成，能根据工件的加工要求，像搭积木似的利用各种不同元件，通过不同的拼装和连接，构成不同结构和用途的夹具。组合夹具的基本元件有八大类，即基础件、支承件、定位件、导向件、压紧件、紧固件、合件及其它件。组合夹具的特点是灵活多变，万能性强；可大大缩短生产准备周期；元件可重复使用，制造、管理方便，长期经济性好；

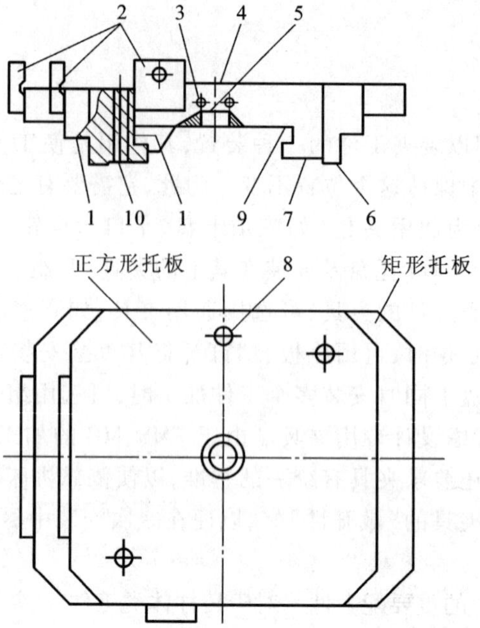

图 3.33　ISO 托盘基本形状

1—托盘导向面；2—侧面定位块；3—安装锁定机构的螺孔；4—工件安装面；5—中心孔；6—托盘搁置面；7—底面（托盘支承面）；8—装工件（或夹具）孔；9—托盘夹紧面；10—托盘定位面

易于实现计算机辅助工艺设计。组合夹具有槽系和孔系两种基本类型。槽系组合夹具元件间靠键和槽定位，而孔系组合夹具则靠孔与销定位。由于孔系组合夹具与槽系组合夹具相比具有精度高、刚性好、易组装，可方便地提供数控编程原点（工件坐标系原点），在 FMS 中得到广泛应用。孔系组合夹具如图 3.34 所示。该夹具的基础件 1 为 400 mm×400 mm 角铁，工件 5 由平面 *A* 和两个圆柱销（定位件）4、支承板（支承件）2 实现定位，并由压板（压紧件）3、6 实现手动夹紧。

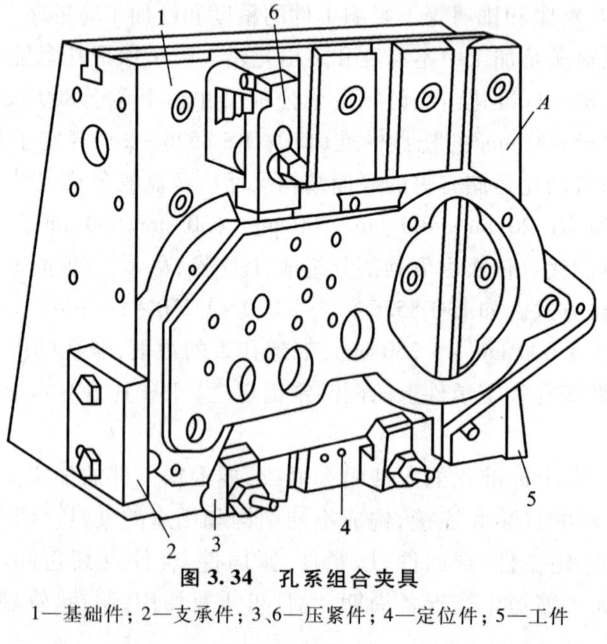

图 3.34　孔系组合夹具

1—基础件；2—支承件；3、6—压紧件；4—定位件；5—工件

3.6 三坐标测量仪

3.6.1 三坐标测量仪的原理

三坐标测量仪是基于坐标测量原理,将被测物体置于三坐标测量仪的测量空间,可获得被测物体上各测点的坐标位置,根据这些点的空间坐标值,经过数学运算,求出被测物体的几何尺寸、形状和位置。基本原理就是通过探测传感器(探头)与测量空间轴线运动的配合,对被测几何元素进行离散的空间点位置的获取,然后通过一定的数学计算,完成对所测得点(点群)的分析拟合,最终还原出被测的几何元素,并在此基础上计算其与理论值(名义值)之间的偏差,从而完成对被测零件的检验工作。

坐标测量仪是由简单到复杂逐步发展的。早期出现的测量仪可在一个坐标方向上进行工件长度的测量,即是单坐标测量仪,仅完成一维测量。而三维测量需要 X、Y、Z 方向的运动导轨,可测出空间范围内各被测点的坐标位置。因此,从理论上讲,三维测量可对空间任意处的点、线、面及相互位置进行测量。

例如测量一平放置的平板上两孔的孔径大小及孔心距 O_1O_2。若采用坐标测量原理,则先测出 P_1、P_2、P_3 三点坐标,由于 Z 坐标对孔径大小及孔心距影响很小,根据这三点的 X 与 Y 坐标可计算出孔心 O_1 的坐标(x_c,y_c),及其孔的半径 R_1,如图 3.35 所示。

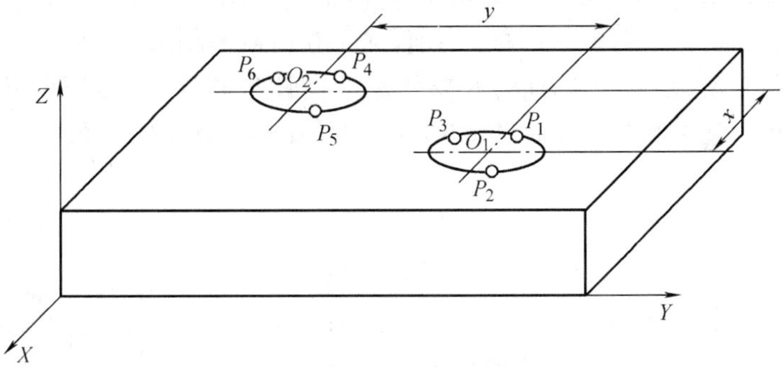

图 3.35 三坐标测量工件示意图

求 x_c、y_c 的公式如下:

$$x_c = \frac{(y_1 - y_2)^2 + x_1^2 - (y_3 - y_c)^2 - x_3^2}{2(x_1 - x_3)} \tag{3.1}$$

$$y_c = \frac{x_1^2(x_3 - x_2) + x_2^2(x_1 - x_3) - x_3^2(x_1 - x_2) + y_1^2(x_3 - x_2) + y_2^2(x_1 - x_3) - y_3^2(x_1 - x_2)}{2[(y_1 - y_3)(x_1 - x_2) + (y_2 - y_1)(x_1 - x_3)]} \tag{3.2}$$

(x_1,y_1)和(x_2,y_2)及(x_3,y_3)分别为 P_1、P_2、P_3 各点的坐标。孔中心 O_1 点位置的测量不确定度是由各测点的坐标测量不确定度 Δx_i,Δy_i($i=1,2,3$)产生的,其值为

$$\Delta x_c = \frac{\partial F_1}{\partial x_1}\Delta x_1 + \frac{\partial F_1}{\partial x_2}\Delta x_2 + \frac{\partial F_1}{\partial x_3}\Delta x_3 + \frac{\partial F_1}{\partial y_1}\Delta y_1 + \frac{\partial F_1}{\partial y_2}\Delta y_2 + \frac{\partial F_1}{\partial y_3}\Delta y_3 \tag{3.3}$$

$$\Delta y_c = \frac{\partial F_2}{\partial x_1}\Delta x_1 + \frac{\partial F_2}{\partial x_2}\Delta x_2 + \frac{\partial F_2}{\partial x_3}\Delta x_3 + \frac{\partial F_2}{\partial y_1}\Delta y_1 + \frac{\partial F_2}{\partial y_2}\Delta y_2 + \frac{\partial F_2}{\partial y_3}\Delta y_3 \tag{3.4}$$

式中：$x_c = F_1(x_1, y_1, x_2, y_2, x_3, y_3)$；

$y_c = F_2(x_1, y_1, x_2, y_2, x_3, y_3)$。

若测端半径为 r，则孔半径

$$\begin{aligned} R_1 &= \sqrt{(x_1 - x_c)^2 + (y_1 - y_c)^2} + r \\ &= \sqrt{(x_2 - x_c)^2 + (y_2 - y_c)^2} + r \\ &= \sqrt{(x_3 - x_c)^2 + (y_3 - y_c)^2} + r \end{aligned} \tag{3.5}$$

同理，可根据 P_4、P_5、P_6 三测点求出孔心 O_2 的坐标(x_c', y_c')。然后计算出孔心距 L，其计算公式如下：

$$L = \sqrt{(x_c - x_c')^2 + (y_c - y_c')^2} \tag{3.6}$$

因此只需测量6个点，借助于上面的公式就可计算出两孔中心距。

显然，对任何复杂的几何表面与形状，只要测量仪的测头能够探测到的地方（接触法或非接触法），借助于计算机完成数据处理，就可测出它们的几何尺寸和相互位置关系。

三坐标测量方法虽然看起来简单，但实现起来却并不容易。这主要是由于很难制造出精密的三坐标机构。近些年来，随着精密机械、电子技术和电子计算机的迅速发展，解决了精密导轨的设计与加工以及大位移测量装置（如感应同步器、光栅尺等）的制作等问题，并引入了电子计算机及计量软件，才使三坐标测量得到迅速发展，而精密数控机床的出现也使得在机检测成为现实，并进一步丰富、完善了三维测量技术。当前，除正在研制高精度、快速检测的三坐标测量装置外，还在拓宽程序与自动化检测的功能，开发研制新型计量软件，以适应各式各样测量的要求。同时，也在开发各种用途的可转位、高灵敏度、高精度的测头，以完成复杂零件内外形及难于检测部位的测量任务。

如果在数控机床上安装了分度头、回转台（或数控转台）的话，除采用直角坐标系测量外，还可采用极坐标（柱坐标）系测量，因而扩大了测量范围。在具有 X、Y、Z、C 四轴的数控机床上可进行四坐标测量。按照数控机床回转轴的数目，也可有五坐标或六坐标（即加上 X、Y、Z 三轴上各具有一回转轴）测量。

3.6.2　三坐标测量仪的组成

简单地说，三坐标测量仪就是在三个相互垂直的方向上有导向机构、测长元件、数显装置，有一个能够放置工件的工作台（大型和巨型不一定有），测头可以以手动或机动方式轻快地移动到被测点上，由读数设备和数显装置把被测点的坐标值显示出来的一种测量设备，如图3.36所示。显然这是最简单、最原始的测量机。有了这种测量机后，在测量容积里任意一点

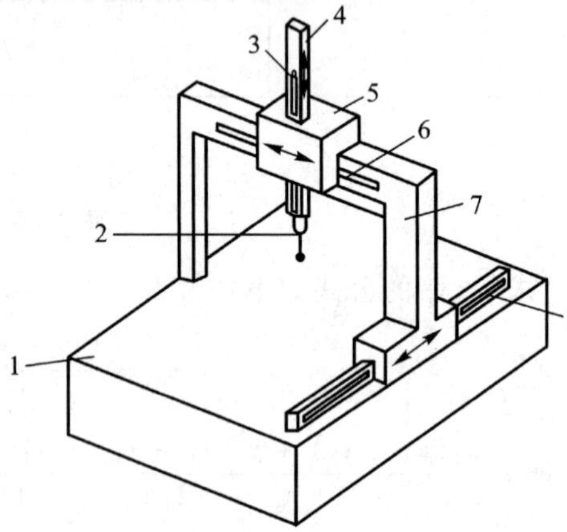

图3.36　三坐标测量机组成示意图

1—工作台；2—测头；3—Z 轴光栅尺；4—Z 轴；5—中央滑架；6—Y 向光栅尺；7—移动桥架；8—X 向光栅尺

的坐标值都可通过读数装置和数显装置显示出来。

测量仪的采点发讯装置是测头，在沿 X、Y、Z 三个轴的方向装有光栅尺和读数头。其测量过程就是当测头接触工件并发出采点信号时，由控制系统去采集当前机床三轴坐标相对于机床原点的坐标值，再由计算机系统对数据进行处理和输出。因此测量仪可以用来测量直接尺寸，也可以获得间接尺寸和形位公差及各种相关关系，也可以实现全面扫描和一定的数据处理功能，为加工提供数据和测量结果。自动型还可以进行自动测量，实现批量零件的自动检测。

三坐标测量仪种类繁多、形式各异、性能多样(图 3.37)，所测对象和放置环境条件也不尽相同，但作为一种测量仪器，需要三个方向的标准器，利用导轨实现沿相应方向的运动，还需要三维测头对被测对象进行探测和瞄准，而且还需要有相应的控制系统实现数据处理和自动检测等功能。

三坐标测量仪的结构类型主要有以下几种：

(1) 悬臂式(图 3.37a、b)　特点是工作面开阔，有利于测量操作，缺点是悬臂结构容易变形。

(2) 桥框式(图 3.37c、d)　特点是刚性好，缺点是桥框立柱限制了工件的装卸。这种结构适宜用于大型测量机。

(3) 龙门式(图 3.37e、f)　特点是龙门移动或工作台移动时，便于工件的装卸，操作性能好，适合于小型机。

(4) 坐标镗床式或卧式镗床式(图 3.37g、h)　是在坐标镗床或卧式镗床的基础上发展起来的，其测量精度较高，但结构复杂。

测量仪整体结构一般包括主机机械系统(X、Y、Z 三轴或其它)、测头系统、电气控制硬件系统、数据处理软件系统等。

1. 主机机械系统

(1) 框架结构

框架是指测量仪的全体机械结构架子。它是工作台、立柱、桥架等机械结构的集合体。

(2) 标尺系统

标尺系统是测量仪的重要组成部分，是决定仪器精度的一个重要环节。三坐标测量仪所用的标尺有线纹尺、精密丝杠、感应同步器、光栅尺、磁尺及光波波长等。该系统还应包括数显电气装置。

(3) 导轨

导轨是测量仪实现三维运动的重要部件。测量仪多采用滑动导轨、滚动轴承导轨和气浮导轨，而以气浮静压导轨为主要形式。气浮导轨由导轨体和气垫组成，有的导轨体和工作台合二为一。气浮导轨还应包括气源、稳压器、过滤器、气管、分流器等一套启动装置。

(4) 驱动装置

驱动装置是测量仪的重要运动机构，可实现机动和程序控制伺服运动的功能。在测量仪上一般采用的驱动装置有丝杠螺母、滚动轮、钢丝、齿形带、齿轮齿条等传动，并配以伺服马达驱动。其中直线马达驱动在不断增多。

(5) 平衡部件

平衡部件主要用于 Z 轴框架结构中。它的功能是平衡 Z 轴的重量，以使 Z 轴上下运动时无偏重干扰，使检测时 Z 向测力稳定。如更换 Z 轴上所装的测头时，应重新调节平衡力的大小，以

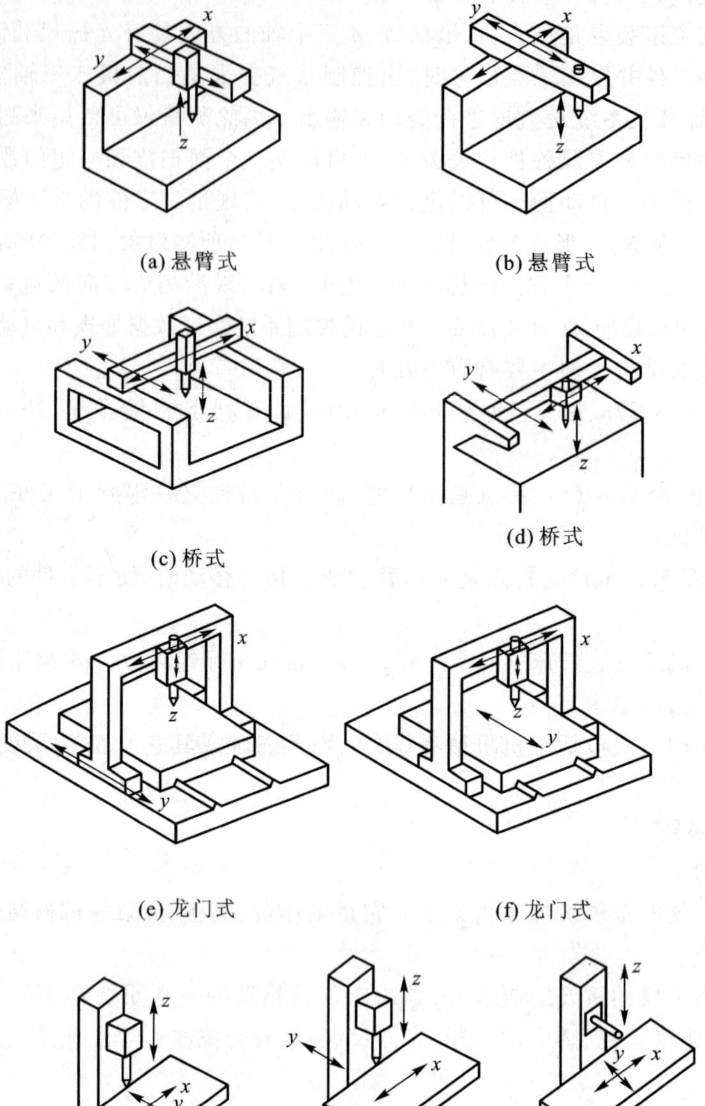

(a) 悬臂式 (b) 悬臂式

(c) 桥式 (d) 桥式

(e) 龙门式 (f) 龙门式

(g) 坐标镗床式 (h) 卧式镗床式

图 3.37 三坐标测量机的结构类型

达到新的平衡。Z 轴平衡装置有重锤、发条或弹簧、气缸活塞杆等类型。

（6）转台与附件

转台是测量仪的重要元件，它使测量仪增加一个转动运动的自由度，便于某些种类零件的测量。转台包括分度台、单轴回转台、万能转台和数控转台等。用于坐标测量仪的附件很多，视需要而定。一般指基准平尺、角尺、步距规、标准球体（或立方体）、测微仪及用于自检的精度检测样板等。

2. 测头系统

三维测头可视为一种三维测量的传感器，只是其结构、功能较一般传感器更为复杂。按结构原理，测头可分为机械式、光学式和电气式等。机械式主要用于手动测量；光学式多用于非接触测量；电气式多用于接触式的自动测量。由于坐标测量机的自动化要求，新型测头主要采用电学与光学原理进行信号转换。

按测量方法，测头可分为接触式和非接触式两类。接触式测头便于拾取三向尺寸信号，应用甚为广泛，种类也很多；非接触测头由于其独到的优点，在特定领域应用方便，最近发展也十分迅速。

接触式测头又可分为硬测头与软测头两类。硬测头多为机械式测头，主要用于手动测量。由于人手直接操作，故测量力不易控制。测量力过大，会引起测头和被测件的变形；测量力过小，又不能保持测头与被测件可靠接触；测量力的变化也会使瞄准精度下降。而软测头的测端与被测件接触后，测端可作偏移，传感器进而输出开关信号或模拟信号。软测头包括触发式测头与模拟式测头。在测端接触工件后仅发出瞄准信号的测头称为触发式测头。除能发出信号外，还能进行偏移量读数的测头称为模拟式测头。

3. 电气控制硬件系统

电气控制硬件系统是测量仪的电气控制部分。它具有单轴与多轴联动控制、外围设备控制、通信控制和保护与逻辑控制等。

4. 数据处理软件系统

测量仪数据处理软件系统包括控制软件与数据处理软件。这些软件可进行坐标变换与测头校正，生成探测模式与测量路径，可用于基本几何元素及其相互关系的测量，形状与位置误差测量，齿轮、螺纹与凸轮的测量，曲线与曲面的测量等。具有统计分析、误差补偿和网络通信等功能。

3.6.3 三坐标测量仪的分类

测量仪种类繁多，其分类方式如下表所示也有多种：

按测量精度（1 m 有效长度）	生产型：7 μm；精密型：4.5 μm；计量型：2 μm
按自动化程度	数字显示及打印型、带有小型计算机的测量仪、计算机数字控制型
按测量范围	小型：最长轴 $\leqslant 1$ m；中型：最长轴 $\in [1,2]$ m；巨型：最长轴 >4 m
按采点方式	点位采样型、连续采样型
按运动形式	机动型和手动型
按机械结构	桥式、龙门式、立柱式、悬臂式等
按测头接触方式	接触式、非接触式等

3.6.4 三坐标测量仪在正向工程和逆向工程中的应用

逆向工程（Reverse Engineering），也称反求工程、反向工程，是 20 世纪 80 年代后期出现在先进制造领域里的新技术。与传统的“产品概念设计→产品CAD模型→产品（物理模型）”的正向工程相反，逆向工程首先对产品（物理模型或原型）进行数字化，然后利用CAD系统得到产品的CAD模型，再根据设计与制造的具体约束，最后生成出模型所定义的产品或新的产品。逆向工程技术为快速制造提供了很好的技术支持，已经成为消化吸收和二次开发的重要、快捷的途径之一。逆向工程主要包括两方面内容：数字化技术和曲面重构技术。

目前，用来采集物体表面数据的测量设备和方法多种多样，其原理也各不相同。不同的测量方式，不但决定了测量本身的精度、速度和经济性，还造成了测量数据类型及后续处理方式的不同。根据测量探头是否和零件接触，逆向工程中物体表面三维数据的获取方法基本上可以分为两大类：接触式测量和非接触式测量。在接触式测量方法中，三坐标测量仪是应用最广泛的一种测量设备。

三坐标测量仪是一种以精密机械为基础，集光、机、电、计算机综合为一体的多功能精密计量测试设备，它可以在工件一次装夹的情况下，通过探头的有效组合，完成零件中几乎所有几何元素的测量工作。借助于其中自带的测量软件可以完成测量过程中对所测元素尺寸的计算与误差分析。

3.7 虚拟轴机床

市场竞争和新产品、新技术、新材料的发展，推动着新机构原理的发现以及新装备技术的研究开发。在近几年取得的研究成果中，最为显眼的是近年来出现的虚拟轴机床（Virtual Axis Machine Tool），又称并联机床、六条腿（Hexapod）机床或称 Sewart 机床。这种机床由并联杆系构成，通过控制杆系中杆的长度使杆系支撑的平台获得相应自由度的运动。杆系（六杆、三杆及二杆）机床的高刚度、低运动质量、高动态性能和构造简单、制造方便的优越性和可能的广泛应用前景，已为国内外所重视。并联杆系机床的发展也符合当前制造装备技术的总趋势，将硬件（包括机械部件）的复杂性向软件（包括计算机系统和应用软件）转移，从而得到构造简单而智能和知识含量更高的机电产品。

3.7.1 虚拟轴机床的产生与发展

虚拟轴机床的发展历史最早可追溯到19世纪末，1890～1894年，Maxwell 和 Mannheim 进行了空间机构理论研究。1956年，在 Maxwell 和 Mannheim 有关工作的基础上，Altmann 设计了一种一个自由度的空间并联机构，用于在房间之间通过一种特定导轨移动物品。

1956年，Gough 设计了一种用于轮胎检测的六自由度并联机构，该机构首次模拟“六足虫”结构，其运动平台通过六根长度可伸缩的连杆连到一个固定框架上，即静平台。但是，Gough 没有看到这种机构在机床方面的应用潜力。

1965年，Stewart 采用六自由度的并联机构开发了飞行模拟器，1966年发表论文“A Platform With Six Degree of Freedom”，奠定了他在空间并联机构中的鼻祖地位，相应的平台机构也命名为 Stewart 平台。

1978年，Hunt 提出将 Stewart 机构应用到工业机器人，形成一种六自由度的新型并联机构机器人。1979年,Pham和McCallion将Stewart平台应用于机器人取得成功,Stewart机构已成功应用于大功率装配机器人、步行机器人、机器人手腕等。1989年,DELTA结构诞生,它是三自由度的并联机构,其运动平台总是平行于静平台。1990年,HEXA结构诞生,这是可实现三维空间任意位姿定位的六自由度空间并联机构。1993年,美国德州自动化与机器人研究院研制出可完成铣、磨、钻、镗、抛光和高能速等多种加工的多功能并联加工机械手。

1994年,IMTS94(1994年美国芝加哥国际机床博览会)上,美国Giddings & Lewis公司和Ingersoll铣床公司、瑞士Geodetics公司展出Stewart数控机床样品,举世瞩目。世界各国的研究机构和企业开始大量投入Stewart机床的研究与开发。随后,结构创新和理论研究成果大量涌现。1994年9月,在美国成立了Hexel公司,专业从事各种类型的Stewart机床及其功能部件研究、开发、生产和销售。随后,在政府和企业的支持下,美国成立了五个国家级基地(MIT、NIST、ORNL、SNL/NM、SNL/CA),专业从事Stewart机床研究开发。1995年5月,在EMO米兰展览会上,意大利Comau公司、日本日立精机展出了Stewart机器人。1996年,由美国Sandia国家实验室和国家标准局倡议,专门成立了Hexapod用户协会,并在互联网上设立站点。1996年,SGI公司开发出UNIX平台Stewart机床设计造型三维CAD软件包。1996年10月23～25日,日本丰田工机公司在丰田技术展览会展出了日本第一台Stewart机床,用于铸、锻模具等零件的高速加工。

1997年,EMO97(1997年德国汉诺威国际机床展览会)上展出了十多种Stewart机床产品样机,并首次进行金属工件铣削,Stewart机床商品化已指日可待。EMO97在概念上将传统机床和新兴的Stewart平台机床从结构上划分为串联机构和并联机构,是人类对机床结构认识概念上的突破。Stewart机床专用功能部件,如球铰、虎克铰、导轨、滚珠丝杠、控制器等的专业化研究开发迅速崛起。CIMT97(第五届中国国际机床展览会)上,俄罗斯Lapid公司展出了TM-750型Stewart数控机床。

我国已将并联机床的研究与开发列入国家"九五"攻关计划和863高技术发展计划,清华大学与天津大学于1998年合作开发出我国第一台Stewart机床原型样机VAMTIY。在CIMT99中,哈尔滨工业大学展出的BJ-1并联机床和天津大学与天津第一机床厂联合展出的3-HSS,表示我国在开发并联机床领域已取得实质性进展。

3.7.2 虚拟轴机床技术

1. 虚拟轴机床的基本原理

如果把传统机床称为串联机构,则虚拟轴机床称为并联机构。传统机床的串联机构特性导致移动部件的质量大、系统刚度低,而成为其致命的弱点,当机床运动速度高和工件大时,这些弱点最为突出。虚拟轴机床的基座与主轴平台间是由六根杆(一般是六根杆)并联地连接的,称之为并联机构。由六根杆同时相互耦合地作伸缩运动来确定平台的运动,主轴平台的受力由六根杆分摊承担,每根杆受力要小得多,且只承受拉力或压力,而不承受弯矩或扭矩。因此,刚度高、移动部件质量小、结构简单以及相同零件的数量多,成为并联机构突出的优点。

串联机构(传统机床)和并联机构(六条腿机床)基本特性的对比见表3.2。

表 3.2 串联与并联机构基本特性的对比

基本特性	串联机构	并联机构
设计思想	沿笛卡儿(直角)坐标系的 x、y、z 轴布置构件,串联连接、切削等负荷不分摊承担	不沿任何坐标布置构件,并联连接,切削等负荷大致均匀,分摊承担
刚度	低(弹性变形累积、构件除承受拉、压力外,还承受弯矩、扭矩)	高(刚度累积、构件只受拉、压力)
移动部件质量	大(通常,工件和工作台移动)	小(通常,工件和工作台不移动)
动力学特性	差,随着尺寸增加更加恶化	好,甚至在尺寸增大时仍能保持
运动耦合	只有少量耦合	紧密耦合且非线性
误差传播	误差累积而变大	误差平均化而变小
精度检定与校正	相对简单,已有少量科研成果应用	复杂,科研成果极少
坐标变换运算	一般不需要	绝对需要
控制	简单,各轴可分别控制,笛卡儿坐标位置和速度的检测和反馈极为简单	复杂,只能作为一个完整系统加以控制,笛卡儿坐标位置和速度的检测和反馈极为困难,至今未见到解决方法
工艺可能性	一般	多能,如切削、测量、激光、加工、装配、搬运等
工件可接近性	好	差(特别是立式布局)
工件空间与机床所占空间之比	大	小(当为方式布局时,机床所占空间大于工作空间的几倍)
制造和成本	复杂、昂贵	简单(可用多种相同零件构成)、低廉

2. 虚拟轴机床的结构

Stewart 平台原本为立式布局,在 EMO97 上,Ingersoll 展出了 HOH－600 型卧式布局六条腿加工中心,这在世界上还是首例。

卧式机床极大地改善了立式机床的工件可接近性和工作空间对机床所占空间之比低的缺陷,这是一个重大的突破。但是,由杆系本身重量而产生的弯矩增大了(立式时,此负荷可忽略)。因此,尽管 HOH－600 比立式 VOH－1000 型的规格小得多,而杆系直径却比后者大几倍。该机床的基座,仍与立式一样,采用基本由构件组成的八面体框架(桁架),据称刚性很好,力流封闭而机床安装不用打基础。Ingersoll 称这类机床为八面体六足虫(Octahedral Hexapod)。

英国 Geodetic 公司展出其 Evolution G 系列六条腿加工中心,有 G500 和 G1000 两个型号。其平台下的主轴部件呈倒锥形,前端直径小,以免与工件发生干涉。主轴部件为可更换式,备有多种不同转速和功率的主轴供选用,其中一种与基本结构有异的称为“两轴主轴头(2－Axis Head)”,其示意图如图 3.38 所示。这个部件是地道的传统机床的串联机构(轴与轴顺序相连)。若选用该部件,就形成了并联(六条腿)机构与串联机构串联,成为混合机构的机床。

并联与串联机构混合使用的六条腿机床有重大的突破意义。Stewart 平台虽具有 X、Y、Z 和 A、B、C 六个自由度，但实际上其 C 轴转动范围极小，根本无实用意义，因而只能构成五轴机床，且 A、B 轴实际可实现的范围也极小，如 ±15°。前述的 Ingersoll G 系列机床选用两轴主轴头的串联机构以后，其 C 轴为 540°，A、B 轴均为 90°，即成为地道的六轴机床，克服了原 Stewart 平台灵活度（Dexterity）差的弱点。用并联机构实现虚拟轴机床的结构主要有以下几种方式。

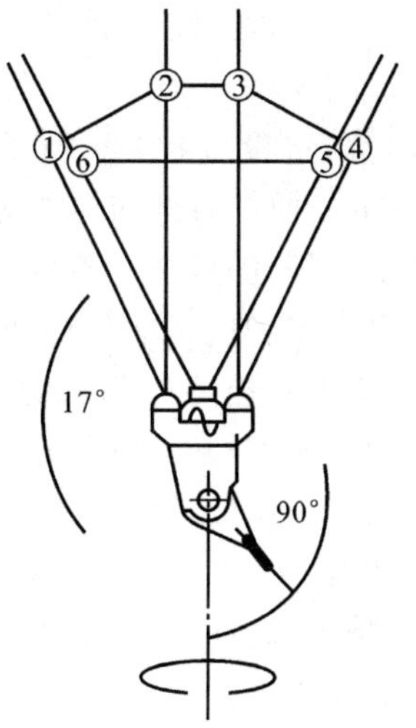

图 3.38 两轴主轴头示意图

（1）不伸缩的六条腿即“六滑台”虚拟轴机床

这是瑞士联邦技术（ETHZ）的机床和制造技术研究所（IWF）新近开发出来的成果，称为“六滑台”（Hexaglide），其示意图如图 3.39 所示。

如图 3.39 所示，三条导轨上各有两个腿座（滑台）作相互平行的直线运动，借此改变六条腿的参数。这可以极大地改善 Ingersoll 立式机床工件可接近性差和工件空间对机床所占空间之比低的弱点。六根杆长度相同，结构简单，杆内不含滚珠丝杠和螺母，也就没有会引起热变形的热源。反之，甚至可在杆内通冷却液以减少热影响。三条导轨均在一个平面上，也易于制造和调整。据称，这种结构对加工长工件特别有利。由于导轨可按需加长，还可考虑在同一导轨上安排多套六条腿来组成加工生产线。

（2）六条腿与平台连接的虚拟轴机床

1）Ingersoll 的六条腿与平台的连接基本上在一个平面内。

2）德国 Mikromat 公司 6X 型机床，取消了平台，代之以主轴筒体。其三条腿位于筒体上部，另三条腿位于筒体下部，如图 3.40 所示。

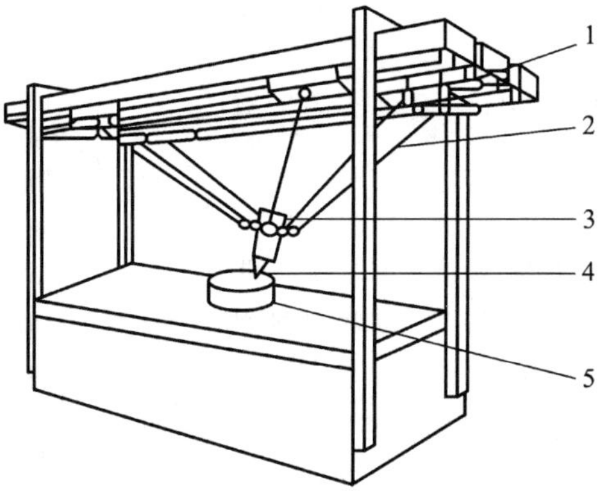

图 3.39 六滑台示意图

1—滑块；2—杆；3—主轴；4—刀具；5—工件

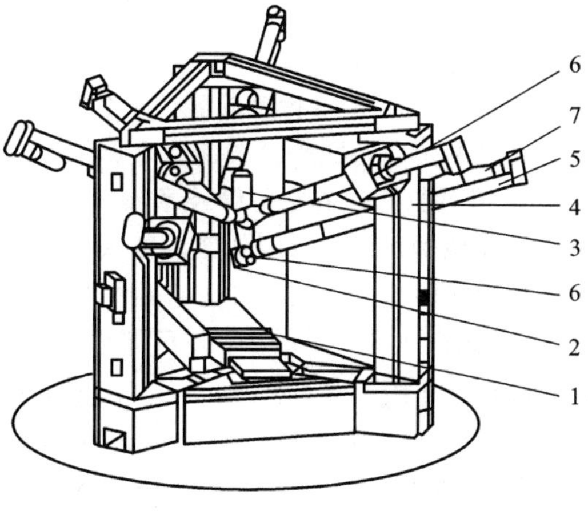

图 3.40 Kromat 6X 型机床示意图

1—工作台；2—刀具；3—主轴；4—框架；5—杆；6—关节；7—电动机

6X 型机床是德国 Fraunhofer 机床和成形技术研究所（IWU）为高速加工模具而开发的。他们认为主轴与六条腿如此连接，将使主轴有倾角时受力均匀。

(3) 六条腿驱动方式实现的虚拟轴机床

图 3.41 为德国斯图加特(Stuttgart)大学机床与制造设备控制技术研究所(ISW)展出的Linapod 的三条腿机床的示意图。它采用了两条平行杆,等效于一条腿,因为只具备 x、y、z 三个自由度。这是一种模块化的、易于重新配置的、从而是经济的并联运动学机床。据称用图示的结构可构造高速加工中心、生产线、激光和水切割机床以及机器人。它虽然不具备六条腿所特有的六个自由度,但机构大为简化,而在刚度、精度、高性能上仍优于传统机床,因而有广泛的应用场合。此外,其控制的计算也大为简化:六条腿机床的位置计算,在理论上有 1 320 个解,其中只有 40 个解有实际意义,而三条腿机床用一个六阶单变量的多项式即可求解。

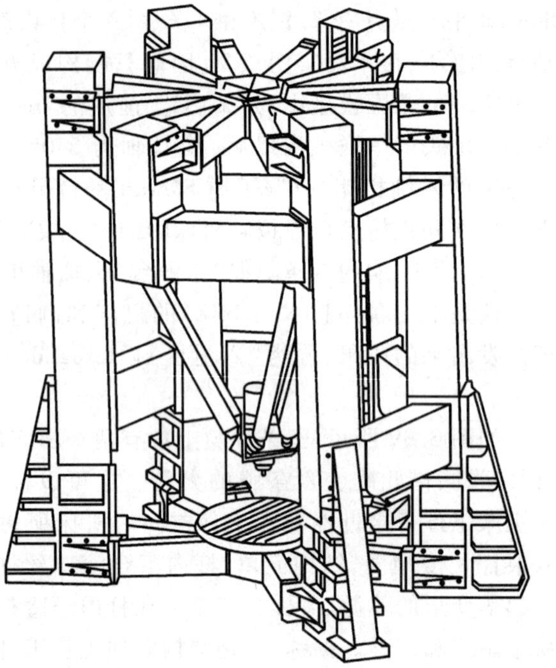

图 3.41 Linapod 三条腿机床示意图

意大利 COMAU 机床公司和瑞典 NEOS 机器人公司分别展出了类似的三条腿机器人。COMAU 型号为 Tricept HP1。NEOS 型号为 Tricept TR600,自 1993 年至今已向多个国家出售了 50 余台,分别用于铝件和塑料件的铣削和磨削、铸铁件和铸钢件的磨削、木材铣削、钛合金件钻孔、激光焊接、装配以及搬运等。其结构是并联的三条腿与串联的三轴手腕相串联。三条腿参数的改变是通过采用伺服电动机、滚珠丝杠驱动来实现的。

同样为五个或六个自由度,这类机器人的荷重、刚度和精度要比传统的由多关节来实现的机器人要强得多,而结构却要简单很多,它可用于铣削,当用于装配时,压配合装配零件的最大压力可达15 000 N,这几乎是传统的多关节机器难以做到的。

还有将两个三条腿平台叠加起来(即串联)而得到六个自由度机构的报道。

3. 虚拟轴机床的其它关键技术

(1) 虚拟轴机床六条腿的驱动方式

多数六条腿机床采用滚珠丝杠副,且用丝杠回转作为驱动。这样,每条腿的顶端挂有一台伺服电动机,成悬伸状。Geodetic 公司却采用滚珠螺母作为驱动,并将螺母和球支承合为一体,固定在其圆顶形平台上,没有悬伸,从而使驱动更为平稳。为此,还专门设计了转子为空心(内置丝杠、螺母)的伺服电动机,称之为“球驱动(Sphere Drive)”。此外,也有采用液压或摩擦传动的(如俄罗斯的机床)。

(2) 专用的球面支承

六条腿机床最为关键而又难制造的是上下平台上“腿”的两个球面支撑。一是必须为球面(按多自由度的要求),二是对球度的要求高,否则会影响平台的定位和运动精度。德国 INA 滚动支承公司和德国斯图加特大学合作开发了专用的预加载荷的球面支承,取名为 Hexact,可连同“腿”一起供应。

(3) 六轴精密定位系统

德国 Physik Instrumente(PI)公司展出的 M-850 型六轴精密定位系统(6Axis Micropositioning System)如图 3.42 所示,它采用伺服电动机、滚珠丝杠传动。其重复定位精度在 X、Y 轴为 ±2 μm,Z 轴为 ±1 μm,A、B、C 轴为 ±2 arcsec。据称,与传统(直角坐标)六轴定位系统相比,它具有结构紧凑、刚度高的优点,固有频率高达 500 Hz(在垂直方向,负荷为 10 kg)时。它适用于精密加工的刀具控制、高精度望远镜镜面平台的精密定位、微波天线实验台和光学机构等。

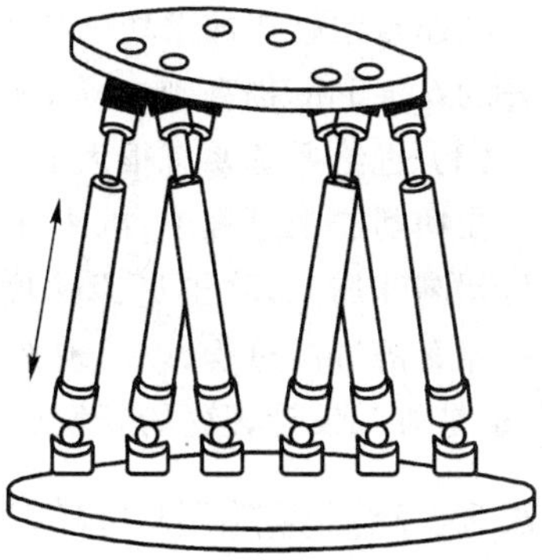

图 3.42 M-850 六轴精密定位系统

3.7.3 虚拟轴机床应用前景

虚拟轴机床之所以发展如此迅速并受到众多科研单位和商家的重视,有专家认为,这是因为此类机床在结构上无传统机床那样的笨重床身、立柱和导轨、滑座。其结构简单,制造方便,刚性好,用材少,重量轻,精度也可以做得很高,是传统机床结构具有重大意义的革命性创新。在工艺上装配不同的工作头,如旋转切削刀具、触发式测量头或其它工具,机床便可完成五坐标的切削加工、复杂形面的测量或其它相应的作业等,工艺范围十分广泛。正因为如此,虚拟轴机床具有很广阔的应用和发展前景。

目前,各国基本上还都正处在研究、试制、试用阶段,我国与之比较尚无很大差距,这对我国来讲是发展机遇。我们应抓住机遇,加强对虚拟轴机床的研究和开发。但也有专家指出,此类机床的出现虽然是对传统机床结构的革命与创新,但在实际生产中应用,还有一些需要进一步研究和完善的方面,如球铰的制造精度、运动精度的测量和控制,有效工作区域的描述和所受的约束,工作的可靠性等都还是研制和应用中的难点。另外,测量和控制系统的造价(含软件开发费)较高,也是不可忽视的问题。许多问题还有待探索和实践去证实,尚不可盲目大力发展。

3.8 超高速机床

超高速机床的研究、开发和应用得到了世界各国的广泛重视,近年来发展非常迅速,一些著名的机床生产厂家不断推出新产品。如何结合我国国情研究开发结构简单、成本低、易于批量生产的新一代高速和超高速机床,是我国装备制造业所面临的重要任务。

3.8.1 高速与超高速加工对机床的新要求

机床是实现高速与超高速加工的首要条件和关键因素。普通数控机床的传动与结构已远远不能适应要求,必须进行全新设计。高速与超高速机床是 21 世纪的新机床,其主要特征是实现机床主轴和进给的直接驱动,是机电一体化的新产品。高速与超高速加工对机床提出了很多新要求,归纳如下:

(1) 主轴要有高转速、大功率和大扭矩

高速与超高速加工不但要求机床主轴转速高,而且要求传递的扭矩和功率也要大,在高速运转中还要保持良好的动态特性和热态特性。

(2) 进给速度要提高,以保证刀具每齿进给量基本不变

高速与超高速加工切削速度高于常规的切削速度10倍,进给速度也必须相应提高10倍,由过去的6 m/min提高到60～100 m/min,以保持刀具的每齿进给量基本不变。

(3) 进给系统要有很大的加速度

在切削加工过程中,机床进给系统的工作行程一般很小,在这样短的行程中要实现稳定的高速与超高速加工,除了进给速度要高外,进给系统必须有很大的加速度,以尽量缩短启动—变速—停车的过渡过程,以实现平稳切削。这是高速与超高速加工对机床结构设计的提出的新要求,也是机床设计理论的新发展。

3.8.2　超高速加工中心的新型结构

现有高速机床的总体结构基本上采用工件和刀具共同运动的方案。在这类工件和工作台一体运动的常规结构中,由于工件、夹具和工作台的总重量比较大,不但增加了机床导轨中的摩擦阻力,需耗费较大的驱动功率,而且需要驱动大的质量体完成高加速度运动,因而需要很大的推动力。这要求提高直线伺服电机的功率,既提高了机床成本又增加了发热,对机床加工精度造成不利影响。此外,传统高速机床结构是一种串联开链结构,组成环节多、结构复杂,并且由于存在悬臂部件和环节间的联结间隙,不容易获得高的总体刚度,难以适应超高速加工发展的要求。

为从根本上解决上述问题,新一代超高速加工中心采用了基于Stewart平台原理的并联闭链多自由度驱动结构,由此构成了工件固定、刀具(主轴)运动的适合超高速加工中心的新方案,其基本结构见图3.43。该机床的主轴单元由6根可变长度驱动杆支撑,6根驱动杆的另一端固定于基础框架上。各驱动杆与主轴单元和基础框架的联结均采用可预紧的高刚度滚动结构。这样可使驱动杆不承受弯曲力矩且运动灵活。调节6根驱动杆的长度,可使主轴和刀具作六自由度运动,即沿直线作前后、左右或上下移动的X、Y、Z的3根轴和沿3个转动轴A、B、C的旋转运动。由于驱动杆在切削力和温度变化作用下的受力变形和热变形主要影响杆的长度,因此通过对杆长进行闭环控制并对测量装置的误差进行实时补偿,可以有效校正杆长位移误差,使机床获得高的加工精度。在这一新型结构中,虽然需用6套进给伺服系统,但每一伺服系统的功率都比常规数控机床单个坐标的驱动功率小,因此总的进给驱动功率与常规机床相当,不会明显增加进给驱动部分的成本。

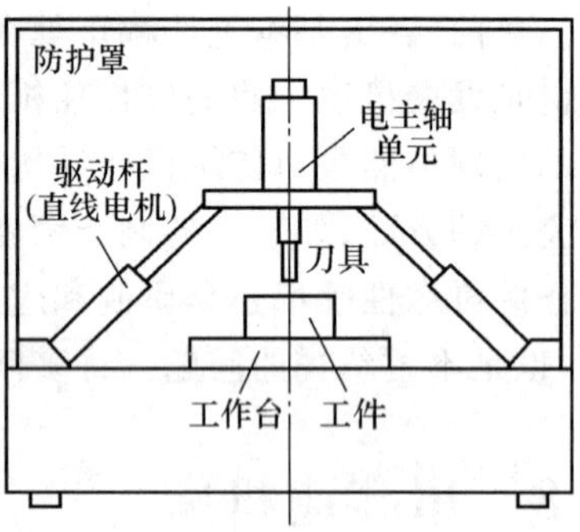

图3.43　超高速立式加工中心结构示意图

采用上述结构的超高速加工中心具有以下特点:

(1) 机械结构简单,零部件通用化、标准化程度高,易于经济化批量生产。此外,该机床整体重量轻,约为常规机床的1/5～1/3,因此原材料消耗少、加工量少,将进一步降低制造成本。

(2) 工件固定而主轴相对于工件作多自由度运动,因此将主轴部件做成电主轴单元,可以有较小的质量,非常有利于获得高的加速度。

(3) 进给机构为空间并联机构,在驱动电机速度相同的条件下可以获得比采用串联结构的

常规数控机床更高的进给速度,有利于满足超高速加工对进给速度的要求。

(4) 六杆平台结构将传动与支撑功能集成为一体,6 根驱动杆既是机床的传动部件又兼做主轴单元的支撑部件,这不仅大幅度减小了摩擦阻力,有利于进一步提高进给速度与加速度,而且将有效减少工件—机床—刀具链中的环节,消除了这些环节带来的力变形和热变形,并可减少联结和传动间隙,提高接触刚度,有利于提高机床的综合精度。

(5) 因机床的主体为并联闭链结构,消除了常规机床中的悬臂环节,经过合理设计可使各驱动杆和有关部件只承受拉压力而不受弯曲力矩,因而使机床总体刚度进一步提高(可比一般加工中心高 5 倍左右)。如果在传动与控制上处理得当,可以使由此构成的新型机床达到比常规机床高得多的加工精度和加工质量。

(6) 机床上不存在沿固定导轨运动的直线和旋转工作台以及支承工作台所需的其它部件,因此,刀具在空间的定位精度和运动轨迹精度完全由传动、检测和控制来保证,从而彻底消除了导轨、工作台、立柱、横梁等引起的空间几何误差。

(7) 利用该加工中心的主轴部件可作六自由度高速运动这一特点,让主轴直接参与换刀过程,不仅可使刀库配置位置灵活,而且可减少刀库运动的自由度,显著简化刀库和换刀装置的结构,提高了换刀的可靠性。

3.8.3 超高速加工中心的传动

1. 主传动

在超高速加工中心中,主轴单元是一可进行六坐标高速运动的部件,因此为了缩小体积、减轻重量,以降低支撑驱动它的六杆并联机构所承受的负荷,使其获得更大的移动速度和加速度,故采用新型内埋式永磁同步电动机电主轴构成主轴单元,如图 3.44 所示。单元中的主轴部件由高速精密陶瓷轴承支撑于电主轴的外壳中,外壳内还安装有电动机的定子铁心和三相定子绕组。为了有效散热,在壳体内开设了冷却管路。主轴系统工作时,由冷却泵打入冷却液带走主轴单元内的热量,以保证电主轴正常工作。主轴为空心结构,其内部和顶端安装有刀具的拉紧和松开机构,以实现自动换刀。主轴外套有电动机的转子,主轴的端部装有激光角位移传感器,以实现对主轴旋转位置的闭环控制,保证自动换刀时实现主轴准停和螺纹加工时的 C、Z 轴准确联动。

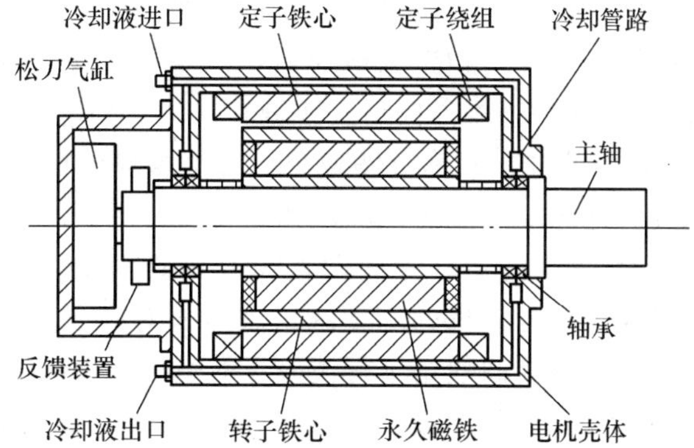

图 3.44 内埋式永磁同步电动机电主轴单元结构示意图

采用内埋式永磁同步电动机结构的优点如下：

(1) 电动机效率高，主轴单元的体积小、重量轻，有利于实现对主轴单元的位置与姿态的高速控制。

(2) 采用新型永久磁铁代替了感应电动机的鼠笼，转子发热小，有利于保证主轴的精度。

(3) 强度较高，提高了电动机高速运行时的可靠性与安全性。

(4) 可方便地实现恒功率弱磁调速，扩大了电主轴的调速范围，有效满足了宽范围高速切削的要求。

2. 进给传动

超高速加工中心的进给传动系统是由6根可变长度驱动杆组成的一个统一体，进给运动和力的传递由6根驱动杆共同实现。在机床运行过程中，要驱动主轴和刀具从当前状态(位置与姿态)平稳变化到下一状态(位置与姿态)，6根驱动杆必须统一协调运动。为实现这种协调运动，要求各驱动杆必须在工作空间内的任何方向都能进行精密的伸缩运动，为此需解决力和运动的变方向传递及大功率变负荷精密直线位移传动两个问题，解决问题的方法是：

(1) 采用万向联轴器将驱动杆的静端点与基础框架相联结，采用球形铰链将驱动杆的动端点与主轴单元相联结。这样可使驱动杆不但运动灵活而且不承受弯曲力矩。需注意的是，所采用的万向联轴器和球形铰链应具有滚动结构，这样可在不降低灵活性的前提下通过预紧来消除间隙并提高接触刚度。

(2) 要保证驱动杆能作高速精密直线位移并实现大功率变负荷传动，在超高速加工中心进给系统的设计中采用了交流永磁同步直线电动机直接传动方案，交流永磁同步直线电动机的基本结构如图3.45所示。

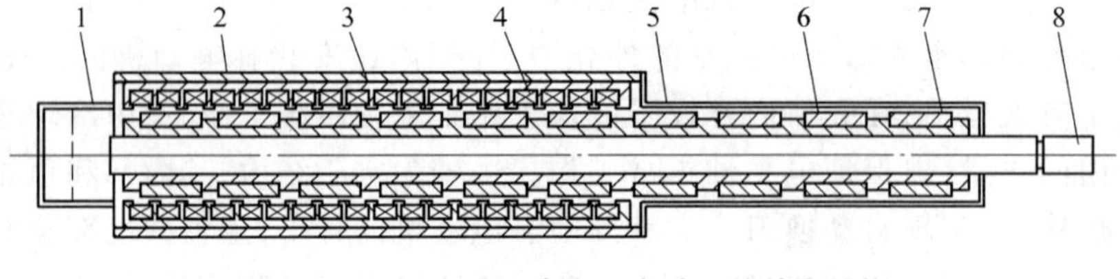

图3.45　交流永磁同步直线电动机的基本结构

1—后防护罩；2—电动机壳体；3—定子铁心；4—定子绕组；5—动子铁心；6—动子磁铁；7—前防护罩；8—输出杆

直线电动机的工作原理是将传统筒型旋转电动机的初级绕组展开拉直，变初级封闭磁场为开放磁场。当电动机三相绕组中通入三相正弦电流后便产生了气隙磁场，气隙磁场的分布与筒型旋转电动机相似，即是沿着展开的直线方向呈正弦分布。当三相电流随时间变化时，气隙磁场是按定向相序沿直线移动(即平移)的，故称行波磁场。当次级绕组在行波磁场的切割下产生感应电动势时，便产生感应电流，这感应电流与气隙磁场的相互作用便产生了电磁推力。假如初级绕组固定不动，次级就顺着行波磁场的运动方向做直线运动了。直线电动机主要由定子、动子、支撑体和检测装置4部分组成。在电动机的定子绕组中通入对称三相交流电时，将产生沿电动机运动方向的行波磁场。通过矢量控制使定子行波磁场的磁极超前动子永磁体磁极一个最佳相位角 θ，即可产生所要求的磁推力来驱动动子平稳运动。直线伺服电动机控制系统结构如图3.46所示。

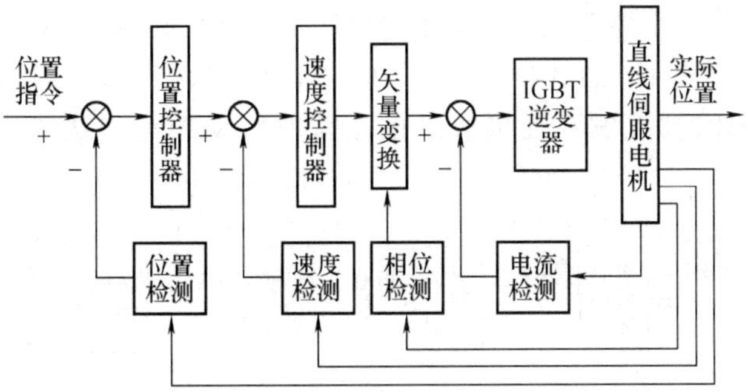

图 3.46 直线伺服电动机控制系统

每一伺服系统包含两个并联的三相多极直线伺服电动机和相应的驱动控制系统。检测装置采用高精度光栅,一方面为矢量控制提供动子磁极位置信息,另一面对驱动杆的实际位移进行精确检测,以实现对驱动杆杆长的全闭环控制,从而保证刀具运动轨迹的准确实现。将直线电动机和直线位移检测装置集成为一体,可以高效、快速地实现精密直线位移传动,是新型超高速加工中心的一种理想的进给传动方案。

3.8.4 超高速加工中心的控制

1. 超高速机床控制的核心问题

新型超高速加工中心的控制系统不仅要能进行多坐标联动控制,而且更重要的是要保证多轴联动的高进给速度和轨迹控制的高精度。因此,如何通过有效的控制来保证刀具按要求的轨迹作高速高精度运动,便成为超高速机床控制的核心问题。

为此,针对超高速机床结构上的特殊性,通过高速高精度轨迹控制方法,并在此基础上开发出新型超高速加工中心的高速高精度数控系统。该系统通过以下措施可以提高轨迹控制的精度和速度:1) 采用新型插补技术,大幅度提高轨迹生成精度与速度;2) 以数字化信息传递取代脉冲信息传递,彻底消除信息传递中的瓶颈;3) 通过虚实映射联动控制,有效保证希望轨迹的高精度实现;4) 采用信息化精度创成技术,有效抑制机械误差和测量误差对轨迹精度的影响,全面提高机床的加工精度。

2. 高速高精度轨迹生成

为了提高轨迹控制的精度和速度,在超高速机床控制系统中采用高分辨率绝对式采样插补算法生成刀具运动轨迹。为了既保证高的进给速度,又达到高的轨迹精度,必须大幅度提高插补采样频率。可以充分发挥通用微机数控的软硬件优势将采样频率提高到 5 000 Hz,即插补周期为 0.2 ms(这一指标比普通数控系统高 20 ~ 40 倍)。这样,即使要求插补误差不大于 0.000 1 mm,在当前曲率半径为 200 mm 时,仍能获得 120 m/min 的进给速度。

在高速插补的环境下,因插补直线段长度已足够短,并且插补器输出数据的改变周期也短到位置环所能分辨的最小值,因此完全不需要再对插补器的输出进行细化。事实上,这就相当于将常规的独立精插补功能融合进了高速采样插补中,即实现了粗精插补合一,从而使系统结构得到简化。

3. 虚实映射联动控制

采样插补产生的刀具希望运动轨迹是以 X、Y、Z、A、B 坐标轴的运动指令形式给出的。但是,在新型超高速机床中,并不真正存在沿 X、Y、Z、A、B 坐标运动的物理运动轴,即 X、Y、Z、A、B 是一种虚拟运动轴（简称虚轴），不能直接对其进行控制，而直接可控的实际运动轴（简称实轴）为支撑主轴单元的 6 根驱动杆的长度 $Li(i=1,2,\cdots,6)$。因此，为了保证刀具希望轨迹的准确实现，必须将虚轴控制转换为实轴控制。这可通过虚实映射联动控制方法来实现，其基本过程如图 3.47 所示。

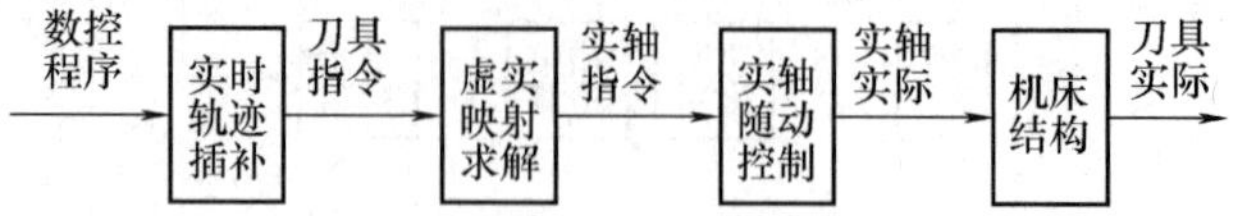

图 3.47　虚拟映射联动控制基本过程

系统运行时，首先将实时轨迹插补产生的以 X、Y、Z、A、B 轴移动量表示的刀具运动指令送入虚实映射求解模块，由该模块通过虚实映射求解算法得到实轴（即 6 根驱动杆）的运动指令，然后经实轴随动控制使各驱动杆严格按指令要求进行协调运动。最后通过机床结构隐含实现实虚映射使 X、Y、Z、A、B 轴实际位移与希望位移一致，从而保证虚轴合成运动产生的刀具实际运动轨迹与插补产生的指令轨迹一致。

通过由虚实映射联动控制实现的虚到实的变换，以及由机床结构隐含实现的由实到虚的逆变换，即可得到所要求的刀具运动轨迹。

新一代超高速加工中心是机床技术、机器人技术、现代伺服驱动技术和数控技术相结合而产生的一种新型自动化加工设备，它具有速度快、刚度高、精度高、机械结构简单、标准化程度高、造价低等众多优点，它将成为超高速加工设备的一个新的发展方向。

3.9　机械手与工业机器人

3.9.1　机械手

机械手（Mechanical Hand）也被称为自动手（Auto Hand）。它能模仿人手和臂的某些动作功能，用以按固定程序抓取、搬运物件或操作工具的自动操作装置。它可代替人的繁重劳动以实现生产的机械化和自动化，能在有害环境下操作以保护人身安全，因而广泛应用于机械制造、冶金、电子、轻工和原子能等部门。

机械手主要由手部、运动机构和控制系统三大部分组成。手部是用来抓持工件（或工具）的部件，根据被抓持物件的形状、尺寸、重量、材料和作业要求而有多种结构形式，如夹持型、托持型和吸附型等。运动机构，使手部完成各种转动（摆动）、移动或复合运动来实现规定的动作，改变被抓持物件的位置和姿势。运动机构的升降、伸缩、旋转等独立运动方式，称为机械手的自由度。为了抓取空间中任意位置和方位的物体，需有六个自由度。自由度是机械手设计的关键参数。自由度越多，机械手的灵活性越大，通用性越广，其结构也越复杂。一般专用机械手有二 ~ 三个自由度。机械手结构如图 3.48 所示。

机械手的种类，按驱动方式可分为液压式、气动式、电动式、机械式机械手；按适用范围可分为专用机械手和通用机械手两种；按运动轨迹控制方式可分为点位控制和连续轨迹控制机械手等。

机械手通常用作机床或其他机器的附加装置,如在自动机床或自动生产线上装卸和传递工件,在加工中心中更换刀具等,一般没有独立的控制装置。有些操作装置需要由人直接操纵,如用于原子能部门操持危险物品的主从式操作手也常称为机械手。机械手在锻造工业中的应用能进一步发展锻造设备的生产能力,改善热、累等劳动条件。

图 3.48 机械手的基本结构

3.9.2 工业机器人概述

机器人学是关于设计、制造和应用机器人的一门正在发展中的新兴学科。工业机器人技术涉及机构学、控制理论和技术、计算机、传感技术、人工智能、仿生学等诸领域,是一门多学科的综合性高新技术,是当代研究十分活跃、应用日益广泛的领域,机器人的应用情况也标志着一个国家制造业及其工业自动化的水平。

1. 工业机器人定义及组成

综合各国对工业机器人的定义,其在"可编程"、"计算机控制"和"机械装置"三方面的共同点是:工业机器人是指在工业中应用的一种能进行自动控制的、可重复编程的、多功能的、多自由度的、多用途的操作机,能搬运材料、工件或操持工具,用以完成各种作业。且这种操作机可以固定在一个地方,也可以在往复运动的小车上。可以通俗地理解为"机器人是技术系统的一个类别,它能以其动作复现人的动作和职能,它与传统的自动机的区别在于有更大的万能性和多目的的用途,可以反复调整以执行不同的功能。"这一概念反映了人类研究机器人的最终目的是为了创造一种能够综合人的所有动作和智能特征,延伸人的活动范围,使其具有通用性、柔性和灵活性的自动机械。工业机器人已经成为 FMS 和 CIMS 等自动化制造系统中的重要设备。

工业机器人一般都由手部、腕部、臂部、机身、驱动系统和控制系统组成,如图 3.49 所示。

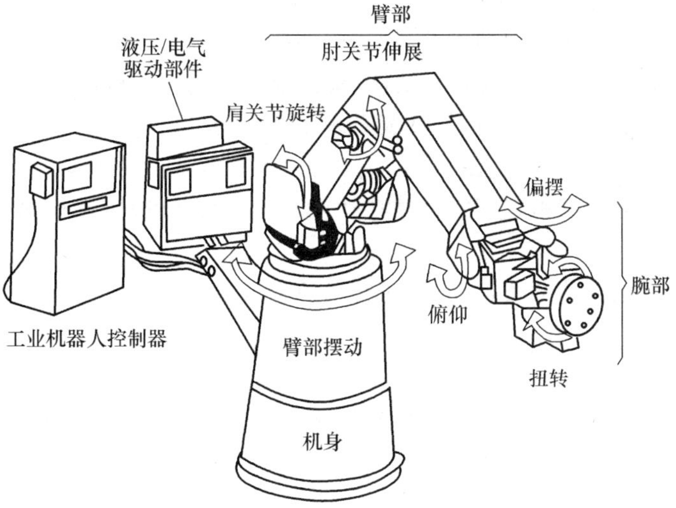

图 3.49 工业机器人的构造

(1) 手部

手部又称抓取机构或夹持器或终端效应器,用以直接抓取工件或工具。在手部可安装某些专用工具,如焊枪、喷枪、电钻等,这些可视为专用的特殊手部,工业机器人所用手部有机械式、真空、磁力及粘俯式手爪。

(2) 腕部

腕部是连接手部与臂部的部件,用以支撑和调整末端执行器(手部)的姿态,确定物件的姿态(方向)。

(3) 臂部

臂部是支撑腕部的部件,由操作机的动力关节和连接杆等构成,用以承受工件和工具的负荷,改变它们的空间位置并将它们送至预定的位置。

(4) 机身

机身又称为立柱,是支撑臂部的部件,用以扩大臂部的活动范围。

(5) 机座及行走机构

机座及行走机构是支撑整个工业机器人的基础件,用以确定或改变整台机器人的位置。

以上手部、腕部、臂部、机身、机座及行走机构等构成了机器人本体,又称操作机。

(6) 驱动系统

驱动系统是工业机器人的动力源,又称为移动器,由驱动器、减速器及检测元件等构成。

(7) 控制系统

控制系统是控制工业机器人按预定要求进行动作的位置,也是由人操作启动、停机及示教机器人的一种装置,其核心是计算机控制系统。

2. 机器人的分类

(1) 按自动化功能层次分类

1) 专用机器人　以固定程序在固定地点工作的机器人,其动作少,工作对象单一,结构简单,造价低,适用于在大量生产系统中工作。

2) 通用机器人　具有独立的控制系统,动作灵活多样,通过改变控制程序能完成多种作业的机器人。它的工作范围大,定位精度高,通用性能强,但结构复杂,适用于柔性制造系统。

3) 示教再现机器人　这是具有记忆功能、能完成复杂动作的机器人,它在由人示教操作后,能按示教的顺序、位置、条件与其它信息反复重现示教作业。

4) 智能机器人　具有各种感觉功能和识别功能,能作出决策自动进行反馈纠正的机器人,它采用计算机控制,依赖于识别、学习、推理和适应环境等智能,决定其行动或作业。

(2) 按驱动方式分类

气压传动机器人、电气传动机器人、液压传动机器人以及复合传动机器人。

(3) 按控制方式分类

1) 固定程序控制机器人　采用固定程序的继电器控制器或固定逻辑控制器组成控制系统,按预先设定的顺序、条件和位置,逐次执行各阶段的动作,但不能用编程的方法改变已设定的信息。

2) 可编程序控制机器人　可利用编程方法改变机器人的动作顺序和位置,控制系统具有程序选择环节来调用存储系统中相应的程序,适用于比较复杂的工作场合,并能随着工作对象的不同需要在较大范围内调整机器人的动作，可以实现点位控制和连续轨迹控制。

3. 工业机器人的运动轴系和自由度

(1) 工业机器人的运动轴系

机器人执行机构的运动轴系通常分为四类：直角坐标系、圆柱坐标系（两个直线和一个回转坐标轴）、球坐标系（一个直线和两个回转坐标轴）、关节系（三个回转坐标轴），如图 3.50 所示。

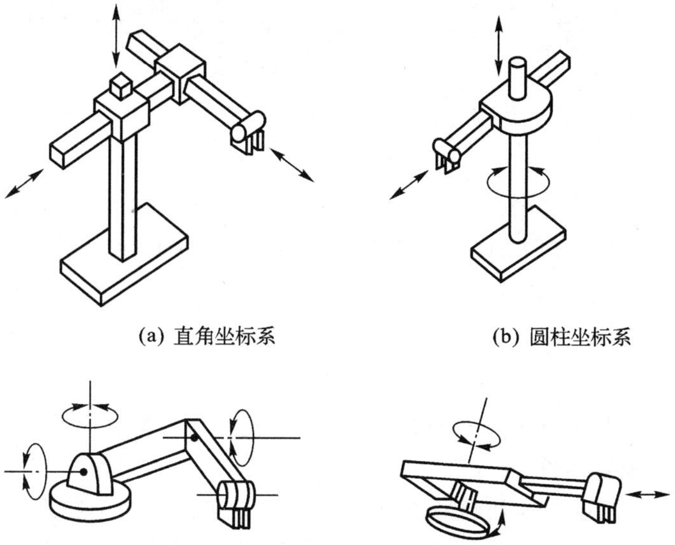

(a) 直角坐标系 (b) 圆柱坐标系 (c) 关节系 (d) 球坐标系

图 3.50 机器人运动轴系

与运动轴系相对应，工业机器人操作机可分为四种坐标型式的操作机，其特点如下：

1) 直角坐标型操作机　在空间三个相互垂直的方向 x、y、z 上作移动运动，运动独立，其控制简单、易达到高精度，但操作灵活性差，运动速度较低，操作范围较小。

2) 圆柱坐标型操作机　这类操作机在水平转台上装有立柱，水平臂可沿立柱上下运动并可在水平方向伸缩，其操作范围较大，运动速度较高，但随着水平臂沿水平方向伸长，基线位移分辨精度越来越低。

3) 球坐标型操作机　又称极坐标型操作机，工作臂不仅可以绕垂直轴旋转，还可以绕水平轴仰俯运动，且能沿手臂轴线作伸缩运动，其操作比圆柱坐标型更为灵活，但旋转关节反映在末端执行器上的线位移分辨力是一个变量。

4) 关节型操作机　由多个关节连接的机座、大臂、小臂和手腕等构成，大、小臂既可在垂直于机座的平面内运动，也可实现绕垂直轴的转动，其操作灵活性最好，运动速度较高，操作范围大，但精度受手臂位姿的影响，实现高精度运动较困难。

(2) 工业机器人的自由度

为了使工业机器人能够按必要的动作顺序运动，需要六个基本运动轴，即所谓六个自由度。这六个自由度用来模拟人手臂的各种功能动作，并非所有的机器人都需要具备全部六个自由度。这六个基本运动中三个是腕部的，三个是臂部和机身的，以图 3.51 所示的球坐标机器人为例，说明如下：

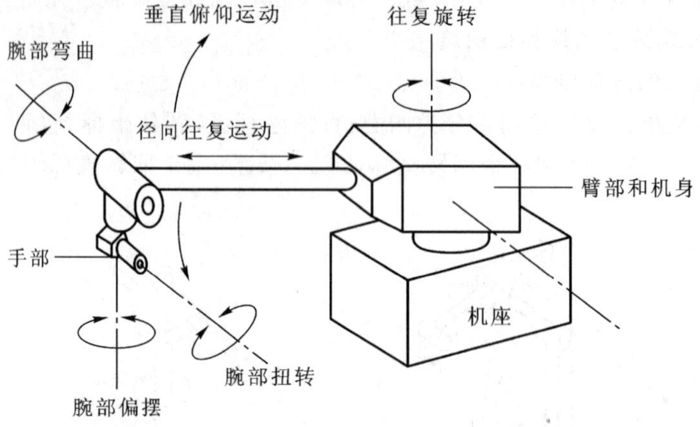

图 3.51 工业机器人典型的六个运动自由度

1）垂直仰俯运动　整个臂部围绕一个水平轴的支点（肩关节）在垂直方向上作仰俯运动。

2）径向往复运动　臂部的伸缩运动，对于关节机器人来说，是指前臂绕肘关节的回转来完成的。

3）往复旋转运动　围绕垂直轴的旋转运动（工业机器人臂部的左右旋转）。

4. 工业机器人的技术地位

工业机器人是现代制造业的基础设备，它属于自动化制造系统的物理层次。机器人的过去、现在和未来都与制造业发展密切相关，以 1993 年日本工业机器人按行业分布的统计资料为例，用于制造业的机器人占日本机器人总数的 96%，根据国际机器人联合会（IFR）报告资料，日本机器人密度最高，1997 年在制造业中每万名工人占有机器人的数量为 277 台，1997 年日本新装机器人台数为 42 696 台，1997 年末现役工业机器人台数为 412 961 台，汽车工业、机电工业是机器人的重要用户，焊接是机器人的最大应用领域。机器人作为高技术的一个重要分支，已引起世人关注，1997 年世界机器人销售额已达 48 亿美元。

我国经济持续快速发展和制造业巨大市场为机器人在我国的发展提供广阔前景，机器人的发展特别与汽车制造业、电子制造业密切相关。机器人技术的发展能促进我国大中型企业实现高新技术的产业化和传统产业的高新化，提高企业市场竞争能力。

显然，机器人技术也是先进制造技术中一个重要单元技术，其作用及其重要性表现在以下几个方面：面向先进制造中柔性装配的机器人及系统、机器人加工系统及其设备、机器人化机器、特种环境下作业机器人等，工业机器人已广泛应用于喷漆、焊接、冲压、压铸、上下料、搬运、装配加工自动化中。

3.9.3 工业机器人技术

1. 工业机器人技术的产生与发展

美国是机器人的诞生地，早在 1962 年就研制出世界上第一台工业机器人，比起号称“机器人王国”的日本起步至少要早五六年。经过 30 多年的发展，美国现已成为世界上的机器人强国之一，基础雄厚，技术先进。综观它的发展史，道路是曲折的，不平坦的。

由于美国政府从 20 世纪 60 年代到 70 年代中的十几年期间，并没有把工业机器人列入重点发展项目,只是在几所大学和少数公司开展了一些研究工作。对于企业来说,在只看到眼前利益,又无政府财政支持的情况下,宁愿错过良机,固守在使用刚性自动化装置上,也不愿冒着风险去应用或制造机器人。加上当时美国失业率高达6.65%,政府担心发展机器人会造成更多人失业,因此不予投资,也不组织研制机器人,这不能不说是美国政府的战略决策错误。20世纪70年代后期,美国政府和企业界虽有所重视,但在技术路线上仍把重点放在研究机器人软件及军事、宇宙、海洋、核工程等特殊领域的高级机器人的开发上,致使日本的工业机器人后来居上,并在工业生产的应用上及机器人制造业上很快超过了美国,产品在国际市场上形成了较强的竞争力。

进入20世纪80年代之后,美国才感到形势紧迫,政府和企业界才对机器人真正重视起来,政策上也有所体现,一方面鼓励工业界发展和应用机器人,另一方面制订计划,提高投资,增加机器人的研究经费,把机器人看成美国再次工业化的特征,使美国的机器人迅速发展。20世纪80年代中后期,随着各大厂家应用机器人的技术日臻成熟,第一代机器人的技术性能越来越满足不了实际需要,美国开始生产带有视觉、力觉的第二代机器人,并很快占领了美国60%的机器人市场。

尽管美国在机器人发展史上走过一条重视理论研究,忽视应用开发研究的曲折道路,但是美国的机器人技术在国际上仍一直处于领先地位。其技术全面、先进,适应性也很强。具体表现在:

(1) 性能可靠,功能全面,精确度高。

(2) 机器人语言研究发展较快,语言类型多、应用广,水平高居世界之首。

(3) 智能技术发展快,其视觉、触觉等人工智能技术已在航天、汽车工业中广泛应用。

(4) 高智能、高难度的军用机器人、太空机器人等发展迅速,主要用于扫雷、布雷、侦察、站岗及太空探测方面。

早在1966年,美国Unimation公司的尤尼曼特机器人和AMF公司的沃莎特兰机器人就已经率先进入英国市场。1967年,英国的两家大机械公司还特地为美国这两家机器人公司在英国推销机器人。接着,英国Hall Automation公司研制出自己的机器人RAMP。20世纪70年代初期,由于英国政府科学研究委员会颁布了否定人工智能和机器人的Lighthall报告,对工业机器人实行了限制发展的严厉措施,因而机器人工业一蹶不振,在西欧差不多居于末位。

但是,国际上机器人蓬勃发展的形势很快使英国政府意识到机器人技术的落后,导致其商品在国际市场上的竞争力大为下降。于是,从20世纪70年代末开始,英国政府转而采取支持态度,推行并实施了一系列支持机器人发展的政策和措施,如广泛宣传使用机器人的重要性、在财政上给购买机器人企业以补贴、积极促进机器人研究单位与企业联合等,使英国机器人开始了在生产领域广泛应用及大力研制的兴盛时期。

法国不仅在机器人拥有量上居于世界前列,而且在机器人应用水平和应用范围上处于世界先进水平。这主要归功于法国政府一开始就比较重视机器人技术,特别是把重点放在开展机器人的应用研究上。

法国机器人的发展比较顺利,主要原因是通过政府大力支持的研究计划,建立起一个完整的科学技术体系。即由政府组织一些机器人基础技术方面的研究项目,而由工业界支持开展应用和开发方面的工作,两者相辅相成,使机器人在法国企业界得到很快发展和普及。

德国工业机器人的总数占世界第三位,仅次于日本和美国。这里所说的德国,主要指的是原联邦德国。它比英国和瑞典引进机器人大约晚了五六年。之所以如此,是因为德国的机器人工业一起步,就遇到了国内经济不景气。但是德国的社会环境却是有利于机器人工业发展的。因为战争导致劳动力短缺和国民技术水平高，都是实现使用机器人的有利条件。到了20世纪70年代中后期，政府采用行政手段为机器人的推广开辟道路；在“改善劳动条件计划”中规定，对于一些有危险、有毒、有害的工作岗位，必须以机器人来代替普通人的劳动。这个计划为机器人的应用开拓了广泛的市场，并推动了工业机器人技术的发展。日耳曼民族是一个重实际的民族，他们始终坚持技术应用和社会需求相结合的原则。除了像大多数国家一样，将机器人主要应用在汽车工业之外，突出的一点是德国在纺织工业中用现代化生产技术改造原有企业，报废了旧机器，购买了现代化自动设备、电子计算机和机器人，使纺织工业成本下降、质量提高，产品的花色品种更加适销对路。到1984年终于使这一被喻为“快完蛋的行业”重新振兴起来。与此同时，德国看到了机器人等先进自动化技术对工业生产的作用，提出了1985年以后要向高级的、带感觉的智能型机器人转移的目标。经过近十年的努力，其智能机器人的研究和应用方面在世界上处于公认的领先地位。

在苏联（主要是在俄罗斯），从理论和实践上探讨机器人技术是从20世纪50年代后半期开始的。到了20世纪50年代后期开始了机器人样机的研究工作。1968年成功地试制出一台深水作业机器人。1971年研制出工厂用的万能机器人。早在苏联第九个五年计划（1970～1975年）开始时，就把发展机器人列入国家科学技术发展纲领之中。到1975年，已研制出30个型号的120台机器人，经过20年的努力，苏联的机器人在数量、质量水平上均处于世界前列地位。国家有目的地把提高科学技术进步当作推动社会生产发展的手段，来安排机器人的研究制造。有关机器人的研究生产、应用、推广和提高工作，都由政府安排，有计划、按步骤地进行。

有人认为，应用机器人只是为了节省劳动力，而我国劳动力资源丰富，发展机器人不一定符合我国国情，这是一种误解。在我国，社会主义制度的优越性决定了机器人能够充分发挥其长处。它不仅能为我国的经济建设带来高度的生产力和巨大的经济效益，而且将为我国的宇宙开发、海洋开发、核能利用等新兴领域的发展做出卓越的贡献。

我国已在“七五”计划中把机器人列入国家重点科研规划内容，斥巨资在沈阳建立了全国第一个机器人研究示范工程，全面展开了机器人基础理论与基础元器件研究。十几年来，相继研制出示教再现型的搬运、点焊、弧焊、喷漆、装配等门类齐全的工业机器人及水下作业、军用和特种机器人。目前，示教再现型机器人技术已基本成熟，并在工厂中推广应用。我国自行生产的机器人喷漆流水线在长春第一汽车厂及东风汽车厂投入运行。1986年3月开始的国家863高科技发展规划已列入研究、开发智能机器人的内容。就目前来看，我们应从生产和应用的角度出发，结合我国国情，加快生产结构简单、成本低廉的实用型机器人和某些特种机器人。

日本在20世纪60年代末正处于经济高度发展时期，年增长率达11%。第二次世界大战后，日本的劳动力本来就紧张，而高速度的经济发展更加剧了劳动力严重不足的困难。为此，日本在1967年由川崎重工业公司从美国Unimation公司引进机器人及其技术，建立起生产车间，并于1968年试制出第一台川崎的“尤尼曼特”机器人。

正是由于日本当时劳动力显著不足，机器人在企业里受到了“救世主”般的欢迎。日本政府一方面在经济上采取了积极的扶植政策，鼓励发展和推广应用机器人，从而更进一步激发了企业家从事机器人产业的积极性。尤其是政府对中、小企业的一系列经济优惠政策，如由政府银行提供优惠的低息资金，鼓励集资成立“机器人长期租赁公司”，公司出资购入机器人后长期租给用户，使用者每月只需付较低廉的租金，大大减轻了企业购入机器人所需的资金负担；政府把由计算机控制的示教再现型机器人作为特别折扣优待产品，企业除享受新设备通常的40%折扣优待外，还可再享受13%的价格补贴。另一方面，国家出资对小企业进行应用机器人的专门知识和技术指导等。

这一系列扶植政策，使日本机器人产业迅速发展起来，经过短短的十几年，到20世纪80年代中期，已一跃而为“机器人王国”，其机器人的产量和安装的台数在国际上跃居首位。按照日本产业机器人工业会常务理事米本完二的说法：“日本机器人的发展经过了60年代的摇篮期，70年代的实用期，到80年代进入普及提高期。”并正式把1980年定为“产业机器人的普及元年”，开始在各个领域内广泛推广使用机器人。

日本政府和企业充分信任机器人，大胆使用机器人。机器人也没有辜负人们的期望，它在解决劳动力不足、提高生产率、改进产品质量和降低生产成本方面，发挥着越来越显著的作用，成为日本保持经济增长速度和产品竞争能力的一支不可缺少的队伍。

日本在汽车、电子行业大量使用机器人生产，使日本汽车及电子产品产量猛增，质量日益提高，而制造成本则大为降低，从而使日本生产的汽车能够以价廉的绝对优势进军号称“汽车王国”的美国市场，并且向机器人诞生国出口日本产的实用型机器人。此时，日本价廉物美的家用电器产品也充斥了美国市场，这使美国后悔不已。日本由于制造、使用机器人，增强了国力，获得了巨大的好处，迫使美、英、法等许多国家不得不采取措施，奋起直追。

2. 工业机器人的关键技术

从机器人诞生到20世纪80年代初，机器人技术经历了一个长期缓慢的发展过程。到了20世纪90年代，随着计算机技术、微电子技术、网络技术等的快速发展，机器人技术也得到了飞速发展。除了工业机器人水平不断提高之外，各种用于非制造业的先进机器人系统也有了长足的进展。下面按应用于制造业的工业机器人和应用于非制造业的先进机器人两类分别介绍机器人技术的最新发展。

（1）工业机器人

1）机器人操作机　通过有限元分析、模态分析及仿真设计等现代设计方法的运用，机器人操作机已实现了优化设计。以德国KUKA公司为代表的机器人公司，已将机器人并联平行四边形结构改为开链结构，拓展了机器人的工作范围，加之轻质铝合金材料的应用，大大提高了机器人的性能。此外，采用先进的RV减速器及交流伺服电机，使机器人操作机几乎成为免维护系统。

2）并联机器人　采用并联机构，利用机器人技术，实现高精度测量及加工，这是机器人技术向数控技术的拓展，为将来实现机器人和数控技术一体化奠定了基础。意大利COMAU公司、日本FANUC等公司已开发出了此类产品。

3）控制系统　控制系统的性能进一步提高，已由过去控制标准的六轴机器人发展到现在能够控制21轴甚至27轴，并且实现了软件伺服和全数字控制。人机界面更加友好，基于图形操作的界面也已问世。编程方式仍以示教编程为主，但在某些领域的离线编程已实现实用化。

4）传感系统　激光传感器、视觉传感器和力传感器在机器人系统中已得到成功应用，并实现了焊缝自动跟踪和自动化生产线上物体的自动定位以及精密装配作业等，大大提高了机器人的作业性能和对环境的适应性。日本KAWASAKI、YASKAWA、FANUC和瑞典ABB、德国KUKA、REIS等公司皆推出了此类产品。

5）网络通信功能　日本YASKAWA和德国KUKA公司的最新机器人控制器已实现了与

Canbus、Profibus 总线及一些网络的连接，使机器人由过去的独立应用向网络化应用迈进了一大步，也使机器人由过去的专用设备向标准化设备发展。

6）可靠性　由于微电子技术的快速发展和大规模集成电路的应用，使机器人系统的可靠性有了很大提高。过去机器人系统的可靠性 MTBF 一般为几千小时，而现在已达到 5 万小时，几乎可以满足任何场合的需求。

（2）先进机器人

近年来，人类的活动领域不断扩大，机器人应用也从制造领域向非制造领域发展。像海洋开发、宇宙探测、采掘、建筑、医疗、农林业、服务、娱乐等行业都提出了自动化和机器人化的要求。这些行业与制造业相比，其主要特点是工作环境的非结构化和不确定性，因而对机器人的要求更高，需要机器人具有行走功能、对外感知能力以及局部的自主规划能力等，是机器人技术的一个重要发展方向。

1）水下机器人　美国的 AUSS、俄罗斯的 MT－88、法国的 EPAVLARD 等水下机器人已用于海洋石油开采、海底勘查、救捞作业、管道敷设和检查、电缆敷设和维护以及大坝检查等方面，形成了有缆水下机器人（Remote Operated Vehicle）和无缆水下机器人（Autonomous Under Water Vehicle）两大类。

2）空间机器人　空间机器人一直是先进机器人的重要研究领域。目前，美、俄、加拿大等国已研制出各种空间机器人。如美国 NASA 的空间机器人 Sojanor 等。Sojanor 是一辆自主移动车，重量为 11.5 kg，尺寸 630～48 mm，有 6 个车轮，它在火星上的成功应用，引起了全球的广泛关注。

3）核工业用机器人　国外的研究主要集中在机构灵巧、动作准确可靠、反应快、重量轻、刚度好、便于装卸与维修的高性能伺服手，以及半自主和自主移动机器人。已完成的典型系统，如美国 ORML 基于机器人的放射性储罐清理系统、反应堆用双臂操作器，加拿大研制成功的辐射监测与故障诊断系统，德国的 C7 灵巧手等。

4）地下机器人　地下机器人主要包括采掘机器人和地下管道检修机器人两类。主要研究内容为：机械结构、行走系统、传感器及定位系统、控制系统、通信及遥控技术。目前，日、美、德等发达国家已研制出了地下管道和石油、天然气等大型管道检修用的机器人，各种采掘机器人及自动化系统正在研制中。

5）医用机器人　医用机器人的主要研究内容包括医疗外科手术的规划与仿真、机器人辅助外科手术、最小损伤外科、临场感外科手术等。美国已开展临场感外科（Telepresence Surgery）的研究，用于战场模拟、手术培训、解剖教学等。法、英、意、德等国家联合开展了图像引导型矫形外科（Telematics）计划、袖珍机器人（Biomed）计划以及用于外科手术的机电手术工具等项目的研究，并已取得一些卓有成效的结果。

6）建筑机器人　日本已研制出 20 多种建筑机器人。如高层建筑抹灰机器人、预制件安装机器人、室内装修机器人、地面抛光机器人、擦玻璃机器人等，并已实际应用。美国卡内基梅隆大学、麻省理工学院等都在进行管道挖掘和埋设机器人、内墙安装机器人等型号的研制，并开展了传感器、移动技术和系统自动化施工方法等基础研究。英、德、法等国也在开展这方面的研究。

7）军用机器人　近年来，美、英、法、德等国已研制出第二代军用智能机器人。其特点是采用自主控制方式，能完成侦察、作战和后勤支援等任务，在战场上具有看、嗅和触摸能力，能够自动跟踪地形和选择道路，并且具有自动搜索、识别和消灭敌方目标的功能。如美国的 Navplab 自主导航车、SSV 半自主地面战车，法国的自主式快速运动侦察车（DARDS），德国 MV4 爆炸物处理机器人等。目前，美国 ORNL 正在研制和开发 Abrams 坦克、爱国者导弹装电池用机器人等各种用途的军用机器人。

可以预见，在 21 世纪各种先进的机器人系统将会进入人类生活的各个领域，成为人类良好的助手和亲密的伙伴。

3. 当今机器人技术的研究热点及发展趋势

目前，国际机器人界都在加大科研力度，进行机器人共性技术的研究，并朝着智能化和多样化方向发展。主要研究内容集中在以下 10 个方面：

（1）工业机器人操作机结构的优化设计技术。探索新的高强度轻质材料，进一步提高负载/自重比。同时，机构向着模块化、可重构方向发展。

（2）机器人控制技术。重点研究开放式、模块化控制系统，人机界面更加友好，语言、图形编程界面正在研制之中。机器人控制器的标准化和网络化，以及基于 PC 机网络式控制器已成为研究热点。编程技术除进一步提高在线编程的可操作性之外，离线编程的实用化将成为研究重点。

（3）多传感系统。为进一步提高机器人的智能和适应性，多种传感器的使用是其问题解决的关键。其研究热点在于有效可行的多传感器融合算法，特别是在非线性及非平稳、非正态分布的情形下的多传感器融合算法。另一问题就是传感系统的实用化。

（4）机器人的结构灵巧，控制系统愈来愈小，二者正朝着一体化方向发展。

（5）机器人遥控及监控技术，机器人半自主和自主技术，多机器人和操作者之间的协调控制，通过网络建立大范围内的机器人遥控系统，在有时延的情况下，建立预先显示进行遥控等。

（6）虚拟机器人技术。基于多传感器、多媒体和虚拟现实以及临场感技术，实现机器人的虚拟遥控操作和人机交互。

（7）多智能体（Multi - Agent）控制技术。这是目前机器人研究的一个崭新领域。主要对多智能体的群体体系结构、相互间的通信与磋商机理，感知与学习方法，建模和规划、群体行为控制等方面进行研究。

（8）微型和微小机器人技术（Micro/Miniature Robotics）。这是机器人研究的一个新的领域和重点发展方向。过去的研究在该领域几乎是空白，因此该领域研究的进展将会引起机器人技术的一场革命，并且对社会进步和人类活动的各个方面产生不可估量的影响。微小型机器人技术的研究主要集中在系统结构、运动方式、控制方法、传感技术、通信技术以及行走技术等方面。

（9）软机器人技术（Soft Robotics）。主要用于医疗、护理、休闲和娱乐场合。传统机器人设计未考虑与人紧密共处，因此其结构材料多为金属或硬性材料，软机器人技术要求其结构、控制方式和所用传感系统在机器人意外地与环境或人碰撞时是安全的，机器人对人是友好的。

（10）仿人和仿生技术。这是机器人技术发展的最高境界，目前仅在某些方面进行一些基础研究。

3.9.4 工业机器人的驱动与控制系统

1. 工业机器人驱动系统

工业机器人驱动按动力源分为液压驱动、气动驱动和电动驱动三种基本驱动类型，根据需要也可采用由这三种基本驱动类型组合成的复合式驱动系统。

工业机器人驱动系统的选用,应根据工业机器人的性能要求、控制功能、运行的功耗、应用环境及作业要求、性能价格比以及其它因素综合加以考虑。在充分考虑各种驱动系统特点基础上,以保证工业机器人性能规范、可行性和可靠性为前提。

电动机驱动方式应用类型一般可分为普通交、直流电动机驱动,步进电动机驱动,直流伺服电动机驱动,交流伺服电动机驱动等。

伺服电动机驱动单元一般由伺服电动机、传感器、减速器和制动器组成,它经输出轴输出力矩和运动,驱动机器人操作机的某一关节运动。随着伺服功率放大器成本的降低,许多新设计的机器人大多选用通用性强、动作灵活得多关节型结构,每一个关节采用一台电动机和一个微处理器进行驱动和控制。

在工业机器人中,直流伺服电动机、交流伺服电动机都采用闭环控制,常用于位置精度和速度要求高的机器人中。步进电动机主要适用于开环控制系统,一般用于位置和速度精度要求不高、价格较低的机器人中。

在功能强、价格低的计算机问世之前,早期的机械手和机器人中,其操作机多采用连杆机构中的导杆、滑块、曲柄,多采用液压(气动)活塞缸(或回转缸)来实现其直线和旋转运动。随着控制技术的发展,对机器人操作机各部分动作要求的不断提高,电动机驱动在机器人中应用日益广泛。目前,只有经济型、重型工业机器人和喷涂机器人中才建议考虑采用液压驱动方式。对轻负荷的搬运,上、下料点位操作的工业机器人则可以考虑采用气动驱动方式。

2. 工业机器人控制系统

(1) 机器人控制系统功能与组成

机器人控制系统是机器人的重要组成部分,用于实现对操作机的控制,以完成特定的工作任务,其基本功能有坐标设置功能、记忆功能、示教功能、与外围设备联系功能、人机接口、传感器接口、位置伺服功能和故障诊断安全保护功能。机器人控制系统组成如图 3.52 所示。

(2) 机器人控制系统分类

机器人按不同的分类方式可分类如下:

1) 按驱动方式分为液压驱动、气动驱动和电动驱动三种控制方式。

2) 按控制方式分为顺序控制系统、程序控制系统、适应控制系统、人工智能系统。

3) 按运动方式分为点位式、轨迹式两类控制系统。

4) 按控制总线分为国际标准总线控制系统和自定义总线控制系统。

5) 按编程方式分为物理设置编程系统、在线编程系统和离线编程系统。

(3) 工业机器人控制系统仿真

机器人仿真是在全部时间内,通过对系统动态数学模型进行二次模型化,得到一个仿真模型,用计算机运算及显示的过程。仿真的具体步骤为:确定实际系统的数学模型;将它转化为能在计算机上运行的仿真模型;编写仿真程序;对仿真模型进行修改、检验。Technomatics 公司的 ROBCAD 软件是一种机器人系统仿真实例,该软件提供很多功能模块。

3. 工业机器人的几种典型控制方法

工业机器人操作机是一个多自由度的、本质上非线性的、同时又是耦合的动力学系统。由于其动力学性能的复杂性,实际控制系统中往往要根据机器人所要完成的作业作出若干假设并简化控制系统。许多工业机器人所要完成的作业基本要求是控制操作机末端根据的位置(含姿态),

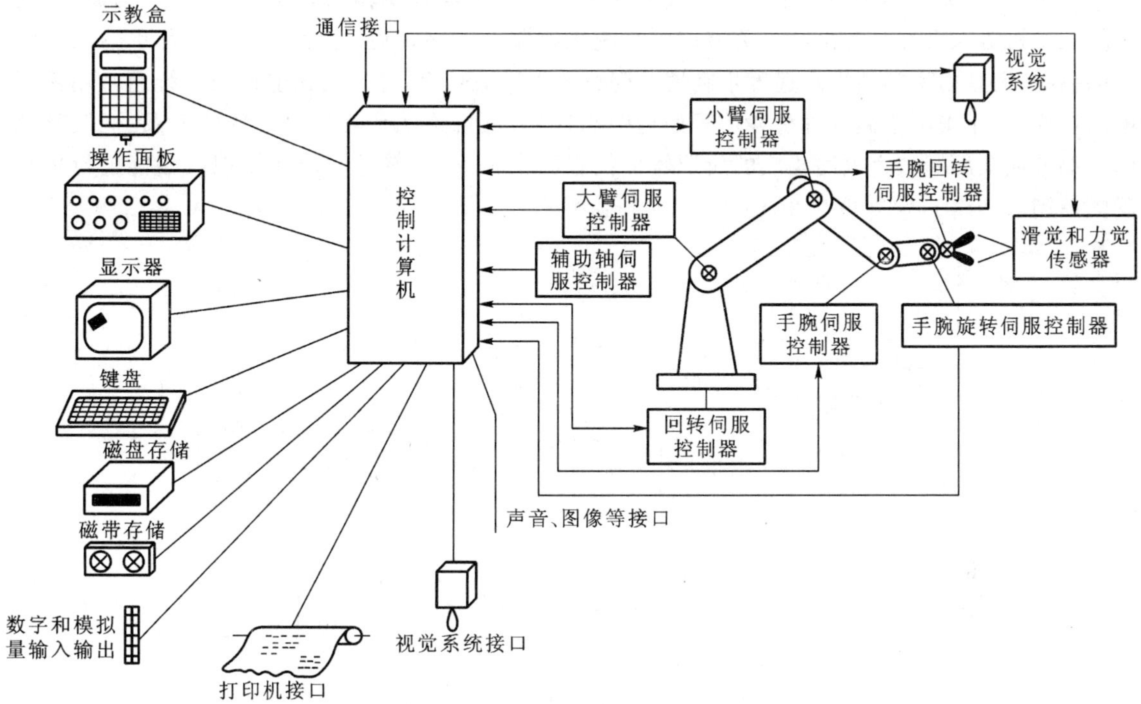

图 3.52 机器人控制系统组成

以实现满足一定速度下的点到点控制（如搬运机器人、点焊机器人）或连续路径控制（如弧焊机器人、喷漆机器人等）。位置控制成为工业机器人最基本的控制任务。只有很少机器人采用步进电动机或开环回路控制的驱动器。为了得到每个关节的期望位置运动，必须设计一种控制算法，算出合适的力矩，再将指令送入驱动器，此时要采用敏感元件进行位置和速度反馈。位置控制需要操作机动力学的精确建模，并且忽略作业中负载的变化。当动力学模型误差过大或负载变化过于显著时，这种基于反馈的控制策略可能会失效，此时需要考虑采用自适应控制方法。对有些作业，当末端执行器与周围环境或作业对象有任何接触时，仅有位置控制是不够的，必须引入力控制器。例如，在装配机器人中，接触力的监视和控制是非常必要的，否则会发生碰撞、挤压，损坏设备和工件。

（1）工业机器人的位置伺服控制

对机器人手臂运动，常关注的是末端的运动，末端运动又是以各关节运动的合成来实现的，所以必须考虑手臂末端的位置、姿态和各关节位移之间的关系。控制装置中，由目标值和对手臂当前运动状态进行反馈构成了伺服系统的输入，但不论怎样的结构，其控制装置的功能都是检测作为反馈信号的各关节的当前位置及速度，最后直接或间接地决定各关节的驱动力（矩）。

图 3.52 所示的控制系统组成中，来自示教、数值数据或传感器的信号等构成了作业指令，控制系统依据这些指令，在目标轨迹生成部分产生伺服系统需要的目标值，伺服系统构成方法因目标值选取方法而异，大体上可分为关节伺服和作业坐标伺服两种。

对于关节伺服控制，以大多数非直角机器人如关节机器人为例，如图 3.53 所示关节机器人的一个运动轴的控制回路框图，机器人每个关节都具有相似的控制回路，每个关节可以独立构成伺服系统,这种关节伺服系统把每一个关节作为单纯的单输入单输出系统来处理,结构简单,现在的工业机器人大部分都由这种关节伺服系统来控制。严格来说,每个关节都不是单输入单输出的系统,而且由于惯性项和速度项在关节间存在着动态耦合。过去,这些伺服系统通常用模拟电路构成,近年来由于微处理机和信号处理等高性能、低价格的计算机用器件的普及,伺服系统的一部分或全部用数字电路构成的所谓软件伺服已很普遍了,软件伺服比模拟电路能进行更精确的控制。

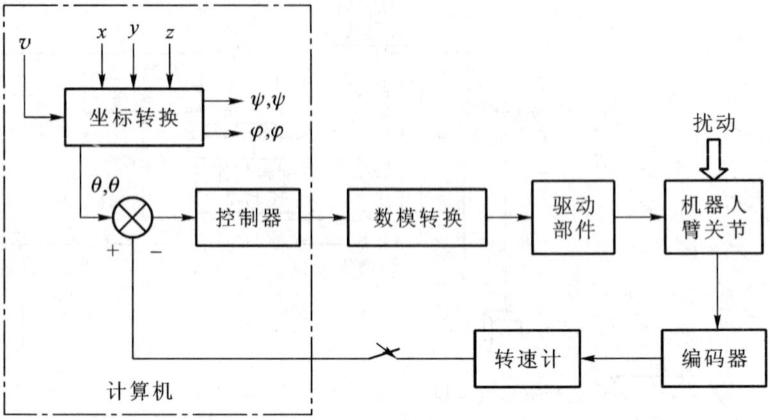

图 3.53 关节机器人控制回路框图

尽管工业机器人经常采用关节软件伺服控制的方法,且取样时间较短,但在自由空间内对手臂进行控制时,很多场合是直接给定手臂末端位置姿态的运动,如把手臂从某点沿直线运动至另一点情况,此时取表示末端位置姿态的目标值作为手臂运动的目标值,末端位置姿态向量是用固定于空间内的某一作业坐标系来描述的,以为目标值的伺服系统即称为作业坐标伺服。

(2) 工业机器人的自适应控制

自适应控制的研究方法是由 Dubowsky 等最早于 1979 年应用于机器人的,至 1986 年前后,在机器人的研究领域中形成了模型参考自适应控制(MRAC)和自校正适应控制两种流派。

模型参考自适应控制系统组成如图 3.54 所示,该系统中控制器的作用是使得系统的输出响应趋近于某指定的参考模型,且必须设计相应的参数调节机构。Dubowsky 等在这个参考系统中采用二维弱衰减模型,然后采用最佳下降法调整局部 PD 伺服的可变增益,使实际系统的输出和参考模型的输出之差为最小。需指出是,他们的 MRAC 从本质上忽略了实际机器人系统的非线性项和耦合型,对单自由度的单输入输出系统进行设计,该方法也不能保证用于实际系统时调整律的稳定性。

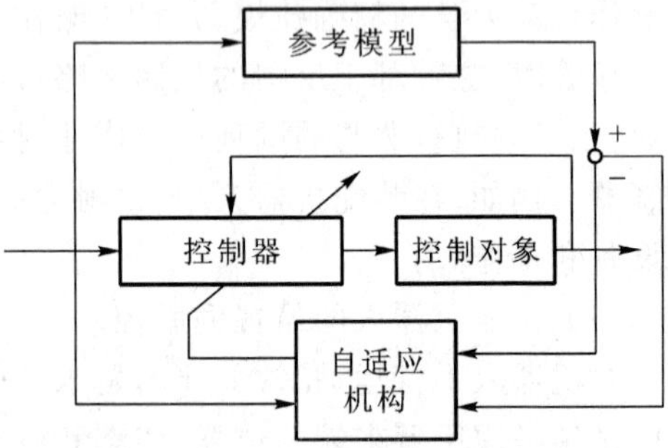

图 3.54 模型参考自适应控制系统

在自适应控制方法中,除 MRAC 之外,还有自校正方法,它由表现机器人动力学离散时间模型各参数的估计机构及用其结果来决定控制器增益或控制输入的部分组成。Koivo 和 Guv 采用了输入输出数与机器人自由度相同的 ARMA 模型,把自校正适应控制法用于机器人。

(3) 工业机器人的力控制

刚性臂是由几个刚性杆件组成的机构，以杆件从基座开始串连接的开式链类型为例，如图 3.55 所示，不受约束的 n 个约束。这种情况下，开式链的 n 个杆件系统就具有 n 个运动自由度，刚性臂的力控制问题是通过改变关节的力或转矩来控制杆件系统的 n 个自由度的运动和作用于外界的力或力矩的问题。

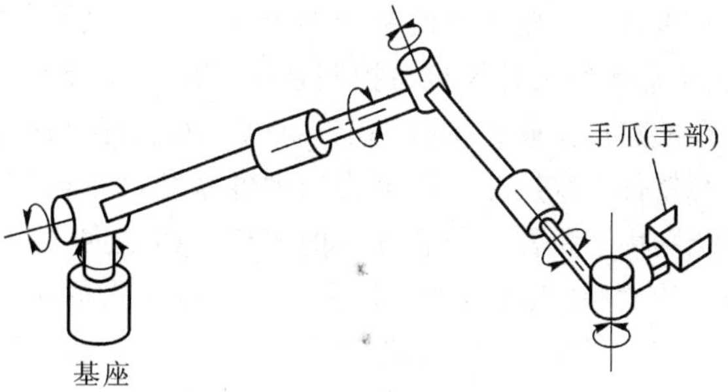

图 3.55 机器人手臂

设刚性臂具有 n 个自由度，则关节力（力或力矩均用"力"代表）的值域占有 R（各轴具有实数基数的 n 维空间）空间。用于控制的关节力，以其空间内的时间轨迹表示。基本上所有的力控制方法都是独立地控制 n 个自由度，即是进行独立于其它自由度的单自由度的力控制。其中，最简单的控制方法是对每个关节独立进行控制。但是这样，会使很多作业难以处理，因此多数情况下采用引入适合于描述作业动作的变量，而在该系统中仍然是独立控制各自由度。直角坐标系中末端杆件（手）的位置姿态分量就是这种变量的典型例子。

关于力控制提出了很多种方法，其各自的控制中关于运动控制的概念却不一样。位置和力混合控制、刚性控制、柔顺控制、阻抗控制等四种控制方式的特性见表 3.3。

表 3.3 各种力控制方式的特性

控制 \ 内容	力和位置的混合方式	基本的操作量	力反馈	动态（加速力等的）补偿	使用情况
混合控制	作业空间的各自由度均将位置和力控制分开	关节力	要有末端近处的力反馈	没有，可以附加	多数为仅仅用纯粹的位置和力的控制所不能完成的作用
刚性控制	基本将弹簧特性和阻尼特性分开。实现位置控制时，弹簧特性增大，实现大控制时，弹簧特性变小	关节力	利用关节力的正确控制，可省略力反馈	基本上没有，可以利用加速度反馈	能构成稳定系统，惯性补偿的稳定度较低
柔顺控制	将弹簧特性、阻尼特性和惯性分开	关节速度/位置	末端近处的力反馈	没有，利用关节控制系统偏差产生驱动力的方式	系统构成容易，具有良好的柔顺性，但对坚硬物体接触动作稳定性低
阻抗控制	将弹簧特性、阻尼特性、惯性特性分开	关节力	末端近处的力反馈	有力检测、力控制、惯性补偿和惯性设定	若 $M=M_j$，等价于刚性控制 $M \ll M_j$，稳定度低

4. 机器人软件

机器人正常工作的基础由硬件系统和软件系统组成。其中,硬件系统包括机械系统、传感系统、驱动系统及计算机与控制系统。软件系统则是所有控制程序的统称。机器人的精度与执行工作的速度由硬件系统决定,而机器人执行何种操作、操作控制的方便性及具有的功能则由机器人的软件系统决定。机器人的硬件系统已趋向于模块化和简单化,而且逐步定型。机器人软件系统则由于机器人执行任务的多样化而趋向于复杂化。随着机器人技术的发展,特别是智能机器人的发展,机器人的软件在整个系统中占的比例将愈来愈大。

(1) 机器人软件的作用和构成

机器人的基本工作原理如图3.56所示。很明显,硬件系统是工作的执行者,而软件系统是机器人工作的指挥核心。软件系统可分为系统软件和应用软件。系统软件是由机器人制造厂商提供,相当于机器的操作系统,提供了各种控制机器人动作的手段和指令系统。应用软件是由用户编制的,它是机器人完成具体任务的程序。机器人的系统软件的主要功能有提供人与机器人对话的手段、提供控制机器人的指令系统与编程环境、监控和管理机器人完成任务的过程和实时监控机器人的各关节运动。

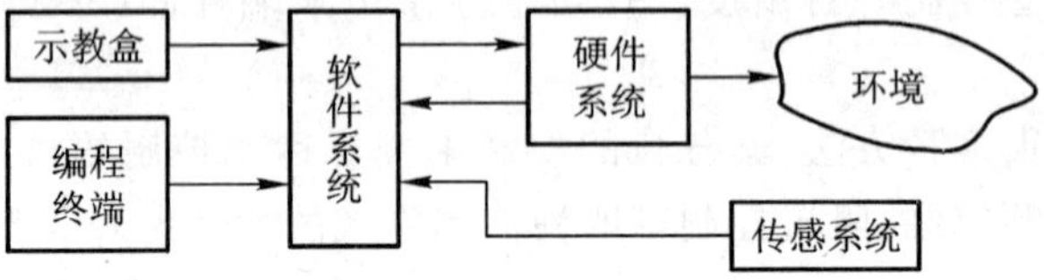

图3.56 机器人的基本工作原理

(2) 系统软件及结构

按系统软件功能的不同,机器人系统软件可用分级的方法概括,如图3.57所示。机器人具有的不同软件级别,是区别机器人先进性的重要标志。

系统的第一级即实时监控软件。任何机器人至少都具有这一级的软件,其主要任务是将期望的关节运动转化成各关节的驱动力和驱动力矩,并监视此运动的完成。系统的第二级是点位运动控制软件,这是目前市场上多数机器人均具有的,它只能控制点到点的运动。系统的第三级是运动的控制软件。这一级的主要任务是进行任务和轨迹的规划,它保证任务执行过程在比较优化的基础上进行,指令较全。系统的第四级是结构化编程支持级,实质上是一个编译系统,它使得机器人的运动控制编程可以脱离机器人,进行离线的调试与仿真。系统的第五级,目前大多数机器人都不具备,是软件的最高层次,主要用人工智能的手段来解决。

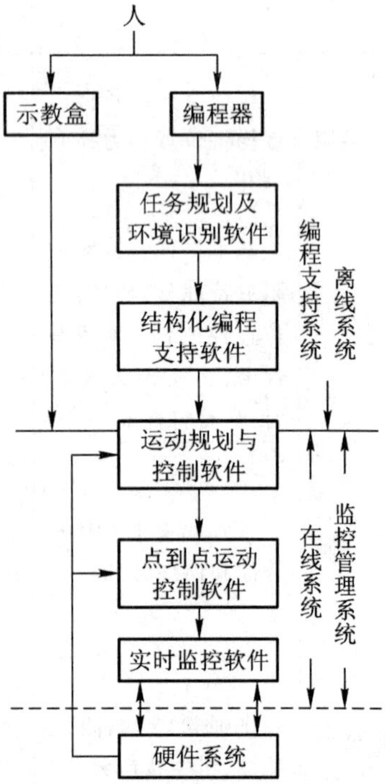

图3.57 机器人系统软件的分级结构

(3) 机器人的编程语言

机器人的编程语言是机器人系统软件的重要组成部分,其发展与机器人技术的发展是同步的,与系统软件的分级结构相对应。机器人语言有四种主要类型,从低级到高级分别是面向点位控制的机器人语言、面向运动的机器人语言、结构化编程语言、面向任务的机器人语言。每个机器人的语言大多可以归于上述一类中。另外一种语言则是对任何机器人都适用的,那就是实时监控语言,但这种语言的使用需要很高的技巧及对系统硬件详尽的了解。一般用户不必使用,只有研究人员才应用此软件。目前,各种机器人语言纷繁复杂,机器人语言标准化的要求日益迫切。

5. 机器人智能技术

(1) 智能机器人概述

从20世纪70年代开始的智能机器人的开发,经过一段暂时的沉寂后,向技术分化与实用化两个方向各自发展。智能机器人系统是由指令解释、环境认识、作业计划、作业方法决定、作业程序生成与实施、知识库等环节及外部各种传感器和接口等组成。

智能机器人分为适应控制机器人和学习控制机器人。适应控制机器人具有适应控制功能,即当环境变化时,控制作用也跟着变化,从而使得机器人能适应环境的变化而完成预定的任务。学习控制机器人则是能对环境的未知特征所固有的信息进行学习,并将学习得到的信息用来进行控制的功能。

近年来,已研制出一批具有一定感知能力的机器人以及少数具有环境进行"对话"能力的交互式机器人。在机器人视觉方面,已具有接近人眼的部分能力,能够从不同的陈列物中挑选出有关形状、尺寸、颜色的零件,能够对被识别物体的一小段进行高分辨率的或展宽的观测。具有视觉、触觉和力觉的机器人已被成功应用于自动操作、自动装配和产品检测,甚至能够进行手表零件的装配和集成电路生产。

对行走机器人的研究取得一些成果,这种机器人能够模仿人用两腿走路,具有在凹凸不平的地面上行走和上下台阶的能力。

智能机器人已在自主系统和柔性加工系统中得到日益广泛的应用。自主机器人能够设定自己的目标,规划并执行自己的动作,使自己不断适应环境的变化。

(2) 机器人的计算机视觉系统

机器人的工作要能适应环境的变化,必须能够识别自身所处的环境。在这方面,视觉认知能力尤为重要,这也是智能机器人的关键技术。机器人视觉赋予机器人以视觉功能,称为计算机视觉或机器视觉。

由机器来感觉环境并执行要完成的任务,具有明显的优越性,并获得多方面的应用。例如在空间探索、医用X射线自动识别、地球资源遥感监视和各种军事应用等。在工业中,机器人视觉可用于零件的识别、分类、装配、检测、分级、焊缝跟踪以及加工有害材料等。

机器人视觉系统的组成取决于机器人的具体应用领域,一个比较完整的机器人视觉系统分为五个子系统:照明和光学系统、图像输入、图像处理、图像输出以及图像存储系统。

1) 照明和光学系统　在照明光源、照明方法、透镜、滤光镜等方面有多种类型可以使用。照明光源可以用钨丝灯、荧光灯、水银灯、激光灯等。照明方法则有透视光照明、发射背景照明、同向照明等。通过这些方法能有效地获得信噪比良好的图像。

2) 图像输入　图像输入是指用视觉传感器输入对象的图像。视觉传感器将光信号变换为电信号。近年来,固态传感器使用日益广泛。视觉传感器输出的电信号,经A/D转换变换为数字图像信号。

3）图像处理　计算机对输入图像进行处理，并按照相应的处理目的，输出其处理结果。为了缩短处理时间，在计算机的前端往往加上专用图像处理器。

4）图像输出与图像存储　开发机器人的视觉应用系统，如果有图像显示装置及存储装置，就便于研究处理中间结果或最终结果。作为计算机的外设，市场上有各类这种装置出售。

思考题与习题

1. 数控机床有哪几种分类方法？从机械结构来说，它由哪几部分组成？
2. 数控机床的控制器一般要完成哪些功能？
3. 数控系统是如何进行插补的？
4. 闭环伺服系统包括哪些环节？各起什么作用？
5. 数控机床的位置检测元件有哪些种类？
6. 加工中心由哪几部分组成？加工中心按主轴在加工时的空间位置不同可以分为哪几类？
7. 数控机床如何实现主轴分段无级变速及控制？
8. 滚珠丝杠螺母副有何特点？其间隙的调整结构形式有哪些？各有什么应用特点？
9. 数控机床有哪些主要的辅助装置？它们对体现数控机床加工的优势有何作用？
10. 数控机床对导轨有哪些要求？常用的导轨有哪几种？各有什么特点？
11. 工业机器人定义、分类及由哪几部分组成的？
12. 工业机器人有哪些关键技术？其控制方法有哪些？
13. 何为虚拟轴机床？
14. 比较虚拟轴机床与传统机床的不同，分析虚拟轴机床的结构特征。
15. 阐述刀具系统的组成及功能。
16. 模块式刀具有什么特点？为什么要刀具预调？
17. 三坐标测量中，存在哪几种坐标系？其含义分别是怎样的？如何转换？

第 4 章　现代制造自动化

4.1　CAD/CAE/CAPP/CAM

4.1.1　计算机辅助设计

1. 计算机辅助设计的基本概念

计算机辅助设计(Computer Aided Design,CAD)是在设计活动中,利用计算机作为工具,帮助工程师进行设计的一切适用技术的总和。其内容包括:概念设计;利用计算机进行产品的造型、装配、工程图绘制以及相关文档的设计;进行产品渲染、动态显示;对产品进行工程分析,如有限元分析、优化设计、可靠性设计、运动学及动力学仿真等。

在工程设计中,一般有两种性质的设计:一种是带有创造性的设计,如方案的构思,工作原理的确定;另一种是非创造性的设计,如绘图、查表、设计计算等。创造性的设计需要发挥人的创造性思维能力,创造出全新的设计方案,这一工作应由人来完成。非创造性的工作是一些繁琐的重复性的计算分析、绘图和信息检索等,工作量一般很大,可以利用计算机来完成。计算机辅助设计系统既发挥了人的创造性,又充分利用了计算机的高速运算能力和强大的记忆功能,找到了人和计算机的最佳结合点。采用计算机辅助设计,与传统设计方法相比,大大提高了设计质量;提高了设计效率,缩短了产品开发周期;较大幅度地降低了生产成本;能够将技术人员从繁重的计算、绘图、修改工作中解放出来,从而可将更多的精力投入到具有创造性的活动中。计算机辅助设计的过程如图 4.1 所示。

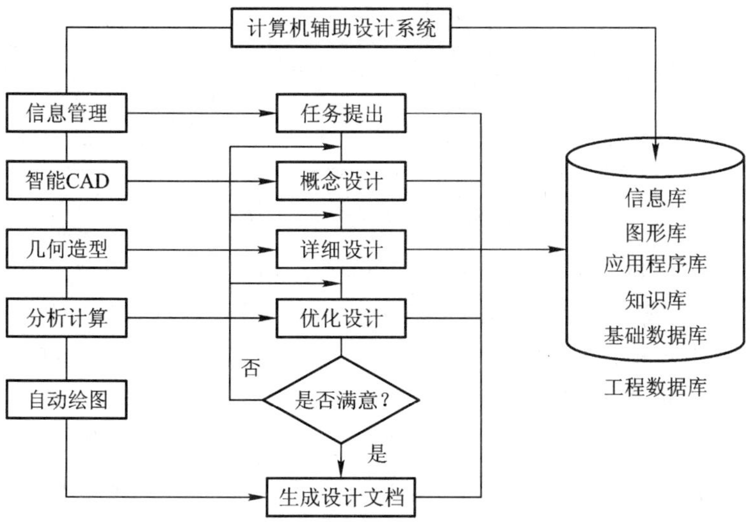

图 4.1　计算机辅助设计过程

CAD 技术产生于 19 世纪 50 年代后期，目前已广泛地应用于工程设计的各个领域。CAD 技术经历了二维平面图形设计、交互式图形设计、三维线框模型设计、三维实体造型设计、自由曲面造型设计、参数化设计、特征造型设计等发展过程。近年来又出现了许多先进技术，如变量化技术、虚拟产品建模技术等。随着信息技术、网络技术的普及，并行设计、集成化、智能化、协同化等成为 CAD 技术新的发展趋势。对于通用的机械产品 CAD 系统来讲，一般应具有几何造型功能、有限元分析和优化设计功能以及工程绘图功能等基本功能。

2. 计算机辅助设计的造型建模技术

将设计者头脑中所想象的在现实世界中存在的设计对象（外部几何模型），利用交互的方式输入计算机，在计算机内以一定的方式存储起来，这一过程称为几何建模。得到的计算机内部几何模型将为各种不同的后续应用提供信息，如由模型产生有限元网格、生成二维工程图、编制数控加工程序、进行碰撞干涉检验等。建模技术是 CAD 系统的核心技术，也是实现 CAE、CAM 等的基本手段。对于 CAD 系统（尤其是机械 CAD 系统）而言，几何模型是 CAD 后续任务的基础。几何造型功能的强弱在很大程度上反映了 CAD 系统功能的强弱。

几何建模主要处理零件的几何信息和拓扑信息。几何信息一般是指物体在欧氏空间中的形状、位置和大小，拓扑信息则是指物体各分量的数目及其相互间的连接关系。一个完整的几何模型，既包括形体各部分的几何形状及空间布置（即几何信息），又包括各部分之间的连接关系（即拓扑结构）。构造几何模型的理论、方法和技术称为几何造型技术。

三维几何建模的方式有线框模型、曲面模型和实体模型，如图 4.2 所示。

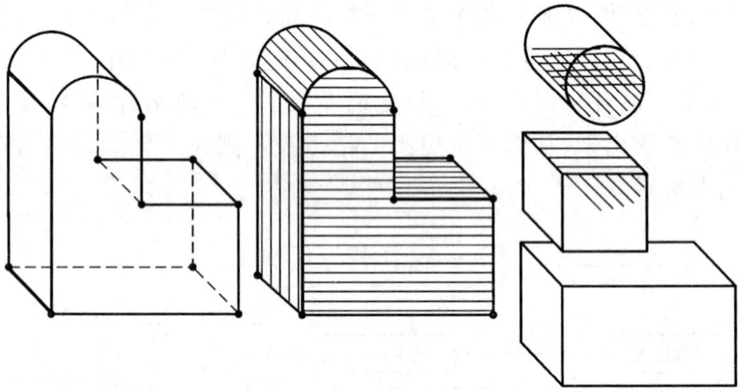

(a) 线框建模　(b) 表面建模　(c) 实体建模

图 4.2　三维几何建模的方式

线框造型是用顶点和边的有限集合来表示和建立物体的计算机模型。用线框建立的物体模型，只有离散的空间线段，没有实在的面。线框模型在计算机内部以边表和点表来表达和存储，实际物体是边表和点表相应的三维映象，计算机可自动实现视图变换和空间尺寸协调。线框模型虽然具有数据结构简单、易实现等优点，但在实际应用中，由于几何意义存在二义性，所有表面仅用几何表示，不能用于加工。

曲面造型技术是在线框模型上覆盖一层薄膜所得。因此，曲面模型可以在线框模型上通过定义曲面来建立。曲面造型技术可以用来对具有复杂的自由曲面和雕塑曲面的形体进行建模。目前较多采用的建模方法有双三次样条曲面、贝赛尔曲面、B 样条曲面和非均匀有理曲面等。由于曲面模型可以精确地定义零件的几何形状，避免了线框模型的二义性，且具有完整的零件表面和边界定义，所以非常适合于自动生成数控加工指令。

但曲面造型方法也不是完美无缺的，它仍存在着诸如不能有效处理不规则区域的曲面、无法定义曲面的厚度及内部几何体等问题。因此，曲面模型不宜用作表示机械零件的一般方法。

实体造型是对物体的几何和拓扑信息的表达，克服了线框模型存在的二义性以及曲面模型容易丢失面信息的缺陷，从而可以自动进行真实感图像的生成和物体间的干涉检查。实体造型生成的形体具有完整的几何信息，是真实而唯一的三维物体，因此产品设计、分析和制造工序所需要的关于物体几何描述方面的数据可从实体模型中取得，如有限元分析、毛坯重量计算、工装夹具干涉检查等。

三维实体建模是目前应用最多的一种技术，它在运动学分析、物理特性计算、装配干涉检验、有限元分析方面都已成为不可缺少的工具。常用的实体建模方法有扫描变换法（Sweep）、几何体素构造法（CSG）、边界表示法（B－rep）、分割表示法（D－rep）等。

在几何建模中，实体模型虽然较好地反映了被设计对象的几何信息和拓扑信息，但缺少产品后续制造过程所需的工艺信息和管理信息，给 CAD/CAPP/CAM 的集成造成了困难，因此又出现了特征建模技术。

特征建模是将产品信息抽象为特征的有机集合，它不仅构造一定拓扑关系组成的几何形状，而且反映特定的工程语义，支持了零件从设计到制造整个生命周期内各种应用所需的几乎全部信息。特征作为一种专业术语，其中包括如形状特征、精度特征、技术特征、材料特征、装配特征等与产品设计和制造活动相关的各类信息。它更适合于 CAD/CAM 的集成和 CIMS 的建模需要。

特征造型具有以下的特点：

（1）特征造型使产品设计工作在更高的层次上进行。设计人员的操作对象不再是原始的线条和体素，而是产品的功能要素，如定位孔、键槽等。特征的引用体现了设计人员的设计意图，使得建立的产品模型容易理解和组织生产，设计图样也易修改，而设计人员也能够将更多的精力用在创造性构思上。

（2）特征造型系统从一开始就基于特征设计。它将公差、表面粗糙度等工艺信息建立在特征模型中，使得 CAPP 和 CAM 可以直接从特征模型中提取所需要的信息，为开发新一代基于统一产品信息模型的 CAD/CAPP/CAM 集成系统创造了条件。

近年来，已有不少商品化的 CAD 软件开始在系统中提供这种特征库和特征造型功能，并且提供用户自己定义特征的开发平台和语言。当然，特征造型技术尚不够完善，还有待于进行更深入的研究和开发。

3. 计算机辅助设计的研究热点及发展趋势

（1）变量化技术

超变量几何（Variational Geometry Extended，VGX）技术是由 SDRC 公司推出的第四代 CAD 核心技术。VGX 提供了三维变量化控制技术，贯穿于二维草图设计、三维零件造型，直到装配体设计全过程；提供变量化草绘、建立变量方程、设计变量特征的能力；直接修改与基于设计历程修改相结合，可随时灵活地修改原约束、建立新约束和删除旧约束，或进行与造型顺序无关的尺寸标注，而不必关心设计顺序。VGX 为用户提供了一种交互操作模型的三维环境，设计人员在零部件上定义关系时，不再关心二维设计信息如何变成三维，从而简化了设计建模的过程。

(2) 计算机支持的协同设计

协同设计是指在 CAD 软件的支持下,各成员围绕一个设计项目,承担相应的设计任务,并行协同地进行设计工作,最终得到符合要求的设计结果的设计方法。

产品设计是典型的群体工作,要求群体成员既有分工、又有合作。传统 CAD 系统只支持分工后各自应完成的具体任务,成员之间的合作不是直接在计算机支持下完成,而是依靠面谈或以其它通信工具进行,导致各设计成员间的协调和沟通困难,产品设计难以一次成功,常常出现多次的反复。

计算机支持的协同设计,便于设计成员间的思想交流,能及时发现各设计组成部分之间的矛盾和冲突,并能及时地加以协调和解决。协同设计有利于避免或减少设计工作的反复,提高产品设计的效率和质量。

要实现计算机支持的产品协同设计必须解决以下几个难题:① 协同设计中的各种冲突的消解。② 网络上进行群体成员间多媒体信息传输。③ 由于设计成员在地域上的分散和所用软硬件资源的各异,必须保证协同设计系统在异构环境下可靠地运行。④ 设计群体中的交互技术等。

协同设计支持多学科专家的共同工作,从而可大大提高工作效率,缩短设计周期,增强产品的市场竞争力。

(3) 并行设计

所谓并行设计(Concurrent Design),就是指在产品开发的设计阶段就综合考虑产品整个生命周期(从概念设计到产品报废)中的所有因素,包括市场需求、制造装配、维护、环境保护等,通过各环节的并行集成,缩短产品的开发时间,降低产品成本,提高产品质量。

并行设计的技术核心是基于分布式并行处理的协同求解,基本特征是信息集成发展为过程集成。信息集成主要是对企业在设计、管理和加工制造过程中需要和产生的大量数据进行统一管理,解决大量的自动化孤岛问题,达到正确、高效的数据交换和共享。过程集成的目的是要达到优化和重组产品的开发过程,以计算机网络技术、产品数据管理(PDM)为支持,建立协同工作环境,实现异地并行设计。

(4) 海量信息的存储、管理和检索技术

CAD 系统一般都有工程数据管理功能和加工信息数据处理的功能。数据管理功能完成对设计过程中需要使用和产生的数据、图形、文档等进行存储和管理工作。随着 CAD 技术应用的深入,所涉及的各种信息越来越多。如何快速、有效地对海量信息进行存储、管理和检索,成为人们关注的焦点。传统的关系型数据库管理系统已难以适应日益增长的数据管理的要求。

(5) 智能 CAD 技术

智能化 CAD 是通过采用专家系统、人工智能等技术,使 CAD 作业过程具有某种程度的智能系统。它能够模拟人类专家的思维方式,模拟领域专家运用知识与经验来解决实际问题的方法与步骤,在设计过程中适时地给出智能化提示,告诉设计人员下一步该做什么,当前设计存在的问题,建议解决问题的途径及方案。

在运用知识化、信息化的基础上,建立基于知识的设计仓库,它能及时准确地向设计人员提供产品开发所需的信息与帮助,可以实现信息共享与交换,解决了产品设计中对知识的需求的问题。此外，一些新的数学方法和理论也相继被引入，如模糊推理，小波分析、分形几何、混沌理论、非线性规划，神经网络、自学习自组织理论等渗透到 CAD 技术，进一步提高了传统 CAD 技术的智能化程度。

(6) 虚拟现实技术

虚拟现实(Virtual Reality,VR)技术是利用计算机生成一种模拟现实环境的技术。CAD 技术与 VR 技术的有机结合，能够快速地显示设计内容，显示设计对象性能特征，以及设计对象与周围环境的关系，用以验证设计的正确性和可行性。如在设计阶段模拟零部件的装配过程，检查所用零部件是否合适和正确，在概念设计阶段，支持人机工程学，检验操作时是否舒适、方便，用于方案的比较和选择。

(7) CAD 系统的集成化

CIMS 应用集成平台是一个在复杂信息环境下支持 CIMS 应用开发、应用集成和系统运行的软件平台，它以商用 PDM 为核心，提供一个协同工作的支持环境，将各种开发工具有机结合起来，从而高效、高质量地完成产品的设计开发任务。

随着企业信息集成与系统集成复杂程度的提高，采用常规的集成方法已难以适应集成的需要，人们开始引进 CIMS 体系结构的基本思想和软件开发集成平台概念，这就意味着不再采用单一的应用软件及其彼此接口独立的开发方法。

PDM 技术是一种面向并行工程，基于网络环境，有效实现 CAD、CAE、CAPP、CAM 等单项技术集成的技术。一个成熟的 PDM 系统能够使所有参与创建、交流、维护设计意图的人们在整个信息生命周期中安全、有序、高效地共享与产品相关的所有异构数据，包括图纸与数字化文档、CAD 文件和产品结构等。PDM 技术的研究及取得的成果将促使 CIMS 技术及并行技术获得进一步的发展。

(8) 标准化技术

由于 CAD 软件产品众多，为实现信息共享，相关软件必须支持异构、跨平台的工作环境。该问题的解决主要依靠 CAD 技术的标准化。国际标准化组织(ISO)制定了“产品数据模型交换标准”(Standard for the Exchange of Product Model Data,STEP)。STEP 采用统一的数字化定义方法，涵盖了产品的整个生命周期，是 CAD 技术最新的国际标准。

目前，主流的 CAD 软件系统都支持 ISO 标准及其它工业标准，面向应用的标准构件及零部件库的标准化也成为 CAD 系统的必备内容，为实现信息共享创造了条件。

4.1.2 计算机辅助工程分析

计算机辅助工程分析是利用计算机系统对零件模型进行工程分析、计算、校核、仿真模拟，以便对产品设计的功能、性能和各种指标的优劣给出评判结果，而取代制作试件进行测试的一种计算机辅助技术。它可以缩短产品开发周期，提高产品的设计质量。

目前，利用这项技术可以进行有限元分析、结构分析和动态特性分析等，其应用范围在迅速扩大。有限元分析是在固体力学的应用研究中发展起来的，并在弹塑性动力学、流体力学、空气动力学、地质力学、生物力学等方面得到广泛的应用，在飞机、汽车和船舶结构等很多领域都有一些比较重要的和比较成熟的应用。因此，这里主要介绍有限元分析法。

1. 有限元分析法

有限元法(Finite Element Method)就是将结构离散化,将研究对象分割成许多有规则的小元素——单元,这些单元以及它们所对应的由数学方程描述的单元自由度被称为结构中的节点,这样的一组节点就叫做有限元网格。有限元网格再针对分析问题的性质附加上一些信息,如零件的材料特性、边界条件、载荷等,就构成了一个有限元模型,这样的模型可以模拟在一定工况条件下的零件状态。在此基础上构造数值方程并利用数值计算的方法求得问题的近似数值解,将数值解算结果以直观的图形方式(后置处理结果)真实地反映在零件的模型上。由于单元的数目是有限的,节点的数目也是有限的,所以称为有限元法。这种方法灵活性很大,只要改变单元的数目,就可以使解的精确度改变,得到与真实情况无限接近的解。

2. 有限元分析法的应用

应用有限元分析一般分为三个步骤:前处理、分析以及后处理。

(1) 前处理

前处理是为以后的数值分析作数据准备。包括选择所采用的单元类型,单元的划分,确定各节点和单元的编号及坐标,确定载荷类型、边界条件、材料性质等。

对结构进行分析计算时,依据分析对象的不同,采用的单元类型也不同,常见的有以下几种单元:① 杆、梁单元。这是最简单的一维单元,单元内任意点的变形和应力由沿轴线的坐标确定。② 板单元。这类单元内任意点的变形和应力由 x、y 两个坐标确定,是应用最广泛的基本单元,有三角形单元和矩形板单元。③ 多面体单元。它可分为四面体和六面体单元。④ 薄壳单元。这是由曲面组成的壳单元。图 4.3 所示为一有限元模型和各种常用单元类型。

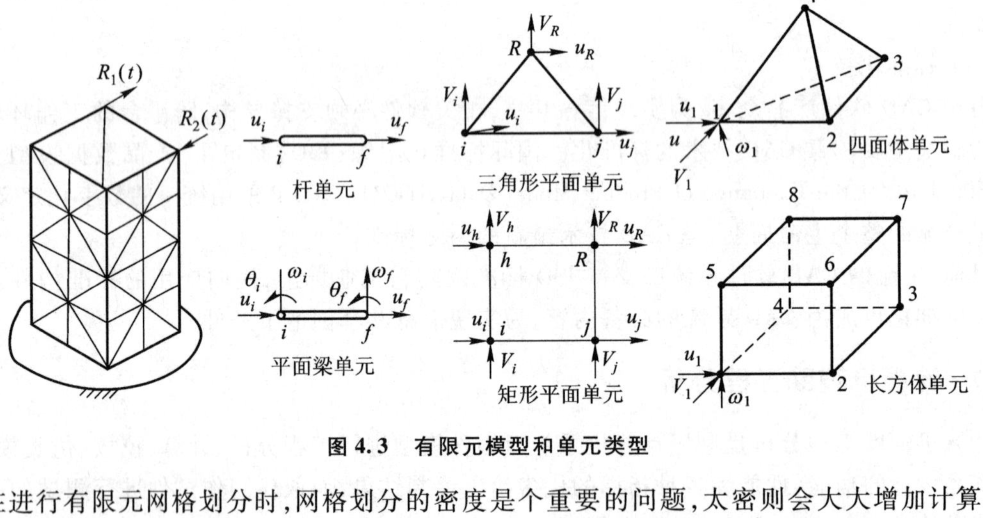

图 4.3　有限元模型和单元类型

在进行有限元网格划分时,网格划分的密度是个重要的问题,太密则会大大增加计算时间,但计算精度却不会成比例地增加。因此,存在一个最佳网格密度问题,这个问题往往需要多年工作经验的积累。

(2) 分析

根据前处理生成的网格模型及附加条件,构造数值方程后解算出数值解。

(3) 后处理

将数值解与零件的几何模型联系在一起，以彩色等值线或零件变形图把数值形象地表示出来。

针对上面所说的有限元分析的各个阶段，现在的商品化有限元程序一般分为三个部分，即前处理部分、分析部分和后处理部分。它们通过交互式计算机图形集成到 CAD/CAM 系统。各部分的特点为：

前处理部分都设有与 CAD/CAM 程序包（如 AutoCAD，Pro/E 等）的接口，可以直接读取这些程序产生的几何模型，并允许用户快速生成所希望的单元网格模型，自动进行网格划分，自动输入结点信息和单元信息，并核实用户所确定的网格。

在分析部分，现在商品化有限元程序一般具有静力分析、动力分析、线性分析、非线性分析、塑性分析，以及对断裂力学、热应力与蠕变、结构稳定性、振动、疲劳、热传导、流体力学、电磁场等的分析及优化设计等功能。

在后处理部分，为了提供用户解释有限元分析结果的能力，出现了很多用图形提取和绘出结果的方法，如位移后形状、等值图、矢量显示图、动画图、结果的临界显示、设计规范的自动校核、结果报告的自动生成等，并可通过色彩来增强显示效果。

目前，比较流行的商品化有限元程序有 ADINA/ADINAT、ANSYS、NASTRAN/NASA、COSMOS/M 等。

4.1.3 计算机辅助工艺规程设计

长期以来，工艺规程是由工艺人员凭经验设计的，设计质量因人而异，在很大程度上取决于工艺人员的水平和主观性，很难做到最优化和标准化。计算机辅助工艺规程设计（Computer Aided Process Planning，CAPP）从根本上改变了上述状况，它不仅可以提高工艺规程的设计质量，而且还以脑力劳动的自动化使工艺人员从繁琐重复的工作中摆脱出来。

CAPP 就是通过向计算机输入被加工零件的原始数据、加工条件和加工要求，由计算机自动地进行编码、编程、绘图，直至最后输出经过优化的工艺规程卡片。采用 CAPP 不仅克服了传统工艺设计的各项缺点，适应当前日趋自动化的现代制造环节的需要，而且为实现计算机集成制造提供了必要的技术基础。

对 CAPP 的研究始于 20 世纪 60 年代中期，1969 年挪威发表的第一个 CAPP 系统 AUTOPROS，是根据成组技术原理，利用零件的相似性去检索和修改标准工艺过程的形式形成相应零件的工艺规程。AUTOPROS 系统的出现，引起世界各国的普遍重视。接着于 1976 年美国的 CAM－I 公司也研制出自己的 CAPP 系统。这是一种可在微机上运行的结构简单的小型程序系统，其工作原理也是基于成组技术原理。该系统的流程框图如图 4.4 所示。目前已研制出很多 CAPP 系统，而且有不少 CAPP 系统已投入生产实践使用。在已应用的系统中，针对回转类零件的 CAPP 应用比较成熟，而且多应用于单件小批量生产类型。国内则于 20 世纪 80 年代初开始这项研究，已开发出不少 CAPP 系统，有的 CAPP 系统在实践中的应用已取得了良好效果。

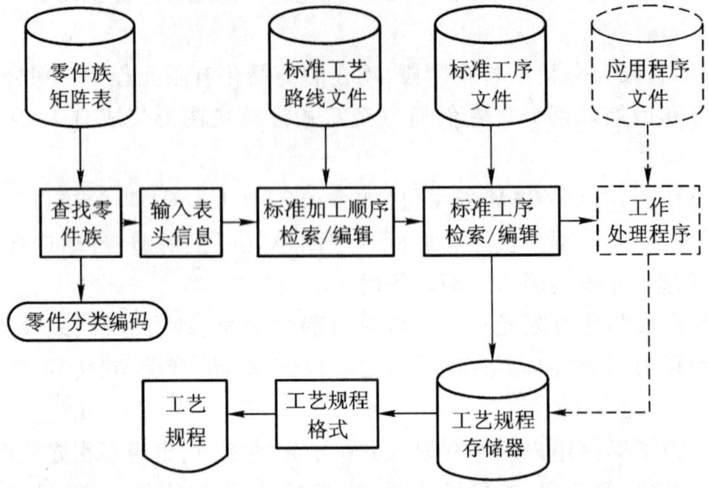

图4.4　CAPP系统流程框图

1. CAPP系统的功能与结构

CAPP系统一般应具有以下功能:① 选择加工方法。② 安排加工路线。③ 选择机床、刀具、量具、夹具等。④ 选择装夹方式和装夹表面。⑤ 优化选择切削用量。⑥ 计算加工时间和加工费用。⑦ 确定工序尺寸和公差及选择毛坯。⑧ 绘制工序图及编写工序卡等。

CAPP系统的基本结构主要包括零件信息的输入、工艺决策、工艺数据与知识库、人机界面以及工艺文件管理等几部分。

零件信息是CAPP系统进行工艺规程设计的依据。计算机目前还不能像人一样识别零件图样上的所有信息,所以在计算机内部必须有一个专门的数据结构来对零件信息进行描述,如何描述和输入零件信息是CAPP最关键的问题之一。

工艺决策是CAPP系统的核心,它的作用是以零件信息为依据,按预先规定的顺序或逻辑,调用有关工艺数据或规则,进行必要的比较、计算和决策,生成零件的工艺规程。

工艺数据与知识库是系统的支撑工具,它包含了工艺设计所要求的所有工艺数据(如加工方法、切削用量、机床、刀具、夹具、量具、辅具以及材料、工时、成本核算等多方面的信息)和规则(包括工艺决策逻辑、工艺经验等,如加工方法的选择、加工顺序的安排等)。如何表示工艺数据和知识,如何使知识库便于扩充和维护,使之适用于各种不同的企业和产品,是CAPP系统需要迫切解决的问题。

人机界面是用户的工作平台,包括系统菜单、工艺设计的界面、工艺数据与知识的输入和管理界面以及工艺文件的显示、编辑、打印输出等。

一个CAPP系统可能有很多工艺文件,如何管理和维护这些文件也是CAPP系统的重要内容之一。

有的CAPP系统还具有计算刀具轨迹、自动进行NC编程和进行加工过程模拟的功能,但实际上这些功能应归于CAM的范畴。

2. CAPP系统的设计方法

(1) 派生式CAPP(又称变异式)

它是建立在成组技术基础上的 CAPP 系统。即利用零件的工艺相似性,通过检索和修改标准工艺(典型工艺)规程来制定相应的工艺规程,所以也称之为检索式或变异式 CAPP 系统。

建立这类系统时,要对现有零件按相似性原则进行分组,形成零件族,建立零件族特征矩阵,并为每个零件族制定标准(典型)工艺和相应的检索方法与逻辑,这些信息数据均预先存入计算机数据库中。当为某一个零件进行工艺规程设计时,就运行该 CAPP 程序。首先输入零件的几何与工艺特征信息,计算机通过对零件族特征矩阵的检索,查明此零件所属零件族,调出相应的标准(典型)工艺规程;然后根据具体的加工要求,对标准(典型)工艺进行选择、删除和编辑,获得具体零件的工艺规程。

当一个企业生产的大多数零件相似程度较高,划分成的零件族数较少,而每个族中包括的零件种类很多时,该方式有明显的优点。派生式 CAPP 系统具有结构简单,系统容易建立,便于维护和使用,系统性能可靠、成熟等优点,所以应用比较广泛。目前,大多数实用型 CAPP 系统都属于这种类型。派生式 CAPP 是基于成组技术原理的,其主要功能如图 4.5 所示。

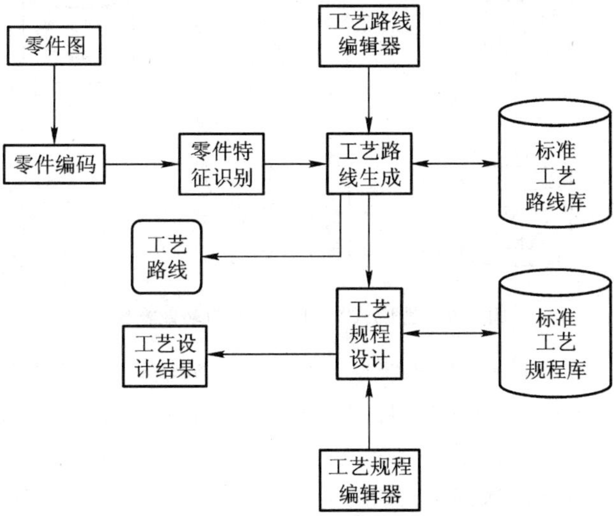

图 4.5 派生式 CAPP 系统的功能框图

1）零件编码　零件编码是将零件图上的信息代码化,使计算机易于识别和处理。为此,必须建立一套合适的零件分类编码系统,如常用的 Opitz、JLBM－1 分类编码系统等。零件编码分为手工编码和计算机辅助编码两种。手工编码是由编码人员根据编码规则,对照零件图用手工方式编出各码位的代码。这种方式的效率低,劳动强度大,一致性差,容易出错。计算机辅助编码采用人机对话的方式,由计算机提问,操作人员回答,对编码系统的理解和判断是由计算机软件自动完成的。这种系统明显优于人工编码。

2）零件特征识别　零件特征识别是将输入零件的代码与存在计算机中的零件组特征代码矩阵相比较,确定零件所属的零件族,以便检索出标准工艺。

3）工艺规程编辑　具有方便地删除、添加、修改标准工艺规程的编辑功能,包括修改加工工艺路线(加工方法、加工路线)和工序内容(机床、刀具、夹具、量具、切削参数、加工尺寸和公差)以及加工时间和加工费用的重新计算。为此,系统应有一个大型数据库存放大量的切削数据。

(2) 创成式 CAPP

这种工艺规程设计系统与派生式 CAPP 系统不同,它不存有标准工艺规程,但是有一个收集有大量工艺数据的数据库和一个存储工艺决策规则的知识库。当输入零件的图形及其加工要求等信息后,系统调用有关工艺决策规则,在没有人工干预的条件下自动生成该零件的工艺规程,计算工序尺寸、加工余量、切削用量、时间定额等,并实现工艺过程的优化。

创成式 CAPP 系统基本上排除了人的干预,保证了工艺规程的客观性和科学性,从理论上讲是一种比较理想的方法。但是这类系统十分庞大复杂,软件开发工作量大、费用高。在创成式 CAPP 系统中,由计算机模仿工艺人员的逻辑思维能力,以人机交互的方式或自动地进行各种决策和计算。创成式 CAPP 系统的功能如图 4.6 所示。

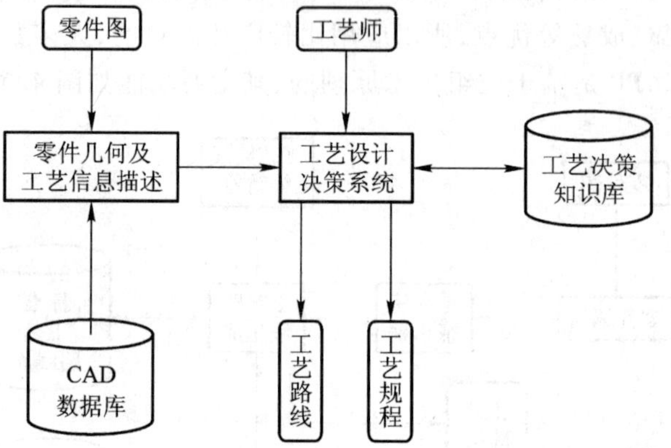

图 4.6 创成式 CAPP 系统的功能框图

1) 零件信息描述 创成式 CAPP 系统中零件的描述方法很多,最常用的有以下三种:

① 型面描述法。这种描述方法将零件视为由若干种基本型面按一定规律组合而成,而每种型面都可用一组特征参数来确定,型面种类及它的特征参数及型面间的关系可用代码表示。例如,外圆柱面可以用直径和长度来确定,其描述为 CYLE/D,L1。另外,每种型面对应着一组加工方法,可根据其精度和表面质量要求来确定。型面可以有三种:圆柱面、圆锥面及平面等基本型面;螺纹、花键、沟槽、齿形面等复合型面;退刀槽、边缘、台阶面、均布螺钉孔等型面域。

② 体素描述法。体素是零件上可分解的最基本的三维几何体,如圆锥体、圆柱体、六面体、圆环体及球体等。体素描述法把零件看成是由若干种基本几何体按一定位置关系组合而成的。体素描述法往往更易于为工艺人员采用,因为它更符合工艺人员的习惯。但由于体素的加工最后都落实在它们的表面形成上,所以型面描述法本质上更合适些。

③ 从 CAD 数据库获取零件信息。这种方法是利用中间接口或其它的传输手段,将零件的设计信息直接由 CAD 数据库传给 CAPP 系统,用以进行工艺规程设计。采用这种方法可以省去工艺设计前对零件的二次描述,并可获得完整的零件信息,实现 CAD/CAPP/CAM 的集成,它是 CAPP 零件信息获取的最佳方法。

2) 工艺决策逻辑 在创成式工艺设计系统中,决策逻辑是软件的核心,它引导程序的走向。创成式 CAPP 系统就是决策逻辑的应用,它将工艺知识用决策表或决策树的形式来表示。图 4.7 是选择加工方法的决策树举例,图中 E 表示决策条件,可以是一个或一组表达式,A 表示得出的决策行动，如 E1 表示表面是孔，A1 表示应采用坐标镗工序。由决策树很容易写出程序的流程框图。

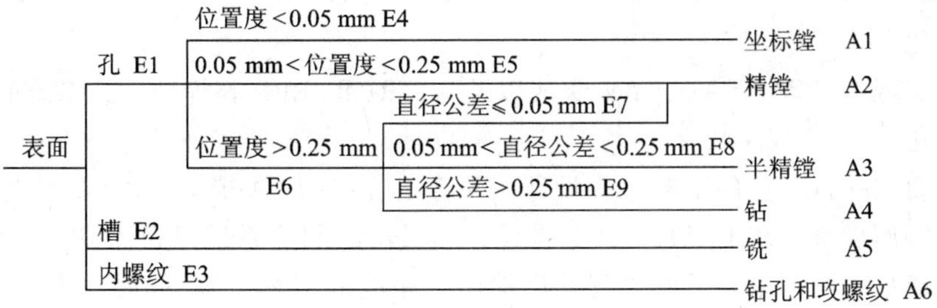

图 4.7 加工规则决策树

(3) 综合式 CAPP(又称半创成式)

这种工艺规程设计系统是在派生式 CAPP 的基础上，增加若干创成功能而形成的。工艺设计时，当零件不能归入系统已存在的零件族时，则转向创成式工艺规程设计，或在工艺编辑时引入创成式的决策逻辑原理。这种 CAPP 方式将派生式与创成式结合起来(如工序设计用派生式，工步设计用创成式)，具有这两类系统的优点，克服了它们的部分缺点，所以应用十分广泛。

(4) 智能式 CAPP

它是将人工智能技术应用在 CAPP 系统中形成的 CAPP 专家系统。它与创成式 CAPP 系统的不同点在于：创成式 CAPP 采用逻辑算术规则进行决策，其决策过程程序化，而智能式 CAPP 则有相互独立的推理机和知识库，由推理机的控制策略控制逻辑决策过程，并善于解决工艺设计中经验性强、模糊和不确定性的问题。它是 CAPP 的发展方向，也是当今国内外研究的热点之一。

在利用决策表和决策树的 CAPP 系统中，工艺知识和决策逻辑都用程序设计语言编制在软件程序中，系统程序一旦编制、调试完毕，其功能就确定下来，很不容易修改。当生产环境变化时，就缺乏足够的柔性适应这些变化。此外，现有的创成式 CAPP 系统缺乏总结经验、发现问题的自学习能力。由于这些缺陷，促使人们将人工智能、专家系统的原理应用于 CAPP 系统，开发出柔性高，具有自学习功能，能够真正模拟人类专家进行工艺设计的智能式 CAPP 系统。一个工艺设计专家系统的基本组成如图 4.8 所示。

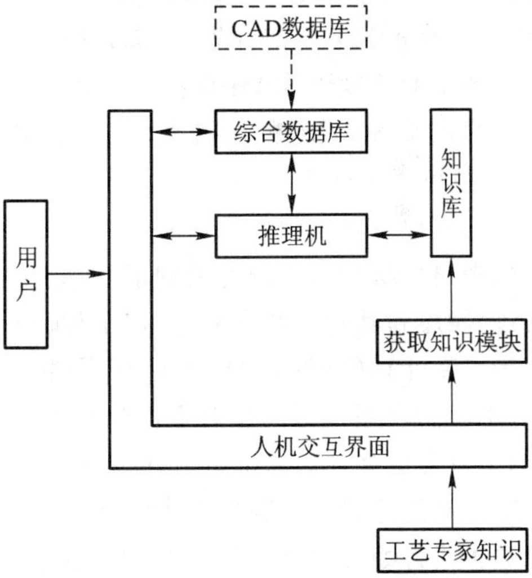

图 4.8 CAPP 工艺设计专家系统的基本组成

3. CAPP 的发展趋势

CAPP 技术仍在发展之中，发展的主要趋势是柔性化、集成化、并行化、智能化。

(1) 柔性化

到目前为止，国内外开发的 CAPP 系统都是针对某一具体生产环境专门设计的，因此需要提高 CAPP 系统的柔性。在目前技术条件下，开发完全通用的 CAPP 系统几乎不可能，提高柔性的办法是建立商品化的 CAPP 开发平台,并提供众多实用性的二次开发工具,用户在购得开发平台后,只需经过不十分复杂的标准化的二次开发,即可得到符合用户具体情况的、满足用户使用要求的 CAPP 系统。

(2) 集成化

集成化即实现 CAPP 与 CAD、CAM 集成以及与 MRPⅡ/ERP 等管理信息系统的集成。

(3) 并行化

并行化即面向并行工程的工艺过程设计。并行工程中的 CAPP 在 PDM 集成框架的基础上,利用过程管理协调模型实现 CAPP 与产品设计、工装设计、制造系统以及 CAPP 系统内部的信息交换。根据制造系统的约束和下游过程的反馈产生相应的工艺方案,同时对产品设计的结构工艺性、制造资源能力和技术经济指标进行评价和分析,将其结果反馈给产品设计系统。使工艺设计从原来的设计制造的单向信息通道变为双向信息桥梁,以便及早修正设计中存在的工艺问题,使设计满足可制造性的要求。

(4) 智能化

智能化即应用人工智能解决关键工艺问题,并形成智能化的工艺过程设计系统。

4.1.4 计算机辅助制造

1. 概述

计算机辅助制造(Computer Aided Manufacturing,CAM)一般是指计算机在产品制造方面的有关应用。从广义的角度讲,CAM 指利用计算机辅助从毛坯到产品制造过程中的直接和间接的活动,包括计算机辅助生产计划、计算机辅助工艺设计、计算机数控编程、计算机控制加工过程等内容。从狭义的角度讲,CAM 仅指数控程序的编制,包括刀具路径的确定、刀位文件的生成、刀具轨迹仿真以及 NC 代码的生成等。下面从狭义的角度介绍计算机辅助 NC 编程。

2. 数控语言编程

(1) 数控语言编程的原理

数控语言编程是先用专用的语言和符号来描述零件图样上的几何形状及刀具相对零件运动的轨迹、顺序和其它工艺参数等,这个程序称为零件的源程序。零件源程序编好后,输入给计算机。为了使计算机能够识别和处理零件源程序,事先应安装与数控语言相应的“数控程序系统”。数控程序系统分两步对零件源程序进行处理。第一步是计算刀具中心相对于零件运动的轨迹,生成刀位文件。这部分处理不涉及具体数控机床的指令格式和辅助功能,因此具有通用性。第二步是针对具体数控机床的功能生成数控程序,称为后置处理。后置处理程序不是通用的。数控语言编程的过程如图 4.9 所示。

(2) APT 数控编程语言简介

APT(Automatically Programmed Tools)是 20 世纪 50 年代中期由美国麻省理工学院研究开发的数控自动编程系统。目前使用的 APT 系统有 APTⅡ、APTⅢ、APTⅣ。由于 APT 系统语言词汇丰富,定义的几何类型多,并配有多种后置处理程序,通用性好,因此在世界范围内得到广泛应用。我国机械工业部 1982 年发布的数控机床自动编程语言标准(JB 3112—1982)采用了 APT 的词汇语法,1985 年国际标准化组织 ISO 公布的数控机床自动编程语言(ISO 4342—1985)也是以 APT 语言为基础的。

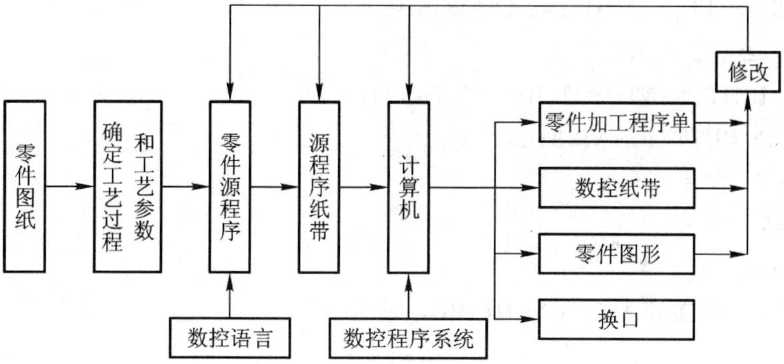

图 4.9 数控语言编程的过程

APT 语言的源程序是由语句组成的,共有四种类型的语句。而语句则是由词汇、数值、标识符号等按一定语法规则组成的。

1) 几何定义语句　几何定义语句用来定义零件的几何要素,一般形式为:

<标识符> = <几何元素专用词>/参数;

例如:

语句 C1 = CIRCLE/20,80,12.5;

其中,C1 是为几何元素定义的名字,CIRCLE 为几何元素类型(圆),20,80,12.5 分别表示圆心的坐标值和半径值。

2) 刀具运动语句　刀具运动语句是用来模拟加工过程中刀具运动的轨迹。在 APT 中用三个表面来定义刀具的位置和运动轨迹。这三个表面是零件面(PS)、导向面(DS)和检查面(CS),如图 4.10 所示。其中,零件面是刀具运动过程中形成的表面;导向面用来定义刀具和零件面之间的位置关系;检查面用来确定每次走刀运动的刀具终止位置。例如,TLONPS 和 TLOFPS 分别表示刀具中心正好位于零件面上和不位于零件面上,TLLFT 表示刀具在导向面的左面。

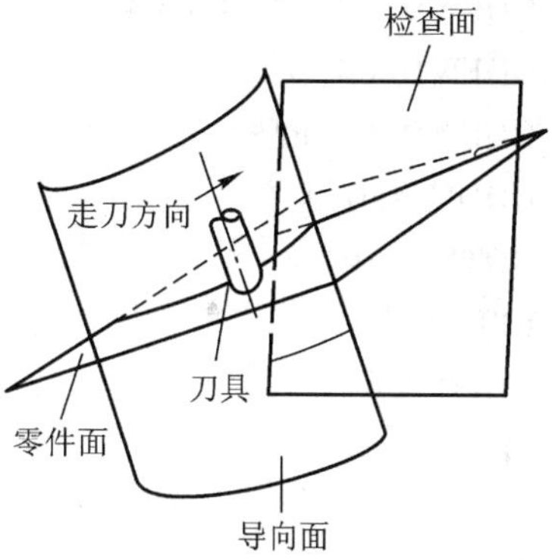

图 4.10 定义刀具空间位置的控制面

3) 工艺数据语句　工艺数据语句用来描述工艺数据和一些控制功能。例如,"SPINDL/n,CLW"表示主轴的转速(n)和转动方向(CLW),"CUTTER/d,r"表示铣刀直径和刀尖圆弧半径等。

4) 初始语句和终止语句　初始语句也称程序名称语句,由 PARTNO 和名称组成;终止语句表示零件程序的终了,用 FINI 表示。

用 APT 数控编程语言编写如图 4.11 所示零件的外轮廓铣削的数控源程序及解释如下。

```
PARTNO/ADAPT EXAMPLE                                        1
$ $ PART GEOMETRY DEFINITIONS                               2
C1 = CIRCLE/10,60,12.5                                      3
C2 = CIRCLE/40,-20,14.5                                     4
C4 = CIRCLE/0,0,25                                          5
C3 = CIRCLE/TANTO,OUT,C4,OUT,C2,YSMALL,RADIUS,12.5          6
```

```
L1 = LINE/XSMALL, TANTO, C4, ATANGL, 90
L2 = LINE/ -25, 72.5, 10, 72.5
L3 = LINE/RIGHT, TANTO, C2, RIGHT, TANTO, C1
 $ $ DEFINE CUTTER AND TOLERANCES
CUTTER/15
INTOL/0.005
OUTTOL/0.001
 $ $ DEFINE DATUM AND MACHINING
FROM/0, 0, 30
GODLTA/ -50, 0, 0
PSIS/(PLANE/0, 0, 1, -2)
GO/PAST, L2
TLLFT, GORGT/L2
GOFWD/C1
GOFWD/L3
GOFWD/C2, TANTO, C3
GOFWD/C3, TANTO, C4
GOFWD/C4
GOFWD/L1, PAST, L2
GODLTA/0, 0, 32
GOTO/0, 0, 30
CLPRNT
NOPOST
FINI
```

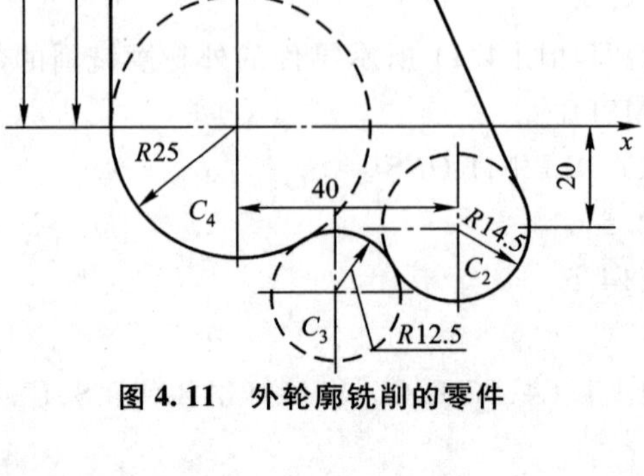

图 4.11　外轮廓铣削的零件

源程序解释：

1——初始语句，程序名称为 ADAPT EXAMPLE；

2——注释语句，定义零件几何形状；

3——圆定义语句，圆心坐标(10,60)，半径 12.5；

4——圆定义语句，圆心坐标(40，-20)，半径 14.5；

5——圆定义语句，圆心坐标(0,0)，半径 25；

6——圆定义语句，与圆 C2 和 C4 外切，半径 12.5；

7——直线定义语句，与圆 C4 相切，与 X 轴成 90°角；

8——直线定义语句，过点(-25,72.5)和(10,72.5)；

9——直线定义语句，右面与圆 C2 和 C1 相切；

10——注释语句，定义刀具与公差；

11——指定刀具形状和尺寸，铣刀直径为 15 mm；

12——内容差为 0.005 mm；

13——外容差为 0.001 mm；

14——注释语句，定义基准和工艺数据；

15——指定起刀点为(0,0,30)；

16——刀具运动指令，走增量(-50,0,0)；

17——平面定义语句，由平面方程 $ax+by+cz-d=0$ 中的系数定义 XY 平面；

18——初始运动指令，走过 L2；

19——刀具置左，向右沿 L2 运动直至切于圆 C1；

20——沿圆 C1 运动直到切于直线 L3；

21——沿 L3 运动直至切于圆 C2；

22——继续沿圆 C2 运动直至切于圆 C3；

23——沿圆 C3 运动直至切于圆 C4；

24——沿圆 C4 运动；

25——沿直线 L1 运动直至超过直线 L2；

26——刀具运动指令，走增量(0,0,32)；

27——刀具运动指令，法向走至(0,0,30)；

28——打印刀位数据；

29——无后置处理；

30——结束语句。

3. CAD/CAM 系统编程

采用数控语言编程需要编程人员编写源程序，虽比手工编程简化，但仍比较费时。CAD/CAM 系统编程方式不需要编写零件源程序，直接在 CAD 系统提供的图形信息基础上生成数控程序，大大提高了编程效率，目前几乎所有大型 CAD/CAM 应用软件都具备数控编程功能。

一般 CAD/CAM 系统编程部分都包括下面的基本内容：查询被加工部位图形元素的几何信息，对设计信息进行工艺处理；刀具中心轨迹计算；定义刀具类型；定义刀位文件数据。对于一些功能强大的 CAD/CAM 系统，甚至还包括数据后置处理器，自动生成数控加工源程序，并进行加工模拟,用来检验数控程序的正确性。

4.2 数字化设计与制造

4.2.1 概述

数字化设计与制造技术是指利用计算机软硬件及网络环境,实现产品开发全过程的一种技术,即在网络和计算机辅助下通过产品数据模型,全面模拟产品的设计、分析、装配、制造等过程。数字化设计与制造不仅贯穿企业生产的全过程,而且涉及企业的设备布置、物流物料、生产计划、成本分析等多个方面。数字化设计与制造技术的应用可以大大提高企业的产品开发能力、缩短产品研制周期、降低开发成本、实现最佳设计目标和企业间的协作,使企业能在最短时间内组织全球范围的设计制造资源开发出新产品,大大提高企业的竞争能力。

数字化设计与制造技术集成了现代设计制造过程中的多项先进技术,包括三维建模、装配分析、优化设计、系统集成、产品信息管理、虚拟设计与制造、多媒体和网络通讯等,是一项多学科的综合技术。涉及的主要内容有:

(1) CAD/CAE/CAPP/CAM/PDM

CAD/CAE/CAPP/CAM 分别是计算机辅助设计、计算机辅助工程、计算机辅助工艺过程设计和计算机辅助制造的英文缩写,它们是制造业信息化中数字比设计与制造技术的核心,是实现计算机辅助产品开发的主要工具。PDM 技术集成并管理与产品有关的信息、过程及人与组织,实现分布环境中的数据共享,为异构计算机环境提供了集成应用平台,从而支持 CAD/CAPP/CAM/CAE 系统过程的实现。

(2) 异地、协同设计

在因特网/企业内部网的环境中,进行产品定义与建模、产品分析与设计、产品数据管理及产品数据交换等,异地、协同设计系统在网络设计环境下为多人、异地实施产品协同开发提供支持工具。

(3) 基于知识的设计

将产品设计过程中需要用到的各类知识、资源和工具融到基于知识的设计(或 CAD)系统之中,支持产品的设计过程,是实现产品创新开发的重要工具。设计知识包括产品设计原理、设计经验、既有设计示例和设计手册/设计标准/设计规范等,设计资源包括材料、标准件、既有零部件和工艺装备等资源。

(4) 虚拟设计、虚拟制造

综合利用建模、分析、仿真以及虚拟现实等技术和工具,在网络支持下,采用群组协同工作,通过模型来模拟和预估产品功能、性能、可装配性、可加工性等各方面可能存在的问题,实现产品设计、制造的本质过程,包括产品的设计、工艺规划、加工制造、性能分析、质量检验,并进行过程管理与控制等。

(5) 概念设计、工业设计

概念设计是设计过程的早期阶段,其目标是获得产品的基本形式或形状。广义的概念设计应包括从产品的需求分析到详细设计之前的设计过程,如功能设计、原理设计、形状设计、布局设计和初步的结构设计。从工业设计角度看，概念设计是指在产品的功能和原理基本确定的情况下，产品外观造型的设计过程，主要包括布局设计、形状设计和人机工程设计。计算机辅助概念设计和工业设计以知识为核心，实现形态、色彩、宜人性等方面的设计，将计算机与设计人员的创造性思维、审美能力和综合分析能力相结合，是实现产品创新的重要手段。

(6) 绿色设计

是面向环保的设计(DFE，Design for Environment)，包括支持资源和能源的优化利用、污染的防止和处理、资源的回收再利用和废弃物处理等诸多环节的设计，是支持绿色产品开发、实现产品绿色制造，促进企业和社会可持续发展的重要工具。

(7) 并行设计

以并行工程模式替代传统的串行式产品开发模式，使得在产品开发的早期阶段就能很好地考虑后续活动的需求，以提高产品开发的一次成功率。

数字化设计与制造技术中各组成部分作为独立的系统，已在生产中得到了广泛的应用，不仅大大提高了产品设计的效率，更新了传统的设计思想，降低了产品的成本，增强了企业及其产品在市场上的竞争力，还在企业新的设计和生产技术管理体制建设中起到了很大作用。数字化设计与制造技术已成为企业保持竞争优势，实现产品创新开发、进行企业间协作的重要手段。

4.2.2 数字化设计技术

产品设计的数字化是企业信息化的重要内容。近年来，随着产品复杂性的不断增长，以及企业间竞争的日趋激烈，传统的产品设计方法已经很难满足企业当前生存和发展的需要。为了能在竞争中处于有利位置，实现产品设计数字化势在必行。

产品设计过程本质上是一个对信息进行采集、传递、加工处理的过程，其中包含了两种重要的活动：设计活动和仿真活动。因此产品设计也可以看作是一个设计活动和仿真活动彼此交织相互作用的过程。设计活动推动信息流程向前演进，而仿真则是验证设计结果的重要手段，二者的关系如图 4.12 所示。随着技术的发展，仿真的重要性正在不断加强。

1. 知识驱动的参数化设计技术

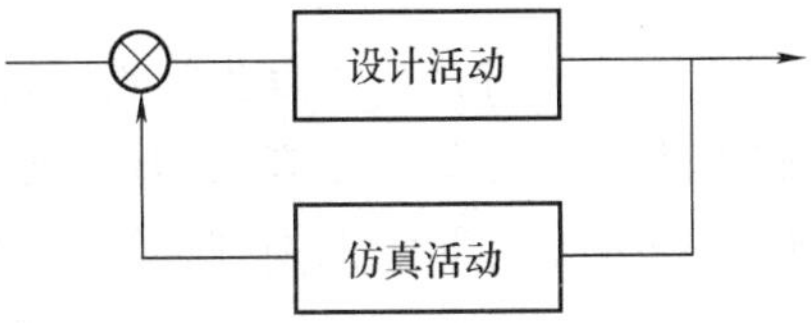

图 4.12 设计活动与仿真活动

目前，通用的 CAD 系统都提供二次开发手段，支持工程人员建立产品的参数化模型。参数化设计是指设计系统通过尺寸驱动的方式，按照几何约束条件和设计规则寻找优化的设计方案。参数化设计技术可以有效地缩短系列化产品设计研发周期，实现设计结果的可视化。三维实体参数化模型可以进一步支持装配规划、干涉检查、有限元分析、运动分析、铸模设计、模拟加工等。参数化设计技术的发展趋势是充分结合知识工程方法，提高复杂产品设计智能化程度。

应用知识工程(Knowledge Based Engineering，KBE)技术对复杂产品的设计经验、标准、特征等设计知识进行提炼和表达，构建参数化设计知识库，在此基础上实现知识工程与 CAD 参数化技术的融合。知识熔接与应用程序接口(Application Program Interface，API)编程相结合的方式，可以对成熟的、结构型产品设计知识与经验型的、非结构型知识分别处理，实现知识驱动的参数化设计。知识驱动的产品参数化设计技术首先构建智能化、参数化标准件库，并且定义产品模型的设计变量，表达结构约束（函数关系）与设计规则；然后自定义设计模板、对象编码索引、零部件智能检索和匹配等方法，实现零部件与产品的智能化设计。当赋予不同的结构参数序列值时，即可通过知识推理获得合理的设计方案，并驱动参数化产品结构模型生成相应的设计实例。图 4.13 所示为某型压缩机叶轮设计参数的定义界面，通过设计知识与 CAD 技术的集成，实现了产品模型的设计参数和知识信息管理，完成知识驱动的参数化设计，提高复杂产品设计的智能化程度，简化了设计过程。

2. 计算机辅助工程分析技术

基于数字模型的仿真技术使得工程师在设计阶段可以计算结构静力强度、动力强度、温度场、流场、电磁场等参数，分析复杂产品在多种工况下的综合性能。计算机辅助分析 CAE 技术已经成为不可或缺的复杂产品设计手段；图 4.14 所示为某压缩机叶轮应力、压力和能量分析结果。由于静力学、运动学、动力学、振动噪声、电磁场、热力学、流体动力学等领域问题模型十分复杂，往往采用偏微分方程组进行描述。这些非线性物理模型不存在精确解析方法，因此，必须采用近似的数值分析方法。

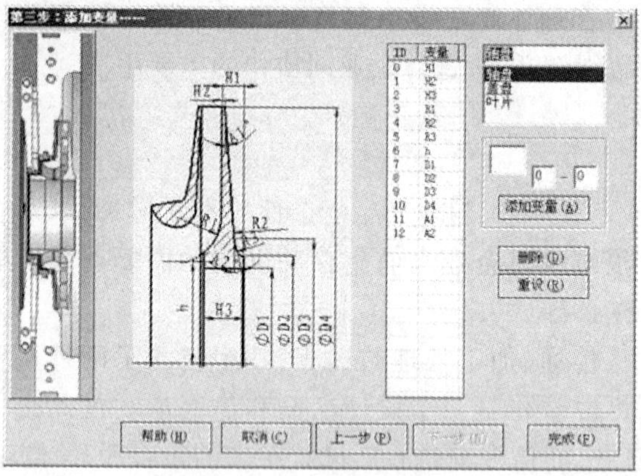

图 4.13　某型压缩机叶轮设计参数的定义界面

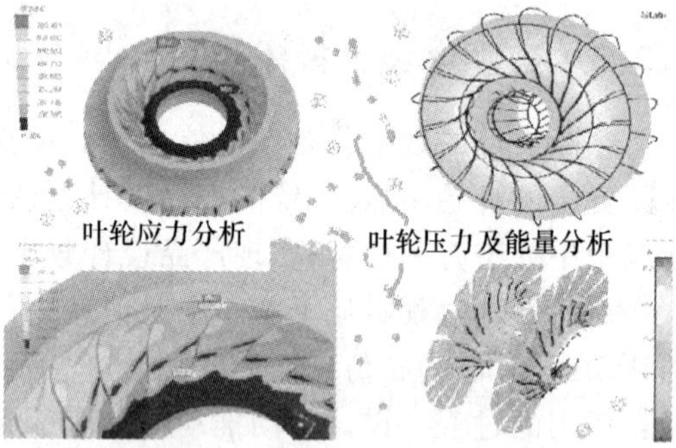

图 4.14　压缩机叶轮设计仿真

产品设计仿真技术首先将连续的非规则的结构（空间）转化为大量的离散化的规则的单元，人们主要采用有限差分方法、有限元方法、有限容积方法对复杂产品结构进行离散化。然后，将在微小单元上对非线性物理控制方程进行“线性化”，通过加载各类负荷求解产品性能参数。一般来讲，设计工程师在通过 CAD 系统建立产品三维实体模型后，再进行计算机辅助工程分析。目前，CAD 系统建模与 CAE 仿真分析越来越多地构成了交叉循环过程。

4.2.3　数字化制造技术

伴随着信息时代的来临，全球进入了数字化时代。数字化时代的主要特征是数字化技术在生产、生活、经济、社会、科技、文化、教育和国防等各个领域不断扩大的应用并取得日益显著的效益的时代。

数字化技术和各种专业技术相融合形成了各种数字化专业技术，如数字化制造技术、数字化设计技术、数字化视听技术。相对传统制造技术，数字化制造技术是一项融合数字化技术和制造技术，且以制造工程科学为理论基础的重大的制造技术革新，是先进制造技术的核心，有广阔的应用前景,已成为21世纪先进制造技术的基础和核心。数字化制造分为狭义的数字化制造和广义的数字化制造两个方面。狭义的数字化制造是指将数字化技术用于产品的制造过程,通过信息建模和信息处理来改进制造过程,提高制造效率和产品质量,降低制造成本所涉及的一系列活动的总称。广义的数字化制造是指将信息技术用于产品设计、制造以及管理等产品全生命周期中,以达到提高制造效率和质量、降低制造成本、实现敏捷响应市场的目的所涉及的一系列活动的总称。

数字化技术和制造技术不断融合形成数字化制造技术,其主要内涵是:

(1) 以QFD/CADD/DFX/VM/RP/CAM/CAE以及成型和加工工艺仿真等为主体的上游骨干技术群。

(2) 由NC/MC/CNC/DNC/FMC/FMS/Web—based制造、无图纸制造和机器人,物流系统等组成的下游数字控制制造技术群。

(3) 以IGES、STEP、MRP Ⅱ、ERP、MIS、PDM、PLM、工程数据库和因特网等为主体的制造信息支持技术群。

制造业拥有的数字化制造技术比重逐年上升,数字化制造技术本身不断得到充实提高,并逐渐成为制造业优质低耗、低成本和快速响应市场需求的首选制造技术。

数字化制造技术包括以下几个关键技术:

(1) 制造过程的建模与仿真

制造过程的建模与仿真是在一台计算机上用解析或数值的方法表达或建模制造过程,建模通常基于制造工艺本身的物理和化学知识,并为实验所验证。目前,仿真与建模已成为推进制造过程设计、优化和控制的有效手段。仿真和建模最重要的工作是优化工艺参数来确保用最高的质量价格比制造符合设计要求的零件。

(2) 网络化敏捷设计与制造

利用快速发展的网络技术,改善企业对市场的响应性。在这项技术上美国企业已经开始应用并取得了明显的效益。我国企业向国际接轨就必须在此领域开展研究,尽快掌握并赶上国外先进水平。网络化敏捷设计与制造重点发展领域应包括:敏捷信息基础结构(合作企业模型、中国企业信息基础结构及其标准、跨企业的敏捷设计与制造的信息基础结构及其集成方法、基于供应商的设计与制造、面向设计的合作支持技术、跨企业合作管理技术和使能技术),敏捷产品设计技术,敏捷工艺设计技术,基于网络的研究开发,敏捷生产技术。

(3) 虚拟产品开发

虚拟产品开发有四个核心要素:数字化产品和过程模型、产品信息管理、高性能计算与通讯和组织、管理的改变。

4.2.4 数字化装配技术

装配是复杂产品研制的一个重要方面,装配的结果直接关系到产品质量、性能、寿命和运行维护性。而且,装配作业在复杂产品的制造成本和生产周期中所占的比例日益增大。据资料统计,装配工作量约占整个生产过程工作量的45%左右,装配费用约占产品总成本的54%左右。为了在产品设计的早期阶段就对产品性能和装配工艺性进行量化分析和研究,我们需要从不同方面评价产品可装配性。装配规划和分析已经构成了复杂产品设计的主要阶段之一。产品装配应该综合分析机械本体的装配和管路装配两部分内容。

1. 机械本体装配规划技术

如图4.15所示，机械本体装配就是在零件加工完毕后，将零件按照配合关系和几何约束组合安装成为部件和子系统、直至最终产品。机械本体的装配过程是通过外部力量的介入，实现装配单元体确定位置和配合关系的过程，在这个过程中装配人员利用装配工具，按照确切的装配方法，在特定的装配环境中实施零部件和产品的装配活动。

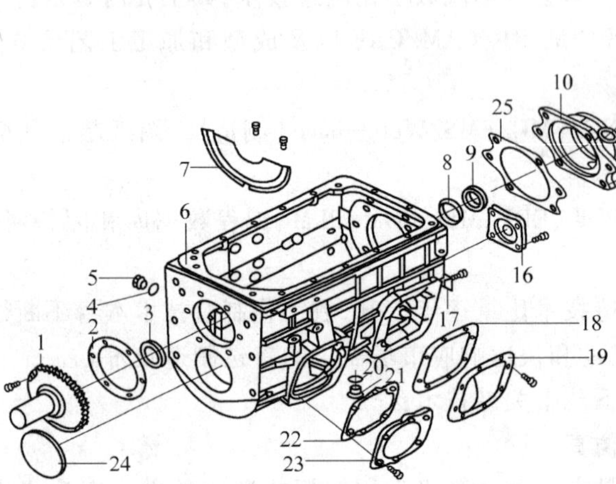

图4.15 机械本体的装配过程

装配规划包括装配序列规划和装配轨迹规划。装配序列规划根据装配模型，确定最优（或者满意）的零部件装配次序。装配轨迹规划根据装配空间的约束关系确定每个零部件在装配过程中移动的三维空间轨迹，避免零件与零件之间、装配工具与零件之间的干涉。装配规划技术在产品设计过程中可以进行可装配性和可拆卸性分析；提出有效的搜索方法在可行解的空间内确定最优装配方案，以提高装配效率和效益。

2. 约束空间内管路装配技术

产品通常包含大量的管路及电缆，例如发动机、飞机、舰船等系统不仅包含数量庞大的机械零部件，而且包括数量庞大的燃油、润滑、冷却、液压和电气等管路。如图4.16所示一台典型的航空发动机有100～250根外部管路。管路的敷设需要考虑限制空间、管路走向、管路间隙、发动机振动、可维护性等一系列问题。手工敷设管路会造成产品的多次改动，造成无法避免的浪费。

图4.16 发动机外部管路装配示意图

在发动机管路敷设方面，国外著名的发动机厂商如GE、PW和R.R等公司在20世纪末期就已经完成了从金属样机到电子样机的转变。罗罗公司最新研制的湍达900发动机从立项到取得适航证的过程中就没有建立金属样机。而我国发动机管路敷设仍然采用金属样机手工设计方法，既费工又费时，这不仅使发动机研制周期加长，增加成本，而且劳动强度大，敷管随意性强，不易修改，而且这样很难达到外部设计的最优化，无法满足未来推进技术对外部设计越来越苛刻的要求。

产品管路装配技术需要首先建立虚拟样机模型,通过人机交互的方式划分敷管区域、确定投影层面,从管路模型中获取待敷设管路的各种信息与敷设规则;计算理想状态下的管路路径,并在虚拟样机中自动绘制。一些管路装配系统在敷管过程中,根据路径模式优选规则,例如简单路径敷设优先规则、平行敷设优先规则等进行敷管路径优化调整;同时进行装配工艺性、维护性检测与判断,进行管路敷设路径的调整;最后进行干涉检测、公差综合与分析、维护件的易拆卸性等多项装配质量评估,保证管路敷设的精度与质量。

4.2.5 数字化设计与制造的发展趋势

先进制造技术发展的总趋势可归纳为:精密化、柔性化、网络化、虚拟化、数字化、智能化、清洁化、集成化及管理创新等,而数字化设计与制造技术是先进制造技术的基础。随着计算机技术的不断提高,Internet 网络技术的普及应用,以及用户的不同需求,CAD、CAE、CAPP、CAM、PDM(C4P)等技术本身也在不断发展,集成技术也在向前推进,其发展趋势主要有以下几个方向。

(1) 利用基于网络的 CAD/CAE/CAPP/CAM/PDM(C4P)集成技术,实现产品全数字化设计与制造。在 CAD/CAM 应用过程中,利用产品数据管理 PDM 技术实现并行工程,可以极大地提高产品开发的效率和质量。企业通过 PDM 可以进行产品功能配置,利用系列件、标准件、借用件、外购件以减少重复设计。在 PDM 环境下进行产品设计和制造,通过 CAD/CAE/CAPP/CAM 等模块的集成,实现产品无图纸设计和全数字化制造。

(2) CAD/CAE/CAPP/CAM/PDM 技术与企业资源计划、供应链管理、客户关系管理相结合,形成制造企业信息化的总体构架。CAD/CAE/CAPP/CAM/PDM 技术主要用于实现产品的设计、工艺和制造过程及其管理的数字化;企业资源计划 ERP 是以实现企业产、供、销、人、财、物的管理为目标;供应链管理 SCM 用于实现企业内部与上游企业之间的物流管理;客户关系管理 CRM 可以帮助企业建立、挖掘和改善与客户之间的关系。上述技术的集成,可以整合企业的管理,建立从企业的供应决策到企业内部技术、工艺、制造和管理部门,再到用户之间的信息集成,实现企业与外界的信息流、物流和资金流的顺畅传递,从而有效地提高企业的市场反应速度和产品开发速度,确保企业在竞争中取得优势。

(3) 虚拟设计、虚拟制造、虚拟企业、动态企业联盟、敏捷制造、网络制造以及制造全球化,将成为数字化设计与制造技术发展的重要方向。虚拟设计、虚拟制造技术以计算机支持的仿真技术为前提,形成虚拟的环境、虚拟设计与制造过程、虚拟的产品、虚拟的企业,从而大大缩短产品开发周期,提高产品设计开发的一次成功率。特别是网络技术的高速发展,企业通过国际互联网、局域网和内部网,组建动态联盟企业,进行异地设计、异地制造,然后在最接近用户的生产基地制造成产品。

(4) 以提高对市场快速反应能力为目标的制造技术将得到超速发展和应用。瞬息万变的市场促使交货期成为竞争力诸多因素中的首要因素。为此,许多与此有关的新观念、新技术在 21 世纪将得到迅速的发展和应用。其中有代表性的是:并行工程技术、模块化设计技术、快速原型成形技术、快速资源重组技术、大规模远程定制技术、客户化生产方式等。

(5) 制造工艺、设备和工厂的柔性可重构性将成为企业装备的显著特点。先进的制造工艺、智能化软件和柔性的自动化设备、柔性的发展战略构成未来企业竞争的软、硬件资源;个性化需求和不确定的市场环境,要求克服设备资源沉淀造成的成本升高风险,制造资源的柔性和可重构性将成为21世纪企业装备的显著特点。将数字化技术用于制造过程,可大大提高制造过程的柔性和加工过程的集成性,从而提高产品生产过程的质量和效率,增强工业产品的市场竞争力。

现代产品开发设计要求有效地组织多学科的产品开发队伍,充分利用各种计算机辅助技术和工具并充分考虑产品设计开发的全过程,从而缩短产品开发周期,降低成本,提高产品质量,生产出满足用户需要的产品。

4.3 PDM/PLM

1. PDM技术产生的背景

PDM是在制造业工程实践中发展起来的一项管理软件技术,早期的概念叫做电子数据管理(EDM),或者图文档管理。20世纪80年代初,CAD(Computer Aided Design)技术在企业中得到了广泛的应用,虽然方便了设计,但也带来了规模庞大的电子数据,使得产品数据的查询和维护变得非常困难,工程师们在查找设计所需信息时浪费了大量的时间,因此如何对电子数据进行有效存储和维护成为企业最迫切的需求。同时,长期以来,由于缺乏产品设计数据共享,企业产品开发过程也存在以下一系列主要问题:

(1) 产品信息不一致

传统的产品开发过程,是一个产品信息在部门间传递和逐步成型的过程。在这个过程中,由于各种原因,会导致设计、生产、销售之间产品版本的不一致。

(2) 产品开发过程的可追溯性差

在产品开发的过程中,往往会有大量的参考、版本升级等行为发生,记录下这些行为有助于回溯产品开发过程,为开发过程的改进打好基础,或者事后在出现问题时有助于查找原因。在传统的开发模式下,企业往往很难记录、管理这些过程性的信息和数据。

(3) 频繁的设计变更

任何一个企业在产品开发的过程中都会碰到变更问题,这是由产品开发的特性决定的。缺乏必要的工具,往往会导致企业出现过多的变更以及变更执行的效率低下等问题,最终导致开发周期的拉长和开发成本的抬高。

(4) 设计重用效果不佳

在客户化定制生产的背景下,能否有效地设计重用将会对开发周期和成本产生重大的影响。在传统的设计模式下,企业很难对标准化的优化设计进行有效管理并为设计人员提供便捷的查询工具,最终导致企业无法有效应用已有设计成果从而降低开发周期和成本。

(5) 开发流程的规范化

前面提到的一些业务问题是针对那些管理相对规范的企业而言的。实际上,还存在许多企业,其产品开发过程随意性较大,过程管理尚未达到规范的阶段。企业需要借助一定的工具来理顺产品开发流程,在一些关键点上固化流程,实现开发过程的规范化。

另外,新的生产模式,如CIMS、并行工程、虚拟产品开发、敏捷制造、精益生产等,对产品信息管理技术提出新的要求,在这种环境下,PDM(Product Data Management)技术应运而生了。

2. PDM概念

PDM出现于20世纪80年代初期,从开始的工程图档管理逐渐扩展,迅速成为一门管理所有与产品相关的信息和所有与产品有关的过程的技术。由于它集数据管理能力、网络通信能力及过程控制能力于一体，因此提供了对产品全生命周期的信息管理能力，并为企业提供了产品设计与制造的并行化协同工作的环境。

目前，人们对 PDM 还没有一个统一的认识，给出的定义也不完全相同。致力于 PDM 技术和计算机集成技术研究与咨询的国际咨询公司 CIMdata 给出的定义是："PDM 是一门管理所有与产品相关的信息和所有与产品相关的过程的技术。" Gartner Group 给出的定义为："PDM 是一个使能器，它用于在企业范围内构造一个产品策划到产品实现的并行化协作环境（Concurrent Art - to - Product Environment，CAPE，由供应、工程设计、制造、采购、市场与销售、客户等构成）。一个成熟的 PDM 系统能够使所有参与创建、交流以及维护产品设计意图的人员在整个产品生命周期中自由共享与产品相关的所有异构数据，如图纸与数字化文档、CAD 文件和产品结构等。"

而国内"863"CIMS 专家组给出的 PDM 定义如下："PDM 是一种管理所有与产品相关的信息（包括产品规范、电子文档、CAD 文件、产品结构、存取权限等）和所有与产品相关的过程（包括工作流程的定义与管理、审批/发放过程、工程更改等）的技术。它提供产品全生命周期的信息管理，并可在企业范围内，为企业的设计与制造建立一个并行化的产品开发协作环境。"

从上面的定义可以看出，PDM 可以是狭义的，也可以是广义的。从狭义上讲，PDM 仅管理与工程设计相关的领域内的信息，而从广义上讲，它可以覆盖到整个企业中从产品的市场需求分析、产品设计、制造、销售、服务与维护等过程，即全生命周期中的信息。

3. PDM 系统的体系结构

一般地，PDM 系统的系统结构包括以下 4 个层次：

（1）界面层

该层提供给 PDM 系统的用户一个人机对话的界面。通过界面，系统向用户展现用户所关心的产品数据信息，并且可以获得用户的输入数据。用户界面一般应具有图形化的 Windows 操作界面。

（2）功能层

该层是由一系列高级的产品数据管理功能模块、对产品数据进行处理的应用软件系统以及 PDM 系统中采用的底层操作系统中的部分实用程序组成。该层具有开放性，以便不断加入新的功能模块。图 4.17 中所列举的工作流程管理、数据仓库管理、产品配置管理等是 PDM 系统对产品相关数据和过程进行管理的主要功能模块。应用软件集成模块则可以将与产品数据处理有关的应用软件如 CAD/CAM 软件、文本编辑软件等集成到该系统，以实现其开放功能。系统管理则是操作系统中或在其基础上进行功能增强修改后的实用程序。

（3）工具层

该层提供了产品数据管理与交换的一般功能，是开发功能层的基础。它主要包括如下内容：

1）产品模型。对与产品相关的数据、过程进行定义描述，如产品数据模型、组织结构模型、应用软件管理模型、工作流模型、产品结构配置模型等。

2）集成数据管理系统。该系统可以采用多种形式的商用或自开发的数据管理系统来存储产品数据，如 STEP 中性文件转换器、直接存取软件、数据库管理系统等，并将这些系统集成在统一的集成数据管理界面下，它使得功能软件和数据管理的关联性减少。这样，在进行功能层或其它应用系统的开发时，就可以不必考虑底层的数据管理软件是怎样的。

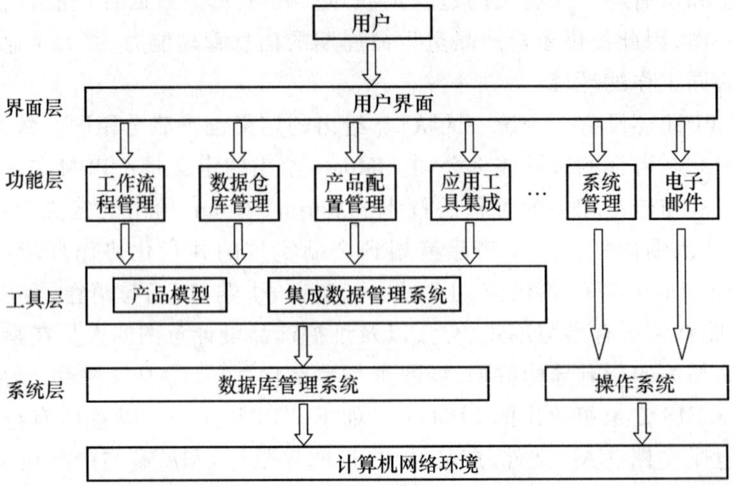

图 4.17　PDM 系统结构图

(4) 系统层

该层主要提供数据库操作、操作系统的实用程序运行、网络的数据存取等功能。该层的功能是与具体的网络环境和硬件平台相关联的。

4. PDM 主要功能与特点

一个企业级的 PDM 系统一般都提供以下功能模块：

(1) 项目管理

项目管理用于项目定制、进度安排、项目执行情况报告、项目成员工作情况跟踪、记录使用状况等。

(2) 工作流管理

工作流管理为特定企业组织提供了记录流程和有效执行其业务的框架，逐步将企业工作过程中的单据流动取代为电子信息流动，提高企业内部的协同与并行工作水平。

(3) 工程图档管理

为企业组织建立电子仓库，其文档类型包括：DWG、DXF 格式的图形文件，IGES 标准格式的图形文件，BMP、TIF、PCX、GIF 格式的图像文件，TXT、DOC 格式的文本文件，STEP 文件，语音文件等。

(4) 产品结构与变更管理

产品结构与变更管理在产品的整个生命周期内，建立和管理产品的定义和结构，提供产品结构树的多种视图。

(5) 开放式企业编码管理

开放式企业编码管理支持图纸文档、产品项目、机器设备和生产物料的编码生成，提供对编码规则的多种浏览形式和数据字段的合法性检查。

(6) 应用系统集成工具

由于产品数据管理的使用对象成分复杂，企业拥有各种不同的 CAD 应用系统，应用系统集成工具提供丰富的系统开放功能，用户可以方便的对系统功能可选配置和扩充，并对应用系统进行集成和封装，以满足不同层次用户的需求。

(7) 网络与数据库接口

考虑到企业中操作系统、数据库系统和网络环境各异,网络与数据库接口部分提供多种操作系统与硬件平台、多种网络协议与数据库管理系统的接口,用户可以在合适的环境下透明地存取与访问企业共享信息。

5. PLM

随着经济全球化和工业信息化的发展,制造业竞争环境、发展模式和活动空间等发生了深刻的变化,并行工程、敏捷制造、网络化制造等一批概念先后被提出,传统的集中式产品开发模式已不能适应市场变化的要求,如何有效利用企业资源,缩短产品开发周期,提高产品质量,降低产品成本,成为企业关注的焦点。作为 PDM 系统的延伸,产品全生命周期管理(Product Lifecycle Management,PLM)系统,正是在这种背景下诞生的,相比传统意义上的 PDM 系统,其区别主要表现在:

(1) 管理范围的扩展

企业现代的产品设计不再局限于产品的图纸设计,而是包括整个产品生产周期的信息设计。即是要求管理产品规划、产品概念设计、产品工程化设计、产品工艺工装设计、生产、销售,以及售后服务等一系列数据。因此,客观要求现有 PDM 管理在管理范围上进行扩展,以满足企业的新要求。因此 PDM 侧重于对产品开发阶段数据管理和企业内部产品数据的管理,而 PLM 侧重于对产品全生命周期内数据进行管理,包括对跨越供应链的所有信息的管理和利用。图 4.18 显示了 PLM 系统与传统的 PDM 系统在管理范围上的不同。

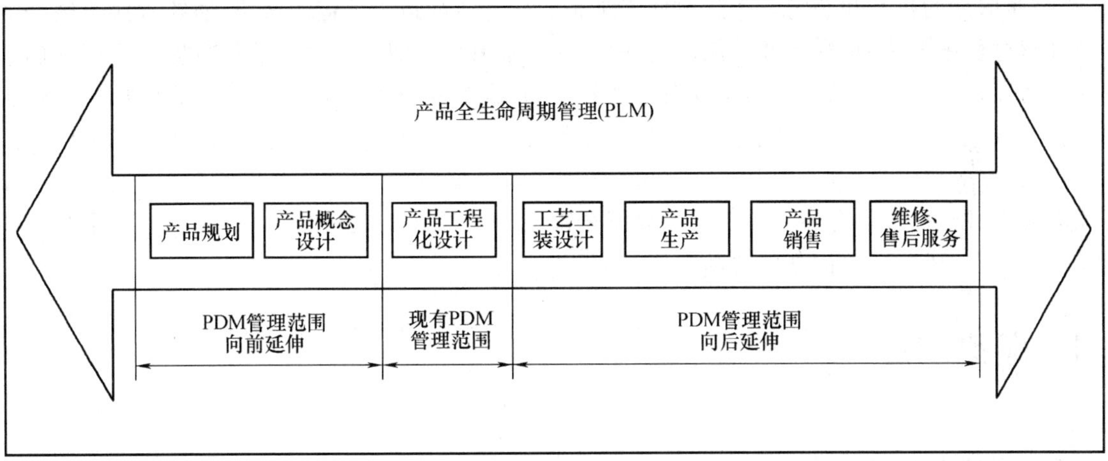

图 4.18 PLM 管理范围示意图

(2) 功能上的扩展

企业的产品管理已扩展到产品全生命周期范围,因此需对 PDM 基本功能进行扩展。如图 4.19所示,PLM 系统扩展了数据流程管理功能集、项目管理功能集、变更管理功能集和生命周期状态管理功能集;并以产品数据为基础,建立了统一的企业数据模型、数据和知识仓库;整合了企业所有的重要业务和应用,形成企业运营的信息链,支持全生命周期管理;为并行工程、异地协同工作、动态联盟提供系统支撑;提供了统一的应用集成、系统集成和数据交互标准和接口。

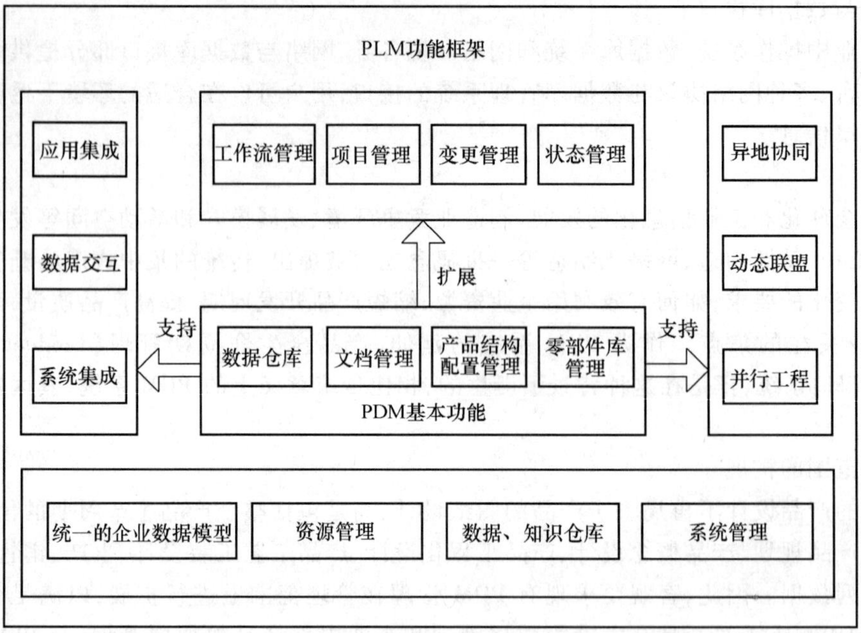

图 4.19　PLM 功能框架示意图

产品是企业赖以存在的基础，产品数据是企业的基本数据，它贯穿企业内外活动的所有方面，是企业信息的核心和关键。产品数据流是企业信息流的最为关键的链路，能够直接反映企业整个经营过程中的物质、资金及其流动过程信息，企业其它信息均围绕产品信息展开并以其属性的形态而存在。因此产品数据是企业数据的根源，产品数据的流动即形成了企业信息流动的主线。在 PLM 系统中，其管理对象包括了所有与产品相关的信息（产品规范、电子文档、CAD 文件、产品结构、存取权限等）和所有与产品相关的过程（图纸审核与发放、工程变更等）。它将与产品相关的设计、制造、销售等环节所使用的数据全部统一放置在一起进行管理，建立了一个统一的产品信息平台，成为企业信息化的基石。

4.4　虚拟制造

4.4.1　虚拟制造的概念

20 世纪 80 年代初，以信息集成为核心的计算机集成制造系统开始得到实施；20 世纪 80 年代末，以过程集成为核心的并行工程（Concurrent Engineering，CE）技术进一步提高了制造水平；进入 20 世纪 90 年代，出现了虚拟制造（Virtual Manufacturing，VM）、精益生产（Lean Production，LP）、敏捷制造（Agile Manufacturing，AM）、虚拟企业（Virtual Enterprise，VE）等新概念。在这些概念中，“虚拟制造”引起了人们的广泛关注，不仅在科技界，而且在企业界，成为研究的热点之一。虚拟制造不消耗现实资源和能量，产品一切过程都在计算机上模拟，尽管虚拟制造的出现时间不长，但它对制造业的革命性的影响却很快地显示了出来。

1. 虚拟制造的含义

虚拟制造是实际制造过程在计算机上的本质实现,即采用计算机仿真与虚拟现实技术,在计算机上群组协同工作,实现产品的设计、工艺规划、加工制造、性能分析、质量检验,以及企业各级过程的管理与控制等产品制造的本质过程,以增强制造过程各级的决策与控制能力。

可以看出,虚拟制造技术是由虚拟现实技术支持的新的研究领域,它是用三维的和动态的仿真模型模拟产品设计与制造及其相关的过程,可以让我们在没有获得样机之前,在计算机上设计数字化样机,提供在计算机上制造的能力,通过计算机的仿真,反映任何产品的加工、制造、装配功能的本质。

2. 虚拟制造的特点及分类

虚拟制造虽然不是实际的制造,但却是实现实际制造的本质过程,是一种通过计算机虚拟模型来模拟和预估产品功能、性能及可加工性等各方面可能存在的问题,提高人们的预测和决策水平,走出仅仅依赖经验的狭小天地,发展到全方位预报阶段。

与实际制造相比较,虚拟制造的主要特点是:

(1) 产品与制造环境是虚拟模型。在计算机上对虚拟模型进行产品设计、制造、测试,甚至设计人员或用户可“进入”虚拟的制造环境检验其设计、加工、装配和操作,而不依赖于传统的原型样机的反复修改;还可将已开发的产品(部件)存放在计算机里,不但大大节省仓储费用,更能根据用户需求或市场变化快速改变设计,快速投入批量生产,从而能大幅度压缩新产品的开发时间,提高质量、降低成本。

(2) 可使分布在不同地点、不同专业的人员在同一个产品模型上同时工作。不同部门间可以相互交流,信息共享,减少大量的文档生成及其传递的时间和误差,从而使产品开发以快捷、优质、低耗响应市场变化。

(3) 提高生产过程的开发效率,优化生产系统的设计。

(4) 优化资源利用,缩短生产周期。

(5) 企业管理模式基于 Intranet 或 Internet,整个制造活动具有高度的并行性。

按照与生产各个阶段的关系,美国马里兰大学(University of Maryland)的研究人员首创将虚拟制造分成三类,即以设计为核心的虚拟制造(Design - Centered VM)、以生产为核心的虚拟制造(Production - Centered VM)和以控制为中心的虚拟制造(Control - Centered VM)。这三类虚拟制造的特点及其不同点的比较可以用表 4.1 表示。

表 4.1 三类虚拟制造的特点及其比较

类别	特点	主要目标	主要支持技术	应用领域
以设计为中心的虚拟制造	1. 在设计阶段为设计人员提供制造信息。 2. 使用基于制造的仿真以优化产品和工艺的设计。 3. 通过“在计算机上制造”产生多个“软”样机	评价可制造性	1. 特征造型。 2. 面向数学模型设计。 3. 加工过程仿真技术。	造型设计、热力学分析、运动学分析、动力学分析、容差分析、加工过程仿真。

续表

<table>
<tr><th>类别</th><th>特点</th><th>主要目标</th><th>主要支持技术</th><th>应用领域</th></tr>
<tr><td>以生产为中心的虚拟制造</td><td>1. 将仿真能力用于制造过程模型,以便低费用、快速地评价不同的工艺方案。
2. 用于资源需求规划、生产计划的产生及评价的环境</td><td rowspan="2">评价可生产性</td><td>1. 虚拟现实。
2. 嵌入式仿真</td><td rowspan="2">1. 工厂或产品的物理布局
传统制造:主要考虑空间。
虚拟制造:总体协调、优化动态过程,人、环境、效率。
2. 生产计划的编排
传统制造:静态、确定型。
虚拟制造:动态、随机型</td></tr>
<tr><td>以控制为中心的虚拟制造</td><td>1. 将仿真加到控制模型和实际处理中。
2. 可“无缝”地仿真,使得实际生产周期不间断地优化</td><td>1. 对离散制造——基于仿真的实时动态调度。
2. 对连续制造——基于仿真的最优控制</td></tr>
</table>

4.4.2 虚拟制造系统

1. 虚拟制造的体系结构

构成虚拟制造的抽象模型与真实实体或者过程是一一对应的,因此以现实制造为基础,可以通过统一建模,按照功能建立三个子系统:以产品设计为中心的 VMS,以工艺为中心的 VMS 和以控制为中心的 VMS,如图 4.20 所示。这三个子系统在虚拟环境下实现不同功能。

(1) 产品设计型

为设计者提供一个设计产品和评估可制造性的环境。它的结果包括产品建模、成本预测等,所以能及早发现设计中潜在的问题和预测成本。

(2) 工艺设计型

为工艺计划和生产计划的生成、工艺资源的要求以及对这些计划的评价提供了一个环境,它能够提供精确的成本信息和生产计划。

(3) 控制型

提供对实际生产过程的仿真环境,对产品或改进的方案进行评价,优化车间的生产流程,为优化整个制造过程和改进制造系统提供了信息。

2. 虚拟制造的环境

从产品生产的全过程来看,虚拟制造应包括产品的可制造性、可生产性和可合作性。因此,应从三个层次,即虚拟制造、虚拟生产、虚拟企业开展产品全过程的虚拟制造技术及其集成的虚拟制造环境的研究,包括产品全信息模型、支持各层次虚拟制造的技术并开发相应的支撑平台以及支持三个平台及其集成的产品数据管理(PDM)技术。

(1) 虚拟制造平台

该平台支持产品的并行设计、工艺规划、加工、装配及维修等过程,进行可制造性(Manufacturability)分析(包括性能分析、费用估计、工时估计等)。它是以全信息模型为基础的

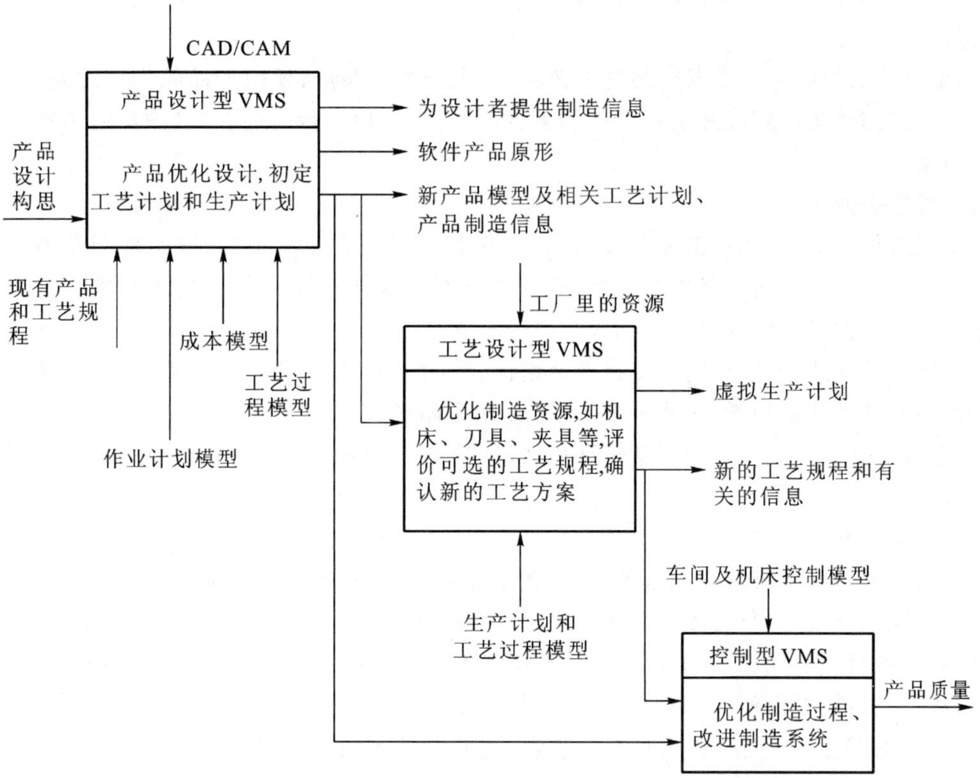

图 4.20　虚拟制造的体系结构

众多仿真分析软件的集成,包括力学、热力学、运动学、动力学等可制造性分析,具有以下研究环境:

1）基于产品技术复合化的产品设计与分析。除了几何造型与特征造型等环境外,还包括运动学、动力学、热力学模型分析环境等。

2）基于仿真的零部件制造设计与分析。包括工艺生成优化、工具设计优化、刀位轨迹优化、控制代码优化等。

3）基于仿真的制造过程碰撞干涉检验及运动轨迹检验,虚拟加工、虚拟机器人等。

4）材料加工成形仿真。包括产品设计,加工成形过程温度场、应力场、流动场的分析,加工工艺优化等。

5）产品虚拟装配。根据产品设计的形状特征、精度特征,三维真实地模拟产品的装配过程,并允许用户以交互方式控制产品的三维真实模拟装配过程,以检验产品的可装配性。

（2）虚拟生产平台

该平台将支持生产环境的布局设计及设备集成、产品远程虚拟测试、企业生产计划及调度的优化,进行可生产性(Producibility)分析。

1）虚拟生产环境布局。根据产品的工艺特征,生产场地,加工设备等信息,三维真实地模拟生产环境,并允许用户交互地修改有关布局,对生产动态过程进行模拟,统计相应评价参数,对生产环境的布局进行优化。

2）虚拟设备集成。为不同厂家制造的生产设备实现集成，提供支撑环境，对不同集成方案进行比较。

3）虚拟计划与调度。根据产品的工艺特征、生产环境布局，模拟产品的生产过程，并允许用户以交互方式修改生产规程和进行动态调度，统计有关评价参数，以找出最满意的生产作业计划与调度方案。

（3）虚拟企业平台

敏捷制造作为 21 世纪制造业的发展模式，它利用虚拟企业的形式，以实现劳动力、资源、资本、技术、管理和信息等的最优配置，这给企业的运行带来了一系列新的技术要求。虚拟企业平台为敏捷制造提供可合作性（Corporatability）分析支持。

1）虚拟企业协同工作环境。支持异地设计、异地装配、异地测试的环境，特别是基于广域网的三维图形的异地快速传送、过程控制、人机交互等环境。

2）虚拟企业动态组合及运行支持环境，特别是基于 Internet 与 Intranet 下的系统集成与任务协调环境。

（4）基于 PDM 的虚拟制造平台集成

虚拟制造平台应具有统一的框架、统一的数据模型，并具有开放的体系结构。

1）支持虚拟制造的产品数据模型。提供虚拟制造环境下产品全局数据模型定义的规范，多种产品信息（设计信息、几何信息、加工信息、装配信息等）的一致组织方式的研究环境。

2）基于产品数据管理（PDM）的虚拟制造集成技术。提供在 PDM 环境下，“零件/部件虚拟制造平台”、“虚拟生产平台”、“虚拟企业平台”的集成技术研究环境。

3）基于 PDM 的产品开发过程集成。提供研究 PDM 应用接口技术及过程管理技术，实现虚拟制造环境下产品开发全生命周期的过程集成。

4.4.3 虚拟制造的研究与应用

虚拟制造所涉及的内容非常广泛，其中大量的技术需要研究和攻关，如支持产品设计与开发的数字化产品模型定义、异构模型的集成与重用、模型的检验、面向产品及零件模型的建立、高精度测量方法与数据处理、虚拟加工、虚拟装配工艺、虚拟装配公差分配等。这些技术涉及的学科广泛，覆盖机械设计与工程、自动控制理论与工程、计算机网络与数据库等学科领域，需要多学科联合攻关研究才能取得期望的成果。

1. 虚拟制造的研究内容

（1）产品样机数字化技术研究

主要包括：① 支持虚拟产品开发（Virtual Product Development，VPD）全过程的产品数字模型的数据组织与管理技术。② 面向设计、装配、生产的产品数字模型的映射技术。③ 基于 META 模型的产品结构及性能优化技术。④ 建立基于 PDM 的产品样机数字化支持系统等。

（2）虚拟产品制造过程的仿真技术研究

主要包括：① 集成化刀位轨迹检查、NC 代码验证、碰撞干涉检验系统。② 基于表面质量分析的切削参数选择技术。③ 基于应力的加工质量评价技术。④ 装配信息建模、工艺过程规划与仿真、公差分析与综合技术。⑤ 虚拟测量技术，包括虚拟仪器、测量过程仿真、测试数据管理等。⑥ 开发集成化仿真分析平台。

(3) 建立支持虚拟产品开发全过程的集成化 VPD 系统

主要包括:① 基于 PDM 的虚拟产品创新设计系统。② 产品样机数字化支持系统。③ 集成化仿真分析平台的集成技术。④ VPD 系统与实际产品开发的集成化 3C(CAD/CAPP/CAM)系统的集成。

2. 虚拟制造的技术支持

虚拟制造技术是多学科综合的系统技术,需要研究开发相应的硬件集成系统与软件。就软件技术而言,相关的研究支持如下:

(1) 可视化

真实、直观地再现主观产品与客观制造过程。

(2) 基本环境

增强可视化和其它虚拟制造功能的集成系统平台。

(3) 信息描述

表达各种信息,包括数据、知识和模型的统一的方法、语义、语法。

(4) 中介模型

构造、定义、开发对过程易于中断介入的模型。

(5) 基层集成组织结构

硬件与软件的基层组织结构。

(6) 仿真模型

在计算机系统中设计的真实系统模型。

(7) 应用方法

产品多样性与过程动态性的共同特征的抽象提取。

(8) 制造特征

各种材料在虚拟制造环境中的变化过程。

(9) 虚拟制造系统评价

可制造性、工艺性、可靠性、经济性、质量、工期等。

3. 虚拟制造的应用

虚拟制造在工业发达国家已得到了不同程度的研究和应用。在这一领域,美国处于国际研究的前沿。福特汽车公司和克莱斯勒汽车公司在新型汽车的开发中已经应用了虚拟制造技术,大大缩短了产品的发布时间。波音公司设计的 777 型大型客机是世界上首架以三维无纸化方式设计出的飞机。它的设计成功已经成为虚拟制造从理论研究转向实用化的一个里程碑。在欧洲,许多大学和研究机构通过相互间的合作并联合企业进行虚拟制造技术的研究工作,例如,由 Bath 大学进行的 A virtual workshop for Design by Manufacturing 研究,由 Herriot - Watt 大学进行的 Virtual Manufacturing Group 研究等。在日本,已经形成了以大阪大学为中心的研究开发力量,主要进行虚拟制造系统的建模和仿真技术的研究,并开发出了虚拟工厂的构造环境 Virtual Works。

在我国,清华大学、北京航空航天大学、哈尔滨工业大学等科研教学单位也已经开展了这一领域的研究工作。当前,我国虚拟制造应用的重点研究方向是基于我国国情,进行产品的三维虚拟设计、加工过程仿真和产品装配仿真,主要是研究如何生成可信度高的产品虚拟样机,在产品设计阶段能够以较高的置信度预测所设计产品的最终性能和可制造性。在对产品性能具有高科技含量要求的行业中,如航空航天、军事、精密机床、微电子等领域,随着研究的不断深入和相关技术的发展,虚拟制造必将得到日益广泛的应用。

4.5 柔性制造系统

4.5.1 概述

柔性制造系统(Flexible Manufacturing System,FMS)的概念最早由英国莫林(MOLIN)公司提出,1965年获得了发明专利,并在1967年推出了第一套FMS,名为莫林系统-24(Molins System-24)。该系统可以加工一系列不同零件,操作工人把工件安装在托盘上,然后托盘被送到各台数控机床上,每台机床配有一个刀库,系统从刀库中选用刀具进行各种不同的加工操作,由一台计算机控制多台机床,可无人看守,一天24小时自动化运行。

FMS是市场需求的产物,它适应了多品种、小批量生产的时代要求。同时,数控技术、计算机技术、机器人技术以及现代管理技术的发展和进步,为FMS的发展提供了条件。在FMS诞生以后,世界上各工业发达国家争相发展和完善这项新技术,因此柔性制造技术得到了迅速的发展,先后出现了柔性制造系统(FMS)、柔性制造单元(FMC)、柔性制造自动线(FML)等一系列现代制造设备和系统,并在实际应用中取得了明显的经济效益。

1. 柔性制造系统的定义与组成

柔性制造系统是由若干台数控设备、物料运储装置和计算机控制系统等组成,并能根据制造任务和生产品种变化而迅速进行调整的自动化制造系统。如图4.21为一典型的柔性制造系统,它能迅速响应市场需求而相应调整生产品种,适合于多品种、中小批量生产。

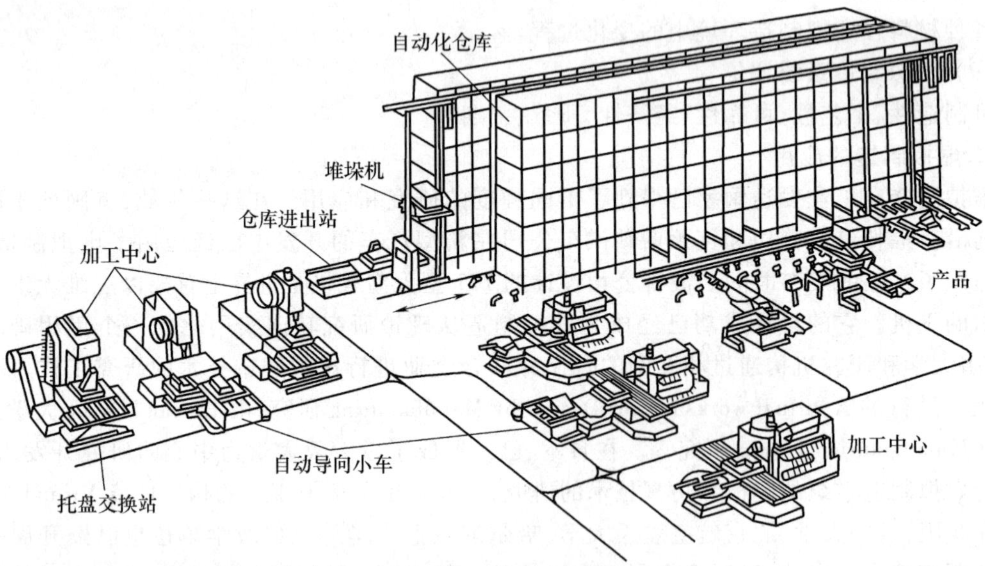

图4.21 典型的柔性制造系统

FMS 的基本构成框架如图 4.22 所示，它主要由计算机控制与管理系统、加工系统、物流系统三个子系统组成。这三个子系统的有机结合，构成了 FMS 的能量流、物料流和信息流。

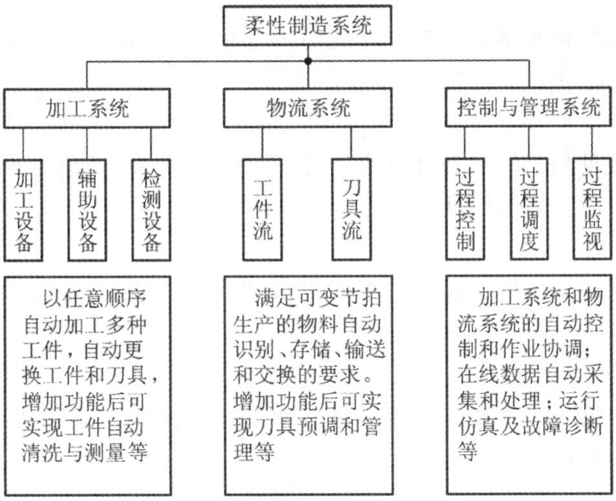

图 4.22 FMS 的基本构成框架

(1) 计算机控制与管理系统

计算机控制与管理系统能够实现在线数据的采集和处理，对 FMS 进行计划调度、运行控制、物料管理、系统监控和网络通信等。

(2) 加工系统

加工系统由两台以上的 CNC 机床、加工中心或柔性制造单元（FMC）以及其它的加工设备所组成，能实现自动加工多种工件，自动更换工件和刀具，自动实现工件的清洗和测试。

(3) 物流系统

物流系统由工件流和刀具流组成。工件流由工件装卸站、自动化仓库、自动化运输小车、机器人、托盘缓冲站、托盘交换装置等组成，能对工件和原材料进行自动装卸、运输和存储。刀具流包括中央刀库、机床刀库、刀具预调站、刀具装卸站、刀具输送小车或机器人、换刀机械手等，能满足变节拍生产的刀具自动识别、存储、输送和交换的要求，实现刀具的预调和管理等功能。

2. 柔性制造系统的特点

FMS 有两个主要特点，即柔性和自动化。

FMS 与传统的单一品种的刚性自动生产线相比的主要特点是具有柔性。有关专家认为，一个理想的 FMS 应具备 8 种柔性：

(1) 设备柔性

设备柔性指系统中的加工设备具有适应加工对象变化的能力，衡量指标是当加工对象变化时系统软硬件变更与调整所需的时间。

(2) 工艺柔性

工艺柔性指系统能以多种方法加工某一族零件的能力，又称混流柔性，衡量指标是系统能够同时加工的零件品种数。

(3) 产品柔性

产品柔性指系统能够经济而迅速地转换到生产一族新产品的能力，衡量指标是系统从一族零件转向另一族零件所需的时间。

(4) 工序柔性

工序柔性指系统改变每种零件加工工序先后顺序的能力，衡量指标是系统以实时方式进行工艺决策和现场调度的水平。

(5) 运行柔性

运行柔性指系统处理局部故障并维持生产原定工件的能力，衡量指标是系统发生故障时生产率下降程度或处理故障所需的时间。

(6) 批量柔性

批量柔性指系统在成本核算上能适应不同批量的能力，衡量指标是系统保持经济效益的最小运行批量。

(7) 扩展柔性

扩展柔性指系统根据生产需要能方便地进行模块化组建和扩展的能力，衡量指标是系统可扩展的规模和扩展难易程度。

(8) 生产柔性

生产柔性指系统适应生产对象变换的范围和综合能力，衡量指标是前述7项柔性的总和。

FMS采用了CNC控制为主的多台加工设备和其它生产设备，通过物料输送装置连接，由计算机控制和管理，可进行第三班无人值守生产，具有高度自动化的特点。

3. 柔性制造系统级别及适用范围

若按系统规模，可将柔性自动化制造设备分为如下5个不同的级别：

(1) 柔性制造模块(Flexible Manufacturing Module，FMM)

FMM是指一台扩展了自动化功能的数控机床，它有刀具库、自动换刀装置、托盘交换器等，相当于功能齐全的加工中心。

(2) 柔性制造单元(Flexible Manufacturing Cell，FMC)

FMC由1～2台数控机床组成，除了能够自动更换刀具之外，还配有存储工件的托盘站和自动上下料的工件交换台。它具有完全独立自动加工、部分物料自动传送和监控管理功能及一定的生产调度能力，是一种廉价的小型FMS。

(3) 柔性制造系统(FMS)

FMS由2台以上的CNC、FMM或FMC组成，配备完善的物料和刀具运送管理系统，通过一套中央控制系统，管理生产进度，并对物料搬运和机床群的加工过程实行综合控制。其控制与管理功能比FMC强，规模比FMC大，对数据管理与通信网络要求高。

(4) 柔性制造生产线(Flexible Manufacturing Line，FML)

柔性制造生产线的加工设备在采用通用数控机床的同时，更多地采用数控组合机床，如数控专用机床、可换主轴箱机床、模块化多动力头数控机床等，工件输送线多为单线、固定，柔性较低、专用性强、生产率高，相当于数控化的自动生产线，一般用于少品种、中大批量生产。可以说，FML相当于专用FMS。

(5) 柔性制造工厂(Flexible Manufacturing Factory，FMF)

FMF是将柔性制造自动化由FMS扩展到全企业范围，通过计算机网络系统的有机联系，实现在全企业范围内的生产经营管理过程、设计开发过程、加工制造过程和物料运储过程的全面自动化，实现自动化工厂（Factory Automation，FA）的目标。

FMS 是在兼顾数控机床的灵活性和刚性自动生产线高效率两者优点基础上逐步发展起来的，因而它与单机数控机床和刚性自动生产线有着不同的适用范围。如图 4.23 所示，如果用 FMS 进行单件生产，则其柔性比不上数控机床单机加工，且设备资源得不到充分利用；如果用 FMS 大批量加工单一品种，则其效率比不上刚性自动生产线。而 FMS 的优越性，则是以多品种、中小批量生产和快速市场响应能力为前提的。

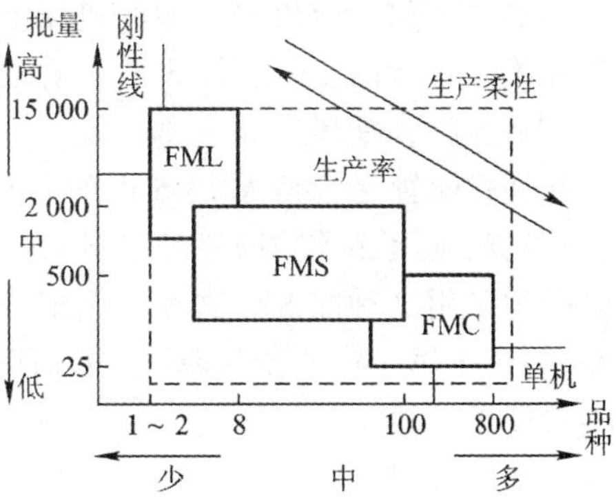

图 4.23 各种级别的 FMS 的应用范围

4.5.2 柔性制造系统的加工系统

FMS 中的加工系统是实际完成加工任务，将工件从原材料转变为产品的执行部分。加工系统的结构形式以及所配备的机床数量、规格、类型，取决于工件的形状、尺寸和精度要求，同时也取决于生产的批量及加工自动化程度。

1. 加工单元类型

目前，在 FMS 上加工的零件主要有两大类：一类是棱柱体类零件，如箱体、框架、平板等；另一类是回转体类零件。对于加工棱柱体类零件的 FMS，其设备一般选用立式、卧式或立卧两用的加工中心，数控组合机床和托盘交换器。用于加工回转体零件的 FMS，通常选用数控车床或车削加工中心机床，数控组合机床和上下料机械手或机器人及棒料输送装置等。

2. 配置型式

FMS 中机床设备的配置有互替式、互补式以及混合式等多种形式，如图 4.24 所示，以满足 FMS 柔性和高效率的生产要求。

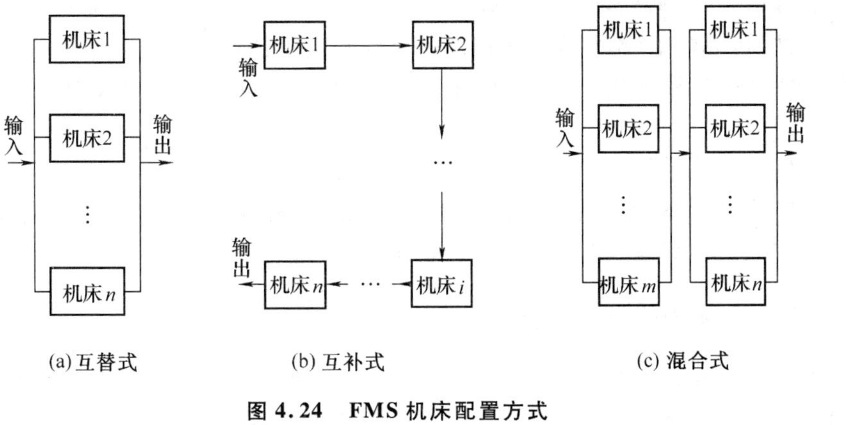

图 4.24 FMS 机床配置方式

（1）互替式配置

互替式配置是指纳入 FMS 中的机床是一种并联关系，各机床功能可以互相代替，工件可随机输送到任何一台恰好空闲的机床上加工。在这种配置形式中,若某台机床发生了故障,系统仍能维持正常的工作。机床应具有较大的工艺柔性和较宽的工艺范围。

(2) 互补式配置

互补式配置是指纳入FMS中的各机床功能是互相补充的,各自完成特定的加工任务,工件在一定程度上必须按顺序经过各台加工机床。当零件族的全部工序不能被一种机床完全覆盖时必须采用这种配置。这种机床配置形式的特点是具有较高的生产率,能充分发挥机床的性能,但由于属于串联配置形式,因而降低了系统的可靠性,即当某台机床发生故障时,系统就不再能正常地工作。

(3) 混合式配置

混合式配置系统中,有的机床按互替式配置,有的机床按互补式配置,充分发挥上述两种方式的优点。

3. 加工单元性能要求

由于FMS所加工的零件多种多样,因此所需的FMS加工机床类型也是多样化的。无论采用怎样形式的加工系统,纳入FMS运行的加工机床应当是可靠的、自动化的、高效率的加工设备,其实用性、匹配性和工艺性良好,并能满足加工对象的尺寸范围、精度、材质等要求。它应满足如下的性能要求:

(1) 工序集中

所选用的机床应尽可能地工序集中,如选用多功能机床、加工中心等,以减少工位数来减轻物流的负担,减少装夹次数保证加工质量。

(2) 控制功能强、可扩展性好

如选用模块化结构,外部通信功能和内部管理功能强,有内装可编程控制器,有用户宏程序的数控系统,以易于与上下料、检测等辅助设备相连接,增加各种辅助功能等。

(3) 高刚度、高精度、高速度

选用切削功能强、加工质量稳定、生产效率高的机床。

(4) 经济性好

如导轨油可回收、排屑处理快速彻底等,以延长刀具使用寿命,节省系统运行费用。

(5) 操作性、可靠性、维修性好,具有自保护性和自维护性

如能设定切削力过载保护、功率过载保护、运行行程和工作区域限制等,具有故障诊断和预警功能等。

(6) 对环境适应性与保护性好

对工作环境的温度、湿度、噪声、粉尘等要求不高,各种密封件性能可靠、无泄漏,切削液不外溅,能及时排除烟雾、异味。噪声振动小,能保护良好的工作环境。

4.5.3 柔性制造系统的物流系统

自动化的物流系统是FMS必不可少的组成部分。其输送对象有工件、夹具、刀具等物料,因此又常常分为两个子系统:一个是工件流支持子系统,另一个是刀具流支持子系统。

1. 工件流支持子系统

工件流支持子系统由自动化仓库、工件装卸站、托盘缓冲站、物料运载装置等组成(参见6.3节)。

(1) 自动化仓库

FMS 中输送线本身的储存能力一般较小,当需加工的工件较多时,大多设立自动化仓库,用于存储毛坯、在制品、夹具、工装组件、托盘等。它可以分平面仓库和立体仓库。

平面仓库结构简单,投资小但占地大,只适用于小规模生产企业和大型工件的存储。

立体仓库由堆垛机、高架多层货架、场内有轨运输车、控制计算机等组成。高层货架成对布置,货架之间有巷道,物料按分类和细目分别存放在货架的存储笼内。每个巷道配有自己专用的堆垛机。堆垛机是一种三维的搬运设备,能沿巷道移动,其起重托架能够自动升降,当找到所需要的货位,其货叉将物料自动推入存储笼内,或从存储笼中取出物料。自动化仓库内的每个存储笼都设有固定的地址编码,每种物料也都编有物料码。这些编码按一一对应的关系存储在计算机内,物料从准备入库到完成加工的整个物料流动过程中,其代码、存放地址和工艺流程等信息始终由计算机进行跟踪,入库、搬运和出库都是由仓库计算机系统自动控制的。立体仓库虽然结构复杂,投资大,但占地面积小;由于货位为多层布局,能有效地利用空间;堆垛机可以自动寻址和移载,大大节约了物料运送时间。立体仓库适用于大中型企业。

(2) 工件装卸工作站

工件装卸工作站是安装和拆卸工件及夹具的地点,它的主要作用是为加工单元提供已经安装好的工件/夹具/托盘组件。工件装卸站设在 FMS 的入口处,通常由人工完成对毛坯和已加工工件的装卸。

(3) 托盘缓冲站

托盘缓冲站是暂时存放工件/夹具/托盘组件的地点,它的主要作用是在加工单元无空闲而出现等待加工的工件/夹具/托盘组件或装卸站无空闲而出现已加工的工件/夹具/托盘组件时,暂时存储这些排队等待的组件之用。托盘缓冲站一般设置在机床附近,呈直线或环形布置,可存储若干只工件/夹具/托盘组件。若机床发出已准备好接受工件信号时,系统通过托盘交换器便将工件从托盘缓冲站送到机床上进行加工。

(4) 物料运载装置

物料运载装置负责工件与其它物料的运送任务,担负物料在各加工机床、自动化仓库和托盘缓冲站之间的搬运和输送作业。物料运载装置形式有很多种,比较实用的主要有三种:传送带、搬运机器人和运输小车。传送带主要是从古典的机械式自动线发展而来的;搬运机器人工作灵活性强,还可以具有视觉和触觉能力。这两种装置在 FMS 中的应用越来越少。运输小车适于在站点之间运输物料,是一种无人驾驶的自动搬运设备,分有轨小车和无轨小车(AGV)。有轨小车由平行导向钢轨和在其上行走的小车组成,利用定位槽销等机械结构控制小车的准确停靠,其定位精度可高达 0.1 mm。无轨小车没有导向的钢轨,也叫自动导引小车,制导方式主要有磁性制导、光学制导、电磁制导和激光扫描制导等。FMS 发展的初期,多采用有轨小车,随着 FMS 控制技术的成熟,越来越多地采用自动导引的无轨小车。

AGV 在车间的行走路线比较复杂,有许多分叉点和交汇点,小车在岔道处方向的选择多采用频率选择法:在岔道决策点处同时有多种不同频率的信号,当 AGV 接近决策点前由控制调度计算机作出决策,确定应跟踪的频率信号,从而实现路径的自动寻找。

AGV 的行走路线是可编程的,FMS 控制系统可根据需要改变作业计划,重新安排小车的路线,使 AGV 具有柔性特性。AGV 停靠定位精度可以达到 ±3 mm,能与机床、托盘缓冲站等相关设备进行正常交接，传递货物。

在 FMS 中，物料运送线路由通过各连接点（如加工机床、自动化仓库、工件装卸站、托盘缓冲站以及各种辅助处理工作站）、分支点和汇总点的基本回路组成。归纳起来，基本回路形式有：

1）直线输送回路　运载工具沿直线路线单向或双向移动，顺序地在各个连接点停靠。

2）环形输送回路　运载工具沿环形路线单向或双向移动，无论沿哪一方向行进均可返回到起始点。

3）网状输送回路　由多个回路相互交叉组成，运载工具可以由一个环路移动到另一个回路。在这种回路形式中，各环路交叉点的管理较为复杂，用通常的互锁装置不足以防止运载工具的碰撞，需要按交通管理规则由计算机进行控制管理。例如，在任何时刻的每一环形回路中只允许有一辆小车运行，计算机实时登录各小车所在位置，当某小车需要通过汇合点运行到另一环路时，首先检查该环路是否有另一小车存在，以免发生碰撞。

2. 刀具流支持子系统

为了适时地向加工单元提供加工所需刀具，取走已用过及寿命耗尽的刀具，刀具流子系统必须完成刀具组装、刀具预调、刀具运送和刀具存储等任务。典型的刀具流子系统由刀具预调站、刀具装卸站、刀库系统、刀具运载交换装置以及刀具计算机控制管理系统组成。

（1）刀库系统

刀库系统包括机床刀库和中央刀库。机床刀库中存放加工单元当前所需要的刀具。中央刀库是刀具系统的暂存区，它集中储存 FMS 的各种刀具，并按一定位置放置，通过换刀机器人或刀具传输小车为若干加工单元进行换刀服务，不同的加工单元可以共享中央刀库的资源，提高系统的柔性程度。

（2）刀具预调站

刀具预调站是进行刀具预调及刀具装卸的区域。刀具进入 FMS 以前，应先在刀具预调仪上测出其主要参数，安装刀套，打印钢号或贴条形码标签，并进行刀具登记。然后将刀具挂到刀具装卸站的适当位置，通过刀具装卸站进入 FMS。刀具预调站一般设置在 FMS 之外。

（3）刀具装卸站

刀具装卸站负责刀具进入或退出 FMS，是刀具进出 FMS 的门户，其结构多为框架式。装卸站的主要指标有刀具容量，可挂刀具的最大长度、直径、重量。为了保证机器人可靠地取刀和送刀，还应该对刀具在装卸站上的定位精度提出一定的技术要求。

（4）刀具运载交换装置

刀具运载交换装置负责完成刀具装卸站与中央刀库或中央刀库与加工机床之间的刀具交换。

FMS 中刀具运载工具如同工件运载工具一样也有多种形式，常见的有换刀机器人、刀具运载小车（AGV）等。换刀机器人有采用地轨形式和高架导轨形式。高架导轨换刀机器人如图 4.25 所示，它由纵向行走的横梁、横向移动滑台、垂直升降体、手臂旋转关节和手爪几个部分组成。高架导轨机器人一般平行于加工机床和中央刀库布置，以便机器人在刀具装卸站、各加工机床与中央刀库之间自由地运送刀具和交换刀具。高架导轨换刀机器人具有空间利用率高、结构紧凑的特点。

刀具运载小车与工件输送自动小车相同，只是在 AGV 运载小车上放置了一个装载刀架。该刀架可容纳 5 ~ 20 把刀具，由该小车在刀具装卸站、各加工机床与中央刀库之间搬运与交换刀具。也有在刀具运载小车上附设一个小型机器人，当小车到达一个目标时，由附设的机器人进行刀具交换。

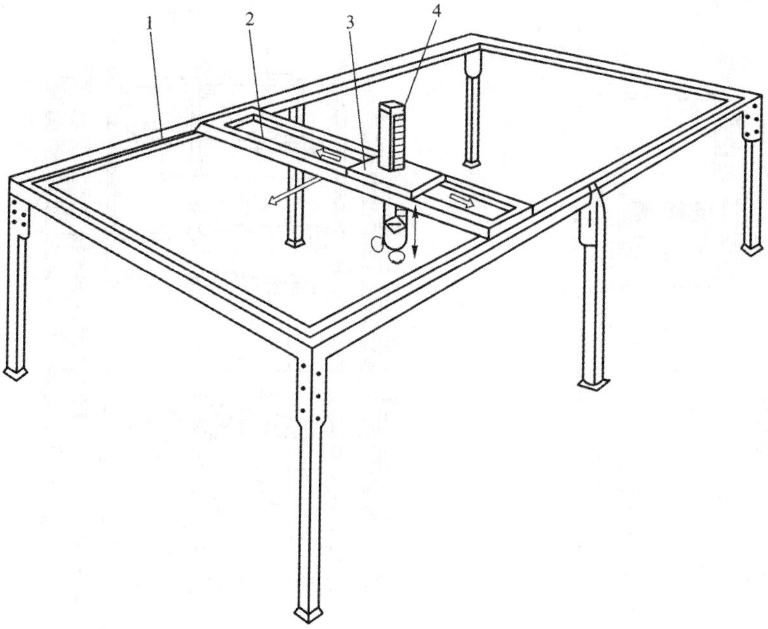

图 4.25 高架导轨换刀机器人

1—纵向导轨；2—横梁；3—滑台；4—换刀机器人

(5) 刀具计算机控制管理系统

刀具计算机控制管理系统主要包括刀具存储、运输和交换，刀具状况监控，刀具信息处理等。现在刀具管理系统的软件系统一般由刀具数据库和刀具专家系统组成。

刀具流运动过程可大致描述如下：

系统工作时，由人工按照要求将刀刃磨好或将采购来的标准刀具组装好，在刀具预调站由人工在预调仪上测量有关参数并记录下来，再将测得参数、刀具的几何参数、刀具代码以及其它有关刀具信息输入到刀具管理计算机。预调好的刀具一般由人工搬运到刀具装卸站，准备进入系统。

刀具在刀具装卸站仅是暂存一下，根据系统指令由刀具搬运交换装置将刀具从刀具装卸站搬运到中央刀库，以供加工单元调用。根据工艺规划要求，刀具运载交换装置从中央刀库将各加工单元所需的刀具取出，送至各加工单元刀具库，以便让刀具参与切削加工。工件加工完成后，若某些刀具暂时不再使用，根据刀具管理计算机指令，刀具运载交换装置将这些已使用过的刀具从各个加工单元的机床刀库取出，送回中央刀库，供下次某个加工单元需要时调用；如有一些需要重磨、重新调整以及一些断裂报废的刀具，可直接将其送至刀具装卸站进行更换或重磨。

4.5.4 柔性制造系统的控制与管理系统

FMS 的控制与管理系统，其任务是实现加工过程中系统运行状态的在线监测、数据采集、处理、分析，控制整个 FMS 的正常运行。它由计算机、工业控制机、可编程控制器、通信网络、数据库和相应的控制与管理软件组成，是 FMS 的神经中枢和核心部分。如图 4.26 为典型的 FMS 控制和管理系统。

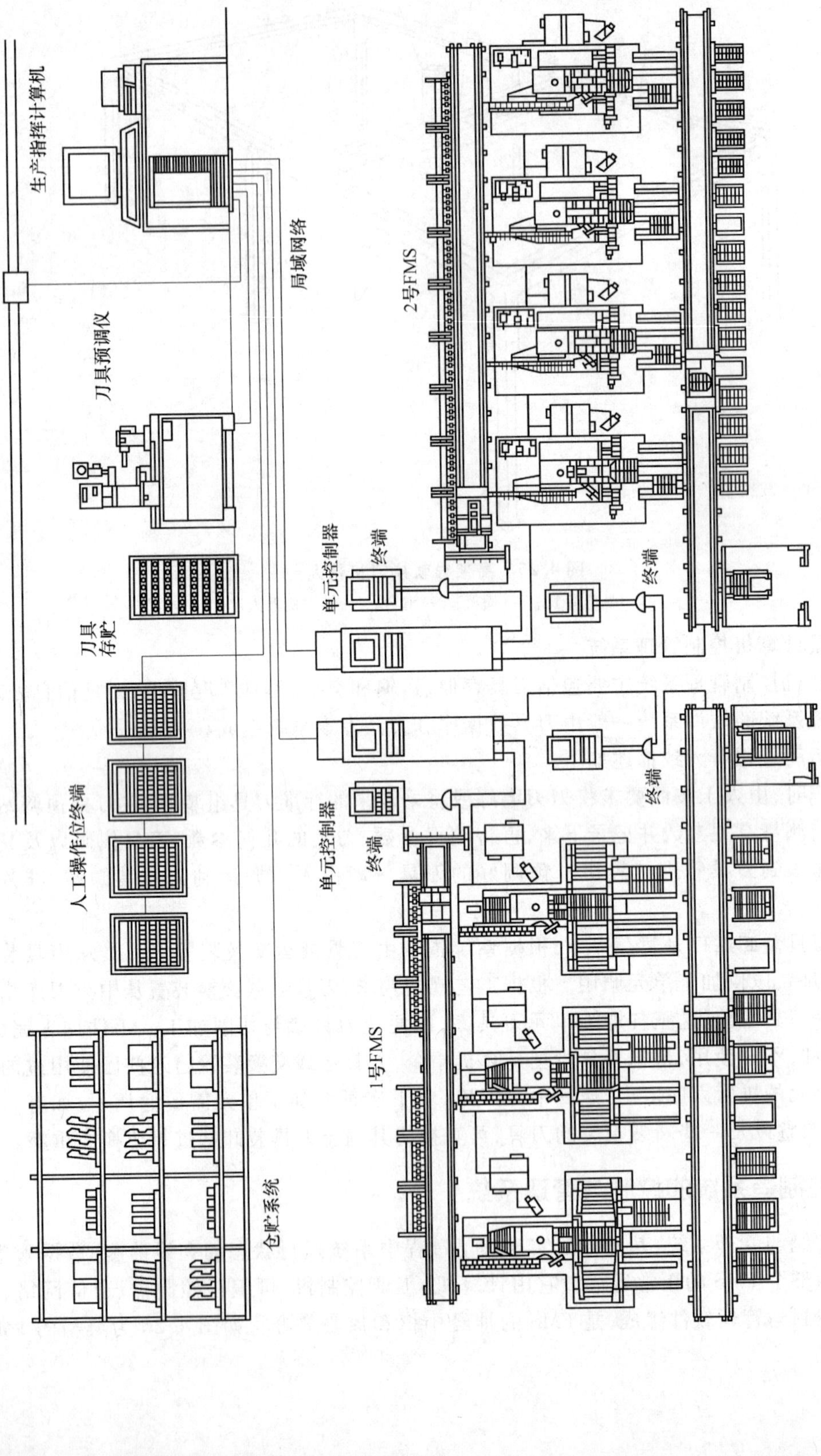

图 4.26 典型 FMS 的控制和管理系统

1. 控制与管理系统的结构组成

FMS 是一个复杂的自动化系统,其控制系统的体系结构和性能直接影响整个 FMS 的柔性、可靠性和自动化程度。FMS 的控制系统要对底层各种设备的运行进行实时的协调控制,其控制范围广,承担任务重,采用单台计算机进行集中控制是相当困难的。为此,对这种综合性的复杂自动控制系统进行功能分解,划分成若干层次分级控制,即采用多级计算机递阶控制结构。这样既分担了主控计算机的负荷,提高了控制系统的可靠性,同时也便于控制系统的设计和维护。

FMS 的控制系统一般采用四级递阶控制结构,包括车间层、单元层、工作站控制层、设备控制层。CIMS 模型中的五层(即工厂层、车间层、单元层、工作站层和设备层)递阶控制结构中,车间层以下的四级递阶控制就是 FMS 的控制系统结构。车间控制即是 FMS 的最高控制级。

(1) 车间层

车间层主要控制产品设计、工艺设计、仿真分析等设计信息的流向;管理车间级的产品信息和设备信息,包括作业计划、工具管理、在制品(包括半成品、毛坯)管理、技术资料管理等。

(2) 单元层

单元层执行上级下达的生产任务,制定系统生产作业计划,实时分配并监控所有下属工作站的作业任务。单元控制器是承上启下的关键环节。

(3) 工作站层

工作站层主要协调工件在系统中的流动,完成各设备间的交接、系统运行状态的监视与控制、加工程序的分配、工况和设备运行数据的采集以及向上级控制器报告等。现场操作人员主要通过该层界面实现对整个系统的实时运控与现场调度。

(4) 设备层

设备层由各种现场生产设备,加工机床、机器人、AGV、自动化仓库等设备的 CNC 装置和 PLC 逻辑控制装置组成,在设备控制单元的控制下完成规定的生产任务,并通过传感器采集并向上级系统反馈现场数据和控制信息,以便进行加工过程的监测和管理。

2. FMS 单元控制器

在 CIMS 五层递阶控制模型中,工厂层控制器是最高一级的控制,履行厂级职能,其主要功能为生产管理、信息管理和制造工程;车间控制器是 FMS 的上级控制级,应具有与工厂级控制器连接并接受其控制的能力。

而单元控制器是自动化车间作业计划的分解决策者和具体执行机构,同时也是实时信息的反馈及处理重要环节。在一些无工作站控制器的系统中,它还承担起工作站控制器的职责,直接控制、管理和协调制造单元内生产及其相关活动。因此,它在制造自动化系统中起着举足轻重的作用。

(1) 单元控制器功能模型

图 4.27 所示 FMS 单元控制器功能模型,表达了单元控制器活动及数据的联系。

该模型由四个模块组成:

1) 系统建模模块　该模块的作用是以图形操作方式定义一个新的单元,修改已存单元的配置参数,其输入为一个单元的图形参数化模型,该模块可支持动态逻辑单元重构。

2) 制订计划模块　该模块有两个作用,其一是负责制定单元的旬生产计划;资源需求计划;根据单元的日生产进度重新修订旬计划。其二是根据已制订的旬计划制订出单元的日计划及相

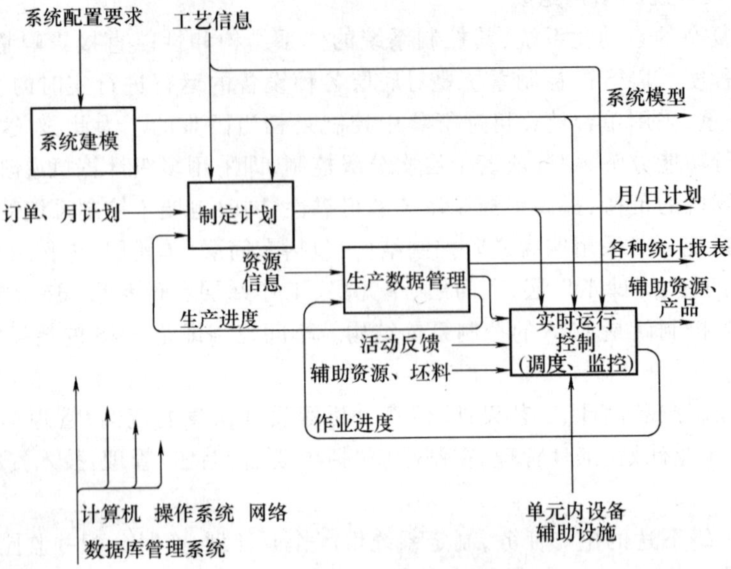

图 4.27　FMS 单元控制器功能模型

应的生产准备计划,并根据单元的日计划的完成情况实现日计划的滚动。

3）生产数据管理模块　该模块的作用为管理各类资源的静态和动态数据,为单元的每日计划生产提供所需的辅助资源信息,积累、统计设备的使用情况,产生设备日志;产生各种统计报表。

4）实时运控模块　该模块为单元运行时的实际指挥者,控制单元内各设备活动的开始。当有活动结束或资源状态发生改变时,能够产生新的活动指令,使得单元内各设备能够有条不紊地协调运行。从上可以看出,该模块可以认为是单元的实时调度与实时监控。

(2) 单元控制器体系结构

所谓单元控制器的体系结构是指用来描述其组成及各组成之间相互关系的参考或框架结构。为了满足 CIMS 系统的要求,该结构必须具备开放体系结构,具备时间和空间上的开放性,即在空间上其有互连性和可扩充性,在时间上具有连续性,以满足企业的多供货商、多变需求的外部环境。

单元控制器开放体系结构如图 4.28 所示,它由核心功能服务、信息服务、通讯服务、前端服务四大部分组成。

1）核心功能服务　核心功能服务提供单元层最核心、最基本的领域过程服务,这些服务是指计划、调度和监控服务,通过这些服务,实现单元控制器的基本功能。

2）信息服务　信息服务提供单元控制器数据的存储和检索,保证数据的一致性和有效性,它不要求用户去了解数据存储于何处和如何存储。

3）通讯服务　单元控制器作为 CIMS 计算机网络上的一个节点,其内部的信息交换是通过数据交换服务完成的,而与网上其它节点之间的信息交换则是由数据交换和通讯管理两个服务共同完成的,用户并不要求知道具体的通讯过程和与其通讯的实体位置。

4）前端服务　前端服务以统一的方式表示所有的外部数据处理设备,如 NC 机床、机器人控制器、可编程控制器等,并实现外部设备与单元控制器内部的各种服务的处理。

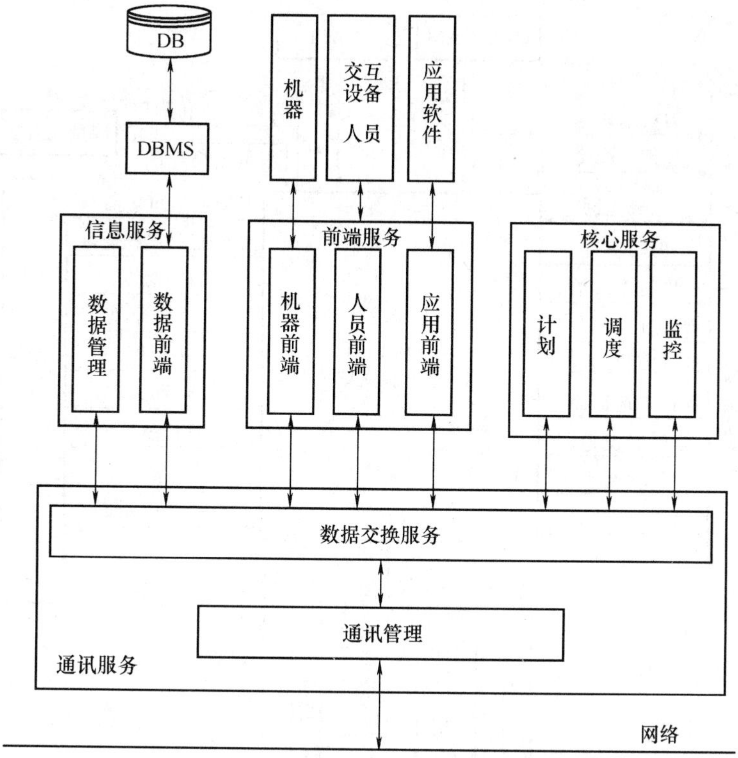

图 4.28 单元控制器的开放体系结构模型

因为这样的单元控制器的体系结构是开放的，故在单元控制器这个平台基础上可以开发出一系列应用软件模块以供选择，平台通过应用前端与不同应用软件模块的灵活组合，使得单元控制器可以满足不同用户的要求，或者同一用户的不同要求。

3. 控制与管理系统的信息流

在 FMS 的四级递阶控制结构中，每层的信息流都是双向流动的。向下可下达控制指令，分配控制任务，监控下层的作业过程；向上可反馈运行状态，报告现场生产数据。FMS 所涉及的信息内容、类型及流动方向如图 4.29 所示，它说明了单元控制器与各设备工作站之间的信息通讯联系。

4.5.5 柔性制造系统的发展趋势

FMS 已经进入实用化阶段，并且随着相关科学技术的发展，它不断引入新的技术，适应新的需要。FMS 的主要发展趋势有：

（1）小型化

早期 FMS 强调功能的完善和柔性好，但因此也造成了成本高、技术难度大、系统复杂、难以维护和推广的问题。为了适应众多中小型企业的需要，FMS 开始向小型、经济、易操作和维修的方向发展，因此 FMC 开始得到众多用户的认可。

（2）模块化、集成化

为了有利于 FMS 的制造厂商组织生产、降低成本，有利于用户分期、按需、有选择地购买设备，逐步扩展和集成 FMS，FMS 的软硬件都向模块化方向发展，并由这些基本模块集成 FMS，并以

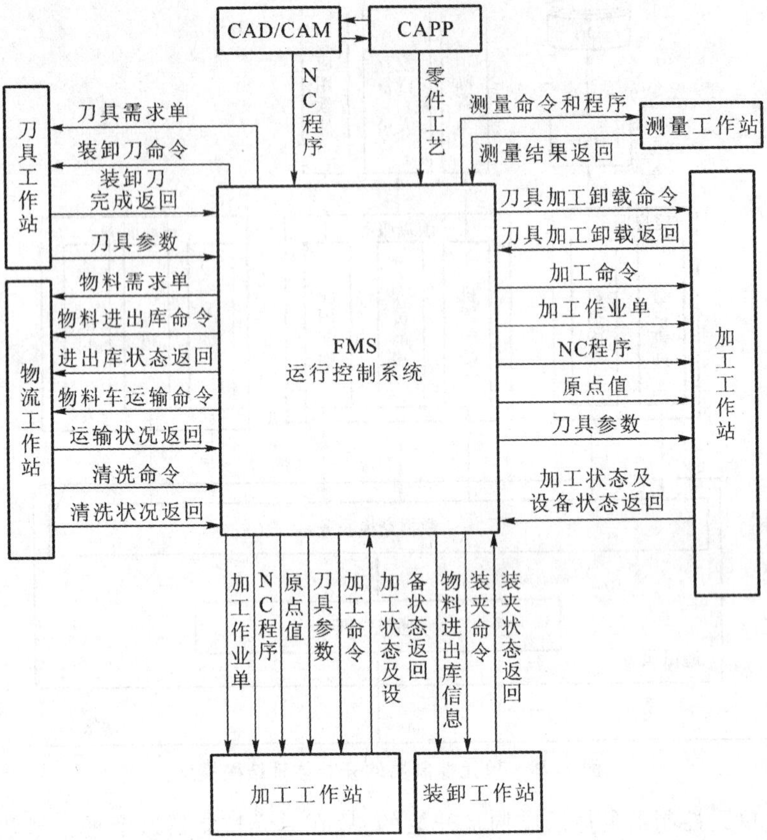

图 4.29　FMS 的信息流

FMS 为基础进一步集成 CIMS。

(3) 单项技术性能和系统性能不断提高

例如，采用各种新技术，提高加工精度、加工效率；综合利用先进的检测手段、网络、数据库和人工智能技术，提高 FMS 各个环节的自我诊断、自我排错、自我积累、自我学习能力。

(4) 应用范围逐步扩大

从加工批量上，FMS 向适合单件和大批量方向扩展；另一方面，FMS 从传统的金属切削加工向金属热加工、装配等整个机械制造范围发展。

4.6　现代集成制造系统

近半个世纪来，制造业间的竞争日趋激烈。制造业市场已从传统的“相对稳定”逐步演变成“动态多变”的局面，其竞争的范围也从局部地区扩展到全球范围。制造企业间激烈竞争的核心是产品。现代集成制造系统(Contemporary Integrated Manufacturing System)是将信息技术、现代管理技术和制造技术相结合，并应用于企业全生命周期各个阶段，通过信息集成，过程优化及资源优化，实现物流、信息流、资金流的集成和优化运行，实现企业新产品开发的上市快、质量高、成本低、服务好、环境清洁的目标，从而提高企业制造过程的市场应变能力和竞争力。这里的制造是“广义制造”的概念，它包括了产品全生命周期各类活动——市场需求分析、产品定义、研究开发、设计、生产、支持（包括质量、销售、采购、发送、服务）及产品最后报废、环境处理等的集合。现代集成制造系统是由计算机集成制造系统（Computer Integrated Manufacturing System）拓展而来的，因此，首先来了解一下计算机集成制造及计算机集成制造系统的相关内容。

4.6.1 计算机集成制造和计算机集成制造系统的概念

计算机集成制造（Computer Integrated Manufacturing, CIM）的概念是由美国的 Joseph Harrington 博士在 1974 年出版的《Computer Integrated Manufacturing》一书中正式提出的。他从系统论和信息化的角度出发，提出了两个重要观点。一是系统观，企业生产经营的各个环节，从市场分析、产品开发、加工制造、管理、销售到售后服务，都应看成是一个整体，须用系统工程的观点和系统分析的方法来观察企业的生产经营问题；二是制造信息观，企业生产经营过程实质是信息采集、传递、加工处理的过程，其最终产品是信息的物质表现。计算机集成制造是一种理念，基于这样的理念，借助于以计算机为核心的信息技术，将企业中各种与制造有关的技术系统集成起来，使企业得到整体优化，从而提高企业适应市场竞争的能力。从 20 世纪 80 年代初，这种先进理念开始受到制造领域的重视，并付诸实施。

1. CIM 及 CIMS 的定义

人们在研究和实践计算机集成制造的过程中，CIM 的概念在变化、完善和提高。我国在 1986 年开始实施旨在振兴高科技实力的国家 863 计划，863/CIMS 主题中提出，CIM 是一种组织管理企业的新理念，它将传统的制造技术与现代信息技术、管理技术、自动化技术、系统工程技术等有机地结合，将企业生产全过程中有关人/机构、经营管理和技术三要素，及其信息流、物质流和能量流有机地集成并优化运行，以实现产品上市快（Time）、质量高（Quality）、成本低（Cost）、服务好（Service），从而使企业在市场竞争中取胜。

计算机集成制造系统（CIMS），则是基于 CIM 理念而组成的一种工程集成系统，是 CIM 的具体实现。

CIMS 的核心在于集成，不仅是综合集成企业内各生产环节的有关技术，如计算机辅助经营决策与生产管理技术（MIS、OA、MRPⅡ）、计算机辅助设计和分析技术（CAD、CAE、CAPP）、计算机辅助制造技术（CNC、DNC、FMC、FMS、CAM）、计算机辅助质量管理与控制技术等，更重要的是将被称之为 CIMS 三要素的企业内的人/机构、经营管理和技术的有效集成。三个要素之间相互作用、相互制约。CIMS 三要素的集成如图 4.30 所示。

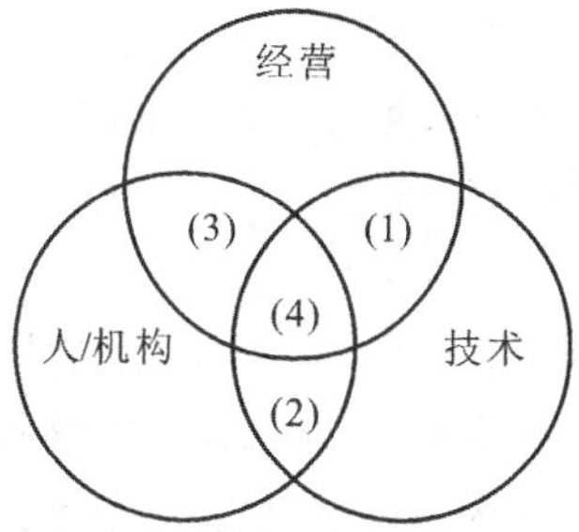

图 4.30 CIMS 三要素的集成

（1）经营管理与技术的集成

以使用技术支持经营，即利用计算机技术、自动化技术、制造技术以及信息技术等各种工程技术，支持企业达到预期的经营目标。

（2）人/机构与技术的集成

以使用技术支持人员工作，即利用各种工程技术支持企业中各类人员的工作，使之互相配合，协调一致，发挥最大的工作效率。

（3）人/机构与经营管理的集成

以设置机构/人员的协调工作支持经营活动,即通过人员素质的提高和组织机构的改进来支持企业的经营和管理。

(4) CIMS 三要素的综合集成

CIMS 三要素的综合集成使企业达到整体优化。

在 CIMS 集成的诸要素中,人的作用最为关键。企业经营思想能否正确贯彻,首先要通过人来实现;先进技术能否发挥作用,真正改善经营,取得经济效益,归根结底也取决于人。从 20 世纪 70 年代至 90 年代初期,工业发达国家付出了极大努力,将制造业的系统观点、CIM 系统的概念和技术加以发展,并付诸实践,以期获得 CIM 的潜在效益。但大多数实施 CIMS 的企业并未取得预期的效果。人们在生产实践中逐渐认识到,制造企业缺乏足够的合格工程师是一个重要的原因。CIMS 技术对于忽视人力资源要素造成的影响特别敏感,由此产生了制造系统运作的新观点,即培养 CIMS 企业的人的能力,进而开发出新的制造技术。这样 CIM 概念就开始从以技术为中心向以管理为中心转变。

2. CIMS 的发展阶段

从系统集成优化的角度可将 CIMS 技术的发展划分为三个阶段:信息集成、过程集成和企业间集成。

(1) 信息集成

CIMS 发展的初期主要研究信息集成,信息集成是为了解决企业中各个自动化孤岛之间的信息交换与共享,其主要内容有:① 企业建模、系统设计方法、软件工具和规范。② 异构环境和子系统的信息集成。早期信息集成的实现方法主要通过局域网和数据库来实现。近期采用企业网、外联网、产品数据管理(PDM)、集成平台和框架技术来实现。值得指出的是,基于面向对象技术、软构件技术和 WEB 技术的集成框架已成为系统信息集成的重要支撑工具。

(2) 过程集成

传统的产品开发模式采用串行产品开发流程,设计与加工生产是两个独立的功能部门,缺乏数字化产品定义、DFA/DFM 工具和产品数据管理,缺乏支持群组协同工作的计算机与网络环境。并行工程则较好地解决了这些问题,它组成多学科团队,尽可能多地将产品设计中的各个串行过程转变为并行过程,在早期设计阶段采用 CAX、DFX 工具考虑可制造性(DFM)、可装配性(DFA)和质量(DFQ),以减少返工,缩短开发时间。

(3) 企业间集成

企业间集成优化是企业内外部资源的优化利用,实现分散化网络化制造、敏捷制造,以适应知识经济、全球经济、全球制造的新形势。从管理的角度,企业间实现企业动态联盟(Virtual Enterprise),形成扁平式企业的组织管理结构和“哑铃型企业”,克服“小而全”、“大而全”,实现产品型企业,增强新产品的设计开发能力和市场开拓能力,发挥人在系统中的重要作用等。

企业间集成的关键技术包括信息集成技术、并行工程的关键技术、虚拟制造、支持敏捷工程的使能技术系统,基于网络(如 Internet/Intranet/Extranet)的敏捷制造以及资源优化(如 ERP、供应链、电子商务)等。

4.6.2 计算机集成制造系统的组成

从系统的功能角度考虑,CIMS 通常包含了一个制造企业的经营管理、设计、质量控制、制造四类主要功能,要使这四类功能有机地集成起来,还需要两个公共支撑系统,即计算机网络、分布式数据库及其指导集成运行的系统技术。因此,一般认为 CIMS 可由管理信息分系统(MIS)、技术信息分系统(TIS)、制造自动化分系统(MAS)、质量信息分系统(QIS)等应用分系统,以及网络、数据库分系统(NET&DB)两个支撑分系统组成,如图 4.31 所示。

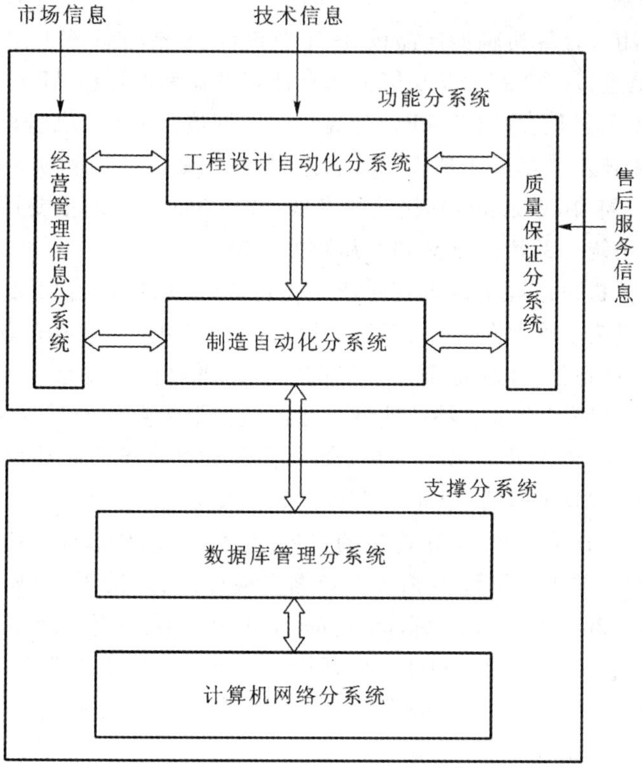

图 4.31 CIMS 的组成

需要说明的是,CIMS 的这种组成结构并不意味着任何一个企业在实施 CIMS 时都必须同时实现所有的六个分系统。由于每个企业原有的基础不同,各自所处的环境不同,因此应根据企业的具体需求和条件,在 CIM 思想指导下进行局部实施或分步实施,逐步延伸,最终实现 CIMS 的建设目标。

1. 经营管理信息分系统

经营管理信息分系统是将企业生产经营过程中产、供、销、人、财、物等进行统一管理的计算机应用系统,是 CIMS 的神经中枢,指挥与控制着 CIMS 其它各部分有条不紊地工作。经营管理信息分系统具有三方面的基本功能:

(1) 信息处理

包括信息的收集、传输、加工和查询。

(2) 事务管理

包括经营计划管理、物料管理、生产管理、财务管理、人力资源管理等。

(3) 辅助决策

分析归纳现有信息，利用数学方法预测未来，提供企业经营管理过程中的辅助决策信息。

经营管理信息分系统的核心是制造资源计划 MRP Ⅱ。它能通过其功能模块，将企业内的各个管理环节有机地结合起来，在统一的数据环境下实现管理信息的集成，从而达到缩短产品生产周期、减少库存、降低流动资金、提高企业应变能力的目的。

2. 技术信息分系统

技术信息分系统用于计算机辅助产品设计、工艺设计、制造准备等工作。目的是使产品开发活动更高效、更优质地进行。它的主要功能模块有计算机辅助设计（CAD）、计算机辅助工程分析（CAE）、计算机辅助工艺过程设计（CAPP）、计算机辅助制造（CAM）、成组技术（GT）等。

CAD、CAPP、CAM 技术最初处于独立发展状态，相互间缺乏通信和联系。CIM 理念的提出和发展使 CAD/CAPP/CAM 集成技术得到快速的发展，并成为 CIMS 的重要性能指标。实现 3C 技术集成的途径可归纳为统一的产品定义和产品数据交换。

产品定义是用计算机可以理解的语言对产品进行表达，以便进行信息交换，实现信息共享。由于产品的几何信息是表达产品的基本信息，所以对产品几何形状表达的研究一直受到重视，先后出现了线框造型、表面造型、实体造型等。但这些方法难以构造复杂零件的几何形状，且不能表达加工信息等，因此后来又出现了特征造型。特征造型把参数化的基本体素定义为特征，用特征通过体素的拼合构造零件的几何形状。基于特征造型的产品模型能够表达工艺设计和产品制造所需的信息，是实现 CAD/CAPP/CAM 集成的一个有效途径。

产品数据交换是 CAD、CAPP、CAM 连接的接口，是实现 CAD/CAPP/CAM 集成的基础，人们对此进行了大量的研究，并提出了许多相关的数据交换标准，如美国 CAM - Ⅰ 提出的初始化图形交换规范（Initial Graphics Exchange Specification，IGES），国际标准化组织（ISO）制定的产品模型数据的交换标准（Standard for The Exchange of Product Model Data，STEP）。IGES 主要能解决二维图样的信息共享；而 STEP 是以中性格式概括出一个在产品生存期内具有完整性和集成性的计算机化的产品模型所需的信息，它能完整地表示产品的数据，应用领域广泛。

3. 制造自动化分系统

制造自动化分系统由数控机床、加工中心、柔性制造单元或柔性制造系统、清洗机、测量机、运输小车、立体仓库、多级分布式控制（管理）计算机等设备及相应的支持软件组成。制造自动化分系统位于企业制造环境的底层，是直接完成制造活动的基本环节。它是 CIMS 的信息流和物料流的结合点，是 CIMS 最终产生经济效益的聚集地。

4. 质量保证分系统

质量保证分系统包括质量保证计划、质量检测、质量评价、控制与跟踪等功能。该系统保证从产品设计、制造、检测到后勤服务覆盖产品生命周期的各个阶段的质量，以实现产品高质量、低成本，提高企业竞争力的目的。它由质量计划子系统、质量检测管理子系统、质量分析评价子系统、质量信息综合管理与反馈控制子系统等四个子系统组成。

5. 数据库管理分系统

数据库管理分系统是 CIMS 的一个支撑分系统，它是 CIMS 信息集成的关键之一。在 CIMS 环境下的经营管理数据、工程技术数据、制造控制和质量保证等各类数据需要在一个结构合理的数据库系统里进行存储和调用，以满足各分系统信息的交换和共享，达到集成的目的。由于位于不同结点上的计算机所处理的数据类型不同，因此集成的数据管理系统采用分布式异型数据库技术,通过互联的网络体系结构完成全局的数据调用和分布式的事务处理是一种有效的方法。

产品数据管理(PDM)是一种关键的使能技术,它可以用于支持各种项目的实施(包括CIMS、并行工程和业务流重组等)。PDM 看做是工程数据管理、工程文献管理、产品信息管理(PIM)、技术信息管理(TIM)等的一种通用扩展。

PDM 系统跟踪了设计、制造、加工以及产品维护、服务所需的大量数据和信息。更具体地说,这些信息包括了零件说明、BOM、配置(结构)、文档、CAD 文件和授权信息等。PDM 控制了所有与产品定义及管理相关的过程,包括授权及发布信息。

企业的生存和发展都是围绕着产品而进行的,产品是企业的数据源。作为产品的数据源头,CAD 在产品制造、生产供应、产品销售、目标成本中也存在数据一致性的问题,即 CAD 本身也存在协调和并行工作的统一问题。如何解决 MIS、MAS、QIS、TIS 相互集成的瓶颈,PDM 提供了一种新的技术方法。目前,国外很多工业集团(如 AIRBUS、ABB、波音等)已经成功地实施了企业级 PDM,国内企业级的 PDM 应用尚属起步阶段。PDM 将成为新的 CIMS 中一个重要系统。

PDM 系统不仅仅是面向设计,更重要的是它也面向管理,是设计和管理系统的桥梁和纽带。现行的 MRPⅡ软件虽已发展到包括了企业产、供、销、人、财、物等全面的信息管理,但终究其基本思想是解决在市场竞争中产品的资源合理调配问题。而对现代企业管理而言,这一高度是不够的。现代企业大多是“哑铃型”结构,这就是设计和市场,它使产品在设计阶段的设计成本、财务成本、销售成本能得到及时反映,因此 PDM 将扮演重要角色。

6. 计算机网络分系统

计算机网络分系统是 CIMS 的又一主要支撑技术,是 CIMS 重要的信息集成工具。它们在统一的通信协议下,实现异种机互联、异构局域网络及多种网络互联。它以分布为手段,满足各应用分系统对网络支持的不同需求,支持资源共享、分布处理、分布数据库、分层递阶和实时控制。

依照企业覆盖地理范围的大小,有两种计算机网络可供 CIMS 采用:一种为局域网,另一种为广域网。目前,CIMS 一般以互联的局域网为主,如果工厂厂区的地理范围相当大,局域网可能要通过远程网进行互联。

随着市场竞争的加剧和信息技术的飞速发展,企业的 CIMS 已从内部的 CIMS 发展到更开放、范围更大的企业间的集成。如设计自动化分系统,可以在因特网或其它广域网上的异地联合设计;企业的经营、销售及服务也可以是基于因特网的电子商务(EC),供需链管理(Supply Chain Management);产品的加工、制造也可实现基于因特网的异地制造。这样,企业内、外部资源更充分地利用,有利于以更大的竞争优势响应市场。

CIMS 在数据库系统和计算机网络系统的支持下可方便地实现各个功能分系统之间的通信,有效地保证全系统的功能集成。CIMS 各功能分系统之间的信息交换如图 4.32 所示。

4.6.3 计算机集成制造系统的递阶控制结构

CIMS 是一个复杂庞大的工程系统,一般采用分级控制系统结构,也称递阶控制结构。美国国家标准与技术研究所在进行 CIMS 技术研究时,曾提出了著名的 CIMS 五级递阶控制结构模型,如图 4.33 所示。这五级递阶控制结构为工厂级、车间级、单元级、工作站级和设备级。其中,每一级可分解为多个模块,各模块具有相对独立的功能,便于开发和管理。采用层次结构描述 CIMS 时,模块之间、层次之间依靠信息传递取得联系,并据此协调相互间的关系,实现上层对下

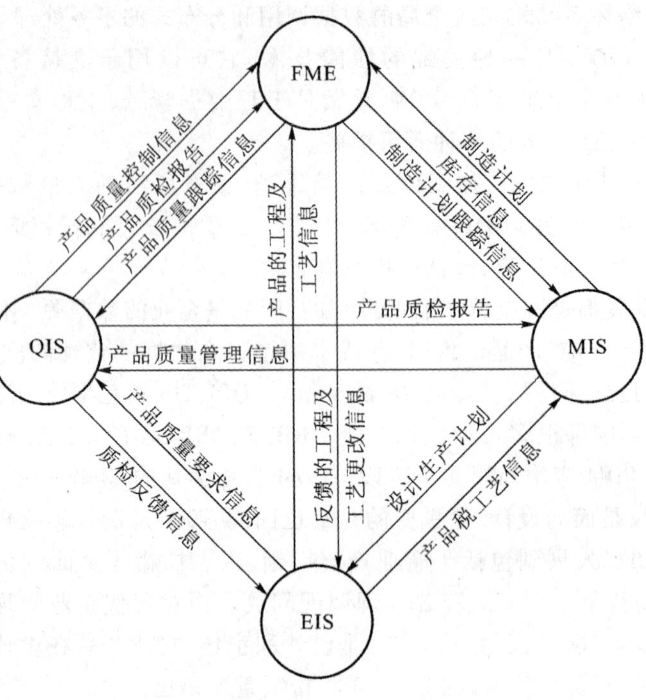

图 4.32　CIMS 各功能分系统之间的信息交换

MIS—管理信息系统；EIS—工程信息系统；FME—柔性制造设备；QIS—质量信息系统

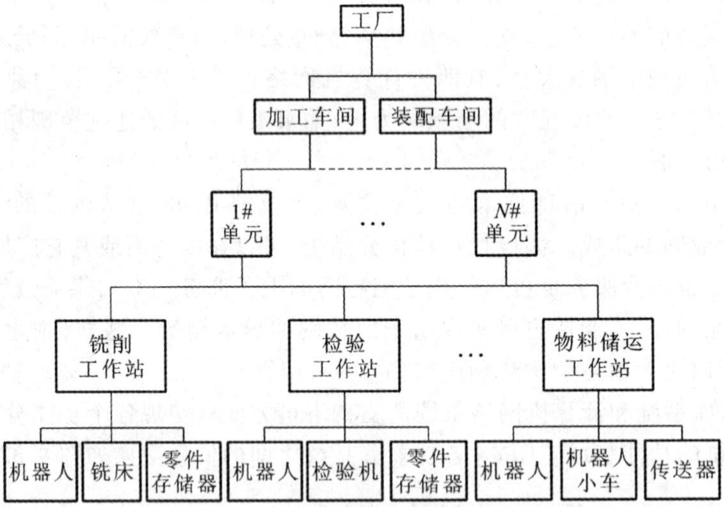

图 4.33　CIMS 五级递阶控制结构模型

层的控制，以及将下层的状态信息进行及时的反馈。这种控制模式包容了制造业的全部功能和活动，体现了集中和分散相结合的控制原理，已被国际社会广泛认可和引用。

1. 工厂级

工厂级是企业最高的管理决策层，具有市场预测、制定长期生产计划，确定生产资源需求，制定资源计划、产品开发以及工艺过程规划的功能，同时还应具有成本核算、库存统计、用户订单处理等厂级经营管理的功能。工厂级的规划周期一般从几个月到几年时间。

2. 车间级

车间级是根据工厂级的生产计划协调车间生产作业和资源配置，包括从设计部门的CAD/CAM系统中接受产品物料清单，从CAPP系统中接受工艺过程数据，并根据工厂级的生产计划和物料需求计划进行车间内各单元的作业管理和资源分配。其中，作业管理包括作业订单的制定、发放和管理，安排加工设备、刀具、夹具、机器人、物料运输设备的预防性维修等工作；而资源分配是将设备、托盘、刀具、夹具等根据作业计划分配给相应的工作站。车间级的决策周期一般为几周到几个月。

3. 单元级

单元级主要完成本单元的作业调度，包括零件在各工作站的作业顺序、作业指令的发放和管理、协调工作站间的物料运输、进行机床和操作者的任务分配及调度，并将实际的质量数据与零件的技术规范进行比较，将实际的运行状态与允许的状态条件进行比较，以便在必要时采取措施以保证生产过程的正常进行。单元级的规划时间在几小时到几周的范围内。

4. 工作站级

工作站级的任务是负责指挥和协调车间中一个设备小组的活动，它的规划时间可以从几分钟到几个小时。制造系统中的工作站可分为加工工作站、检测工作站、刀具管理工作站、物料储运工作站等。完成加工工件安装、夹紧、切削加工、检测、切屑清除、工件卸除等工作顺序的控制、协调与监控任务。

5. 设备级

设备级包括各种设备（如加工机床、机器人、坐标测量机、无人小车等）控制器。设备级执行上层的控制命令，完成加工、测量、运输等任务。其响应时间从几毫秒到几分钟。

在上述的五级递阶控制结构中，工厂级和车间级主要完成计划方面的任务，确定企业生产什么，需要什么资源，确定企业长期目标和近期的任务；设备级是一个执行级，执行上级的控制命令；而企业生产监督管理任务则由车间级、单元级和工作站级完成，这里的车间级兼有计划和监督管理的双重功能。

4.6.4 现代集成制造系统

我国"现代集成制造系统"拓展了传统的"计算机集成制造系统"的要点，它是基于传统制造技术、信息技术、管理技术、自动化技术、系统工程技术的一门发展中的综合性技术，其中，特别是突出了信息技术的主导作用；具体而言，它得出了CIMS的现代化特征：数字化、信息化、智能化、集成优化、绿色化；强调了系统的观点，拓展了系统集成优化的内容：包括信息集成、过程集成和企业间集成优化；企业活动中三要素（人/组织、经营管理和技术）和三流（物流、信息流、资金流）的集成优化；突出了管理与技术的结合，以及人在系统中的重要作用。因此更具广义性、开放性和持久性。

系统集成优化是现代集成制造系统的关键，它将原先的信息集成（以早期计算机集成制造为代表）进一步扩展到过程集成（以并行工程为代表）和企业间集成（以敏捷制造为代表），三类集成优化技术也还在不断发展之中。下面来看一下这三个方面集成优化技术。

(1) 信息集成优化

信息集成主要解决企业中各个自动化孤岛之间的信息交换与共享,其主要内容有:1) 企业建模、系统设计方法、软件工具和规范。2) 异构环境和子系统的信息集成。

(2) 过程集成优化

支持并行工程的多学科的协同工作小组以及计算机网络支持下的集成工作环境和集成框架等。

(3) 企业间集成优化

企业间集成优化是企业内外部资源的优化利用,实现敏捷制造,以适应知识经济、全球经济、全球制造的新形势。从管理的角度,企业间实现企业动态联盟(Virtual Enterprise),形成扁平式企业的组织管理结构和"哑铃型企业",克服"小而全"、"大而全"的模式,实现产品型企业,增强新产品的设计开发能力和市场开拓能力,发挥人在系统中的重要作用等。

1. 现代集成制造系统的发展趋势

现代集成制造系统技术涵盖信息集成、过程集成和企业集成以及后续的新发展、新技术和新方法,其发展趋势主要是:

(1) 集成化

从当前的企业内部的信息集成和功能集成,发展到过程集成(以并行工程为代表),并正在步入实现企业间集成的阶段(以敏捷制造为代表)。

(2) 数字化/虚拟化

从产品的数字化设计开始,发展到产品全生命周期中各类活动、设备及实体的数字化。在数字化基础上,虚拟化技术正在迅速发展,主要包括虚拟现实(VR)应用、虚拟产品开发(VPD)、虚拟制造(VM)和虚拟企业(VE)等。

(3) 网络化

从基于局域网发展到基于 Intranet/Internet/Extranet 的分布网络制造,以支持全球制造策略的实现。

(4) 柔性化

正积极研究发展企业间动态联盟技术、敏捷设计生产技术、柔性可重组机器技术等,以实现敏捷制造。

(5) 智能化

智能化是制造系统在柔性化和集成化基础上进一步的发展与延伸,研究重点是引入各类人工智能和智能控制技术,实现具有自律、分布、智能、仿生、敏捷、分形等特点的新一代制造系统。

(6) 绿色化

绿色制造、环境意识的设计与制造、生态工厂、清洁化生产等概念是全球可持续发展战略在制造业中的体现,是摆在现代制造业面前的一个崭新而又十分紧迫的课题。

(7) 全球化

随着网络全球化、市场全球化、竞争全球化、经营全球化的出现,许多企业正积极采用"全球制造"和"网络制造"的策略。

(8) 标准化

在制造业向全球化、网络化、集成化、智能化发展的过程中,标准化技术(如 STEP)已显得愈来愈重要,它是信息集成、功能集成、过程集成和企业间集成的基础。

2. 国家863/CIMS主题“十五”目标及研究专题

国家863/CIMS主题“十五”总体目标为:在走新型工业化道路的战略部署指导下,围绕我国制造业实现技术创新与跨越发展,综合素质与竞争能力提高,有重点地突破一批能够带动我国制造业发展和升级的战略性、前沿性和前瞻性关键技术,开发现代集成制造系统关键支撑软件、平台及工具集,培养壮大我国现代集成制造技术研究的群体优势,发展相关应用软件产业及技术咨询服务业,并通过在重点行业、企业和区域开展重大集成应用和典型示范,促进具有自主知识产权的制造业信息化产业。

“十五”国家863/CIMS主题的五个研究专题如下:

(1) 行业/区域现代集成制造系统专题

面向我国重点行业和典型区域,研究开发若干行业/区域现代集成制造系统,并实施重大集成应用,以提高我国重点行业和典型区域的国际竞争力。

(2) 数字化设计与制造专题

结合技术难度高的重大复杂产品和设备的设计与制造过程,进行创新研究和开发,为企业提供共性的数字化设计与制造方法、软件工具集和集成化系统,促进中国企业市场竞争力的提高并带动制造业信息化软件产业及咨询服务业的发展。

(3) 过程自动化系统专题

以石化、冶金、化工、制药等流程工业企业为对象,以提高行业、企业经济效益,降低生产成本和增强企业国际竞争力。

(4) 企业管理与电子商务系统专题

重点研究适合我国国情的现代管理技术、现代企业管理模式与电子商务商业模式,开发支持企业经营管理、重组优化与电子商务的软件产品、平台及工具集。

(5) 网络化制造与系统集成专题

开展面向网络化制造的ASP(Application Services Provider,应用服务提供商)平台开发及应用、区域网络化制造系统、面向中小制造企业信息化的集成系统开发与应用等的研究。

4.7 分散化与网络化制造

4.7.1 分散化与网络化制造的概念

1. 分散化与网络化制造提出的背景

在知识经济时代,由于现代信息技术(IT)的快速发展、全球互联网(WWW)的日益普及,经济全球化、市场国际化、贸易和投资自由化以及竞争的世界化都成为制造业之间加强联合的主要推动力。世界各国在地理上分散的不同企业之间的联系越来越密切,制造业、制造技术和产品逐步走向国际化,制造业在全球范围内得到重组,传统的制造模式受到了极大的冲击。由于客户化市场的形成,任何企业,即使非跨国或地域的企业也不得不去适应由于用户全球化而形成的世界范围的制造网络。随着大批量生产模式(Mass Production)被大规模用户定制(Mass Customization)取代,用户对产品多样化的需求越来越明显,机械制造业开始向多品种小批量发展,要求新产品开发速度更快,产品生命周期不断缩短,生产批量越来越小,市场竞争日趋激烈。

敏捷制造企业成为 21 世纪的主要企业模式,制造企业获取信息并对信息作出及时反映的能力已经成为该企业的竞争优势所在。在这种形势下,任何一个国家或企业都不可能完全凭借自己的实力在全球市场竞争中取得胜利,国家或企业之间的联合设计、联合制造已经成为全球经济下的一种新趋势,无论是产品设计、物料供应还是产品制造都可以也应该分散在全球范围内进行,从而降低产品成本,提高产品质量,加快新产品开发速度,提高企业的灵敏度,进而增强其在全球市场中的竞争力。制造业迫切需要新的生产模式,分散化与网络化制造模式就是在这种情况下提出来的。

2. 分散化与网络化制造模式的含义

分散化与网络化制造通过信息技术、网络技术、计算机技术对产品制造过程中的人、物、信息及制造过程进行全面集成,能够在充分利用现有的社会资源(包括人力资源和设备资源)且不扩大环境污染的基础上,借助信息技术快速地以合理的成本将产品从设计转入生产,以适应市场的多变和用户的需要。其目标是通过信息技术和网络技术,将地理上呈分散状态的集团成员联系在一起,根据市场需求,迅速组成一个没有围墙的、超越空间约束并能够统一指挥的生产经营实体,建立动态联盟企业。简言之,分散化与网络化制造主要解决两个问题,即快速响应市场的需求和充分利用现有资源,从而保证可持续发展。这种分散化与网络化制造的模式通过 Internet/Extranet,将产品研发、加工制造、项目管理、客户支持、市场营销、采购供应集于一体,其联系可用图 4.34 示意。

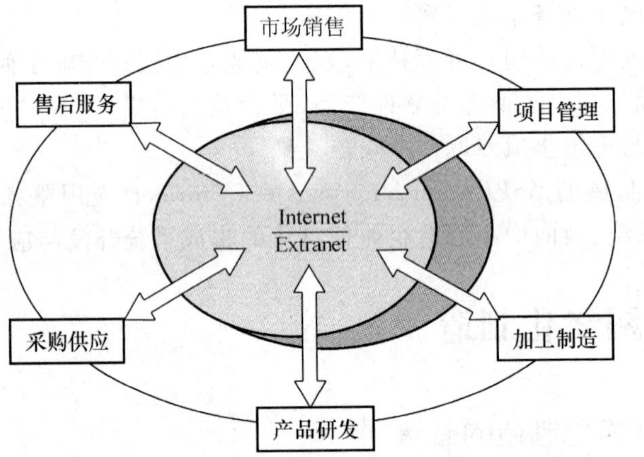

图 4.34 分散网络化制造各个环节之间的联系

分散化与网络化制造继承了先进制造模式的全生命周期的概念,各环节之间的紧密联系要求从产品研发开始,就要充分考虑到产品制造、市场销售、售后服务等产品生命周期中的各个阶段,从而尽可能减少不必要的“事故”,提高设计质量和效率。分散化与网络化设计借助于高性能的计算机网络,可以充分调动现有的即使是地理上分散的各种人力和物力资源,群策群力,形成最优化的设计生产方案,降低产品生产成本,缩短设计周期,从而增强产品的市场竞争能力。

3. 分散化与网络化制造的特征

分散化与网络化制造以敏捷化、分散化、动态化、协作化、集成化、数字化和网络化为基本特征。

(1) 敏捷化

敏捷化是网络化制造的核心思想之一。制造业在现今发展阶段面临的最大挑战是:市场环境的快速变化带来的不确定性;技术的迅速发展带来的设备和知识的更新速度加快;市场由卖方转为买方,市场正逐步走向全球化;产品特征由单一、标准化转变为顾客个性化,产品的寿命周期明显缩短;制造企业之间尽管不再是单纯的你死我活的竞争,但竞争的激烈程度有增无减。所有这一切都要求制造业具有快速反应外部环境变化的能力,即敏捷化的能力。网络联盟企业首先是建立与解散都具有相当的敏捷性;其次是具有适应市场迅速变化的生产管理方式。

(2) 分散化

分散化体现在两个方面:其一是资源分散性,包括制造硬件资源(如设备、物料、人力和知识等)分散在不同的组织内、不同的地域内、不同的文化条件下等;其二是指制造系统中生产经营管理决策的分散化。即在空间上,企业的"围墙"被打破,企业空间拓展到了远地,甚至走向了全球。

(3) 动态化

网络化制造联盟是针对市场需求和机遇,面向特定产品而组建的。它以最短的时间、最低的成本、最少的投资向市场推出高附加值的产品。而当市场机遇消失时,联盟解散,根据新的市场机遇重新组建新的联盟,因而该联盟是动态的。当然,动态网络联盟不排除合作过程中建立相互信任的良好关系,形成相对稳定的合作伙伴。

(4) 协作化

产品从设计、零部件制造、总装,直到产品销售、售后服务,都需要网络联盟合作伙伴之间的紧密配合,充分利用联盟企业中的各种资源。这种协作化是一个快速响应市场、完成共同战略目标的优化过程。

(5) 集成化

由于资源和决策的分散性特征,要充分发挥资源的效率,就必须将制造系统中各种分散的资源能够实现实时集成,分散资源的高效集成是网络化制造的目标之一。

(6) 数字化

借助信息技术,网络化制造能够实现真正完全无图纸的虚拟设计、数字化和虚拟化制造,帮助企业形成信息化的组织构架,实现企业内部、企业与外界的信息流、物流和资金流的顺畅传递,从而保证了产品设计与制造周期的缩短,降低成本,提高工作效率。

(7) 网络化

由于制造资源和市场的分散,实现快速重组必须建立在网络化的基础之上。因此,组建高效的网络联盟需要将电子网络作为支撑环境,并充分应用现代化通信技术与信息技术。

4.7.2 动态网络联盟

1. 动态联盟的定义与分类

动态联盟(Dynamic Alliance)是以信息技术为基础,在全球经济一体化的大环境下,为了赢得某一机遇性市场竞争,把一复杂产品迅速开发出来,并推向市场,由多个各有专长的敏捷型企业组成的临时联盟。联盟内的企业共同承担风险,分担义务,共享成果,进行产品的开发与生产。该动态联盟或虚拟企业的生命周期取决于产品市场机遇,机遇一旦消失,它即行解体。

动态联盟的基础是企业联盟网络,联盟网络可以直接建立在 Internet 上,也可以建立在专用网上。网络联盟企业与传统公司的根本差别见表 4.2。

表4.2　网络联盟企业与传统公司的差别

传统的制造企业	网络联盟企业
传统制造企业是一系列业务过程活动和策略实施的总和	网络联盟企业是产品生命周期所有过程和相关组织的集成
传统的制造企业按照一个线性的、稳定的、可以预测和控制的路线发展	网络联盟企业是根据市场机遇和竞争能力动态组合而成的
传统的制造企业组织结构是多层的金字塔式结构	网络联盟企业的组织结构是非常规的扁平网络
传统的制造企业的经营策略是“我赢你输”	网络联盟企业的经营策略是“合作伙伴大家赢”
在企业内部的各部门之间以及合作伙伴之间都有明显的界限	界限是模糊的、信息是透明的，以过程功能链和产品功能链为特征
信息是以分工为基础，在必要时按照优先级进行处理	信息按照其是否有用独立处理，有关人员都可分享
生产计划规定详细的内容，计划部门才有权加以修改，利用库存进行调整	生产计划并不规定很细，只有目标和任务。自主管理的制造单元对每个执行的中间结果负责

根据企业动态联盟组织形式的不同，可分为：

(1) 战略级联盟

企业之间为了战略目的而达成的长期合作计划。

(2) 项目级联盟

产品的开发过程分别由不同企业完成，或一个企业把项目中的某些过程完整地外包给伙伴企业，并提供完整的数据级技术规范。联盟以合同和信誉为基础，以共同获取利益为出发点。

(3) 专业产品级联盟

产品中的某些专业性很强的专业系统、辅助系统或零部件等的设计及生产必须由专业公司完成，负责产品的公司与这些公司之间形成的联盟关系为专业产品级联盟。

(4) 过程级联盟

联盟企业之间基于某一项目所涉及的各类资源及生产计划统一进行生产调度与分配，共同进行某些过程的活动，相互了解项目的进展情况，相互参与对方的过程，共享与互操作联盟企业的生产计划及资源，并根据项目的进展情况动态地调整自己的工作进程与调度策略。

2. 动态网络联盟企业要解决的主要问题与实施技术

为构建网络联盟企业，必须解决以下几个方面的问题：

(1) 合作关系

包括：① 建立评价网络联盟企业行为准则的方法；② 迅速建立信任机制并有效地维护它的方法；③ 在合作伙伴之间所有层次上和所有经营活动中，建立利益共享的工作小组关系的方法；④ 建立长期合作关系的方法；⑤ 明确合作单位与授权相适应的责任的决策方法。

(2) 核心能力

开发与发展核心能力，将是下一代制造企业与外界进行合作的窗口，并使企业从它的投资中获得最大的回报，开发与发展核心能力的方法如下：① 以一贯的战略观点，将管理集中于网络联盟企业内部的联系上;② 企业要超前提出新的核心能力需求;③ 对本企业做预资格审查的测试;④ 对合作伙伴的预资格审查,需采用统一标准规范化地进行可信的核心能力认定与评估;⑤ 确定何时和怎样最大化地使用网络化联盟企业的核心能力。

(3) 以顾客为中心

网络联盟企业必须以顾客为中心。包括:① 开发产品的方案以顾客为中心,产品可以定制、升级和反复应用:② 与顾客合作。

(4) 法律与财务支持

必须开发法律与财务的支持。包括:① 合作创建和编制一套有利于扩展企业的法律框架;② 开发出扩展企业风险/收益分析方法,以评估合作伙伴活动的财务收益;③ 开发一个智力产权协议范本,以供任何公司使用,简化网络联盟企业的建立。

(5) 经营系统

在网络化制造企业中,建立成功的经营系统应解决的主要问题是:① 态地组建网络联盟企业的方法,这些方法将由各种规模的制造组织的政策、实践而得到;② 发收益共享、风险共担的方法、法规,以及确定联盟企业中合作伙伴的责任的方法。

4.7.3 基于 Internet 的产品制造技术

1. 基于网络的制造执行系统

网络制造执行系统是进行制造的设备系统为满足网络化制造要求而组成的系统,关键是设置制造执行系统的 Agent,使得 Agent 能够体现其外部特征,代表制造执行系统的利益,负责与其它结点的交互与合作,以满足网络化制造的要求。

2. 基于网络的制造过程仿真与虚拟制造技术

在设计过程中要做到 DFX,其中很重要的一个要求就是面向制造的设计 DFM。为实现 DFM,就需要解决基于网络的制造过程仿真与虚拟制造技术。

3. 产品模型的人机工程评价

网络化设计的结果将转移到产品的制造环节,也就是说,在进行制造前,必须进行充分的测试。人机工程评价是设计循环的最后阶段,同时也是制造循环的开始,它将对产品的可用性进行评价,从而减少产品进入制造循环后修正设计缺陷所带来的损失。

4. 生产数据管理

数字化模型的分发必然涉及合理的生产数据管理问题。由于产品的生命周期与设计、创新、销售、分发以及维护等每一个环节有关,PDM 将缩短产品在设计与生产环节的停留时间,提高新产品开发的效率。PDM 作为网络制造的核心,融入于从需求收集、概念设计和详细设计到供应链集成与生产,产品维护的每一个环节之中。其中的关键问题是定义构架、整合数据的流转模型、完善不同的数据接口,为设计与生产中的进一步数据挖掘提供良好的数据与知识表示接口。

5. 计算机辅助工艺规划

作为生产中的一个重要环节,工艺规划与 PDM 等密切相关。其关键问题是如何实现与生产数据和工作流管理的无缝接口与协同,建立工艺规划、生产数据以及工作流层次化结构和流转模型。

6. 基于网络的制造过程监控技术和设备故障诊断技术

在网络化制造过程中可能会出现这样或那样的问题,因此,基于网络的制造过程监控技术和设备故障诊断技术将给设计人员和制造系统的联系带来极大的方便,使得设计人员可以及时地了解制造过程中的问题并加以解决。

思考题与习题

1. 阐述有限元方法的基本思想和求解问题的步骤。
2. 阐述派生式 CAPP、创成式 CAPP 的工作原理。
3. 试分析创成式 CAPP 与 CAPP 专家系统的区别。
4. 阐述数控语言编程的原理。
5. 试说明 FMS 的定义、特点,各种级别 FMS 的应用范围。
6. 阐述 FMS 的组成及功能。
7. 试说明 FMS 加工系统的配置型式及特点,加工单元的要求。
8. 分析工件流支持系统的组成、作用及工件流动的一般过程;刀具流支持系统的组成、作用及刀具流动的一般过程。
9. 试说明 FMS 的递阶控制结构。
10. CIMS 是怎样定义的?试比较现代集成制造系统与计算机集成制造系统的区别。
11. 阐述 CIMS 的组成及功能。
12. 试说明虚拟制造的含义、特点及分类。
13. 试说明网络化制造的含义及特征。
14. 动态联盟是怎样定义的?试比较它与传统制造企业的差别。

第5章　现代生产与控制

5.1　企业生产管理概述

5.1.1　企业生产计划

企业生产管理是对企业的生产进行计划、组织与控制，它以生产计划为主线，使各种资源按计划所规定的流程、时间和地点进行合理配置与管理。生产计划是企业生产管理的重要组成部分，是指由企业编制的全面安排本企业生产经营活动的计划。它对企业生产任务做出统筹安排，是企业组织生产活动的依据。企业计划管理是企业首要的、最基本的管理活动，其基本任务是通过科学的综合平衡，安排、组织和控制好企业的供应、生产、销售、技术、财务等各环节的工作，充分发挥现有人、财、物的资源优势，避免和减少各种浪费，求得企业的最佳经济效益。

企业生产计划的编制应结合国家的产业政策、市场需求与企业生产技术经济特点进行，要进行深入的调查研究，充分挖掘企业潜力，充分调动全体职工的积极性和创造性，经过科学预测和决策来确定计划指标，使企业计划具有一定的先进性，同时又要留有余地，切实可行。

企业生产计划按时间可分为长期计划、中期计划和短期计划；按管理层次可分为企业生产经营计划、职能部门计划、车间计划、班组计划；按计划内容可分为生产、销售、质量、供应、劳动、财务、新产品开发等计划。下面对企业中常见的一些计划内容进行说明。

1. 长期计划

规定企业远期(5年或5年以上)发展方向、规模和主要技术经济指标的纲领性计划，也称长远规划。在编制计划过程中，需要分析社会的政治经济发展趋势，进行必要的宏观经济预测和技术预测工作，分析企业的内部条件和发展潜力，充分发展企业优势，发展有特色、有竞争力的产品。长期计划一般包括产品发展方向、生产发展规模、工艺技术的发展趋势和水平、主要经济技术指标的发展水平、科研计划、职工教育培训计划以及其它如环境、协作、原材料供应等专门性问题的规划。

2. 中期计划

一年以上、5年以内(一般为1~5年)的计划，它以长期计划为依据，按照长期计划的执行情况和预计到的具体条件的变化进行编制。中期计划的内容与长期计划相同，但比长期计划具体，并有分年度指标。在执行过程中，逐年对资金、物资、人事、市场等进行平衡，制定出实施计划的具体措施以保证计划的连续性和稳定性。

3. 年度综合计划

年度综合计划也称年度生产经营计划，它是企业在计划年度内进行生产经营活动的奋斗目标和行动纲领，一般年度综合计划包括下列各项计划：

(1) 销售计划

规定企业在计划年度内销售产品的品种、数量，需要实现的销售收入、销售利润、销售方式等,一般根据销售合同和市场预测确定。

(2) 生产计划

规定企业生产年度内生产的产品品种、质量、数量和生产进度以及生产能力的利用程度。它以销售计划为主要的编制依据。

(3) 劳动工资计划

包括劳动生产率计划、职工人数计划、职工培训计划和工资计划。它是根据生产计划、技术组织措施计划等编制的。它对企业合理使用劳动力、提高生产效率、完成生产经营任务、降低产品成本起着重要的作用。

(4) 物资供应计划

规定企业在计划年度内所需要的各种原材料、燃料、动力和工具的数量、储备量供应量、供应渠道和供应期限等。它是根据生产计划、技术组织措施计划等编制的。它对企业合理利用和节约物资、完成生产经营任务、降低产品成本、减少流动资金占用量起着重要的作用。

(5) 成本计划

规定企业在计划年度内为生产和销售产品所需要的全部费用,各种产品的单位计划成本和可比产品成本的降低额、降低率。它主要以生产计划、劳动工资计划和物资供应计划为主要编制依据。它对企业节约人力、财力、物力和增加盈利起着保证和促进作用。

(6) 财务计划

包括固定资产计划、流动资金计划、利润计划、专用基金计划和财务收支计划。它规定企业在计划年度内的固定资产折旧费、大修费、流动资金需要量和流动资金周转速度、利润总额、利润率、各种专用基金的收入与支出、企业同财务部门和银行的往来关系等。它对于企业合理和及时组织各项费用的资金来源、保证企业生产经营活动的顺利进行起着重要作用。

(7) 技术组织措施计划

规定企业在计划年度内改进技术和改进组织的各项措施的项目、进度、预期的经济效果,以及实现措施所需要的人力、材料、费用和负责执行的单位。它是实现各项计划的技术组织保证,对企业挖掘内部潜力、克服薄弱环节、保证全面完成计划,特别是增产节约计划,起着重要的作用。

(8) 其它计划

上述七项计划是年度综合计划的基本组成部分。按照企业不同的特点和客观需要,往往还编制一些其它计划。有新产品试制和老产品改进任务的企业,要编制生产技术准备计划。厂内运输工作量大的企业,要编制厂内运输计划等。各项计划都有特定的内容和作用,彼此不能互相代替,但它们又是互相联系,互相制约,从而形成一个有机的整体。

4. 年度分季分月计划

将全年的计划任务分配到各个季度、各个月份的具体计划,又称为按季按月的产品出产进度安排。编制年度分季分月计划可以使全年的计划任务从时间上进一步落实。便于年度计划的执行和检查,便于企业做好各项生产准备工作,保证企业各个生产环节的平衡衔接,使企业均衡地进行生产,有效地利用人力、物力、财力,提高经济效率。

按季按月的产品出产进度的要求是:保证合同规定的交货期限;保证机器设备的负荷均衡;保证生产技术准备工作与投产时间相互衔接。大量生产企业的产品出产进度安排主要是确定各季各月的平均日产量。多品种成批生产主要在满足交货期限的要求下,对同类型的产品尽可能集中安排在一个时期内进行生产,以便减少同期生产的品种,扩大产品批量。单件生产企业对于生产周期长的产品可按产品生产周期进度表或网络图的最早、最迟开工时间安排出产进度。

5. 职能部门计划

企业内部职能部门的工作计划。它是根据企业的生产经营计划以及本部门分管的职责范围制定的。职能部门计划的主要内容包括本部门职责范围内所要完成的主要业务项目、目标和要求,实现本部门直接负责完成或归口分管的技术经济指标的规划和有关技术组织措施计划等。职能部门按照职责分工和岗位责任制的要求,把本部门的计划、目标和措施分解落实到每个职能人员,制定职能人员的个人计划。

6. 车间计划

车间的生产技术经济计划。车间计划是企业计划的重要组成部分,是组织领导车间生产技术经济活动的基本依据。车间计划根据厂部下达的指标和提出的要求,按照本车间生产技术特点、生产条件、组织形式和承担的责任进行编制。车间计划一般包括车间生产计划、车间生产作业计划、车间的劳动工资计划、车间成本计划和车间技术组织措施计划等。

7. 班组计划

企业内部按班组编制的生产计划。它根据分解下达的计划任务,结合班组的具体情况制定,是企业和车间计划的具体化。班组计划的内容根据各个班组的生产特点和分工职责来确定,通常包括产品产量、质量、工时消耗、物资消耗和费用等与班组的生产直接有关的计划指标。班组计划要落实到每个岗位、机台和个人,使班组工人明确自己应该完成的任务,以利于责任制的贯彻执行、工人技术水平的提高和班组经济核算的开展,并保证企业和车间计划的完成。

8. 滚动计划

根据计划的执行和条件的变化,调整和修改未来的计划,并逐期向前移动,把近期计划和长期计划结合起来的一种计划,在计划编制过程中,特别是时间较长的计划,很难准确地预测影响经济发展的各种因素,因此可以采用近细远粗的方法,近期定的较细、较具体,远期定得较粗、较概略。在一个计划终了时,根据本期计划的执行结果和生产条件、市场变化,对原定计划进行必要的调整和修订,并根据同样的原则,逐期滚动,编制和修改未来各期计划和长期计划。每次制定和调整计划时,均将计划期顺序向前推进一期,如此不断滚动,不断延伸,故称之为滚动计划。滚动计划的特点是:将近期计划和远期计划结合起来,保证各时期计划相互衔接;充分发挥长期计划对短期计划的指导作用,把生产和生产准备有机地结合起来;促进企业搞好市场预测工作,根据市场动向、生产发展的情况和各方面条件的变化,不断对计划进行调整和修改,使长期计划逐步完善。滚动计划多用于中长期计划,也可用于按季、分月等短期计划。

5.1.2 现代企业生产计划管理

企业计划管理包括计划的编制、执行、监督、检查和调整的全过程,企业计划管理是一项综合管理工作,涉及企业工作的方方面面。它通过计划工作和所有的专业管理发生直接的重要的业务联系,并将其纳入计划管理中去。通过计划的检查与分析,及时反映各部门计划的执行情况,预测计划的完成情况,分析影响计划完成的原因,采取措施,解决薄弱环节。通过计划完成情况的总结考核,奖优罚劣,总结经验教训,找出规律性,指导工作,使企业的各项工作全部纳入综合计划的管理,把其有机结合起来,在计划管理职能的制约下,建立起正常的生产经营管理秩序。只有这样,才能健全和完善企业的自我约束、自我发展的内部机制,提高企业在市场经济中的竞争能力,为企业的发展奠定基础。另外,企业的计划管理具有约束性。计划一经批准,必须全面地、正确地贯彻执行,计划不能随意修改,需要修改和调整时应按照一定的程序审批。计划一经计划管理部门综合平衡确定后,专业部门必须按综合平衡调整后的计划认真贯彻执行,决不能私自调整计划,更不允许拒不执行。

近几十年来,随着市场竞争的变化和技术进步,企业计划管理也在不断发展,传统的生产计划编制和管理已很难适应企业生产的需求,由此产生了很多生产计划管理的新模式、新概念和新方法。与此同时,随着信息技术在制造工业中应用的不断深入,信息技术支持的现代企业计划管理系统(如 MRPⅡ、ERP 等)通过合理、系统地管理企业和生产资源,能够最大限度地发挥企业设备、技术和人员的作用,最大限度地产生经济效益。

在现代企业管理信息系统中,一般将生产计划划分为五个层次,即经营规划、销售与运作规划(生产规划)、主生产计划、物料需求计划、生产作业计划。在五个层次中,经营规划和销售与运作规划带有宏观规划的性质;主生产计划是宏观向微观过渡的层次;物料需求计划是微观计划的开始,是具体的详细计划;而生产作业计划是进入执行或控制阶段的计划。上一层的计划是下一层计划的依据,下层计划要符合上层计划的要求。任何一个计划层次都包括需求和供给两个方面,也就是需求计划和能力计划,要进行不同深度的供需平衡,并根据反馈的信息,运用模拟方法加以调整或修订,使计划既落实可行,又不偏离经营规划的目标。全厂遵循一个统一的计划是 ERP/MRPⅡ计划管理最基本的要求。本章的其它内容主要围绕上述不同层次的生产计划展开。

5.2 经营规划和生产规划

1. 经营规划

企业计划是从长远规划开始的,这个战略规划层次在现代企业计划管理系统中称为经营规划,它是计划的最高层次。经营规划要确定企业的经营目标和策略,为企业长远发展做出规划,主要有:

(1) 产品开发方向及市场定位,预期的市场占有率。

(2) 营业额、销售收入与利润、资金周转次数、销售利润率和资金利润率。

(3) 长远能力规划、技术改造、企业扩建或基本建设。

(4) 员工培训及职工队伍建设。

企业经营规划通常以货币或金额来表达,它以收益指标为中心或者利润指标为中心,实行生产成本和经营成本控制,以求效率、效益最优。企业经营规划是企业的总体目标,是企业计划管理系统其它各层计划的依据。所有层次的计划,只是对经营规划进一步具体细化,而不允许偏离经营规划。

经营规划在企业高层领导主持下，根据市场调查和需求分析，国家有关政策、企业资源能力和历史状况等有关信息，会同市场、生产、计划、物料、技术与财务各专业部门的负责人共同制定。在执行过程中有意外情况，下层计划人员只有反馈信息的义务，没有变动规划的权限，变更经营规划只能由企业高层领导决策。

2. 生产规划

早期的企业管理系统中将生产规划分为销售运作规划与生产规划（或产品规划）两个层次，由于它们之间有不可分割的联系，后来合并为一个层次，称为生产规划，它是指为体现企业经营规划而制定的产品系列生产大纲，用以协调满足经营规划所需要的产量与可用资源之间的差距。它处于企业计划管理系统的第二个计划层次。

生产规划根据市场、制造、工程技术、财务、物料等方面的信息，确定每个产品类的销售、生产、库存的关系，并将所有产品大类汇总，通过负荷与能力平衡后，经过调整核实最终形成生产规划。生产规划通常以年度生产大纲（生产计划大纲）的形式出现。

生产规划的作用是：

（1）把经营规划中用货币表达的目标转换为用产品系列的产量来表达。

（2）制定一个均衡的月产率，以便均衡地利用资源，保持稳定生产。

（3）控制拖欠量或库存量。

（4）作为编制主生产计划的依据。

生产规划在企业生产管理中起调节器的作用，它通过调节生产率来调节未来库存量和未完成订单量，通过它所控制的主生产计划来调节将要制造和采购的物料量以及在制品量。由于生产规划是所有活动的调节器，因而它也调节现金流，从而为企业管理者提供高度可信的控制手段。

同生产规划相伴运行的能力计划是资源需求计划（Resource Requirements Planning）。资源需求计划所指的资源是关键资源，可以是关键工作中心的工时、关键原材料（受市场供应能力或供应商生产能力限制）、资金等。用每一种产品系列消耗关键资源的综合平均指标（如工时/台、吨/台或元/台）来计算，计算资源需求量时必须同生产规划采用的时间段一致（如月份），不能按全年笼统计算。只有经过按时段平衡了供应与需求后的生产规划，才能作为下一个计划层次的输入信息。

3. 经营规划和生产规划的关系

企业的经营规划和生产规划同属宏观规划范畴，均由企业高层决策者根据市场预测和企业生产能力制定，它们的区别在于生产规划是经营规划的具体化和细化，经营规划是以货币数量表示，而生产规划以产品数量表示。如果生产规划能够保持切实可行，而且成本核算准确，那么生产规划数据以及产品成本数据应当成为经营规划的依据。

5.3 主生产计划

5.3.1 主生产计划的基本概念

主生产计划（Master Production Schedule，MPS）是传统手工管理没有的新概念，是企业计划管理系统中一个重要的计划层次。主生产计划是对生产规划的细化,起着从宏观计划向微观计划过渡的作用。

在介绍主生产计划前,先对生产计划系统涉及的一些专业名词进行说明。

(1) 物料

物料是指产品、部件、组件、装配件、成品、采购件、自制件、毛坯件等,它是一个广义的概念,是各种物件的总称。

(2) 物料清单

物料清单(Bills of Material, BOM)又称产品结构或产品结构树,以层次结构的方式列出的组成产品的所有物料的文件。

(3) 独立需求

独立需求是指与其它任何项目中的物料需求无关的某一物料的需求,它们大多是最终产品和维修件。独立需求数量和时间是根据订单与市场预测做出的。

(4) 相关需求

相关需求是指与另一物料或产品需求直接相关的某一物料的需求,相关需求不是随机出现的,它是在最终产品需求的方式下出现的,是上级物料对下级物料的需求,是离散出现的。相关需求分为垂直相关需求和水平相关需求,前者是指组件、部件、产品所必需的零件需求,也称为纵向需求;后者是指客户所订的随同产品交货的维修件或备件需求。

(5) 提前期

提前期是指某一工作的工作时间周期,即从工作开始到工作结束的时间。可分为生产准备提前期、采购提前期、生产加工提前期、装配提前期、总提前期(指产品的整个生产周期)。

(6) 计划展望期

计划展望期是指主生产计划所覆盖的时间范围,即计划的时间跨度,计划展望期应大于产品的总提前期,许多企业以月、季度等为计划展望期的时间跨度。

(7) 时间段

时间段也称时段,指把具体日期划分成计划时间段区来区分时间段,即把时间分成天、周、月。通常以周为单位确定时间分段,并以此记录物料状态。

(8) 时界

MPS 中计划的参考点,是控制计划变化的参考和根据,以保证计划的严肃性、稳定性和灵活性。MPS 设有两个时界:需求时界和计划时界。

(9) 时区

在需求时界和计划时界的基础上,将计划展望期划分为需求时区、计划时区和预测时区。

(10) 工作中心

工作中心是指在一个生产工厂内执行一道工序或装配作业的地方,是一种用于生产制造产品的生产资源。它是平衡计划与能力和计算成本的基本单位。工作中心能力是指某一工作中心的全部可以利用的小时能力。

(11) 关键工作中心

关键工作中心也称关键资源能力单元,是指那些关键的、独特的、稀有的、专用的、高精度的制造单元。

(12) 生产模式

生产模式是指企业的生产销售环境。根据生产制造的目的和前提,生产销售环境可分为按库存生产、按订单装配、按订单生产和按订单设计四种模式。

1) 按库存生产(Make to Stock,MTS) MTS 指对于标准的或需求可预测的产品的制造生产类型,其生产的直接目的是补充成品库存。此类情况下,生产量往往高于顾客需求量,成品库作为不确定的顾客需求与出库间的缓存调节着供需平衡。顾客难以对产品设计提出要求。

2) 按订单装配(Assemble to Order,ATO) ATO 指多数产品的核心装配是相同的,只是最终装配工艺和能力有些变化。此类情况下,工厂按照模块化设计组织生产,最终装配只在接到订单时才进行;工厂中只有可选模块零部件库,没有成品库。顾客能够对产品设计提出有限的要求。

3) 按订单生产(Make to Order,MTO) MTO 指企业按照顾客的订单进行生产,顾客可以对产品提出各种要求,包括产品性能、质量、数量和交货期等。此类情况下,完成订单的周期取决于工厂的生产能力。

4) 按订单设计(Engineer to Order,ETO) ETO 是 MTO 的扩展。此类情况下,产品的设计也完全取决于顾客要求,能做到真正的按类个别制造。顾客需求从一开始就能得到体现。

主生产计划根据顾客订单与市场预测制定最终产品生产计划,它说明企业在各时间周期内计划制造的独立需求型产品的数量。主生产计划构成了联系市场、主机厂或配套厂及销售网点(面向企业外部)同生产制造(面向企业内部)的桥梁,使生产计划和能力计划符合销售计划要求的优先顺序,并能适应不断变化的市场需求。同时,主生产计划又能向销售部门提供生产和库存信息,提供可供销售量的信息,作为同客户洽商的依据,起了沟通内外的作用。

主生产计划的对象因生产模式不同而有所差异,如在 MTS 与 ETO 模式下,MPS 计划对象为产品、备品与配件等独立需求物料;在 MTO 模式下,计划对象为产品或通用件;在 ATO 模式下,计划对象为基本组件及通用件,并采用最终装配计划(Final Assembly Schedule,FAS)配合 MPS 安排生产计划。

5.3.2 主生产计划的编制

主生产计划按照三种时间基准进行计划编制:计划期、时间周期、时区与时界,如图 5.1 所示。计划期一般为 3 ~ 18 个月。时间周期体现了计划的详细程度,可以按日、周、季或月表示。时区与时界是 MPS 中的参考点,体现 MPS 计划的约束与变更作用的难易程度。在物料需求计划(MRP)系统中,将 MPS 计划期分为三个时区:时区 1(需求时区)内表示当前生产的下达制造订单,要求稳定生产,变更代价极大,尽量避免变动;时区 2(计划时区)表示企业已安排资源进行生产,订单已确认,需人工干预计划变更,变更代价要视已投入生产准备费用与材料费用而定;时区 3(预测时区)表示未来的计划,变动比较方便。时区 1 和 2 的分界称为需求时界,时区 2 和 3 的分界称为计划时界。需求时界提醒计划人员,早于该时界的订单已在进行最后的总装,除非有极其特殊的紧急情况,绝对不要轻易变动,需要保持稳定;计划时界提醒计划人员,在这个时界和需求时界之间的计划已经确认,一些采购周期较长的物料订单已经下达,资金已经投入,一般也不要轻易改变。

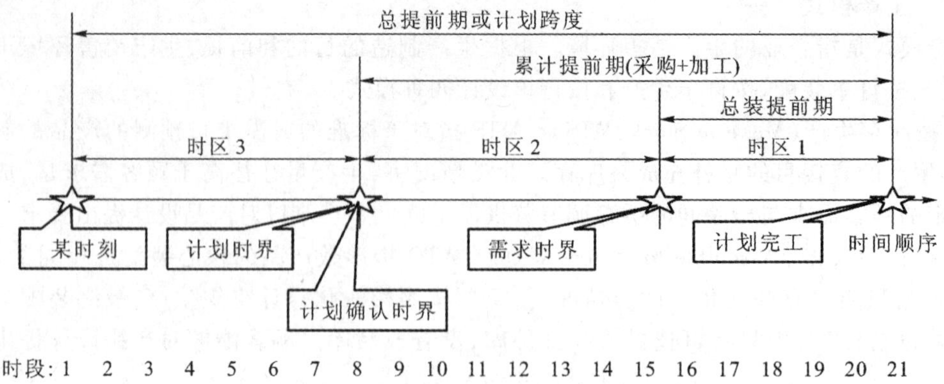

图 5.1 产品时区与时界图示

制定 MPS 计划的主要步骤包括根据生产计划大纲(生产规划)编制 MPS 初步计划、制定粗能力需求计划、进行关键能力平衡、确认 MPS 计划等,如图 5.2 所示。MPS 初步计划主要进行主生产计划计算,它涉及以下方面的内容的计算:毛需求量计算,可用库存量计算,计划接受量、计划产出量、计划投入量计算,可供销售量计算等。粗能力计划(RCCP)是对生产中的关键工作中心编制资源清单,计算 MPS 需求资源,比较资源清单与可用资源,进行能力平衡。MPS 确认涉及:调整 MPS 或生产能力,异常情况处理,同意初步的 MPS。在制定 MPS 之后,企业将批准和下达主生产计划。

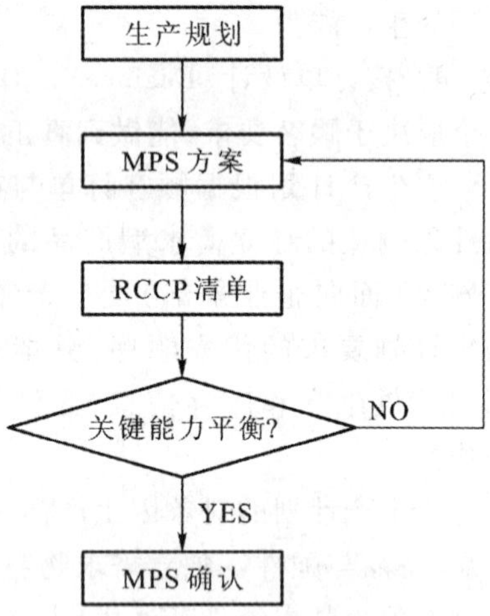

图 5.2 MPS 制定步骤

由于企业处于一种动态的生产环境中,当有了新的订单或某时段的工作任务没有完成时,或产品结构或工艺变动时,都会要求更改主生产计划,以形成切合实际的控制计划,因此主生产计划是一个不断更新的滚动计划,需要及时的维护。

同主生产计划相伴运行的能力计划是粗能力计划(RCCP)。粗能力计划是一种计算量较小、比较简单粗略、快速的能力核定方法,通常只考虑关键工作中心及相关的工艺路线。当能力同负荷有了矛盾必须调整,调整后的 MPS 作为 MRP 运行的依据。做好粗能力计划是运行能力需求计划的先决条件,它会减少大量反复运算能力需求计划的工作。

MPS 是由主生产计划员负责编制和控制,主生产计划员应具备熟悉产品结构、工艺流程、企业生产资源和计划理论知识等较高素质的企业管理人员。

5.4 物料需求计划

5.4.1 物料需求计划的产生

在制造业的生产经营活动中,为了能满足波动不定的市场,保持生产连续不断地进行,需要对原材料、零部件、在制品、半成品进行合理的储备，即形成一定的库存；但同时，这些库存又占用大量的资金，限制了企业的资金周转，降低了企业的快速响应能力。因此，“不出现供应短缺”和“降低库存”是生产经营中遇到的两个相互矛盾的对立目标。物料需求计划（Material Requirements Planning，MRP）正是为了解决这一矛盾提出的。MRP 既是一种较精确的生产计划系统，又是一种有效的物料控制系统，用以在及时满足物料需求的前提下，使物料库存水平保持在最小值内，以协调生产的物料需求和库存之间的差距。

早在 20 世纪 50 年代末，国外的企业就已经开始应用计算机辅助生产管理。早期的计算机辅助生产管理主要侧重物料库存计划管理，且多采用订货点法。订货点法主要根据历史的生产和库存记录来推测未来生产需求，它以一种统计方式来控制库存，即当实际库存降低到订货点时，按规定的订货数量提出订货的一种库存控制法。

$$订货点 = 单位时段的需求量 \times 订货提前期 + 安全库存量 \tag{5.1}$$

其中，安全库存量是指为使生产不间断并达到一定用户服务水平的库存项目的最低库存量。

订货点法的基本原理如图 5.3 所示。订货点法考虑了物料安全库存和提前期，适合于物料需求稳定的情况，也即订货点法在稳定消耗的情况下不会出现短缺和库存的过度积压，但此法没有按照各种物料真正需要的时间来确定订货与生产日期，难以适应物料需求随时间变化的情况，不能保证消耗多变的情况下也不会出现短缺，故往往为了满足生产的正常进行而形成较大的库存积压。

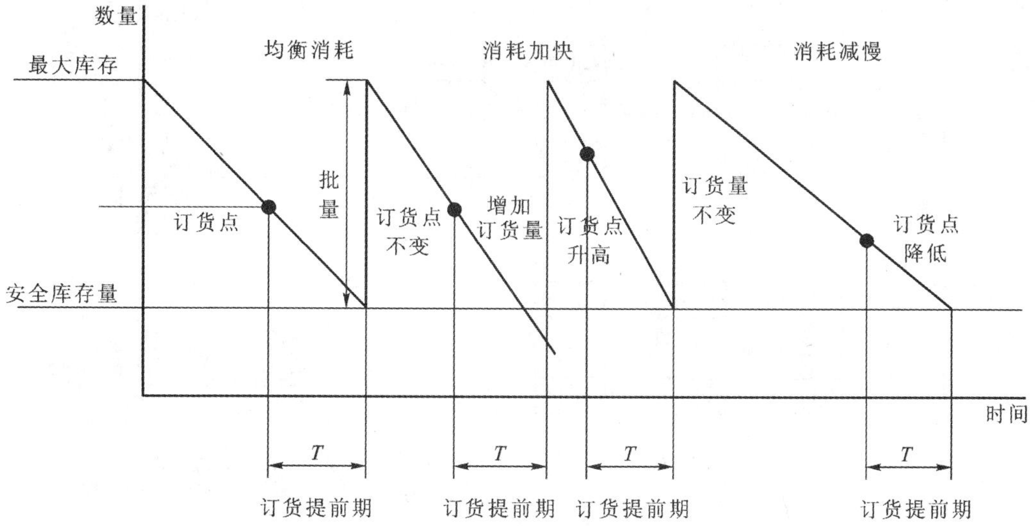

图 5.3　订货点法

20 世纪 60 年代中期，美国 IBM 公司的管理专家 Dr. Joseph A. Orilicky 从分析产品结构入手，在 1965 年率先提出了把产品中的各种物料分为独立需求和相关需求两种类型的概念，并按需用时间的先后（也就是需求的优先级）及提前期的长短，分时段确定各个物料的需求量的物料需求计划（MRP）生产管理模式。

5.4.2 物料需求计划的基本理论

1. MRP 基本原理

MRP 基本原理是将企业产品中的各种物料分为独立物料和相关物料,并按时间段确定不同时期的物料需求,从而在正确的时间、正确的地点、按照规定的数量得到真正需要的物料,避免造成库存积压,解决了库存物料订货与生产组织问题。

方桌的产品结构(BOM)如图 5.4 所示。作为顶层(0 层)的方桌(产品)是独立需求件,它由桌面、桌腿通过螺钉、胶、油漆等辅料最终装配而成,因此桌面、桌腿及螺钉、胶、油漆等辅料是方桌的相关需求件,处于方桌的下层(1 层)。同样,面和框是桌面的相关需求件,方木 2 是桌腿的相关需求件,它们均处于产品结构的第 2 层。处于第 3 层的是作为面和框的相关需求件——板材和方木 1。在所有物料中,方桌、桌面、桌腿、面、框属于加工件,板材、方木 1、方木 2 及螺钉、胶、油漆等辅料属于采购原材料。

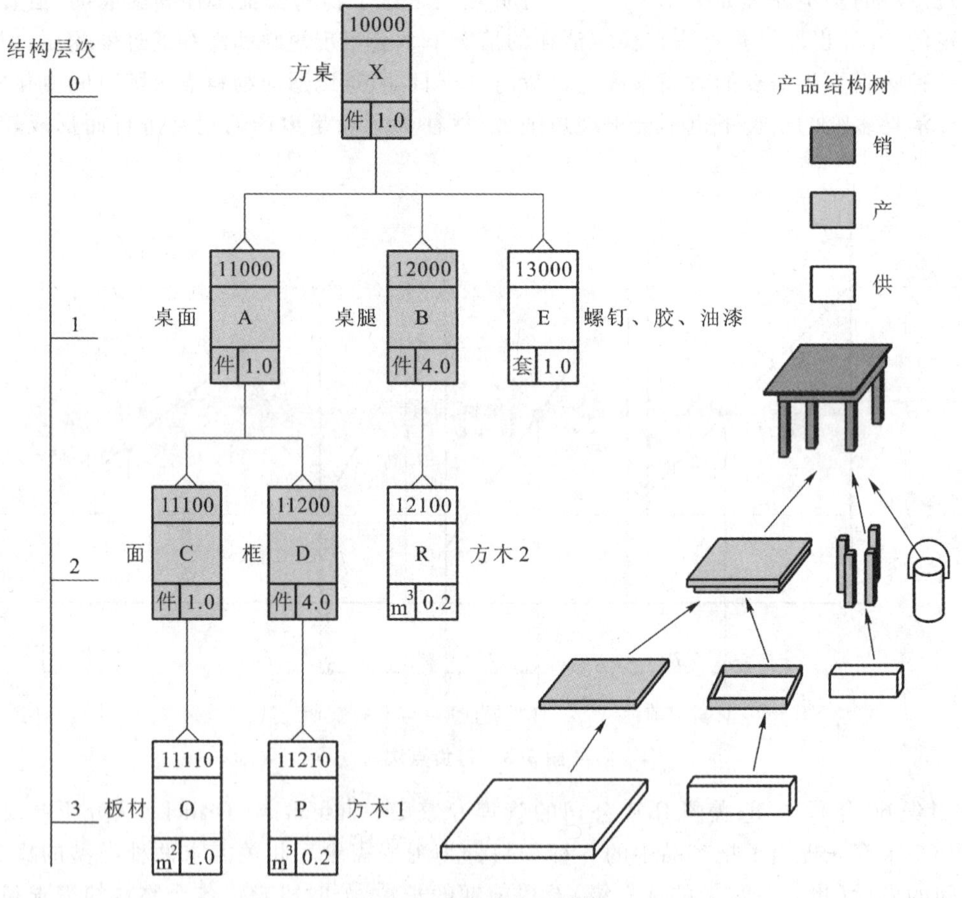

图 5.4　方桌的产品结构

图 5.5 表明了对应于产品方桌的产品结构在考虑了各自的提前期后,在时间坐标上的相互关系。括号中的数字为相应的提前期。由此可见,处于时间坐标上的产品结构不仅仅表达了产品的结构,还表达了产品的生产过程,从而起到了对生产进行调度、控制的作用。MRP也就是按

照此方法，以产品零件为计划对象，对产品进行分解，以完工日期为计划基准倒排计划，根据各种零件与部件的生产周期反推出它们的生产与投入时间和数量，并按提前期长短区别各个物料下达订单的优先级，从而保证在生产需要时所有物料都能配套齐备，达到减少库存量和占用资金的目的。

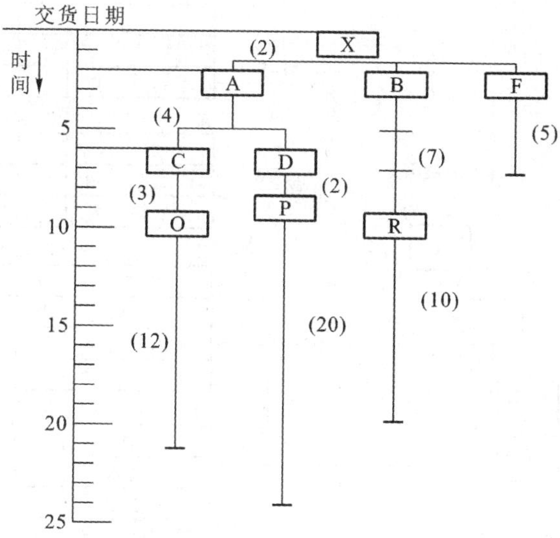

图 5.5 时间坐标上的产品结构

按照 MRP 的基本原理，企业从产品销售到原材料采购，从自制零件的加工到外协零件的供应，从工具和工艺的准备到设备的维修，从人员的安排到资金的筹措与运用等，都要围绕 MRP 的基本思想进行，从而形成一整套新的生产管理方法体系。

在 MRP 系统中，主生产计划 MPS、物料清单 BOM 表和库存信息被称为三项基本要素。整个 MRP 系统就是在 MPS 的驱动下，基于 BOM 表与库存信息等基本数据实现生产计划与控制的。图 5.6 给出了典型的 MRP 逻辑关系。

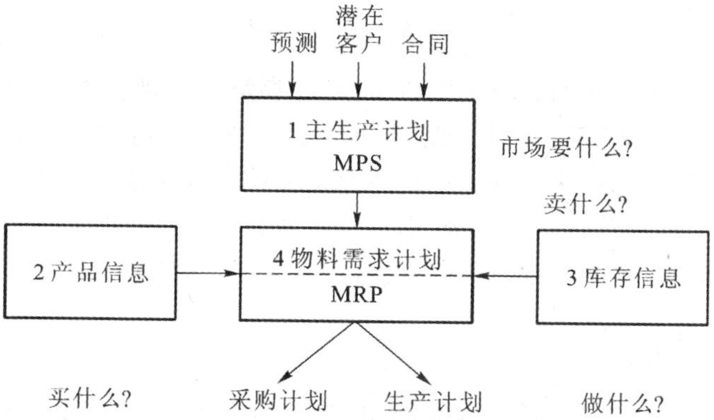

图 5.6 MRP 逻辑关系

MRP 系统首先根据订货合同、市场预测及其它生产需求确定总的产品出产计划，并制定一个现实可行的主生产计划 MPS。主生产计划 MPS 是对产品或独立需求型半成品的生产计划的编制，是展开物料需求计划的主要依据和驱动要素，决定着 MRP 系统的现实性与有效性。物料需求计划 MRP 则根据 MPS 计划、产品结构及物料清单 BOM 表、库存信息等将生产计划进行展开与细化，编制以相关需求型物料（基本零部件）为对象的计划，提出每一项加工件与采购件的建议计划，如加工件的开工日期与完成日期、采购件的订货日期与入库日期等。

2. MRP 计算

正确的 MRP 运算逻辑是按产品结构逐次展开计算的，如图 5.7 所示，仍以方桌 X 为例，假设产品 X 的 BOM 表已定，主生产计划 MPS 计划数量已生成，批量、安全库存、已分配量、计划接收量、提前期等参数已设定，则 MRP 展开计算 A、C、O 物料的详细计算处理过程如图 5.7 所示。

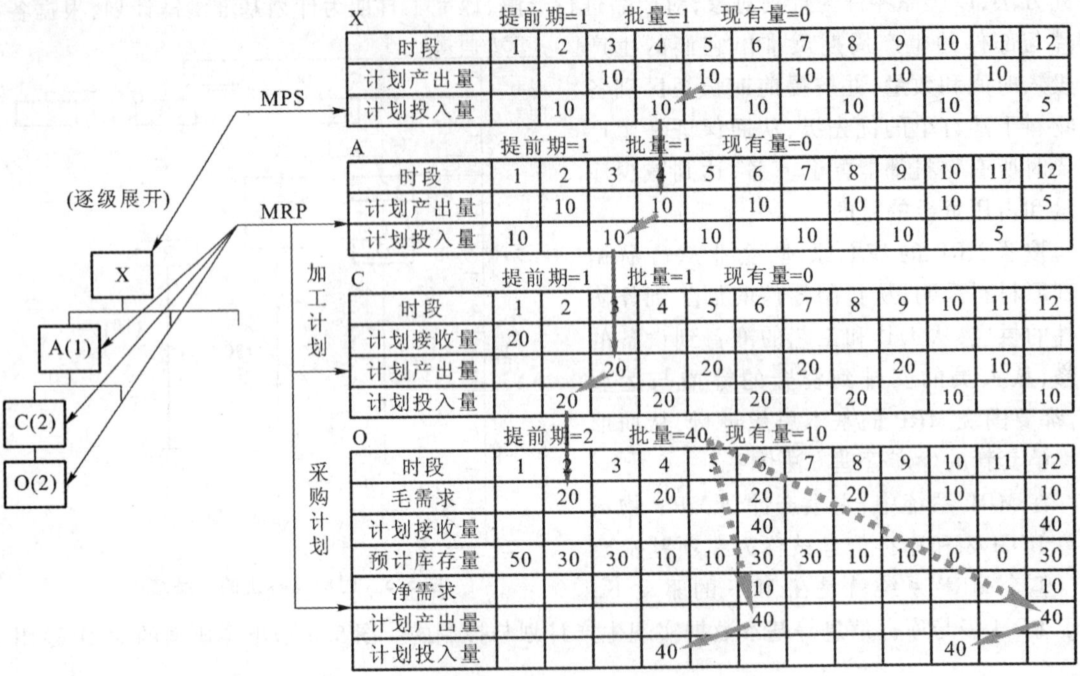

X　提前期=1　批量=1　现有量=0

时段	1	2	3	4	5	6	7	8	9	10	11	12
计划产出量			10		10		10		10		10	
计划投入量		10		10		10		10		10		5

A　提前期=1　批量=1　现有量=0

时段	1	2	3	4	5	6	7	8	9	10	11	12
计划产出量		10		10		10		10		10		5
计划投入量	10		10		10		10		10		5	

C　提前期=1　批量=1　现有量=0

时段	1	2	3	4	5	6	7	8	9	10	11	12
计划接收量	20											
计划产出量			20		20		20		20		10	
计划投入量		20		20		20		20		10		10

O　提前期=2　批量=40　现有量=10

时段	1	2	3	4	5	6	7	8	9	10	11	12
毛需求		20		20		20		20		10		10
计划接收量						40						40
预计库存量	50	30	30	10	10	30	30	10	10	0	0	30
净需求						10						10
计划产出量						40						40
计划投入量				40						40		

图 5.7　物料需求计划 MRP 计算方法

净需求计算公式：

$$净需求 = 毛需求 - (预计可用库存量 + 计划接收量) \qquad (5.2)$$

毛需求：指由主生产计划 MPS 和物料清单 BOM 生成的物料需求量。

净需求：指毛需求减去库存中的预计可用库存量和计划接收量后，再考虑是否需要补充安全库存量。计算结果为负时表示存在净需求，即需要安排订单生产（采购）。反之，库存量有余，安全库存量也满足，说明不存在净需求，也不必安排订单生产（采购）。

5.4.3　能力需求计划

能力需求计划是对生产中所需能力进行核算的计划方法，用来确定是否有足够的生产能力来满足生产的需求。能力需求计划将生产需求转换为相应的能力需求，估计可用的能力并确定应采取的措施，以协调生产能力和生产负荷的差距。能力需求计划用于分析和检验生产计划大纲、主生产计划和物料需求计划的可行性。

在能力需求计划中，对于生产计划管理的不同层次，有不同的能力计划方法与之相协调，形成资源需求计划、粗能力需求计划与细能力需求计划，分别对应于生产规划、主生产计划和物料需求计划的不同层次。资源需求计划是在生产规划确定产品系列的生产量时，需要考虑的有效资源的占用量；粗能力需求计划是在确定主生产计划时对生产中所需关键资源的计算和分析，给出能力资源的概貌；细能力需求计划通常也就称为能力需求计划，是在确定物料需求计划时对全部物料所需的能力进行核算。对于前两种能力需求计划，其大概内容已在前涉及。在此，我们主要讨论细能力需求计划，即通常所说的能力需求计划。

能力需求计划 CRP 主要根据物料需求计划 MRP、工作中心、工艺路线等对企业的生产能力进行详细计划,保证生产计划的可执行性。如图 5.8 所示,能力需求计划把 MRP 的计划下达生产订单和已下达但尚未完成的生产订单按他们在各自工艺路线中使用的工作中心所需要的负荷小时,按数量及需求时段转换为每个工作中心各时区的能力需求,对比工作中心在该时段的可用能力,生成能力需求报告。

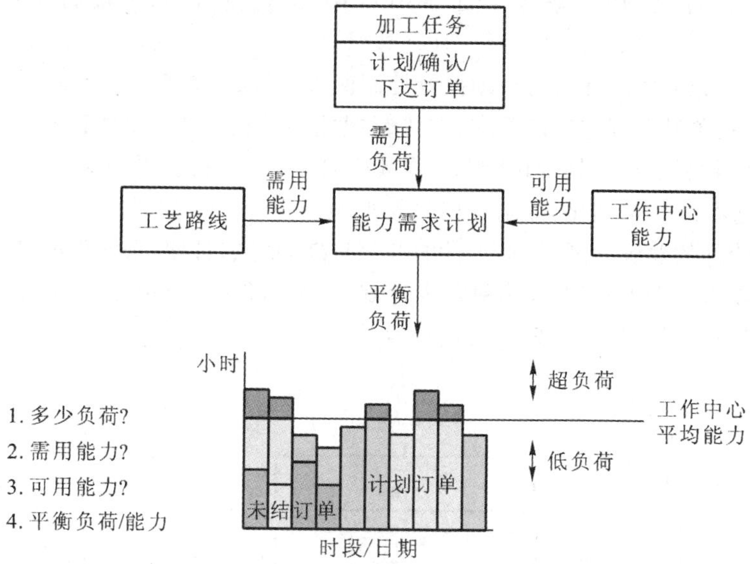

图 5.8 能力需求计划逻辑流程图

能力需求计划制定方式有两种:无限能力计划和有限能力能力计划,无限能力计划是指在做物料需求计划时不考虑生产能力的限制,而对各个工作中心的能力与负荷进行计算,得出工作中心的负荷情况,产生能力报告。当负荷大于能力时,对超负荷的工作中心进行负荷调整,采取的措施有加班、转移负荷工作中心、替代工序、外协加工或直接购买。若这些措施都无效,只有延长交货期或取消订单。有限能力计划认为工作中心的能力是不变的,计划的安排按照优先级进行,先把能力分配给优先级高的物料,当工作中心负荷已满时,优先级别低的物料被推迟加工,即订单被推迟。该方法计算出的计划可以不进行负荷与能力平衡。

能力需求计划能帮助企业产生一个切实可行的能力执行计划,进而在企业现有生产能力的基础上,及早发现能力的瓶颈所在,提出切实可行的解决方案,为实现企业的生产任务提供能力方面的保证。

能力需求计划只说明能力需求情况,提供信息,不能直接提供解决方案。处理能力与需求的矛盾,还要靠计划人员的分析与判断,通过模拟功能寻找解决方法。

5.4.4 闭环 MRP

早期的 MRP 根据主生产计划、BOM 表及提前期来确定物料的需求,也称为基本 MRP。它并没有考虑到企业的实际生产能力,难以形成一个结构完整的生产资源计划及执行控制系统。20 世纪 70 年代,在基本 MRP 基础上,引进能力需求计划,并进行运作反馈,克服了 MRP 的不足,形成了闭环 MRP。

闭环 MRP 理论认为主生产计划与物料需求计划(MRP)应该是可行的,即应考虑能力的约束,对能力提出需求计划,在满足能力需求的前提下,才能保证物料需求计划的执行和实现。在这种思想要求下,企业必须对投入与产出进行控制,也就是对企业的能力进行校检、执行和控制。一般地说,MRP 与 CRP 要进行反复调整,使计划可行;当 MRP/CRP 反复运算调整仍无法解决矛盾时,要修改主生产计划 MPS。只有经过 MRP/CRP 运行落实后,才能将生产计划下达给执行层。

闭环 MRP 系统分为生产计划与计划执行控制两大部分,如图 5.9 所示。生产计划部分首先根据订货合同、市场预测及其它生产需求,在进行粗能力平衡基础上,制定一个现实可行的主生产计划 MPS;然后,物料需求计划 MRP 则根据 MPS 计划、产品结构及物料清单 BOM 表、库存信息等将生产计划进行展开与细化,编制以相关需求型物料(基本零部件)为对象的计划,提出每一项加工件与采购件的建议计划,如加工件的开工日期与完成日期、采购件的订货日期与入库日期等;最后,能力需求计划 CRP 根据物料需求计划 MRP 结果、工作中心、工艺路线等对企业的生产能力进行详细计划,保证生产计划的可执行性。

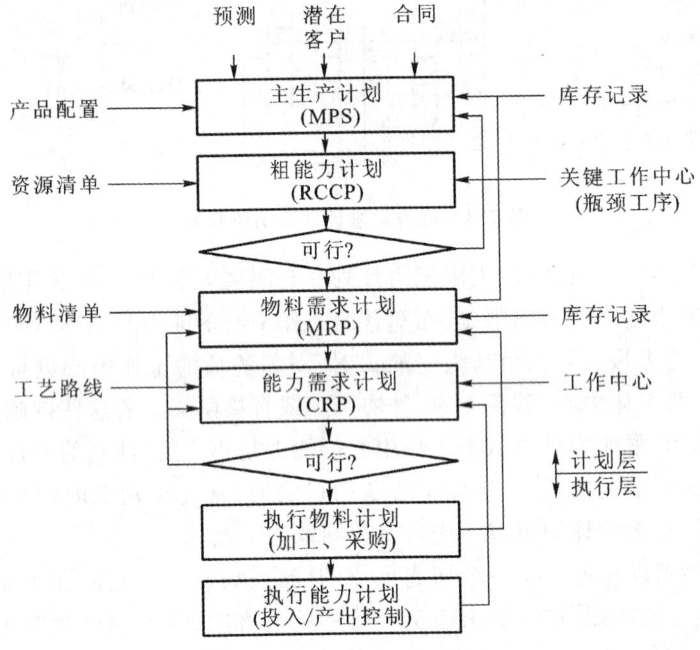

图 5.9 闭环 MRP 逻辑流程图

MRP 系统的计划执行控制部分主要包括执行物料计划和执行能力计划。其中,执行物料计划又分为加工与采购两部分。执行 MRP 计划主要采用调度单或派工单来控制加工的优先级,采用请购单或采购单控制采购的优先级。加工控制一般由车间作业控制功能完成;采购控制一般由采购供应部门完成。执行能力计划时用投入和产出的工时量控制能力和物流。执行控制层可以把生产计划的执行信息及时反馈给计划层,从而形成了完整的闭环 MRP 的生产计划与控制系统。

闭环 MRP 系统实现了以物料为中心的组织生产模式,计划统一可行,规范化管理,体现了按需定产的宗旨,并把生产计划的稳定性、灵活性与适应性统一起来,大大提高了企业生产的整体效率与物料合理利用率,也提高了企业对于外部市场环境的适应能力。而过去以设备为中心的组织生产模式是以产定销的思想体现,计划统一性与协调性不好,盲目性较大,比较粗放。

闭环 MRP 特点:

(1) 主生产计划来源于企业的生产经营规划与市场需求。

(2) 主生产计划与物料需求计划的执行(或运行)伴随着能力与负荷的运行,从而保证计划是可靠的。

(3) 采购与生产加工的作业计划与执行时物流加工变化过程,同时又是控制能力的投入与产出过程。

(4) 能力的执行情况最终反馈到计划的制定层,整个过程是能力的不断执行与调整的过程。

5.5 制造资源计划

5.5.1 制造资源计划的基本概念

闭环 MRP 在生产计划领域中比较先进和适用,生产计划的控制也比较完善,反映了企业生产的物流和信息流,但它没有表达产品从与原材料的投入到成品的产出过程伴随着的企业资金的流动情况。20 世纪 70 年代末和 80 年代初,美国的物料需求计划 MRP 经过进一步发展和扩充逐步形成了制造资源计划的生产管理方式。由于制造资源计划(Manufacturing Resource Planning)与物料需求计划的英文词首都是 MRP,为区别起见,人们用 MRP Ⅱ来表示制造资源计划。

MRPⅡ 是一种以 MRP 为核心的企业生产管理计划系统,它代表了一种新的生产管理模式和组织生产的方式。MRPⅡ的基本思想是:基于企业经营目标制定生产计划,围绕物料转化组织制造资源,实现按需、按时进行生产。从一定意义上讲,MRPⅡ系统实现了物流、信息流与资金流在企业管理方面的集成,并能够有效地对企业各种有限制造资源进行周密计划,合理利用,提高企业的竞争力。

MRPⅡ管理模式的主要特点为:

1. 计划的一致性与可行性

MRPⅡ 是一致计划主导型的管理模式,计划层次由宏观到微观,逐步细化,始终保持与企业经营目标的一致性,每个部分都有明确的管理目标;它通过计划的统一制定与闭环执行控制保持生产计划的有效性与可行性。

2. 管理系统性

MRPⅡ是一种系统工程,把企业所有与经营生产直接相关的部门连成一个整体,按照科学的处理逻辑组成一个闭环系统;管理人员可以用它对企业进行系统管理。

3. 数据共享性

MRPⅡ是一种管理信息系统,实现了企业的数据共享与信息集成,提高了企业信息的"透明度"与准确性,支持企业按照规范化的处理程序进行管理与决策。

4. 模拟预见性与动态应变性

MRPⅡ是经营生产管理规律的反映,可以预见计划期内可能发生的问题,并能根据企业内外部环境变化迅速做出响应,动态调整生产计划,保持较短的生产周期。

5. 物流与资金流的统一性

MRPⅡ包括了成本会计与财务功能,可以把生产中实物形态的物料流直接转换为价值形态的资金流,保证生产与财务数据的一致,提高企业的整体效益。

由于MRPⅡ系统能为企业生产经营提供一个完整而详尽的计划,可使企业内各部门的活动协调一致,形成一个整体,从而提高企业的整体效率和效益。

5.5.2 制造资源计划系统的流程与组成

制造资源计划的系统有5个计划层次:经营规划、生产规划、主生产计划MPS、物料需求计划MRP和生产作业控制(采购、车间作业控制)。MRPⅡ计划层次体现了由宏观到微观,由战略到战术,由粗到细的深化过程,MRPⅡ的逻辑流程如图5.10所示。

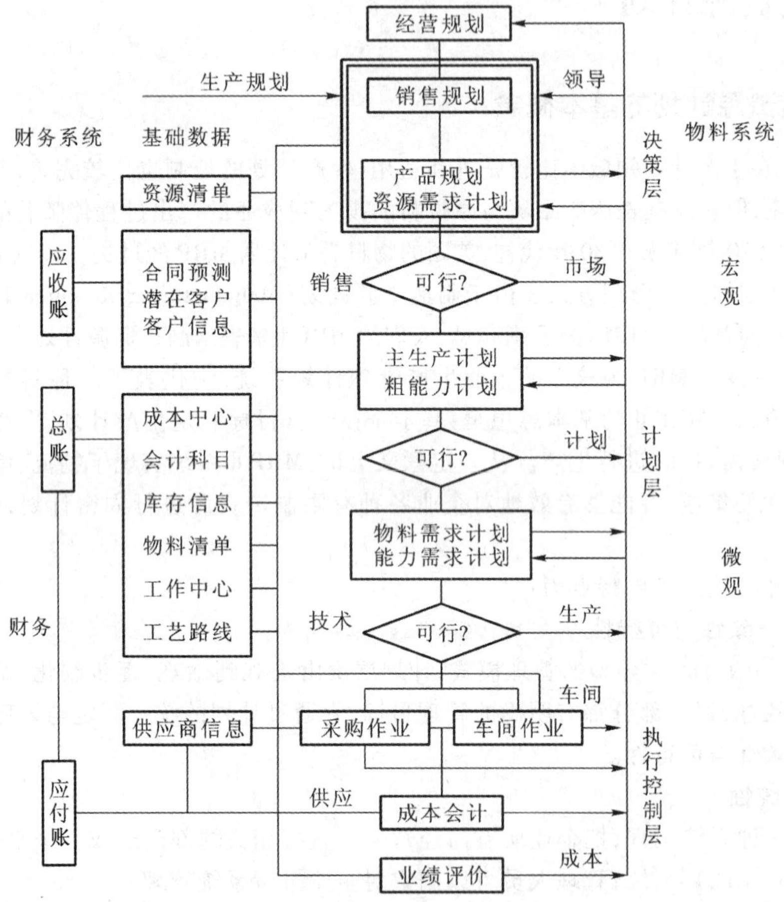

图5.10　MRPⅡ逻辑流程图

经营规划是企业的战略层规划,包括企业的最高层领导确定的企业经营目标与策略;生产规划(生产计划大纲)是企业的中长期计划,主要考虑经营规划、期末预计库存目标或期末未完成订单目标、市场预测、资源能力限制等;主生产计划MPS将生产计划大纲转换成特定的产品或产品部件的计划;它可以被用来编制物料需求计划和能力需求计划,起到从宏观计划向微观计划过渡的作用。MRP Ⅱ系统的生产计划与执行过程与MRP系统相近。物料需求MRP计划是MRP Ⅱ系统微观计划阶段的开始,它根据主生产计划MPS计划和物料清单BOM表等将生产计划按照零件组织生产方式进行展开与细化,并经过能力需求计划CRP对企业生产能力的细平衡与详细计划,形成可执行的生产计划;生产计划执行控制包括执行物料计划和执行能力计划,并主要体现在采购和车间作业管理方面。

为保证MRPⅡ生产计划与控制的顺利进行,物料管理系统是十分必要的。物料管理集中了支持物流全过程的所有管理功能,包括从采购到生产物料、在制品计划与控制,到产成品的入库、发货与分销;另一方面,财务与成本管理是由MRP发展为MRP Ⅱ的重要标志。成本管理可以在生产计划与控制的各个环节加强对产品成本的计划与控制;财务会计与管理可以控制生产过程中的资金流,并通过账务管理确定企业经营生产的经济效益。这样,MRP Ⅱ系统能够实现企业的优化管理。此外,MRPⅡ系统还涉及市场预测、产品结构数据与工作中心及设备管理、工艺路线管理等基础数据管理功能。

MRPⅡ集成了车间作业管理、采购管理与库存管理、产品成本管理和财务管理等闭环MRP不具备的功能,下面对这些内容加以阐述。

1. 车间作业管理

车间作业管理是MRP Ⅱ系统的计划执行层,也是生产短期计划管理的核心部分。它根据车间的资源情况将MRP的零部件生产计划以订单形式下达给车间,并根据零部件的工艺路线等信息制定车间生产的日计划,组织日常生产。车间作业管理的主要工作内容包括下达生产订单、车间作业计划与监控、车间数据采集。下达生产订单时,要核实MRP生成的计划订单并转换为下达订单,要确认工具、材料和能力的需求及可用性,解决资源短缺问题,然后下达订单。车间作业计划与监控的基本任务是根据下达的订单、零部件工艺路线及车间的实际生产能力制定车间作业计划,即车间生产日计划;并根据车间生产的实际情况,按照一定规则进行生产调度。生产调度应当使得生产计划按日完成、零件加工优先级得到满足、各设备具有高利用率和加工生产均衡化。车间生产的监控主要负责对车间生产过程进行日常监控、控制与调整。车间数据采集主要是及时、准确和有效地收集车间状况与生产数据,进行生产统计,以利于正确制定生产计划、下达订单和有效控制日常生产过程。车间作业管理是完成MRP Ⅱ系统生产闭环控制的重要环节。

2. 库存管理与采购管理

物料管理是MRP Ⅱ系统的重要方面它是生产计划顺利执行的保证。物料管理的重点是库存管理与采购管理。

(1) 库存管理

库存管理是正确进行MRP计划的基础也是供需之间的缓冲。通过合理的库存管理可以促进销售,提高生产率,提高库存周转次数,减少制造成本,提高经济效益。库存管理主要分为综合级和项目级两级。综合级库存管理主要制定库存策略、计划、经营目标及实施。该级管理是面向财务的,主要考虑库存成本和利润。其核心内容是综合库存管理决策与计划编制。项目级库存管理主要指对库存项目(如制成品、备件、装配件、子装配件、零部件和采购物料)的管理。其主要内容包括库存项目分类、库存项目控制策略。库存项目分类是为了对不同项目采取不同控制策略,目前常用ABC分类法。ABC分类法将最重要项目定为A类,最不重要者定为C类。由于A类库存项目往往占有75% ~80%的库存资金,而其数量和品种只占总量的10% ~20%,因此要对A类项目严格控制。库存项目控制策略指为达到综合库存管理目标而采取的管理方法。其内容包括自制或采购决策、安全库存、订货时间、订货量(批量)。自制或外购各有利弊,需由多个部门协同管理部门进行分析决策。对于重要库存项目可用统计分析法确定安全库存量,计算时要考虑安全因子和平均预测误差。补充订货策略包括订货时间与订货量。对于相关需求型项目,可用MRP系统确定其订货时间;对于独立需求型项目,可用以下方法确定其订货时间:订货点(Order Point)系统、周期性审查系统、双箱系统、时间段订货点系统等。订货量(批量)指一次订货的数量。确定批量时,要考虑订购成本、项目成本、存放成本、需求规律等因素。

由于库存信息是MRP计划的重要输入数据,因此库存信息管理无论对于库存管理本身,还是对于MRP Ⅱ系统都十分重要。库存信息管理要对库存项目信息、库存过程信息进行管理,维护其完整性和准确性,还要进行库存信息分析,控制库存量,达到合理库存管理的目的。

(2) 采购管理

作为物料管理的基本内容,采购管理是MRP计划执行的重要方面。由于原材料、外购配套件及零部件等均要依靠采购供应来保证,因此采购管理是关系到生产能力充分发挥、生产计划顺利实现、产品成本降低与产品质量得到保证的基本前提。在MRP Ⅱ系统中,采购管理是联系生产制造、库存供销的重要环节。采购过程需求执行以下步骤:资源调查与供应商认证、采购需求确认、请购单生成、供应商选择、请购单调整、采购订单生成及下达、采购单跟踪、接收采购物料及验收入库、付款结算。

3. 产品成本管理

产品成本是综合反映企业生产经营活动的一项重要经济指标。MRP Ⅱ引入成本管理从而实现了物流与资金流的统一,其成本控制强调事前计划、执行控制、事后分析相结合,全面进行成本计划与控制。其内容主要包括成本的预测、计划、控制、核算、分析与考核。

成本中心是企业内有责权独立控制成本的生产经营单位,MRP Ⅱ按照成本中心进行成本核算。成本预测是为了确定一定时期内的成本水平和目标成本,它是成本管理的前提。在成本预测基础上,可以制定目标成本,包括产品定额成本与标准成本。成本计划是以统一的货币形式产生规定企业计划期内产品生产耗费、各种产品成本水平以及可比产品的成本降低率和成本降低措施的计划方案。成本控制包括事先控制、事中控制和事后控制。事先控制主要指目标成本制定;事中控制是在费用发生过程中进行成本控制;事后控制是对标准成本/实际成本差异进行分析,并采取措施。成本核算指对实际产品成本的计算。计算产品成本是按照产品结构图所描述的加工装配过程,从低层向高层累计得出的,该方法称为成本滚加计算法,如图5.11所示。每层成本都由低层累计成本和本层增量成本组成。计算成本时,主要考虑直接材料费、直接人工费和间接费。成本差异分析主要分析实际成本与标准成本之间的差额,从而发现问题,采取相应措施控制成本。

4. 财务管理

生产制造的主要目的实质上是创造产品的增值,即产生经济效益。这一过程需要通过资金流加以反映。财务管理及会计的内容就是反映、监控和控制生产过程中的资金流,并最终通过会计总账来反映企业的经济效益。

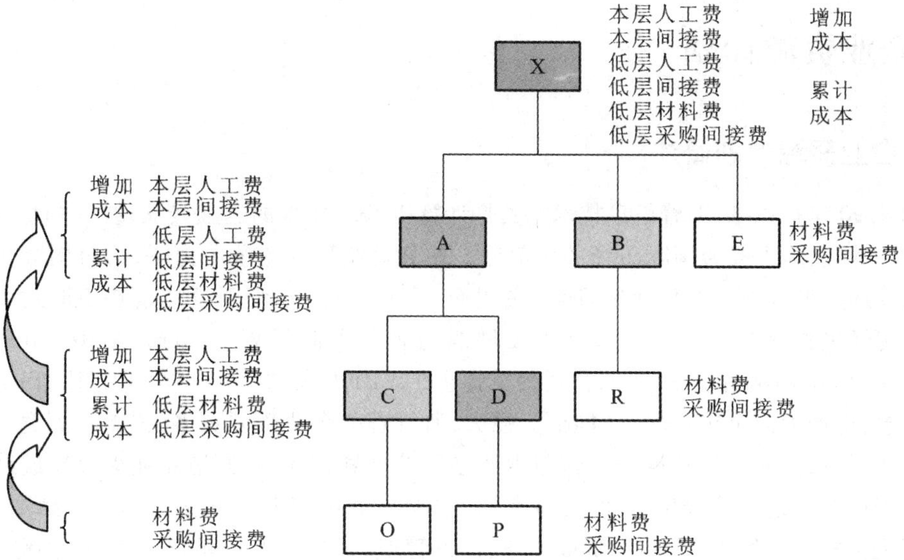

图 5.11 物料成本计算

MRP Ⅱ系统包含的基本模块包括销售管理、主生产计划、物料需求计划、能力计划、车间管理、采购管理、库存管理成本控制及财务管理。另外,制造数据管理模块提供 MRPⅡ系统运行所需要的数据的管理,如图 5.12 所示。

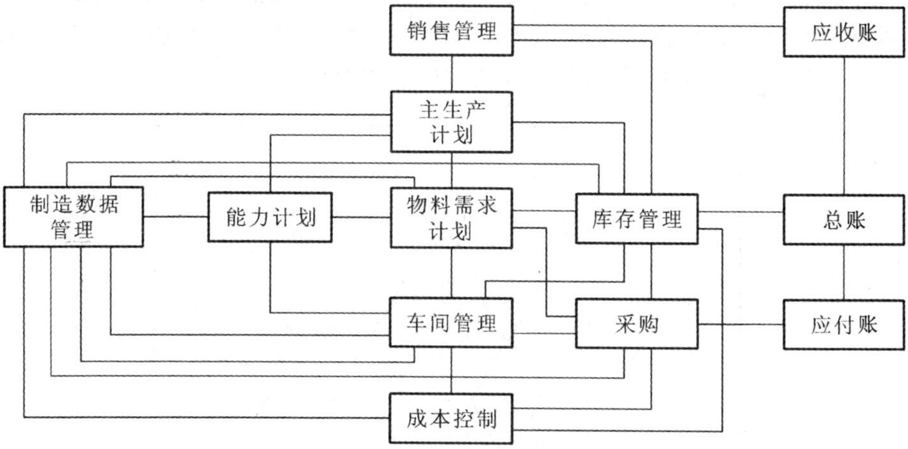

图 5.12 MRPⅡ软件基本模块配置

5.5.3 制造资源计划思想的局限性

企业竞争范围的扩大,要求企业在各个方面加强管理,并要求企业有更高的信息化集成,要求对企业的整体资源进行集成管理,而不仅仅对制造资源进行集成管理。此外,随着企业规模的不断扩大,多集团、多工厂要求协同作战,统一部署,这已超出了 MRP Ⅱ的管理范围。

信息全球化趋势和发展要求企业之间加强信息交流和信息共享。信息管理要求扩大到整个供应链管理,这些更是 MRP Ⅱ所不能解决的。

5.6　企业资源计划

5.6.1　企业资源计划概述

20 世纪 90 年代以来,随着信息技术尤其是计算机网络技术的迅猛发展,统一的世界市场正在形成,国内市场也逐步成为国际市场的一部分。在日益激烈的竞争压力下,面对国际化的销售与采购市场及逐步形成的全球供应链环境,现代企业的生产经营管理模式也在不断地发展。MRPⅡ管理系统经过扩充与进一步完善从而发展成为企业资源计划(Enterprise Resource Planning, ERP)。美国 Garter Group Inc. 咨询公司最早提出了 ERP 的概念。与 MRPⅡ相比,ERP 基于供应链管理思想,更加面向全球市场,功能更为强大,所管理的企业资源更多,覆盖面更宽。它站在全球市场环境下,从企业全局角度对经营与生产进行的计划方式,是制造企业综合集成经营系统。

ERP 理论与系统是从 MRPⅡ发展而来的,它除了继承 MRPⅡ的基本思想(制造、供销及财务)外,还大大扩展了管理模块,如质量管理、设备管理、分销资源管理等。另外,它融合了离散型生产和流程型生产的特点,扩大了管理的范围,更加灵活或柔性的开展业务活动,实时地响应市场需求。它融合了多种现代管理思想,以提高企业的管理水平和竞争力。因此,ERP 理论不是对 MRPⅡ的否定,而是继承和发展。

目前,尚未有比较公认的 ERP 系统结构和组成,一般而言 ERP 系统有以下主要功能:销售与市场、分销、客户服务、财务管理、制造管理、库存管理、工厂与设备维护、人力资源等方面。此外,有的 ERP 系统还包括了金融投资管理、质量管理、运输管理、项目管理、法规与标准、过程控制等补充功能。图 5.13 所示为常见的 ERP 软件的主要功能模块。

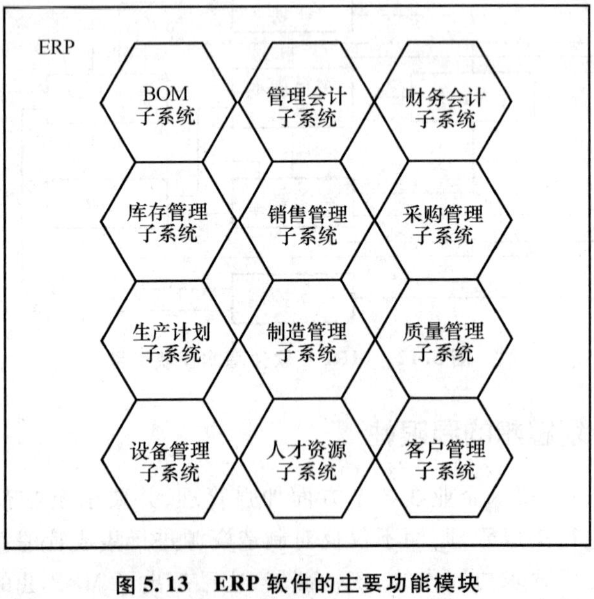

图 5.13　ERP 软件的主要功能模块

其中销售子系统提供了对企业销售过程中各业务活动的全方位的管理,主要包括:客户管理、销售合同管理、市场信息管理、销售业务管理。

BOM 子系统主要实现了对物料的定义以及工程 BOM(EBOM)、制造 BOM(PBOM)、工艺路线的管理。

生产计划子系统主要实现了由销售合同编制投产计划(主生产计划),以及按照投产计划编制作业计划(生产订单)、配套计划(物料需求计划)和班组作业计划(派工单),并能对作业计划进行能力平衡分析。

制造管理子系统主要实现了根据班组作业计划(派工单)进行生产、工序转移以及由于质量原因而发生的返工、报废的业务功能。

库存子系统提供了对企业库存业务活动的管理,主要包括:仓库字典维护、对库存物料及储位的管理、对库存出入库业务的管理、库存盘点、库存期末处理、库存分析、库存计划等功能。

采购子系统主要依据生产部门的配套计划(生产采购申请)及仓库部门的库存计划(库存采购申请),编制调整采购计划及委外加工计划,并以此维护采购订单或委外加工订单,进行供应商管理等。

财务子系统实现了总账管理、应收账管理、应付账管理、期末结账等主要财务功能,并与采购、仓库、销售业务紧密结合,从而达到物流、资金流和信息流的高度集成。

成本子系统提供了标准成本管理、成本计算、成本差异分析,以及成本费用分摊等功能。

固定资产子系统提供了对企业固定资产新增、变动、减少的管理,在建工程的管理,以及对固定资产折旧信息的管理。

人才资源子系统主要实现了人事管理、考核管理、培训管理、考勤/工时管理,以及工资管理等功能。

质量管理子系统主要对企业在采购入库、生产过程中、生产入库业务活动中的质量信息进行管理和分析。

设备管理子系统主要对企业设备的维修计划及维修情况进行管理。

客户管理子系统主要是建立客户信息档案,并进行分类管理和维护,进而对其进行有针对性的客户服务。

基于一些商用 ERP 软件,包含 ERP 主要功能的系统总体业务流程如图 5.14 所示。

下面介绍 ERP 的主要特点:

1. 供应链管理

传统的 MRP/MRPⅡ仅限于企业内部,而基于供应链管理的 ERP 系统贯穿于企业经营活动的全过程,可实现企业与供应链中其它相关环节的完整集成。供应链是一套网络机制,它保证企业获取原材料,将原材料转化为间接产品和最终产品,并将产品分送至顾客手中,它体现了企业在物流、资金流和信息流方面的统一,如图 5.15 所示。它包括供应商、物料采购、加工制造、销售、用户等主要环节。

2. 财务管理

ERP 强调以财务执行过程中资金流的优化来计划与控制企业的经营与生产,因此它建立了较完善的企业财务管理系统。ERP 财务管理主要功能包括应收账与赊购管理、应付账、总账、成本会计、货币流通转换、支票管理、预算与分析、记账、固定资产管理、财务综合管理等。ERP 的财务管理还考虑了全球化市场与跨国公司的需求,提供了灵活的不同财务体系及货币体系的转换功能。

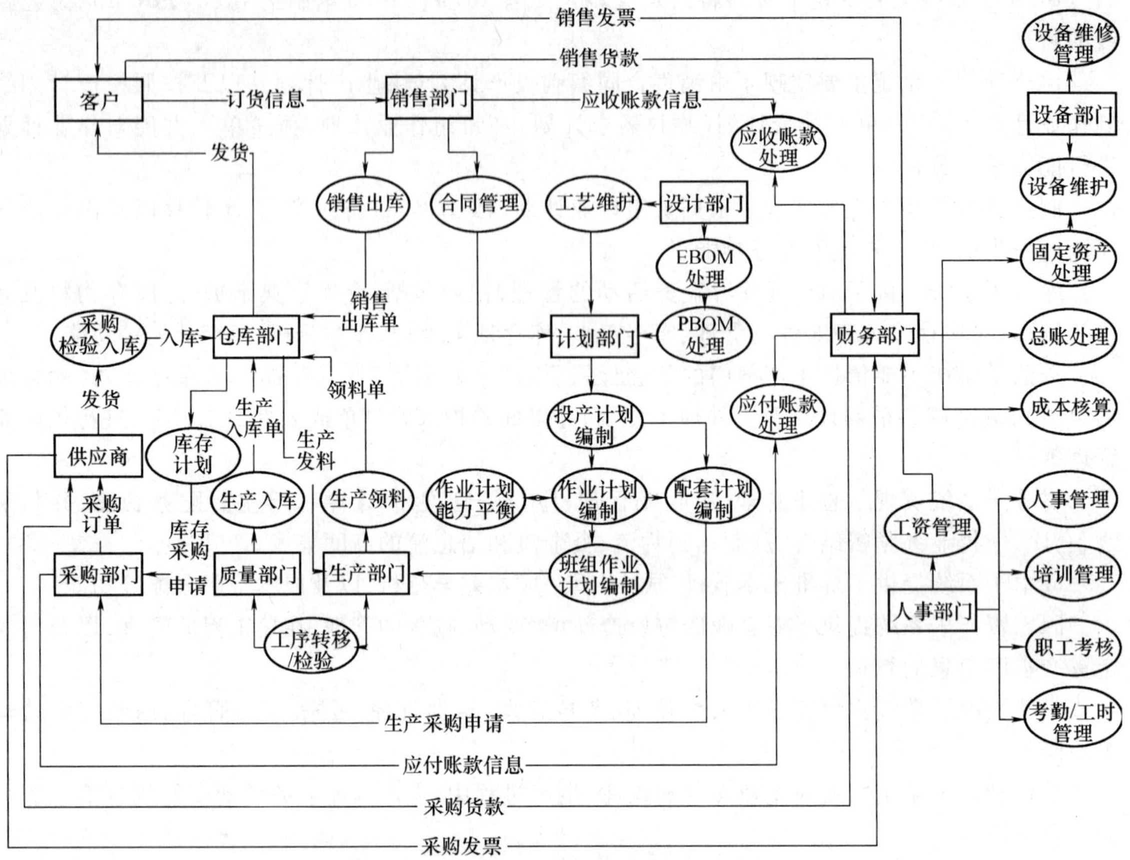

图 5.14 ERP 系统总体业务流程图

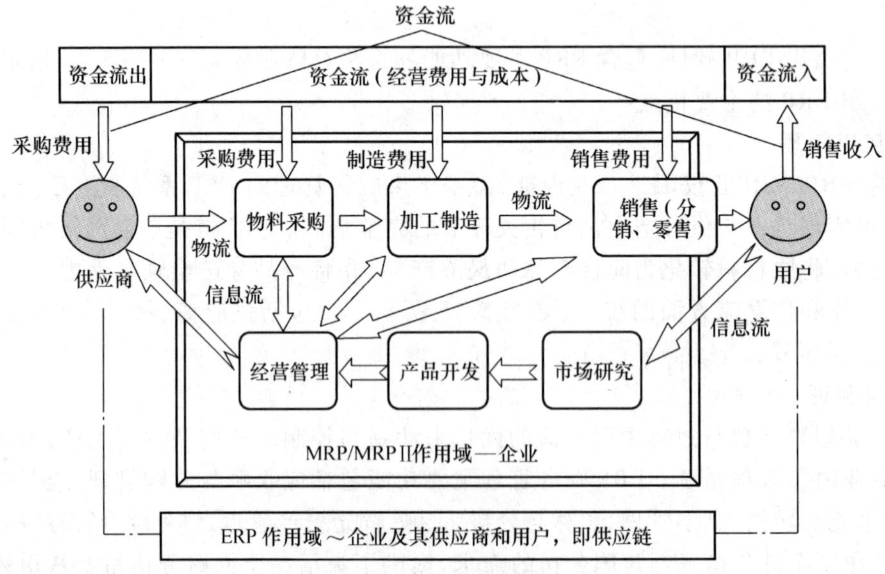

图 5.15 基于供应链的 ERP 系统

3. 多种方式的生产管理

在生产制造的计划与管理方面，为了加强管理软件的适用性，ERP 支持多种生产方式的管理模式，如连续流程制造、离散制造、重复式生产、MTS、MTO、ATO、ETO 等。一般地，ERP 软件提供灵活的可选配置的生产计划与控制功能模块以适应不同应用企业的特定生产方式的管理。目前的 ERP 系统都支持 MRPⅡ/JIT 混合模式，具有较好的生产计划与调度控制的优化能力。

4. 分布式对象计算结构

作为 20 世纪 90 年代的管理软件，ERP 采用了许多最新的计算机技术，其中最突出的是客户/服务器分布式结构和面向对象计算技术。一般地，ERP 将生产经营的核心管理功能放在服务器端，而将供应链中与外部交互的应用功能（如销售、订单、采购等）放在客户端，客户/服务器节点间按照基于面向对象模型的工作流方式进行分布式处理。

5.6.2 ERP 系统的集成

ERP 系统作为企业信息管理平台，不仅要实现系统内部各个功能模块的集成，还要实现与其它软件系统集成。下面以某国产 ERP 系统为例来说明 ERP 系统的集成。

1. ERP 系统内部集成

该 ERP 系统以 ERP 哲理为核心思想，以关系型数据库为后台数据库，以公共子系统为核心，紧密集成了如表 5.1 所示的子系统，构成了一个完整的企业级的信息管理系统，实现了企业信息流、物流与资金流的高度集成。

表 5.1 ERP 子系统

EBOM—工程 BOM 子系统	PBOM—制造 BOM 子系统
KC—库存管理子系统	XS—销售管理子系统
KH—客户管理子系统	FW—客户服务子系统
ZZ—生产制造子系统	CK—财务会计子系统
GK—管理会计子系统	CG—采购管理子系统
GY—供应商管理子系统	JG—价格管理子系统
RL—人力资源子系统	JH—生产计划子系统
ZL—质量控制子系统	BG—办公决策子系统

图 5.16 表示了该 ERP 系统的可重构的系统框架，以公共子系统为中心的可重构的系统体系结构为 ERP 系统的量身订制奠定了基础。如可只选择“财务会计子系统”+“公共子系统”，建立最小的 ERP 系统；也可选择“销售管理子系统”+“采购管理子系统”+“库存管理子系统”+“财务会计子系统”+“公共子系统”，建立典型的“进销存子系统”。

该 ERP 系统内部集成的关键在于公共子系统和基础数据。公共子系统包含了用户权限、公共基础数据、系统设置；基础数据涉及制造业的一系列企业经营生产最关心的问题，它是运行 ERP

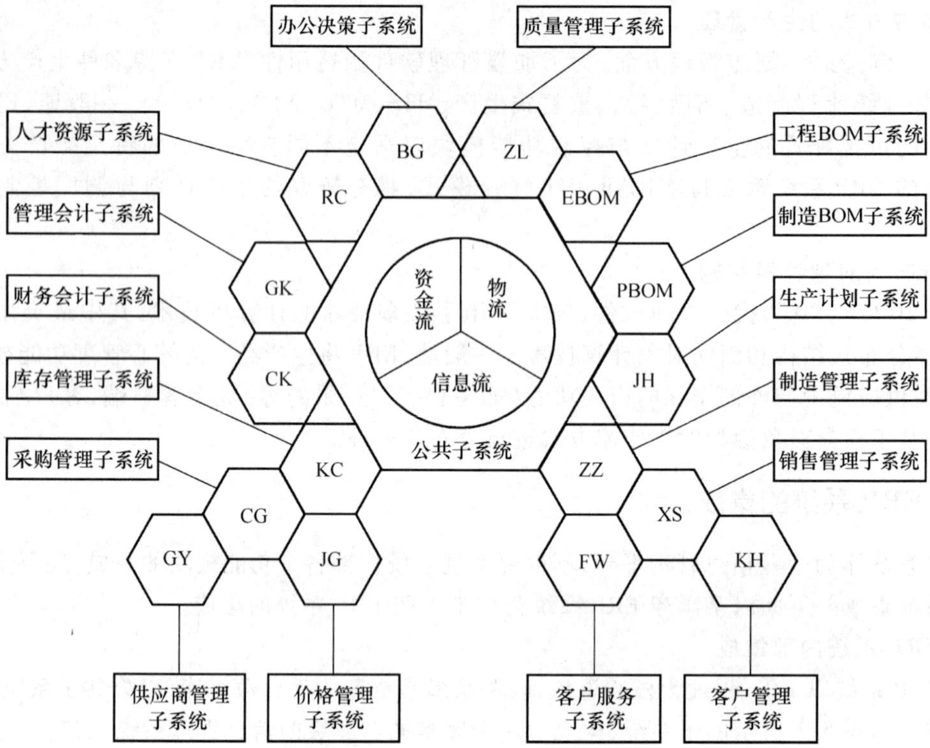

图 5.16 可重构的 ERP 系统框架

的内部集成系统必须预先建立一系列基础的数据,包括物料与产品信息、能力信息、库存信息、财务信息、需求信息、供需方信息等。图 5.17 表明基于公共子系统的 ERP 内部各组成部分的信息流程,体现了 ERP 系统内部的集成。

2. ERP 与 CIMS 其它系统的集成

ERP 在 CIMS 系统中主要是起生产的计划与控制作用,必须和其它技术集成到一起,才能全面增强企业的竞争力。

ERP 与其它 CIMS 单元技术的关系可用图 5.18 说明,图中标明了主要的相关信息和数据。在各种单元技术中,ERP 同 CAD/CAPP/CAM 的信息交换最为密切,运行 ERP 系统的最基本的数据,如描述产品结构的物料清单要来自 CAD,要通过产品数据管理系统(Product Data Management,PDM)从 CAD 系统将 ERP 所需的信息转换过来;设计更改信息要从 CAD 及时输入 ERP 系统。有关工作中心、工艺路线、工时定额和工具的信息要来自 CAPP 或 GT(Group Technology,成组技术);ERP 生成的生产计划又要提供给 CAM 或 FMS(Flexible Manufacturing System,柔性制造系统)。在新产品较多、设计修改频繁的情况下,为了迅速响应不断的变化,这种信息和数据交换更为重要。

案例所示 ERP 系统总体架构模型如图 5.19 所示,它通过 BOM 子系统可以与工程技术系统(CAD、CAPP、PDM)实现紧密集成;通过客户服务子系统可以与客户关系管理系统(CRM)实现紧密集成;通过办公决策子系统可以与企业办公自动化系统(OA)实现紧密集成;通过采购管理子系统和客户服务子系统可以与供应链管理系统(SCM)实现紧密集成,通过网络的应用能较方便地向企业协同商务和电子商务方向发展。因此,它是一个能够与企业级的其它应用软件很好实现集成的、具有可扩展性的 ERP 系统。

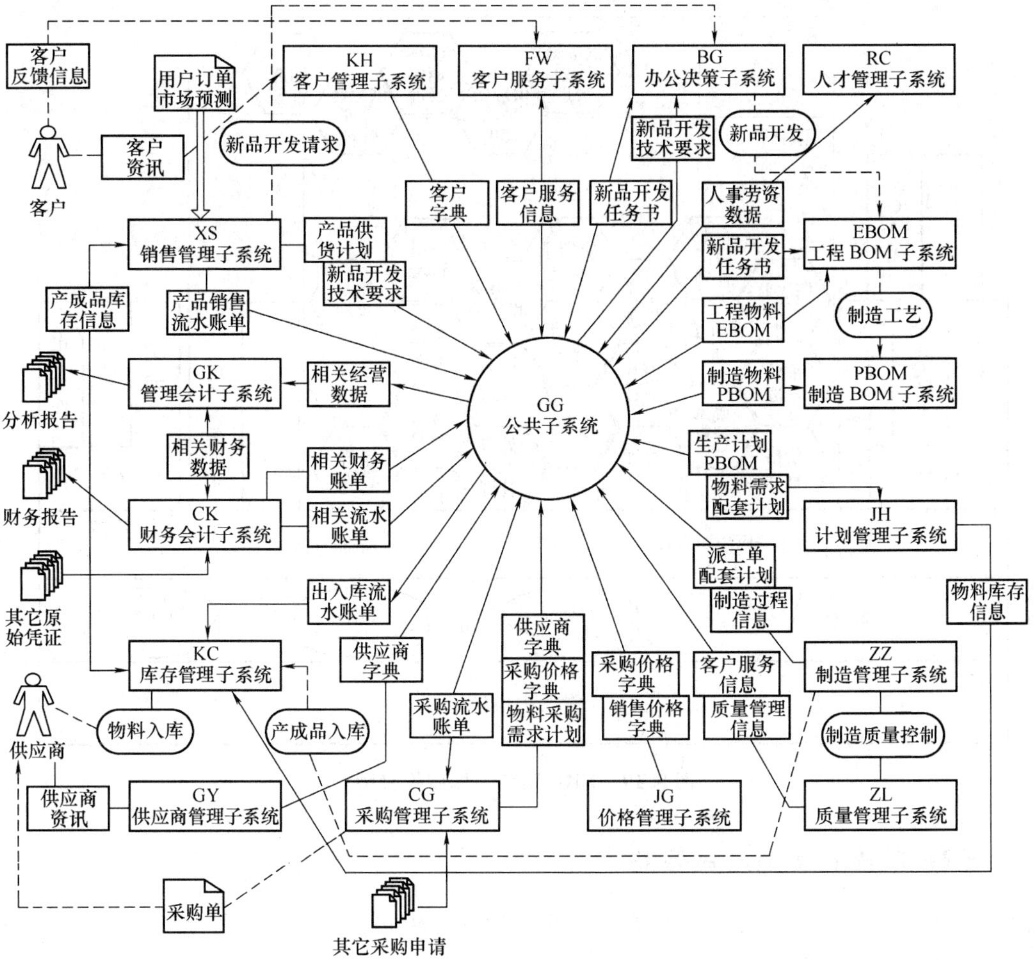

图 5.17 基于公共子系统的 ERP 内部集成

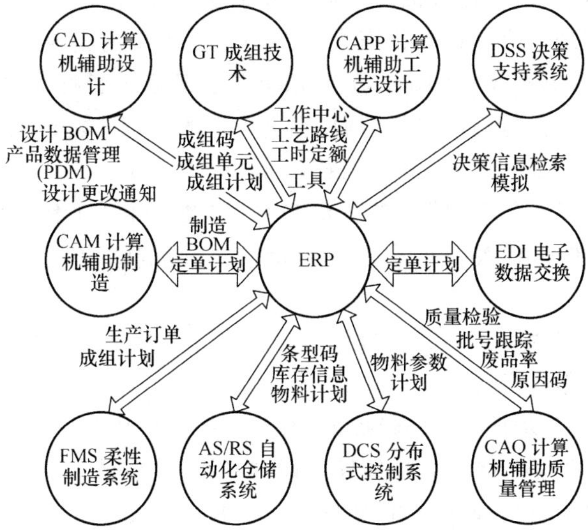

图 5.18 ERP 与其它 CIMS 单元技术的关系

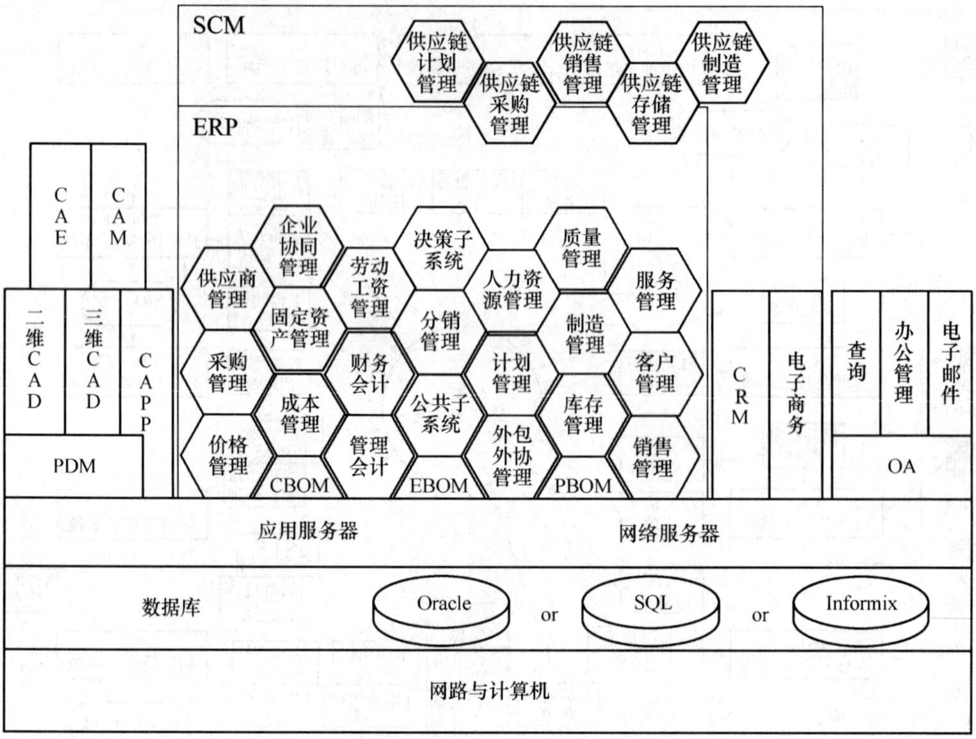

图 5.19 ERP 系统总体架构模型

5.6.3 ERP 系统的实施及其效益

ERP 借用一种新的管理模式来改造原企业旧的管理模式,是先进的、行之有效的管理思想和方法。ERP 实施项目不只是一个 IT 项目,也是一个企业管理变革的机会。

中国企业的外部环境和内在运行机制正向国际惯例接轨,但经历了几十年的计划经济大环境,无论管理思想或是管理手段都存在相当大的差距。由于国内企业的基础较差、管理粗放、人员素质不高、规则不全、数据不准,对 ERP 乃至 MRP 的哲理都欠了解,不能采用国外 ERP 系统的实施办法,必须增加大量的实施前培训与沟通,寻求更多的共识才能较顺利地实施。

案例所提的 ERP 软件公司,在上海某纺机厂实施 ERP 项目时,根据其 ERP 系统的量身订制特点,增加了大量的"客户个性化"需求分析与系统"客户化"工作,满足了企业的现实管理需求;同时,采用三段五步法有效保证了 ERP 系统的实施成功,避免了实施周期长造成失败的难题。

三段五步法可归纳为"由外到内,先上后下,步步为营",实施工程师和用户每步都要书面确认进展情况,分清各自工作内容与责任。

三段就是系统实施分为培训、企业诊断和系统运行三个阶段。

五步是:① 培训、培训、再培训(高层领导培训,中层领导与员工培训,职能小组培训);② 明确实施机构职责,实施机构包括领导小组、职能小组与技术小组三部分;③ 企业业务流程分析与改进设计,分析 ERP 系统与企业现行管理流程的异同,提出企业业务流程或软件的改进建议;

④ 软件客户化与企业 BPR(必要的部分),即“双改”(软件修改和管理改进);⑤ 上线、试运行、系统切换与竣工。

ERP 实施并验收后,企业生产者和经营者经过一段时间应用,对现有 ERP 系统有了一定感性认识和理性认识,在此基础上就可提出对现有业务流程的合理化改进意见和措施。经过讨论和评估,企业生产者和经营者就可重组现有业务流程,向更合理的经营模式迈进。

实施成功 ERP 可给企业带来如下主要好处:

(1) 企业领导和各级管理人员可随时掌握市场销售、生产和财务等方面的运行状况,不断改善经营决策,提高企业的应变能力和竞争地位。

(2) 企业员工素质和精神面貌明显变化,团队精神得到发扬,涌现出一批既懂管理和生产,又善于应用电脑技术的管理人才。

(3) 管理人员从事务中解脱出来,致力于实质性的管理工作,实现规范化管理,达到管理的良性循环。

(4) 库存管理:库存资金占用降低,库存周转率提高,盘点误差降低。

(5) 采购管理:有效防止采购管理中价格管理不严、跟催不及时、供应商评估主观化的状况,可以使供应商的交期达成率提高、采购费用降低。

(6) 生产管理:减少装配面积,提高劳动生产率,降低零件短缺情况。

(7) 销售管理:基本实现按期交货。

(8) 财务管理:结账时间缩短,应收账款周转率提高。

(9) 公司总体:生产成本下降,利润增加。

5.6.4 企业资源计划的发展趋势

ERP 代表了当代最先进的企业经营生产管理模式与技术。随着先进制造技术、信息技术的不断发展,现行 ERP 将向新一代发展。今后 ERP 的发展趋势是:

(1) ERP 将与制造执行系统 MES、车间层操作控制系统 SFC 更紧密地结合,形成实时化的 ERP/MES/SFC 系统。

(2) ERP 的供应链管理功能将更强,并进一步面向全球化市场环境。

(3) ERP 将更好地支持多种不同的制造方式,包括流程制造方式。

(4) ERP 将包含基于知识的市场预测、订单处理与生产调度、基于约束的调度功能,具有更强的企业优化能力。

(5) ERP 的工作流管理功能也将进一步增强,并能支持企业经营过程的重组。

(6) 在计算机技术方面,ERP 将以客户/服务器分布式结构、面向对象方法和 Internet 等为核心技术。

ERP 的不断发展与完善最终将导致支持全球化企业合作与敏捷虚拟企业运营的集成化企业管理系统的产生。

5.7 制造执行系统

5.7.1 制造执行系统概述

1. MES的产生

制造业面临日益激烈的国际竞争，为了赢得市场、赢得用户，全面提高企业的TQCSE（T—Time，Q—Quality，C—Cost，S—Service，E—Environment），许多企业通过实施MRPⅡ/ERP来加强管理。然而，上层生产计划管理受市场影响越来越大，明显感到计划跟不上变化。面对消费者导向的时代，面对更多产品的改型，订单的不断调整，企业决策者认识到，计划的制订要依赖于市场和实际的作业执行状态，而不能完全以物料和库存回报来控制生产。

同时，MRPⅡ/ERP软件主要是针对资源计划，这些系统通常能处理昨天以前发生的事情（作历史分析），亦可预计并处理明天将要发生的事件，但对今天正在发生的事件却往往留下了不规范的缺口。而传统生产现场管理是一个黑箱作业，这已无法满足今天复杂多变的竞争需要。因此，如何将此黑箱作业透明化，找出任何影响产品品质和成本的问题，提高计划的实时性和灵活性，同时又能改善生产线的运行效率已成为每个企业所关心的问题。

制造执行系统（Manufacturing Execution System，MES）恰好能填补这一空白。MES是处于计划层和车间层操作控制系统SFC之间的执行层，主要负责生产管理和调度执行。由于MES强调控制和协调，使现代制造业信息系统不仅有很好的计划系统，而且能使计划落实到实处的执行系统。因此，短短几年间MES在国内外的企业中迅速推广开来，并给企业带来了巨大的经济效益。

2. MES的定义

目前，MES国际联合会对MES的定义是：MES能通过信息传递对从订单下达到产品完成的整个生产过程进行优化管理。当工厂发生实时事件时，MES能对此及时做出反应、报告，并用当前的准确数据对它们进行指导和处理。

从以上定义可以看出，MES的关键是强调整个生产过程的优化，它需要收集生产过程中大量的实时数据，并对实时事件及时处理。同时，又与计划层和控制层保持双向通信能力，从上下两层接收相应数据并反馈处理和生产指令。因此，MES不同于以派工单形式为主的生产管理和辅助的物料流为特征的传统车间控制器，也不同于偏重于作业与设备调度为主的单元控制器，而应将MES作为一种生产模式，把制造系统的计划和进度安排、追踪、监视和控制、物料流动、质量管理、设备的控制和计算机集成制造接口（CIM）等一体化去考虑，以最终实施制造自动化战略。

关于MES的定义有一些不同的表述，但以下几点是共有的，这些也可认为是MES的主要特点。

（1）MES的优化是整个生产过程的优化。

（2）MES在整个企业信息集成系统中承上启下，是生产活动与管理活动信息沟通的桥梁。

（3）MES采集从接受订货到制成最终产品全过程的各种数据和状态信息，目的在于优化管理活动。

3. MES在信息系统体系结构中的地位

主要的制造信息系统有ERP(企业资源计划)、SCM(供应链管理)、SSM(销售和服务管理)、P/PE(产品和过程工程)以及MES(制造执行系统)和控制。这些系统每一个都有其一定的功能,包括若干不同的模块,它们之间存在一些重叠,如调度可能出现在MES和SCM,劳务管理出现在MES、SSM、ERP中的人力资源(HR)功能模块中,文件管理出现在MES和P/PE,过程管理出现于MES和控制中。

图5.20给出了MES和ERP,SCM、SSM、P/PE,以及控制系统之间实施数据交换的相互关系,主要是MES作为生产制造系统的核心向其它系统提供有关生产的数据。

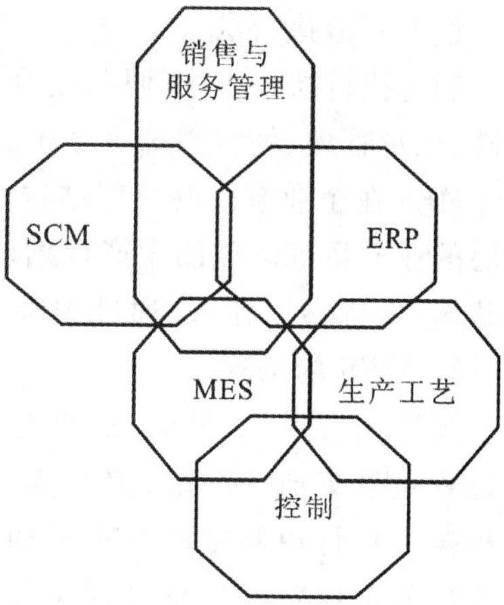

图5.20 制造信息系统实施数据交换的相互关系

5.7.2 制造执行系统的功能

MES的概念由美国管理界于1990年提出,1992年美国先进制造研究机构AMR(Advance Manufacturing Research)又提出了三层企业集成模型,明确地揭示了过程控制与现存的MRPⅡ/ERP系统间存在的断层,并将各种厂家提供的位于中间执行层的系统称为制造执行系统。1993年,AMR推出了MES的集成系统模型,强调在制造执行领域信息共享和系统集成的重要性。1997年,国际制造执行系统协会MESA在公布的MES白皮书中提出了MES的功能模型和一系列相关模型,为实施基于组件技术的可集成的MES提供了信息结构、功能结构和技术框架。1998年,AMR提出了制造业务过程的REPAC(Ready、Execution、Process、Analyze、Coordinate的字头)模型。该模型与以往的功能划分指向的思维方式不同,以描述工厂中的完整的制造业务过程为主要目的。2000年,AMR在其发表的研究报告中认为电子制造(e-Manufacturing)是电子商务(e-Business)中的重要组成部分,而REPAC模型则在电子制造中起着至关重要的作用。

1. 三层企业集成模型

AMR于1992年提出的三层企业集成模型如图5.21所示。该模型揭示了过程控制与MRPⅡ/ERP系统间的明显的断层,并将各种厂家提供的位于中间执行层的系统称作制造执行系统(MES)。

图中各个层次的组成及功能为:

(1) 控制层

控制层位于底层,包括DCS(分布式控制系统)、DNC(分布式数控系统)、PLC、SCADA等系统,其作用是生产过程和设备的控制。

(2) 计划层

计划层位于顶层,通常是MRPⅡ或ERP等系统,其作用是管理企业中的各种资源、管理销售和服

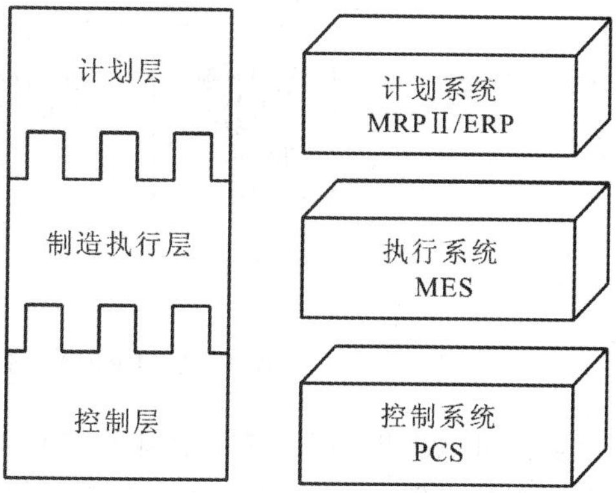

图5.21 三层企业集成模型

务、制订生产计划等。

(3) 制造执行层

制造执行层位于中间层,是介于计划层和控制层之间,面向制造工厂管理的生产调度、设备管理、质量管理、物料跟踪等系统。

MES 在企业系统的三层结构中起着承上启下,填补计划层和控制层之间的空白的作用。计划层的业务系统生成的生产计划(计划要做什么)被 MES 传递给生产现场,来自控制层的生产实际状态(实际做了什么)通过 MES 报告给计划层的业务系统。

2. MES 的信息流

制造执行系统(MES)软件弥合了企业计划层和生产车间过程控制系统之间的间隔,是制造过程信息集成的纽带,图 5.22 反映了 ERP/MES/PCS 三者之间的信息流动和交互。ERP 系统根据客户订单制定产品需求和安排生产计划任务给 MES 系统,MES 系统通过任务单和来自车间层的资源状态信息制订生产指令和控制参数给底层控制系统,底层控制系统将生产现场的设备信息、工装信息和人员信息以及任务状态、设备状态和加工参数传递给 MES 系统,使 MES 系统完成资源检查、在制品跟踪功能和控制加工过程功能,并根据底层提供的信息对车间生产计划的制定、实时调度、现场控制指令等做出实时调整。同时,ERP 系统可以查询订单状态、在制品(WIP)状态和其它性能数据以便作出符合实际的预测和决策。从时间因素分析,在 MES 之上的计划系统考虑的问题是中长期的生产计划(时间因子 =100 倍),执行层系统 MES 处理的问题是近期生产任务的协调安排问题(时间因子 =10 倍),控制层系统则必须实时地接收生产指令,使设备正常加工运转(时间因子 =1 倍)。它们相互关联、互为补充,实现企业的连续信息流。

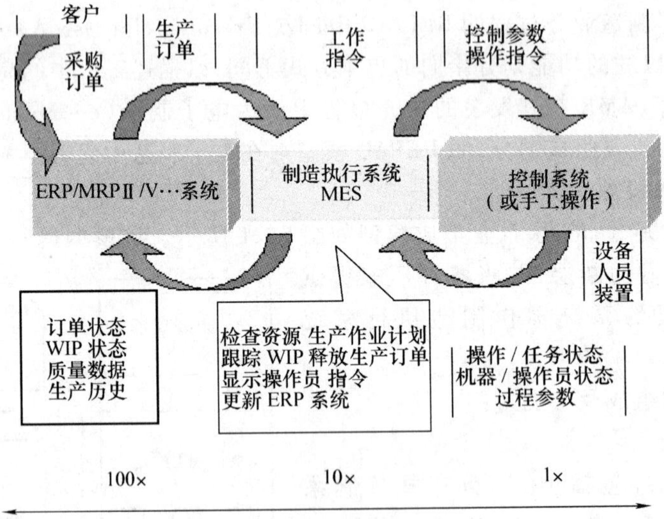

图 5.22　ERP/MES/PCS 三者之间的信息流动和交互

从中可以看出,MES 接受企业管理系统的各种信息,充分利用这些信息资源,实现优化调度和合理资源配置。MES 通过强调制造过程的整体优化来帮助企业实施完整的闭环生产,同时也为敏捷制造企业的实施提供了良好的基础。

3. 功能结构模型

图 5.23 是 MESA 在 1997 年公布的 MES 白皮书中提出的 MES 的功能模型。

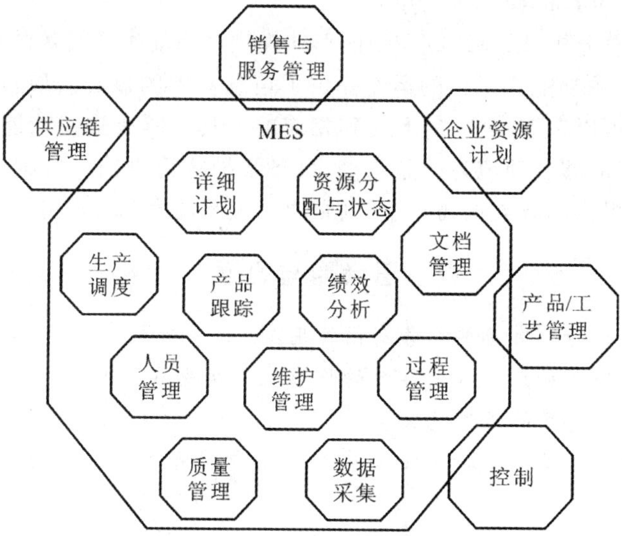

图 5.23 MES 的功能模型

从图 5.23 可以看到，MES 不仅仅是一项单独的功能，它考虑工厂中的各种绩效评价指标，具备支持、指导、跟踪各项主要生产活动的功能。MESA 定义的 MES 系统适用于各种生产类型的工厂，包括以下 11 种功能。

(1) 资源配置与状态(Resource Allocation and Status)

管理人员、设备、物料等各项资源，指示、跟踪并记录各项工作。

(2) 作业计划(Operations & Detailed Scheduling)

确定各项生产活动的顺序和时间，实现资源约束条件下的工厂绩效优化。

(3) 生产调度(Dispatching Production Units)

调整作业计划，进行动态调度，控制在制品库存。

(4) 文档管理(Documnent Control)

控制与生产单元相关的记录，编辑和下达生产指令。

(5) 数据采集(Data Collection & Acquisition)

监测、采集和组织生产数据。

(6) 人员管理(Labor Management)

指导人员的使用、跟踪和提供人员的有关状态。

(7) 质量管理(Quality Management)

记录、跟踪和分析质量数据。

(8) 过程管理(Process Management)

根据生产计划和实际生产活动指导生产进程。

(9) 维护管理(Maintenance Management)

计划和执行设备维护活动，维护历史数据。

(10) 产品跟踪(Product Tracking and Gencalogy)

跟踪并显示产品的时空位置,生成历史记录,以便对产品生产过程溯源。

(11) 绩效分析(Performance Analysis)

通过对信息的汇总分析,以离线或在线的形式提供对当前生产绩效的评价结果。

MES 系统的这 11 项功能为工厂的运作提供了信息基础的核心。质量、维护、文档以及计划等各方面的管理者都可以在 MES 平台上找到相应的工具。所有这些功能在逻辑上都是相辅相成的。例如,数据采集能够自动地为产品跟踪、设备维护等提供输入数据;质量管理可以为绩效分析以及维护管理等提供趋势数据;作业计划则驱动生产调度和资源分配。

思考题与习题

1. 企业常见的生产计划有哪些?各有何作用?
2. 分析说明生产规划和经营规划各自的作用及相互关系。
3. 分析主生产计划时界的控制意义。
4. 时间坐标上的产品结构反映了产品生产计划中的哪些信息?它与一般的产品结构最大的区别在哪里?
5. 试举例简述 MRP 运算基本流程。
6. 闭环 MRP 系统与 MRP 系统的根本区别是什么?
7. MRPⅡ管理模式的主要特点是什么?
8. ERP 在 MRPⅡ的基础上有哪些扩充与发展?
9. 试述 MES 的定义与功能。

第6章 现代制造物流与控制

6.1 现代制造物流概述

6.1.1 现代制造物流的产生与发展

物流是为了满足客户需求而对商品、服务及相关信息从原产地到消费地的高效率、高效益的正向和反向流动以及储存进行的计划、实施与控制过程。现代企业物流在当今竞争激烈的市场经济环境下,是企业生产和销售中的重要环节,日益凸显出其重要的地位和作用。加快传统物流向现代物流的转变,是促进企业物流健康有序发展的有效途径。传统物流信息滞后、功能单一、服务封闭、没有连续性,极大地影响了物流的效率。物流的本质是服务,它将运输、仓储、装卸、加工、整理、配送、信息等方面有机结合,形成完整的供应链,为用户提供一体化的综合性服务。

面对激烈的市场竞争,越来越多的企业开始关注客户服务。作为为顾客服务的主要构成部分——物流服务,则成为影响企业发展的关键因素之一。特别是随着网络技术的发展,企业间的竞争已突破了地域的限制。加快现代物流产业的发展,消除生产和消费之间沟通的障碍,是企业迅速出击、抢占市场的捷径。物流管理水平影响企业信息的获取。传统物流的信息获取途径单一、滞后,严重制约了物流信息的及时获得和传递。因此,企业为了谋求物流服务的高效率与高质量,必须建立一个能够迅速传递和处理物流信息的管理系统,这是支持物流服务的中枢和保障,使物流全过程的动态协调、控制完全实现从网络前端到终端客户的所有中间过程,才能确保企业物流的顺畅通达。

当今,技术进步的加速利用户需求的多样化,全球化信息网和全球化市场的形成,正促使生产企业间竞争的加剧,由价格到质量,由缩短交货期到加强售后服务,由对市场作出快速反应到不断开发新产品去占领市场,为适应外部环境的挑战,现代生产企业的管理和技术及其对物流现代化的要求也有重大的变革,具体表现如下:

(1) 适应横向一体化发展模式

为减少企业投资及丧失市场的风险,企业集中资源、精力、时间去从事企业的产品核心技术和销售,企业的管理模式正逐步由纵向一体化(大而全,小而全)向横向一体化(供应链)发展,制造企业的采购物流和销售物流无论在量和质上都有重大的提高,物流管理现代化的重要性日趋显著。

(2) 适应现代制造模式

现代企业制造过程中的物料流必须与现代制造模式相适应,与准时制生产(JIT)、精益生产(LP)方式相适应,即保证在规定的时间,按规定计量的物料,送达规定的工位,以实现现代化、高节奏的生产。

(3) 适应企业多品种、离散型生产

为满足客户多样化需求,柔性制造系统(FMS)日益增多,而成组技术和柔性搬运技术是FMS

的基础,即将那些形状相似、加工工艺相似、尺寸相似的零件,成组在同一系统里加工,并采用柔性的物料搬运,有利于提高机床、搬运设备的效率,使搬运和上下料装置的结构大大简化。

(4) 适应企业信息化

计算机技术和网络技术的高速发展,使物料需求计划(MRP)、企业资源计划(ERP)和计算机集成制造系统(CIMS)等逐步在企业内和企业间推广应用,正有力地推动信息流、工艺流程、物料流的一体化。

(5) 适应企业全面质量管理

物料搬运作业是企业全面质量管理(TQC)的重要组成部分,对高精度的加工零件,易碰、划、摔伤的物料搬运,已成为影响高质量产品的主要原因。

(6) 实现新的利润源

降低物流成本、降低库存等成为企业的第三利润源。

此外,条码和自动识别技术、自动化技术、计算机技术的发展,正有力地推动物流设备、物流系统的自动化、网络化,为实现各种全自动的物料搬运系统、无人化车间、无人化工厂等创造了条件。

现代制造技术已呈现出新的发展趋势,即:高技术化、信息化、绿色制造。如何将贯穿在现代制造业中的物流技术更好地服务于这一过程中,特别是现代制造业中的物流系统更加合理化,显得越来越重要。

6.1.2 现代制造物流的定义

1. 物流的定义

"物流"这个概念,是从"Physical Distribution"翻译过来的,意思是指物质资料及服务从生产地到消费地的流动过程中伴随的各种活动。日本把这一概念用"物流"来表达,具体包括物料的运输、保管、包装、装卸搬运、流通加工、库存管理、配送等活动。

一般地,物流学(Logistics)是研究对系统的物料流(Material Flow)及有关的信息流(Information Flow)进行规划与管理的科学理论。因此,现代制造物流是指物质资料在生产过程中各个生产阶段之间的流动和从生产地到消费地之间的全部运动过程。物质资料在运动过程中需要通过运输或搬运来解决供需双方在空间位置上的差异,还要通过仓储保管调节双方在时间上的差别。

与加工过程不同的是,物流并不改变物料的尺寸、形状和性质,但物流改变了物料在不同的时间所在的不同地点,从而创造了空间价值和时间价值,在现代制造过程中起着非常重要的作用。

2. 企业物流

企业是为社会提供产品或服务的一个经济实体。一个工厂,要购进原材料,经过若干工序的加工,形成产品销售出去;一个运输公司要按客户要求将货物输送到指定地点。在企业经营范围内由生产或服务活动形成的物流系统称为企业物流。

企业物流又可划分为以下几种典型的物流活动:

(1) 企业生产物流

从原材料进厂,直到成品出厂,这一全过程的物流活动称为生产物流。生产物流是制造企业所特有的物流活动,它和生产流程同步,原材料、半成品等按照产品工艺流程在各个加工地点之间不停顿地移动、流转,保证产品生产过程的正常进行。生产物流合理化对于维护工厂的正常生产秩序、降低生产成本有很大影响。通过企业生产物流的管理和控制,确保生产物流均衡稳定,可以保证在制品的顺畅流转,缩短生产周期,均衡设备负荷,提高生产效率。

(2) 企业供应物流

企业为保证本身的生产的节奏,不断组织原材料、零部件、燃料、辅助材料供应的物流活动称为供应物流。企业供应物流的目标不仅是保证供应,而且还是在以最低成本、最少消耗、最大的保证来组织供应物流活动。企业物流的流动资金大部分是被购入的物料及半成品等所占用,供应物流的严格管理及合理化对于企业加速资金流转,降低成本有重要意义。

(3) 企业销售物流

企业为保证本身的经营效益,不断伴随销售活动,将产品所有权转给用户的物流活动称为销售物流。企业销售物流的特点是通过包装、送货、配送等一系列物流实现销售,这就需要研究送货方式、包装水平、运输路线等并采取各种诸如少批量、多批次,定时、定量配送等特殊的物流方式达到目的。通过销售物流,企业才能得以回收资金、进行再生产。销售物流的效果关系到企业的存在价值是否得到社会的承认,销售物流的成本在产品及商品的最终价格中占有一定的比例。因此,在市场经济中为了增强企业的竞争力,销售物流的合理化可以起到立竿见影的效果。

(4) 企业回收与废弃物流

企业在生产、供应、销售的活动中总会产生各种边角余料和废料,这些东西回收所伴随的物流活动称为回收物流。对企业排放的无用物进行运输、装卸、处理等的物流活动称为废弃物流。在一个企业中,回收物品处理不当,往往会影响整个生产环境,甚至影响产品质量,还会占用很大空间,造成浪费。可持续发展要求在生产及流通活动中,最大限度地节约可用资源。因此,必须充分考虑构成产品的零部件回收重用的价值、回收处理的流程等问题,从而达到零部件材料资源及制造能源的最大利用;对于在生产和流通过程中产生的废弃物(废料、废气、废水等),也必须妥善处理,以防止破坏生态、污染环境。

企业物流的四个部分中,生产物流是核心,它与生产过程同步进行,容易在企业内部得到管理与控制;而供应物流和销售物流是生产过程物质流的外延,分别是生产物流的上伸与下延,它们受企业外部环境的影响较大。企业是社会物流网络中的一个节点,通过企业生产物流实现节点内部的转换,以供应物流和销售物流实现节点之间的相互连接。如果企业物流中的任何一个环节有问题,必然使整个企业的生产无法正常进行,影响整个社会物流网络正常运转。企业物流的组成如图 6.1 所示。

6.1.3 现代制造物流的战略

对现代物流管理的研究产生了供应链管理的思想,但供应链管理现在已经超越了传统的物流管理,有的学者甚至把它扩展到物流以外的领域,如产品开发。还有的学者把供应链形象地比喻成一条管道,在这条管道里既有物流,又有商流、资金流和信息流等,因此认为物流管理只是供应链管理的一个方面,完整的供应链管理还应该包括整个供应链的商流、资金流和信息流等的管理。

供应链管理与物流管理都强调对商品从产地至消费地的实体移动的全过程进行管理。供应链管理是物流管理概念在企业外部的延伸。传统的物流管理强调的是单个企业物流系统的优化,

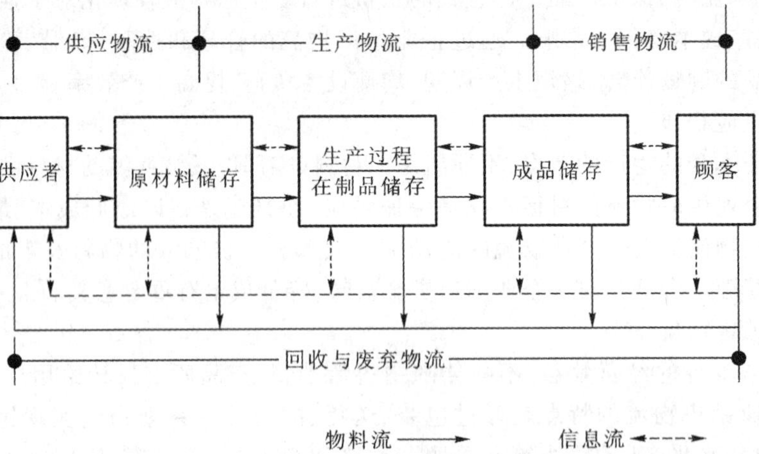

图 6.1　企业物流的组成

对运输、仓储、包装、装卸搬运、流通加工、配送和物流信息实施一体化管理,而供应链管理则认为仅对单个企业的物流活动进行控制是不够的,必须对整个供应链的所有成员或关系较近的成员的物流活动实施一体化管理,也就是说由供应链中的企业共同对供应链的物流活动进行管理和优化。

现代物流在整个企业战略中,对企业营销活动的成本发生重要影响,现代物流是企业成本的重要方面。因而,通过物流合理化、现代化以降低成本,有效保障营销和采购等活动。所以,现代物流既是企业主要成本的产生点,又是企业降低成本的关注点,科学合理的现代制造物流能有效降低成本。成本和利润是相关的,物流作为主体可以为企业提供大量直接和间接的利润,是形成企业经营利润的主要活动。

现代制造物流,不仅需要降低成本,而且更需要提高企业对用户的服务水平,以提高企业的市场竞争能力。通过物流的服务保障,企业以其整体能力来降低成本增加利润。现代物流是企业发展的战略,它会影响企业总体的生存和发展。企业应致力于开发和实现一种全面的物流能力,按现实的总成本开支来满足关键顾客的期望。现代制造物流应用尽可能低的成本或可能得到的最高顾客服务来构成期望的物流战略。一个经过良好设计的物流系统必须具有高度的顾客反应能力,同时能控制作业变化和最低限度的库存负担,并能够及时估算所需成本,以形成现代制造企业物流战略,构建企业的核心竞争力。

6.2　现代制造物流系统

物流系统对于企业生产和经营的顺畅有着举足轻重的作用,进行物流系统设计时,必须有效地利用企业有关物流数据。要把从原材料进厂到成品出厂过程中的物流量,作为一贯流动的物流量来看待,依靠缩短运输路线,合理调度并运用现代化等手段,以达到降低总成本的目的。

6.2.1　现代制造物流系统分析

物流系统分析是指从系统的整体利益出发,根据系统的目标,选用科学的分析工具和计算方法,对系统目标、功能、环境、费用和效益进行充分地调研、收集、比较、分析和数据处理,并建立若干种拟订方案和必要的模型,进行系统仿真实验、比较分析和评价实验结果等,为决策者提供综合决策资料。

系统分析方法要求的不是从局部去研究复杂的、多层次、运动着的事物,而是把构成这类事物的各项因素,综合地看成一个整体,看成在一定的时间和空间范围内不断运动着的系统,把它的各组成部分(或环节)有机地联系起来进行分析,不仅是定性的,而且主要是定量地确定它们之间的相互关系,从而明确目标,选择最优的方案。

系统分析的目的是为了设计或改进以使物流系统成为最合理的、最优化的系统。运用系统工程的基本原理,通过系统分析拟订方案的费用、效益、功能和可靠性等各项技术经济指标,为决策者提供依据。在系统分析的基础上,对各种因素进行优化,协调各组成部分之间的关系,形成各部分有机集成、协调一致的优化物流系统。系统分析是系统设计过程中的关键步骤。

1. 物流系统的分析技术

对于现代企业制造物流,一般运用两种方法进行总成本分析,一种是短期(静态)分析,另一种是长期(动态)分析。

(1) 短期(静态)分析

以短期的、静态的观点考察物流系统,分析出各项物流活动的成本,在满足企业对物流的约束条件下,选择总成本最小的系统,这种方法称为短期(静态)分析方法。

(2) 长期(动态)分析

将现代制造物流作为一个大系统,利用有关统计资料,对物流活动的成本做定量分析。包括对物流系统的动态数据整理、各种动态分析指标的计算以及发展趋势研究,以总结过去、把握现在和预测未来。

2. 物流系统的分析步骤

(1) 资料收集

1) 产品的审查　指对现有制造生产线和新产品发展趋向进行全面的分析,对于每种产品必须收集以下几个方面的信息:年销售量情况、季节性变化情况、产品包装状况、产品运输和仓库信息、现有制造或装配设施状况、投入的原材料状况、产品制造的畅通性、仓储地点情况、可利用的运输方以及区域销售量情况等。

2) 现有设施的审查　包括审查生产地点和生产能力、储存仓库和配送中心的地点和能力、订货处理职能部门的地点、运输方式的利用等。

3) 顾客审查　必须掌握现有顾客和潜在顾客的位置、顾客所需的产品类型、订货时间、顾客服务的重要性、顾客要求的特殊服务等。顾客审查为系统分析提供关键素材,必须重视。

4) 竞争对手的审查　对本企业销售所处的竞争环境进行描述,要收集竞争对手订货传递方式,包括订货处理的速度和精度以及运输工具的速度和可靠性等。

根据收集的资料,要进行定性分析和定量计算。建立相应数学模型,进行分析和评价,最后确定最优物流系统方案。

(2) 物流系统分析的工具

现代企业制造物流系统分析首先要对老系统进行详细调查。包括调查原有的工作方法、业务流程、物流量以及各业务部门之间的相互联系,必须从时间和空间上对物流的状态作详细调查,在掌握大量资料的基础上分析老系统的优缺点,为设计新系统准备。物流系统分析的工具一般有因果分析法、排列图法、相关分析法以及投入产出分析方法等。

物流系统分析应从系统设计、结构设计到制造安装、运输的全过程,其重点应放在系统设计阶段。系统设计应综合考虑制定系统合理规划方案、生产布局、制造工艺流程、库存管理以及成本控制等多方面因素。应在整个系统分析设计过程中回答(5W1H):① 目的(Why? 为什么?);② 对象(What? 是什么?);③ 地点(Where? 在何处做?);④ 时间(When? 何时做?);⑤ 人(Who? 谁来做?);⑥ 方法(How? 怎样做?)。

6.2.2 现代制造物流系统设计

1. 现代制造系统中的物流

现代制造系统中的物流,是指在制品的流动以及废料余料的回收和处理,即原材料、燃料、外购件投入生产后,经过下料、发料,运送到各加工地点和存储地点,以在制品的形态,借助一定的运输装置,从一个生产单位(车间、工位或仓库)流入另一个生产单位,按照规定的工艺规程要求进行加工、储存,构成了现代企业内部制造物流。

现代制造物流自始至终伴随着生产过程,因此从物流的观点来看,企业的生产系统又是一个物流系统。企业内部的生产过程一般是原材料及外购件入厂,存储在原材料仓库中,各车间根据需要到原材料库领取原材料,然后按工艺要求进行加工,每完成一道工序后,就把被加工零件转到下一道工序,一个零件在一个车间所有工序加工完毕后,根据加工要求或者转到下个车间继续进行加工,或者转到半成品库存储等待总装;各个加工好的零部件送到总装车间,装配成产品,经检验合格后,进入成品仓库等待销售。在整个生产过程中,物料的大部分时间是处于存储、搬运过程中,现代制造物流是否合理对企业的成本、交货期有较大影响。现代制造物流的特点如下:

(1) 物料按照规定的加工工艺过程流动,其物流路线由产品或零件的加工工艺规程决定,不能任意变动。

(2) 零件的制造是连续、有节奏、按比例地进行的,所以其物流系统也必须连续、有节奏、按比例地进行,否则就会影响制造过程的正常进行。

(3) 物料搬运装卸过程要求安全可靠,已加工好的成品和半成品在运输过程中不能随意碰撞,要求按照一定的方式搬运和存储,以免损伤已加工表面,影响零件的精度和表面质量。因此,必须选择合适的物料搬运设备和存储设备。

影响现代制造物流的主要因素有:

(1) 生产类型的影响

不同的生产类型,其产品品种、结构的复杂程度、加工精度等级、工艺要求、毛坯及原材料准备不尽相同,对现代制造物流要求也不一样。

(2) 生产规模的影响

生产规模是指单位时间内产品的产量,通常以年产量来表示。生产规模越大,物流量也越大;反之,物流量也较小。大批大量的生产方式与多品种单件小批量生产方式下对制造物流要求差别较大。

(3) 生产的专业化与协作水平

随着现代制造技术的发展,分散化、网络化制造方式的出现,不少企业集团将某些基本的工艺阶段中的半成品，如毛坯、零件、部件等，由企业外的专业协作厂家提供，从而使企业内部的制造过程趋于简化，制造物流缩短。

2. 现代制造物流设计

从现代制造物流角度讲，厂址选择和工厂布置都是对物流活动进行空间的和平面的定位进行研究的问题，在厂址及占地面积确定之后，就要确定厂区的平面布置，即在选定的厂址和厂区范围内，对工厂的车间、科室、仓库、设施、厂内运输路线等进行合理安排。

工厂总平面布置是指对工厂内建筑物、运输系统、地下设施等的平面位置和竖向高度的布置。

车间布置是指对厂房内工段、班组、单元、工作地、机器设备、通道、存货点、管理部门、生活设施等位置的合理安排，它是对工厂总平面布置的补充和具体化。

工厂总平面布置和车间布置一旦确定，整个工厂的物流活动的过程及费用也就基本确定下来了。现代制造物流就是在已布置好的厂区内借助于物料搬运设备和相关工具实现原材料、半成品、成品等物料流转。因此，工厂总平面布置和车间布置存在一个布局的最优化问题，即能否把企业各部门、机器设备、仓库等最佳地安排在一个实体（厂房、车间、仓库等）之中，使得它们之间的配合关系为最优。一个优化的工厂平面布置和合理的车间设备配置，可以使现代制造物流更加合理，物流通畅，物料运输路线短，避免运输迂回重复，大大降低了企业成本。

（1）工厂总平面布置

工厂总平面布置一般应考虑以下几方面要求：

1）满足工艺流程的要求　要求工厂各组成部分的位置安排能保证生产工艺流程的顺畅和便利，有利于缩短生产周期和降低成本，具体表现在以下几方面：

① 流向单一。厂内各生产点和存放点之间的位置关系，必须适应生产工艺流程的要求，使原材料、半成品和成品等物料，按一个方向流动，否则会出现物流混乱的现象。

② 物流距离最小。所有物料的移动都必须是必要和直接的，各作业点安排尽量紧凑，路程直线化，以避免不必要的迂回、交叉、倒流，减少中间存放时间，以利于物料作短距离的快速移动。

③ 装卸次数最少。充分利用现有的搬运设备，合理安排其工作方式，采用装卸搬运托板化、集装化等先进物流技术，将装卸次数减到最少。

④ 进出方便。工厂、车间、仓库、工作岗位的进出口、通道要通畅，布局要合理。

2）适应厂外运输要求　在考虑厂内运输路线的合理布置的同时，还要考虑与厂外运输的衔接。

3）节约用地　合理划分厂区，布置紧凑，同类加工性质的车间尽量布置在一个厂房内，以节约用地，缩短流程。

4）便于企业管理　将人员、材料、产品、设备等合理安排，使这些部分得到最大的可见性，有利于协调企业的各个组成部分，加强企业管理。

（2）车间布置

车间布置包括机器、设备和人员的工位布置、制造过程以及物料的运送与存放布置等。根据工艺规程，加工顺序、所需机床、刀具、夹具等都已确定，接下来就是对工位的配置，即车间内物流系统的设计。工位配置是按零件加工工艺要求，使零件从一个工位转移到另一个工位时，物料搬运工作量最少，工位之间的搬运设备数量也最少。

1）车间布置类型

① 按设备的工艺功能布置　当产品种类多、数量中等或少量，则通常将设备按照其工艺功能布置，即按机群式布置，如车床组、铣床组等。这种布置使得工艺路线交叉，物料搬运复杂，是传统中小批量生产企业采用的一种车间布置方法。

② 按产品的工艺过程布置。当产品种类少、数量多、工艺过程较简单，则可按产品的工艺过程安排各个工位，即按流水线布置。这种布置方法下物料搬运路线固定连续，无交叉。

③ 按成组单元布置。在多品种、小批量生产下，可应用成组技术将产品（或零件）按工艺相似性归并成零件组，以零件组为单位组织生产的各个环节，形成成组生产单元，使得零件在成组单元内部能够按照该零件组的工艺过程布置，从而将适用于大批量生产的流水线布置方式应用于中小批量生产。

2）车间布置原则

① 最小移动距离原则。保持搬运线上的各项操作之间的最经济距离，物料和人员的流动距离尽量缩短，以节省物流时间，降低物流费用。

② 直线前进原则。按照零件加工或装配过程的顺序布置设备及流程，避免迂回和倒流，尽量按直线型流水线布置。

③ 充分利用空间和场地原则。在车间的垂直方向和水平方向上，合理安排机器、人员和物料，在保持机器之间适当空间的同时节约场地。

④ 生产均衡原则。维持各种设备和工位生产的均衡进行，必要时设置缓存站以协调各个工位之间的节拍。

⑤ 适应性原则。预留适当的空间，便于机器设备的重新调整和布置。

6.2.3 现代制造物流的组织、计划与控制

1. 现代制造物流的组织

（1）按流水线组织设计

在现代企业制造中，以汽车、家电等产业为代表的大量生产方式是一种主要的生产类型，按流水线组织生产能将高度专业化的生产组织和产品的平行移动方式有机地结合起来，是一种被广泛采用的较好的生产组织形式。

在流水线生产组织方式下，产品（或被加工工件）按照规定的工艺路线顺序地通过各个工作地，并按照一定的生产节拍完成各道工序，是一种连续重复的生产组织形式。它能保持生产过程的节奏性，即按照生产节拍进行生产。它也能保持生产过程的连续性，零件如同流水般地从一个工序转到下一个工序，最大限度地降低了在制品的积压数量和设备的等待时间。但每一条流水线只能固定生产一种或几种产品，产品在流水线的各个工位之间作单向封闭式的移动。在流水线生产条件下，生产过程的连续性、平行性、节奏性都很高，因此它可以提高工作地的专业化水平，提高劳动生产率，降低制造成本，提高自动化水平。但是，由于设备的高度专业化，它对于产品变化的适应性差，一旦在某处发生故障，就有导致全线停车的危险。

在设计流水线之前，要进行一些必要的准备工作。首先，要对产品零件进行分类。为了明确适合和不适合用流水线生产方式进行生产的产品或零部件，应当将本企业的产品或零部件应用成组技术按零件结构与工艺的相似性进行分类，然后根据其各自的产量以及劳动量加以衡量，以

确定是否适合于组织流水线生产，同时将适合于流水线生产的产品或零部件进一步分类，以确定流水线的组织形式，如单一对象流水线、多对象流水线（成组流水线）等。其次，需要改进产品结构，使之适合于流水线生产。产品的总成和部件均应是独立装配单位，这是零件加工与部件装配的连续性和平行性的需要。产品的零部件必须具有良好的互换性，零部件的各结构要素应尽量标准化和通用化，不允许有修配现象，以免影响流水线的节拍。

在连续流水线中，当加工对象的重量、体积、精度、工艺等技术条件允许严格按照节拍生产产品时，应当采用强制节拍，即准确地按照既定节拍生产。此时，一般采用连续输送机进行工序之间的物料搬运。在实现强制节拍有困难时，可不要求严格按节拍生产，允许有波动，这时称自由节拍。在间断流水线中，通常采用自由节拍，此时可采用间歇自由式输送机，允许工序间存储一定数量的在制品，用以调节节拍的摆动。

流水线的平面布置一般有直线形、直角形、U 形、S 形以及环形等，每一种形状的流水线在工作地的布置上，又有单列与双列之分。单列直线形流水线多用在工序数少、每道工序的工作地也较少的场合，这种平面布置的主要优点是安装和拆卸设备方便，容易供应毛坯和送出成品，工作地同流水线的配合比较简单；当工序与工作地的数量较多而空间长度不够时，可采用双列直线或直角、U 形、S 形等布置。

流水线内工作地的排列，应该按照产品的工艺路线进行，流水线的位置以及各条流水线之间的衔接，必须根据零件加工、部件装配、总成装配所要求的顺序安排，尽可能将零件加工的完结处与部件装配的开始处安排在一起，将部件装配的完结处布置在该部件进入总装的开始处，从而使所有流水线布置符合产品生产过程的总流向。

（2）按成组生产单元组织设计

面向订单的多品种中小批量生产其主要特点是生产的产品种类多、变化快、生产中同时加工的零件种类繁多、生产过程的稳定性差，若按传统的机群式进行生产组织，则生产过程的连续性、平行性差，给生产组织和计划管理工作带来很大不便，常常导致企业的制造周期长、成本高、在制品多。在现代制造中应用成组技术，将成组生产单元作为多品种、中小批量生产的生产组织形式。成组生产单元是以一个或几个工艺过程相似的零件组（如盘类、轴类、齿轮、箱体类等）为单位组织生产而形成生产单元，按照零件组的成组工艺过程配备成套的生产设备和工艺装备，能在单元内部完成这些零件组的全部工艺过程。

成组单元是按零件组为单位，每一单元内部生产的零件类型是相似的，加工工艺也是相似的，因此可以按专业化原则进行组织，即采用专业化程度较高的机床设备和工艺装备。单元内部按照零件组的成组工艺的顺序进行机床和设备的布置，使物流顺畅；工件在单元内部各工序间的传递采用平行或平行顺序移动方式，以缩短生产周期，减少在制品的数量；各单元可以独立经营核算，易于实现经济责任制，充分发挥单元内全体职工的积极性。成组单元一方面在单元内部保持了生产过程的连续性、平行性和节奏性；另一方面，多个成组单元又可以柔性地适应多品种的生产，在现代制造中是一种有行之有效的生产组织形式。

成组生产单元设计过程如下：

1）零件分类成组　设计成组生产单元首先要按照成组技术的基本原理将所有产品的零件按工艺过程的相似性进行分组，将机床设备、工装及工人进行分类和组织，一般采用流程分析法、聚类分析法等，按零件的工艺路线特征进行分类，在对零件进行成组的基础上产生相应的机床设备组。

2）计算设备的需求量 在确定成组生产单元的规模和设备时，既要使单元内设备的种类齐全，避免跨单元协作生产，又要使每台设备和人员达到较高的负荷，同时单元的规模必须适当，以便能对单元进行有效的管理和控制。

3）成组生产单元的平面布置 成组生产单元的设备布置有以下几种形式。一是按生产线形式布置，单元内加工的所有零件的工艺路线基本相同，可将设备按该条路线的顺序排列，在单元内部形成一条流水生产线。零件在线上作单向流动，无迂回，运输线路最短，在制品最少。二是按U形线布置，单元内加工的零件的工艺路线可以不同，为了便于不同零件在单元内部的迂回、跳序和交叉，可以将设备按U形布置，这样可以缩短零件的搬运距离，实现多台机床一人看管。三是按设备功能布置，单元内所用设备是数控机床和加工中心时，一台数控机床一次装夹就可以完成一个零件的全部或大部分工序，这时可以将功能相同或相近的数控机床布置在一起，而在单元入口或其它位置配备适当辅助设备，以完成次要表面和辅助工序的加工。四是分区联合布置，在建立成组生产单元较多的企业，可把成组单元集中起来建立成组生产车间，车间内按单元分区域布置。

在柔性制造系统中，系统工位的平面布置型式有：① 直线型。物料呈直线形流动，由输送机、牵引式小车或有轨小车等输送设备载运托板及工件，沿工件的工艺流程顺序移动，机床设备分布于物料搬运线的两侧，适用于加工零件种类较少、工艺过程比较单一的系统。② 环型。由输送设备组成的物料搬运线呈环形布置，允许有一定的分支。适用于零件工艺有一定变化的场合。③ 随机存取型。工件可以由自动导引小车运到任意一台机床上，适用于零件工艺复杂多样，无法按照某一典型零件的工艺流程布置的系统。④ 机器人型。以工业机器人为中心，各工位环绕在其周围，各机器人由搬运线连接，适用于采用机器人较多的加工场合。如图6.2所示是环型柔性制造系统平面布置示意图。

2. 现代制造物流的计划

现代制造物流计划主要是生产作业计划的编制，即根据计划期内规定的主生产计划，结合企业的实际生产条件，将产品及其零部件在各个工艺阶段的生产任务分配到企业（或车间）的各个工位，并协调任务前后的衔接关系。合理的物流计划能有效地保证主生产计划的顺利完成，实现企业的均衡生产，提高设备的利用率和劳动生产率，大大减少在制品及库存，缩短生产周期。

随着生产类型的不同，现代制造物流计划方法和原理也不相同。在大量流水生产方式下，可以制定一系列的流水线标准计划图表来组织和指导生产，流水线上的每道工序按照该标准计划执行即可，不必经常变动和重新编制；在多品种小批量生产方式下，必须根据上级的零件生产订单具体安排零件在车间中的合理流动路线和加工顺序。由于零件种类繁多，工序复杂，因此产生了多个零件多台机床的车间作业计划排序优化问题即车间调度，这一问题目前还无法用计算机在数学上求得严格的最优解，只能用求近优解的方法来解决这一问题。

3. 现代制造物流的控制

现代制造物流的控制是现代制造物流管理的重要内容。在实际的制造物流系统中，由于系统受到内外部各种因素的影响，物流计划与实际之间会产生偏差，为了保证计划的顺利完成，必须对物流活动进行有效的控制。生产物流控制的具体内容如下。

（1）进度控制

物流控制的核心是进度控制，即物料在生产过程中的流入、流出控制以及物流量的控制。

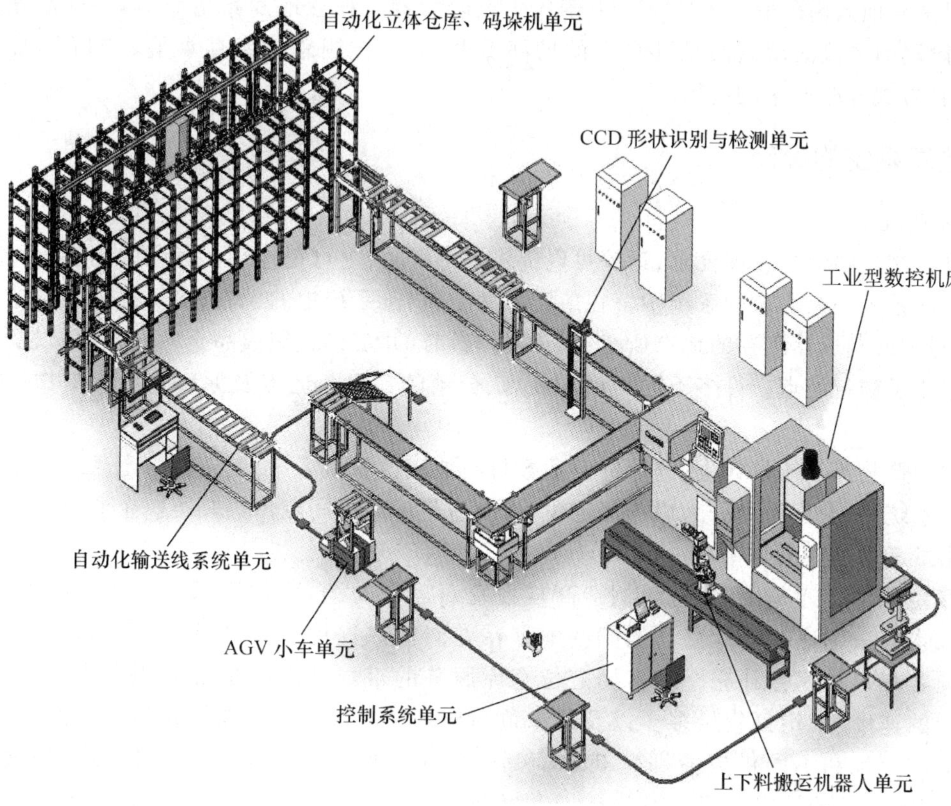

图 6.2 环型柔性制造系统平面布置

(2) 在制品管理

在生产过程中对在制品进行静态和动态的管理以及占有量的控制。

(3) 偏差的测定和处理

在进行生产作业的过程中，按预定时间及顺序检测执行计划的结果，预测和掌握计划物流量与实际量的差距，根据发生差距的原因、内容和程度，采用不同的处理方法，如动用库存、组织外协、加班加点等。

在现代制造物流系统中，常采用以下两种物流控制方式来协调物流，减少各生产环节和库存水平的变化幅度。

(1) 物流推式控制

物流推式控制的基本方式是根据最终需求结构，计算出各阶段的物料需求量，在考虑生产各个阶段的生产提前期之后，向各生产阶段发布生产指令量。其特点是集中控制，每阶段的物流活动服从集中控制的指令，无法控制每一生产阶段的局部库存。MRP(物料需求计划)方法是这一物流控制方式的具体体现。

(2) 物流拉式控制

物流拉式控制是从生产的最后阶段开始,按照外部客户需求,向前一生产阶段提出物流供应需求,前一生产阶段按本阶段的物流需求量再向更前的生产阶段提出要求,依次类推,接受物料需求的阶段重复地向前阶段提出要求。由于各生产阶段各自独立地发布指令,其特点是分散控制,因此每阶段的物流活动只满足其自身的局部需求,无法控制总的库存水平。JIT(及时制生产)方法是该方式在生产中的应用。

6.2.4　仓库系统的设计

1. 仓库选址

根据现代制造物流的发展要求,运输可以提供一种潜力,它可把地理上分散的制造、仓库、市场营销地点联系到一个综合的系统中。在广泛意义上,物流系统中的设施,由所有管理与储存的原料、制造过程或制成品库存的地点所组成。这样,所有的零售店、制成品仓库、制造厂以及原料储存仓库组成了物流地点。许多不同类型的设施、分销的数目与地点及原料仓库常是物流系统的焦点。

在现代制造物流系统设计中,仓库的合适数目与地理位置是客户、制造点与产品要求所决定的。在物流系统中,仓库可划分为以市场定位,以制造定位或中间定位等几类。企业要从总体的经营战略出发考虑仓库的类型。

以市场定位的仓库是由零售商、制造商与批发商运作的,仓库位于邻近被服务的市场,可以以最低成本方法迅速补充库存。他们共同存在并向客户提供库存补充,以市场定位的仓库通常用来向客户提供库存补充。由市场定位仓库服务的市场区域的地理面积大小,取决于被要求的送货的速度、平均订货量多少以及每单位当地发送的成本。以市场定位的仓库,通常用来作为从不同源地和不同供应商那里获取商品并集中装配商品的地点。通常商品分类很广泛,而任何特定商品的需求和进出仓库的总量相比是很小的。一个零售商店通常不会有足够的需求来向批发商或制造商直接订购大量的货物,零售要求由许多不同的或广泛分散的制造商生产的不同产品的集合。为了以低的物流成本对这样的分类库存进行快速补充,零售商可以选择建立仓库,或者使用批发商的服务。现代食品分销仓库,在地理上通常坐落在接近服务的各超市的中心。

以制造定位的仓库通常坐落在邻近生产工厂,以作为装配与集运被生产的物件的地点,这些仓库存在的基本原因是便于向客户运输各类产品。物品从他们所生产的专业工厂被转移到仓库,再从仓库里将全部种类的商品运往客户,坐落位置用来支持制造厂。以制造定位的仓库的优点在于它能跨越一个类别的全部产品而提供卓越的服务。如果一个制造商能够以单一的订货单集运的费率将所有交售的商品结合在一起,就能产生竞争优势。

2. 库存成本

控制和保持库存是每个企业所面临的问题。库存的管理与控制是企业物流各职能领域的一个关键领域,对于企业物流整体功能的发挥起着非常重要的作用。由于库存成本在总物流成本中占有相当大的比例,因此在成本的权衡决策中显得尤为重要。

(1) 总成本最小

企业物流系统是企业系统的一个子系统,库存系统是物流系统的一个子系统,所谓的存货成本最小,是受企业的总目标约束的,有时会增加存货成本,这是因为追求的最终目标是企业总成本最小。如果适当增加部分存货，能减少其它形式的成本，并且其节约额超过了存货成本的增加额，那么企业就会选择增加存货成本。在企业的生产经营中产品的需求有旺季和淡季之分，如果企业的设计生产能力可以满足旺季的需求，那么它的投资较大，并且在淡季只发挥了设计生产能力的一小部分，效率不高。因此，企业也倾向于设立库存来解决这种需求的不平衡问题。但是，企业的库存问题比市政供水问题要复杂得多，不仅要考虑库存成本，还要考虑改变订货批量对价格、运价的影响，以及不同客户的不同要求等具体内容。

(2) 存货储存成本

存货储存成本是指为保持存货而发生的成本，它可以分为固定成本和变动成本。固定成本与存货数量的多少无关，如仓库折旧、仓库职工的固定月工资等；变动成本与存货数量的多少有关，如存货资金的应计利息、存货的破损和变质损失、存货的保险费用等。随着库存水平的增加，年储存成本将随之增加。即储存成本是可变动成本，与平均存货数量或存货平均值成正比。

(3) 订货或生产准备成本

订货或生产准备成本，是指向外部的供应商发出采购订单的成本或指内部的生产准备成本。订货成本是指企业为了实现一次订货而进行的各种活动的费用，如办公费、差旅费、邮资、电话费等支出。订货成本中有一部分与订货次数无关，如常设采购机构的基本开支等，称为订货的固定成本；另一部分与订货的次数有关，如差旅费、邮资等，称为订货的变动成本。具体地说，订货成本包括与下列活动相关的费用：

1) 检查存货水平。

2) 编制并提出订货申请。

3) 对多个供应商进行调查比较，选择最佳供应商。

4) 填写并发出订货单。

5) 填写、核对收货单。

6) 验收发来的货物。

7) 筹备资金并进行付款。

生产准备成本是指当库存的某些产品不由外部供应而是企业自己生产时，企业为生产一批货物而进行生产准备的成本。其中，更换工艺、工装需要的工时或添置某些专用设备等属于固定成本，与生产产品的数量有关的费用如材料费、加工费等属于变动成本。

若每次订货的成本是固定的，每次生产准备的成本也是固定的，则每年的总订货成本受到一年中订货次数或生产准备次数的影响，也就是受到每次订货规模或每次生产数量的影响。随着订货次数的减少（即订货规模或生产数量的增加），年总订货成本会下降。

订货成本和储存成本随着订货次数或订货规模的变化而呈反方向变化。起初随着订货批量的增加，订货成本下降比储存成本的增加要快，即订货成本的边际节约额比储存成本的边际增加额要多，使得总成本下降。当订货批量增加到某一点时，订货成本的边际节约额与储存成本的边际增加额相等，这时总成本最小。此后，随着订货批量的不断增加，订货成本的边际节约额比储存成本的边际增加额要小，导致总成本不断增加。

6.3 物料搬运与存储设备

6.3.1 物料搬运方式

企业内部的物料搬运设备主要采用的工作方式见表6.1。其中,前三种是自动化柔性制造系统和单元中主要的物料搬运方法,由于轴类零件或其它回转体零件不易安装到标准的托板上,所以常采用机器人来装卸工件,可以由机器人将输送机送来的工件直接安装到机床上,也可以将装有工件的标准卡盘安装到机床上,由输送机运送标准卡盘;或者将安装有工件的标准卡盘再安装到标准托板上,由输送机运输标准托板。人工搬运方式是企业中最常见的,即使在柔性制造系统中也不排斥人工搬运。

表6.1 物料搬运设备主要采用的工作方式

搬运方式	装载类型	载重量	速度	路径柔性	成本	通用性
输送机+托板自动交换装置	箱体/回转	中~高	中	中	低~高	高
输送小车+托板自动交换装置	箱体/回转	中~高	中~高	低~高	中~高	低~高
输送机+机器人	回转	低~中	中	低	中~高	中
人　工	任意	低	低	很高	低	很高

物料或货物平时存放的状态是各种各样的,有的散放在地上,有的装箱置于地面,也有的放在托板上等。由于存放的状态不同,物料搬运的难易程度也不一样,人们把物料或货物的存放状态对于装卸搬运作业的难易程度,称为物料或货物的搬运活性。在装卸搬运的整个过程中,往往需要进行几次物料的搬运,若在搬运过程中的前后两步中,下一步比上一步更便于作业,即下一步比上一步搬运活性高。装卸搬运的工序和工步必须使得物料或货物搬运活性逐步提高。

合理的搬运设备、最佳的设备组合以及正确的使用方法能够有效地改善装卸搬运作业的强度、费用及耗时。托板的出现,使物料具有了较高的搬运活性(置于托板上的物料,其物料活性大大增加),可以随时准备搬运,装卸方便,使物料流转速度加快。托板是一种广泛应用于机械化装卸、搬运和存储货物的集装工具,由两层铺板中间夹以纵梁(或垫块)组成,有的托板只有单层铺板,下设纵梁或垫块、支腿等。托板最初在工业部门得到推广,是作为叉车的一种附属装卸搬运工具,与叉车配套使用。货物集中堆放在托板上,叉车可以方便地将货叉插入托板的叉孔中,把托板连同上面的货物一起运走。作为一种物流工具,托板现在已深入到生产、流通、消费等各个领域,贯穿于装卸、搬运、存储、运输等物流的全过程。在柔性自动化生产中,为了进一步提高物料的搬运活性,通常由装卸站的工人通过夹具把工件(一般是箱体类零件)固定在标准尺寸的托板上,对于轴套类零件则固定在标准卡盘上,这样即使工件的形状、尺寸各不相同,但由于托板是标准的,物料输送设备可以很容易地将托板运走,并通过托板交换装置将工件自动地安装到机床上,加工完毕的工件仍然固定在托板上,和夹具、托板一起运到下一个加工工位,通过托板交换装入下一台机床,或者运到装卸站,由工人将工件从托板上取下。

托板自动交换装置是作为机床与物料输送设备之间的接口,向加工机床输入待加工的工件,输出加工完毕的工件。同时,它也是一种十分重要的存储缓冲装置。在大部分系统中,一个托板自动交换装置至少应能容纳两个托板。其中有一个工位始终为空,用来准备接收机床加工完毕的工件托板,另一个工位安放装有待加工工件的托板。完成工件托板交换后,物料搬运控制系统发出控制信号,使托板自动交换装置从输送设备接收下一个工件托板,并把加工完毕的工件托板返回到输送设备上,以便进行下一次托板交换。这种工作方式可以使物料搬运设备在工件的加工过程中,及时完成向机床提供新的工件,并将已加工完毕的工件送回到物料搬运设备的工作。如图 6.3 所示是回转式托板交换装置示意图。

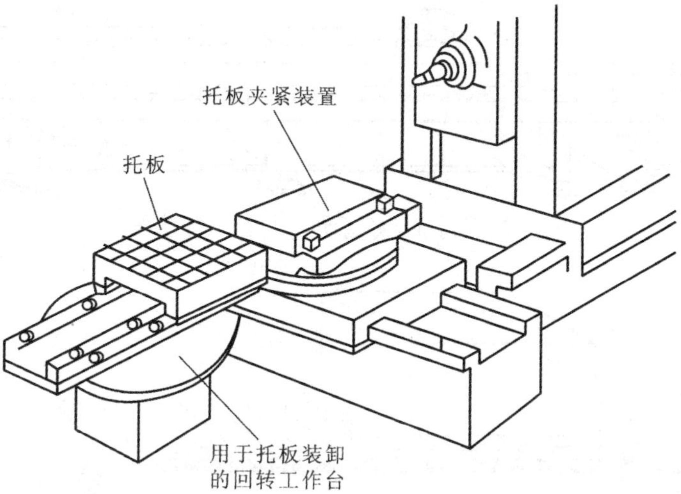

图 6.3 回转式托板交换装置

6.3.2 物料搬运设备

1. 叉车

叉车是厂区内主要的运输和装卸工具之一,具有操作灵活、机动性强、转弯半径小、结构紧凑等特点,可用于物料的装卸、堆垛和短距离运输。在结构上,它一般具有两根支承在叉架上的货叉,沿前方的门架导轨上下升降。门架的下部支承在装有车轮的车体上,中部由倾斜油缸支承,可使门架前倾或后仰。

2. 起重机械

起重机械是一种兼备水平和垂直运输的搬运设备,在车间、仓库内常采用各种不同类型的起重机械,如桥式起重机、电动葫芦、旋转起重机等。其中,桥式类型的应用最多,如机械车间、铸造车间、冶金车间、装配车间等都装有桥式起重机,用作搬运设备。

3. 输送机

输送机有带式输送机、悬挂式输送机和滚道式输送机等。带式输送机主要用来输送散装的物料,悬挂式输送机用于成批大量生产的流水线或车间与车间之间的机械化连续运输,滚道式输送机用来输送独立的工件或其它物料,在现代制造中应用广泛。以物料的输送形式分类,输送机可分为连续输送机和间歇输送机两种。

输送机的结构较为简单,容易设计与制造,广泛应用于需要频繁输送的场合。许多柔性制造系统都采用输送机作为物料搬运设备。在柔性制造系统中作为物料搬运设备的输送机比普通的输送机更具有可控性和智能性。除了一些复杂的输送机采用独立的计算机进行控制外,大多数输送机是由可编程控制器控制的,这些可编程控制器一方面可与上级计算机或可编程控制器进行通信,以实现系统的协调,另一方面,接收安装于输送机两侧数目众多的传感器发送来的信息,以及时辨识所输送的工件数目和位置。如图 6.4 所示是链式和辊式输送机。

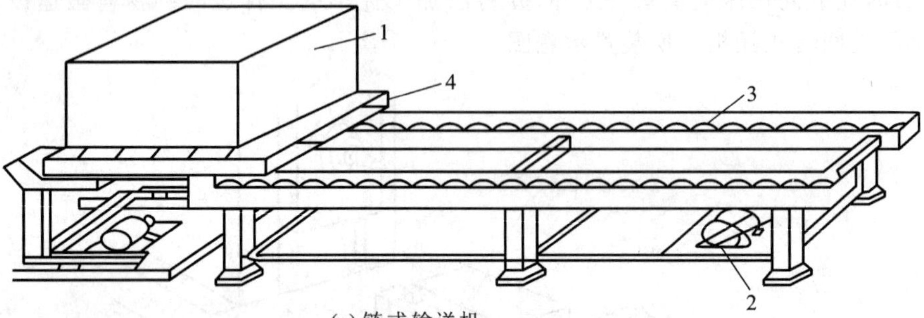

(a) 链式输送机

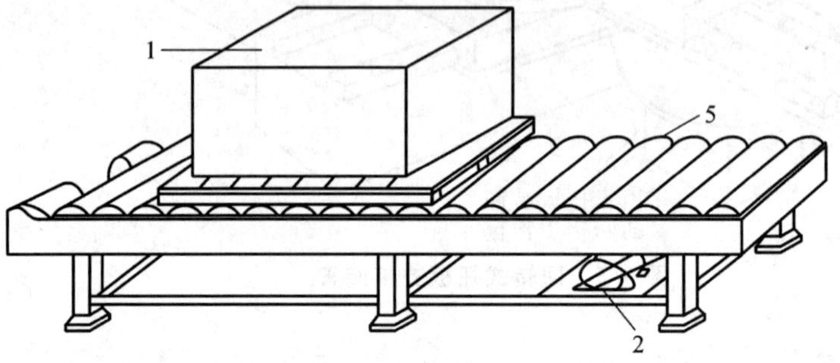

(b) 辊式输送机

图 6.4 链式和辊式输送机

1—工件;2—驱动电机;3—链;4—托板;5—辊轮

4. 输送小车

输送小车作为物料搬运设备,比输送机具有更好的路径柔性,应用越来越广泛。一般地,输送小车必须将工件托板传送给托板交换装置,再由托板交换装置将该托板传送到机床上,并同时将加工完毕的工件托板送回输送小车。应用于柔性制造系统的输送小车有许多种,如牵引式小车、有轨小车和自动导向小车。

牵引式小车的基本结构是一个装有四个小轮的平台,平台的前端装有牵引销,小车下方的地面上有槽,槽中安装有拖动小车的链条,链条与牵引销相连,用链条拖动小车前进。为使小车停止,安装于地面槽内的控制凸轮伸出,顶出小车前端的牵引销,使牵引销与拖动链条脱离,小车即可停止运动。然后,通过定位装置使得小车正确定位,与机床托板自动交换装置对准后,小车就可与机床通过托板自动交换装置进行托板交换。小车本身带有不同形式的标记装置,当它通过不同位置时可被识别系统所读取,以此实现小车位置的控制。

牵引式小车结构简单,小车本身没有动力装置和控制装置,因而外形较小、价格较低。与输送机相比,牵引式小车是一种只能前进不能后退的单向系统,系统的布局不必像输送机那样局限于直线式或长方形式布置,有更大的灵活性。但牵引式小车需要在车间铺设路轨、安装动力装置和控制装置，对地面的布置要求十分严格，一经安装完毕，很难更改。

有轨小车是在轨道上行驶，它比牵引式小车体积大，自身带有动力装置和控制装置。小车一般由齿条齿轮副驱动，行程可达 30 ~ 50 m。在实际应用中，有轨小车可在同一轨道上双向移动，这一点与牵引式小车和输送机不同。小车行驶时，安装于轨道上的传感器将来自物流控制系统的控制信号输入到小车的控制装置，再由控制装置伺服驱动小车，实现小车行驶的控制。在采用有轨小车的系统中，输送路线是直线的。有轨小车运行速度快，运行可靠。

自动导向小车是电力驱动式小车，自身带有电池，能够双向行驶，实现行驶方向和速度的控制。小车的导向方式最常见的是电磁导向方式，沿预定轨迹在路面下埋设若干电缆，通以低频电流，这些低频电流产生的交变磁场能够被安装于小车上的电磁感应式传感器感知，并由小车上的控制计算机处理这些信号，使小车能沿着电缆行驶并进行各种装卸操作，实现小车与电缆之间导向信号和控制信号的交互。除电磁导向外，还有光导向、无线导向等其它方式，最近发展起来的直接影像方式，使用摄像机或超声波扫描仪录入自动导向小车周围的景象，通过小车上的计算机进行图像处理，使小车能"看"到它所处的位置并推断出驶往目的地的路径。自动导向小车具有高度的路径柔性、很好的通用性，能输送各种类型的工件，同时由于小车本身具有计算机控制系统，它与上级控制系统的信息交互可以通过用高级语言编写的命令完成，因此操作简单，是实现加工系统集成、工件异步传送的理想设备新提出的物联网（the Internet of Things）技术能更好地应用于小车导向。

5. 机器人

工业机器人中有一大部分是用来搬运物料的，由于机器人的提升能力有限，所以常用机器人直接抓取工件，安装到机床的夹具上。只有大功率的机器人才能输送托板。机器人通常由操纵手、计算机控制装置以及动力源组成。操纵手由基座、手臂和各种关节、手爪等组成，并由电力或液压驱动，实现各种抓取工件的动作。计算机控制装置由软件和硬件组成，实现对操纵手各运动的控制。动力源包括电力或液压。

用作物料搬运的机器人可以分为基座固定式机器人、基座移动式机器人以及门式机器人三类。基座固定式机器人往往只为一两台机床设备服务，功能简单，需要其它的物料搬运设备才能与其它机床进行物料交换。基座移动式机器人的基座可以沿导轨移动，其活动范围比基座固定式机器人大，能够完成多台机床之间的物料搬运和交换。门式机器人有四个运动自由度，门架提供 x、y 两个方向移动自由度，使之能够跨越多台机床，z 轴移动和转动自由度使机器人能达到不同的高度，实现与机床交换托板以及多机床、多类型工件的交换。

6.3.3 物料存储设备

1. 缓存站

在现代制造系统中，有时需要在工作站之间设有缓存站以暂时存储待加工零件，以避免出现某一工作站堵塞或空闲等情况，缓存站的存储方式相对比较简单，所需设备也简单，缓存站方式根据搬运设备的不同，一般可分为动态缓存设备和静态缓存设备。

动态缓存设备其缓存站是在线式的，如以输送机为输送设备的系统。通常的做法是在输送机上开辟一条堆积巷道作为缓存站。为机器人配套的缓存站一般也是动态的。

静态缓存设备其缓存站是固定的，如以输送小车为搬运设备的系统。常见的工件缓存设备是在固定区域安放一组托板座,需暂时存放的工件就放在这些托板座上。对于其它非自动搬运设备,一般就在车间的某处划出一块区域,用以暂时存放毛坯、零件、半成品等。

2. 自动化仓库

自动化仓库以机械化、自动化水平较高的高层货架仓库为代表,它是随着现代制造业的发展,特别是信息技术的应用而发展起来的。高层货架仓库简称高架仓库,根据存放“物”的高度二维配置的存放架(货架)、自动存取的搬运设备和输入输出站构成。自动存取的搬运设备常采用堆垛式起重机,输入输出站为各类输送机或放物架,这类仓库能充分利用空间进行储存,也称为立体仓库。

目前,这类仓库的最大高度已经达到了四十多米,最大库存量可达数万甚至十多万个货物单元,可以按计划自动地完成入库和出库,并且实现计算机的仓库管理。由于自动化立体仓库存储效率高,物流费用低,作业准确、灵活,能在规定时间内完成物料的自动存放和分发,所以大中型的柔性制造系统都把自动化仓库作为坯料或成品的存储场所。如图 6.5 所示是双排自动化立体仓库及其布局形式。

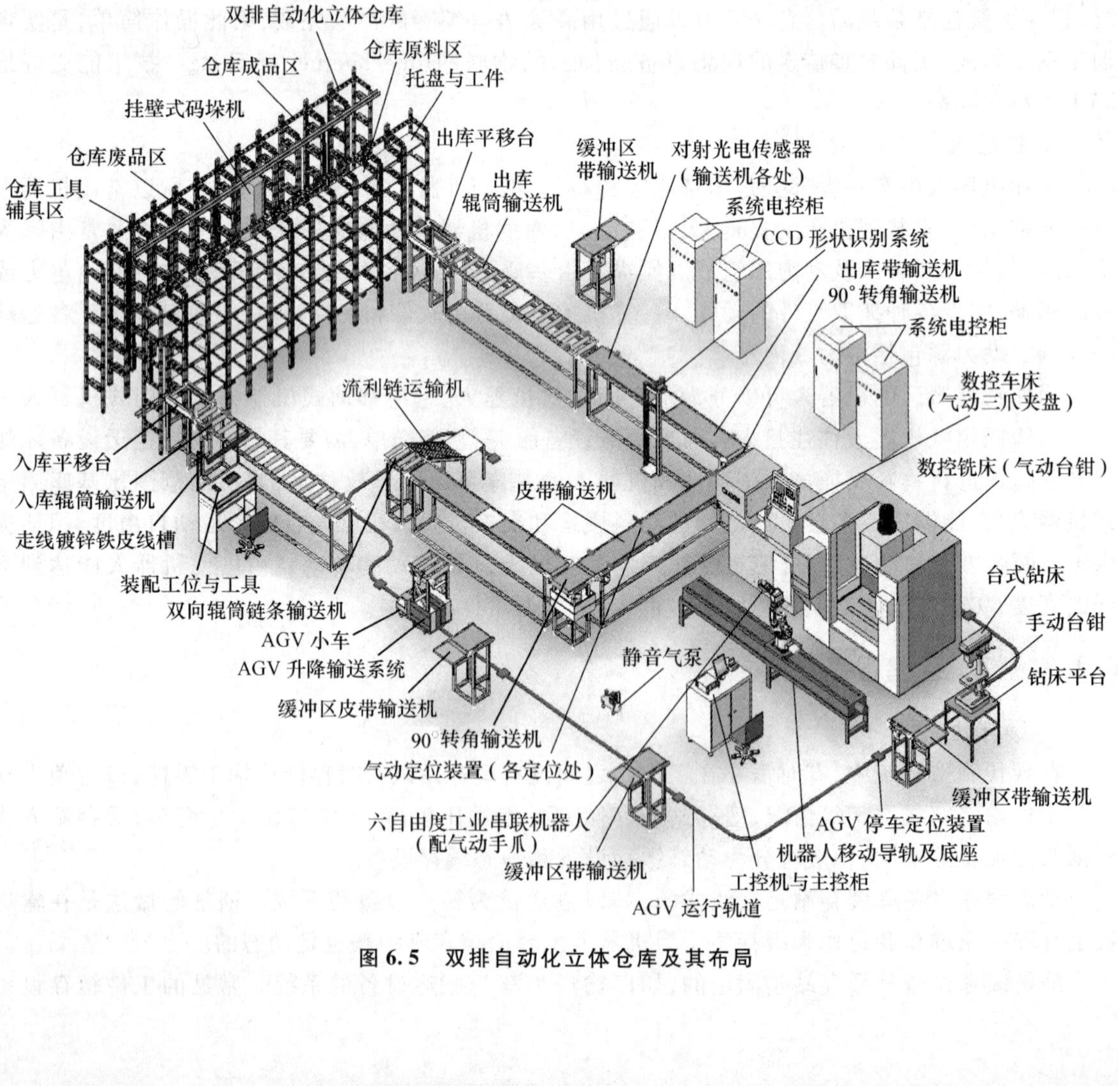

图 6.5　双排自动化立体仓库及其布局

自动化立体仓库的具体结构形式虽各不相同，但主要组成部分还是一样的，即都有仓库土木建筑、高层货架、仓储机械设备（包括堆垛机、输送机等）、电气控制设备、信息管理系统等。自动化立体仓库的信息管理系统接收上级系统的库存控制计划，根据库存管理要求，发出出入库指令，并给出存取货架的位置，指示堆垛机完成相应的存储、提取物料的操作。输送机负责物料的进出库输送。在处理物料时，常把一个托板作为一个集装单元，用托板进行出入库作业，并通过物料识别装置处理多品种物料。自动化立体仓库实现仓库管理自动化和出入库作业自动化。仓库管理自动化包括对账目、货箱、货位及其它信息的计算机管理。出入库作业自动化包括货箱零件的自动识别、自动认址、货格状态的自动检测以及堆垛机各种动作的自动控制等。

（1）货物的自动识别与存取

货物的自动识别是自动化仓库运行的关键，货物的自动识别通常采用编码技术，对货格进行编码，或对货箱（托盘）进行编码，或同时对货格和货箱进行编码，通过扫描器阅读条码及译码。信息的存储方式常采用光信号或磁信号。条形码阅读装置由扫描器及译码器组成，当扫描器扫描条形码时，从条和空得到不同的光强反射信号，经光敏元件转换成电模拟量，经整形放大输出并经译码器转换成计算机可以识别的信号。条形码具有很高的信息容量，抗干扰能力强，工作可靠，保密性好，成本低。条形码贴在货箱或托盘的适当部位，当货箱通过入库传送滚道时，用条形码扫描器自动扫描条形码，将货箱零件的有关信息自动录入计算机。

（2）计算机管理

自动化仓库的计算机管理包括物资管理、账目管理、货位管理及信息管理。入库时将货箱合理分配到各个巷道作业区，出库时按“先进先出”原则，或其它排队原则。系统可定期或不定期地打印报表，并可随时查询某一零件存放在何处。当系统出现故障时，通过总控台进行运行中的动态改账及信息修正，并判断出发生故障的巷道，及时封锁发生机电故障的巷道，暂停该巷道的出入库作业。

（3）计算机控制

自动化仓库的控制主要是对堆垛起重机的控制。堆垛起重机的主要工作是入库、搬库和出库。从控制计算机得到作业命令后，屏幕上显示作业的目的地址、运行地址、移动方向和速度等，并显示伸叉方向及堆垛机的运行状态。控制堆垛机的移动位置和速度，以合理的速度快速接近目的地，然后慢速到位，以保证定位精度在 ±10 mm 范围内。控制系统具有货叉占位报警、取箱无货报警、存货占位报警等功能。如发生存货占位报警，将货叉上的货箱改存到另外指定的货格中。系统还有暂停功能，以备堆垛机或其它机电设备发生短时故障，暂时停止工作，故障排除后，系统继续运行。

6.4 供应链管理

6.4.1 供应链管理概述

1. 供应链的概念

供应链的概念是在企业管理理念不断变化的过程中逐步形成的。传统的供应链概念局限于企业内部，注重企业内部资源的充分合理利用；随着对采购和供应管理研究的展开，供应链被扩展至企业外部的供应商，但还没有注重到企业与外部供应链成员的联系；随着对企业外部资源的重视，供应链的概念被系统地扩展到整个社会供应链。

美国的管理学家史迪文斯认为："通过增值过程和分销渠道控制从供应商的供应商到用户的用户的流就是供应链，它开始于供应的源点，结束于消费的终点。"管理学家伊文斯认为："供应链管理是通过前馈的信息流和反馈的物流及信息流，将供应商、制造商、分销商、零售商，直到最终用户连成一个整体的模式。"这些概念都注意到了供应链的完整性，考虑了链中所有成员操作的一致性。

供应是因为有了需求才发生的，如果没有供应，需求也得不到满足。供应链上的每一个环节都含有"供"和"需"双重含义。例如，企业的销售部门是市场的供方，但又是生产部门的需方；而生产部门既是销售部门的供方，又是采购部门的需方。"供"、"需"总是相对的。早期的供应链是指制造企业的一个内部过程，即企业从外部采购原材料和零部件，通过生产加工活动将其转换为产品，再经销售活动传递到零售商和用户的过程。传统的供应链概念局限于企业的内部操作，注重企业内部资源的利用。今天的供应链的概念更加注重围绕由核心企业、核心企业与供应商及其供应商的供应商乃至与一切前向的关系、核心企业与用户及其用户的用户乃至与一切后向的关系组成的网链。通过建立战略伙伴关系，可以与重要的供应商和用户进行更有效的合作。

综上所述，供应链的定义为：供应链是围绕着核心企业，在从采购原材料开始，到制造中间产品以及最终产品，最后由销售网络把产品送到消费者手中的过程中，通过对信息流、物流、资金流的控制，将供应商、制造商、分销商、零售商直到最终用户连成一个整体的功能网链。这是一个范围更广的虚拟企业结构模式，它包含所有加盟的节点企业，不仅是一条连接从供应商到用户的物料链、信息链、资金链，而且是一条给相关企业都带来收益的增值链。它更加注重企业之间的合作，使各企业分担的采购、生产、分销和销售的职能协调发展。

2. 供应链的特征

供应链是一个网络系统，由供应商、供应商的供应商以及用户、用户的用户组成，企业是供应链上的一个节点，节点企业和节点企业之间是一种需求与供应的关系。现代制造系统要求供应链具有快速响应需求变化的敏捷性，即敏捷供应链。敏捷供应链是为了支持以动态联盟为形式的虚拟企业，能够快速适应市场和环境的变化而产生的，所以今天的供应链应具备以下基本特征：

(1) 复杂性

供应链往往由多个多类型甚至多国的企业构成，供应链结构和运作模式比一般单个企业的结构模式更为复杂。组成供应链的一些节点企业在供应链中相对于核心企业的跨度(层次)在不同的时间、不同的地点、不同的交易活动中往往是不同的，供应链活动的不规范和不可预测也增加了其复杂性。

(2) 动态性

供应链管理是因企业的发展战略和适应市场需求变化的需要而建立的。因此，链上各节点企业动态更新的频率比较高，这就使得供应链具有明显的动态性。

(3) 快速响应性

快速响应市场是供应链产生的一个基本要求，以动态联盟为形式的虚拟企业已成为供应链的主要形式之一。

(4) 增值性

将产品开发、供应、生产、营销、服务都联系在一起的供应链看成是一个整体,一方面根据客户的需求,不断增加产品的技术含量和附加值,另一方面不断地消除一切无效劳动与浪费,为客户带来真正的效益和满意的价值,同时为企业带来应有的利润。

(5) 竞争性

全球经济一体化开放了市场、加剧了竞争,特别是由信息技术带动的管理手段的发展改变了人们从事商业活动的方式,供应链上节点企业之间的竞争、合作、变化等多种性质的供需矛盾显得日益尖锐,竞争性成为现代扩展供应链的一个显著特点。

(6) 交叉性

一个节点企业既可以是这个供应链的成员,同时又可以是另一个供应链的成员,市场众多相互交错的供应链体系,增加了协调节点企业管理的难度。

3. 供应链的类型

(1) 稳定供应链和动态供应链

从供应链存在的稳定性来看,可以将供应链分为稳定的和动态的两种。由相对稳定、需求单一的市场组成的供应链,其稳定性较强,市场变化容易把握;由变化相对频繁、需求复杂的市场组成的供应链,其动态性较高,市场变动难以把握、节点企业的竞争性相对较强。在实际管理运作中,需要根据不断变化的需求,相应地改变供应链的组成。

(2) 平衡供应链和倾斜供应链

根据供应链的能力与满足用户需求的关系可以将供应链划分为平衡供应链和倾斜供应链。每一个供应链都具有一定的资源能力,如相对稳定的设备容量、生产能力、整个供应链的综合能力(包括供应商、制造商、运输商、分销商、零售商的能力等)。用户需求在不断变化,当供应链的能力能满足用户需求时,供应链处于平衡状态。当市场变化加剧,供应链成本增加、库存增加、浪费增加时,节点企业不是在最优状态下运作,供应链能力不能满足市场需求,处于倾斜状态。同样,当供应链的能力远远超过市场用户的需求时,节点企业利润受阻,运营状态受到影响,供应链的平衡状态被打破,趋于倾斜状态,供应链需要自然调节,寻求新的平衡。

平衡供应链可以实现各主要职能(采购/低采购成本、生产/规模效益、分销/低运输成本、市场/产品多样化和财务/资金运转)之间的均衡。

(3) 有效性供应链和反应性供应链

根据供应链对市场需求响应形式的不同,我们把供应链划分为有效性供应链(Efficient Supply Chain)和反应性供应链(Responsive Supply Chain)。有效性供应链主要体现供应链的物理功能,即以最低的成本将原材料转化为零部件、半成品、成品以及实物在供应链中的运输等;反应性供应链主要体现供应链的市场中介功能,即把满足客户需求的产品分配到有相应需求的市场,对市场动态需求作出快速反应等。

4. 供应链的组成

(1) 供应链的物理组成

供应链由所有加盟的节点企业组成。一般供应链有一个核心企业,核心企业可以是产品制造企业,也可以是大型零售企业,或者是运输公司和服务公司。供应链核心企业的需求驱动其它节点企业的运作,通过其它节点企业供应链的运作和供应链节点企业的职能分工与合作,最终实现核心企业满足它的市场需求。

(2)供应链的逻辑"流"组成

供应链上有横穿节点企业的信息流、物流、资金流、价值流和工作流等五种基本"流"在流动,这些"流"相互关联、相互影响,形成了一个完整的运营管理系统。供应链管理就是对这几种流进行不断优化的管理,加强企业的竞争优势,同时依靠企业管理信息系统来协助节点企业实现这种管理。

1)信息流 "物流"是因为有了相关的需求,这个需求由"需求信息"来表示。当需求信息,如客户订单、生产计划、采购合同等,从需求方向供应方流动时,虽然暂时没有物料移动,但它将引发物流,这是因为有供需链存在。同时,供应信息,如入库单、生产报告单、库存记录、可供应量、提货发运单等,又同物料一起沿着供需链从供方向需方流动。信息流总是伴随着物流、资金流、价值流以各种表现形式作出反应。

2)物流 无论核心企业是制造业还是服务业或是其它行业,供应链上都存在物流。制造业企业,必须根据客户或市场的需求,开发产品,购进原料,加工制造出成品,并以商品的形式销售给客户,同时提供售后服务。这里物料从供应方开始,沿着相关需求的各个环节向需方移动。即使出现退货、返修或回收复用品等活动,产生了物料在某个小范围内的少量倒流,但这仍然是物的流动,物料最终还要流向需方。物流在供应链中必然发生和存在。

3)资金流 物料是有价值的,物料的流动必然引发资金的流动。企业的各项业务活动都会消耗或产生一定的资源,消耗或产生的资源会导致企业资金发生变化。当节点企业消耗资源,生产产品的时候,节点企业资金发生流出,当节点企业提供产品或服务给客户后,资金会流回节点企业,并产生利润。因此,在供应链上还存在着资金的流动。一个商品的生产经营周期是从接到客户订单开始到真正收回货款为止,仅仅用"销售额"或"销量第一"来衡量节点企业的业绩,不考核企业资金回笼情况,不看利润产出和利润率变化,是不能真正反映企业经营效益的。所以,为了合理利用资金,加快资金周转,节点企业必须通过财务成本系统来监控和调整供应链上的各项经营生产活动,通过投资收益率和资金周转率的高低来评价企业经营效益。

4)作业流 供应链各项业务的触发,都要靠人的劳动来实现,要靠企业的业务活动即作业流(workflow),它们才能流动起来。作业流带动各种流的流动,同时决定了各种流的流速和流量,是节点企业管理调整和改造的对象。节点企业的体制和结构不仅要保证内部工作流畅通无阻,而且要保证节点企业间的工作流对应的业务顺利进行。只有这样,供应链才能动态响应环境变化,保证各种流的运行和相互的牵引,由此节点企业才可能谋求更大的利益。

5)价值流 物料在供应链上移动,是一个不断增加其技术含量或附加值的过程,按照JIT的哲理,要消除整个运营过程中一切无效的劳动与浪费,生产运营过程中的非增值部分也就是成本扩大部分应该被最大化地消除。从客户的角度来看,客户也最不愿意支付浪费部分的成本。因此,供应链本身对节点企业的约束就是要时刻实现作业价值的最大化。

价值是由市场需求决定的,只有当产品能够售出,增值才有意义。积压在仓库里的产品,即使其技术含量很高,或者是制造代价高昂,如果不被市场接受,其价值是不能体现的。仅仅靠成本或生产效率的优势打价格战是不够的,还要靠价值的优势打创新战,才是增强企业核心竞争力的真正出路。供应链上的各种流从根本上就是相互影响、相互制约、互为存在的。只有当企业的五种流保持一体化的管理时,才真正地实现了节点企业和供应链管理的最高境界。

(3) 供应链的主要功能

1) 转换功能 供应链作为企业管理模式的一种体现形式,遵循系统理论和控制方法,把供应链中存在的信息、人、财、物等资源,高质量、低成本、高效地转换为市场所需的产品或服务。企业内部供应链上的每一个作业就是一个转换器,它将流过其中的信息流、物流、资金流进行处理,使其价值发生变化;同样,供应链上的每一个节点企业就像一个转换器,把上游节点企业的输出资源转换后作为下游节点企业的输入资源,依次下去,直到核心企业获得满足市场需求的产品或服务。

2) 资源整合功能 过去供应链的组织管理模式一直定位于企业内部资源的整合、优化、应用。企业出于管理和控制上的目的,对为其提供原材料、半成品或零部件的其它企业一直采取投资自建、投资控股或兼并的"纵向一体化"的管理模式。我国企业(特别是国有企业)过去一贯采取"大而全"、"小而全"的经营方式,这是一种典型的"纵向一体化"模式的表现形式。许多企业拥有从铸造、锻造、毛坯、零件加工、装配、包装、运输、销售等一整套设备、设施齐全的组织机构,形成了两头小中间大的橄榄形企业。这类企业有着强大的加工生产体系,但技术和市场都显得非常薄弱,不能满足客户需求多变、市场动态变化的环境。"纵向一体化"模式不仅增加了企业投资的负担,而且增加了市场风险,使企业涉足到其不擅长的业务领域,并在多个领域直接面对不同的竞争对手。20 世纪 80 年代后期开始,企业将目光转向外部可利用资源,于是"横向一体化"的思维模式出现了。其核心是充分利用企业外部的资源快速响应市场需求,而企业本身仅抓住最核心最擅长的东西。如汽车制造巨头就是整合利用外部资源,使节点企业优势互补,共同增强竞争实力,实现对客户的有效反应(Effective Customer Response, ECR)和快速响应(Quickly Reply, QR),敏捷制造的理论就此应运而生。20 世纪 90 年代初,基于敏捷制造的虚拟企业概念实现了现代供应链的管理模式。

把供应链上为了实现各自利益和目标,通力合作的这样一些企业形象地看成是一个大的企业,这就是虚拟企业。虚拟企业是市场经济中存在的企业动态联合体,它们为了共同的利益和目标,在一定的时间内结成相互协作的利益共同体。虚拟企业组建和存在的目的就是为了获取相互协作而产生的效益,一旦这个目的已完成或利益关系不再存在,虚拟企业即不复存在,新的动态联盟企业将伴随新的利益目标产生。

5. 供应链设计的原则

(1) 供应链设计需要考虑的要素

1) 物流系统的设计 物流系统的设计是供应链设计中最主要的工作之一。设计合理的物流通道对核心企业降低库存、减少成本、缩短提前期、实施准时生产与供销、提高供应链的整体运作效率非常重要。把供应链的整体设计构想融入物流的设计构思中,应用并行工程思想把企业之间并行运作模式通过物流系统的并行流程设计来实现。

2) 运行环境的因素 由于现实的运行环境因素造成了主观设想与实际效果的差距,供应链在实际环境中运行时,并不一定能达到设想的运行效果。在构建和设计一个供应链时,我们既要考虑供应链的运行环境,如地区、政治、文化、经济、人文、法律等因素,又需考虑未来环境的变化对供应链运行可能产生的影响。因此,设计供应链时,我们要用发展的眼光来看各方面的要素,无论是信息技术平台的构建还是物流系统的设计都应具有一定的柔性,以提高供应链对环境变化的适应能力。

3）业务流程重组(BPR) 从企业运营管理的角度来看，供应链设计是一个企业业务和管理流程设计改造的工程。供应链设计在任何企业中或多或少地都进行着。对企业供应链的设计改造并不是要推翻企业现有的各类流程和模型，而是从现代企业管理思想应用的角度、从企业适应市场变化的角度来改造企业，如建立动态联盟的虚拟企业、采用精良生产的管理模式等。BPR虽然强调彻底性、戏剧性的企业流程改造理念，但实施BPR的企业还是要遵循循序渐进的改造方法。我们在进行供应链的设计时，需要新的观念、新的思维和新的手段。

4）现代生产模式的作用 供应链设计既要从现代企业管理科学的角度去设计核心企业的供应链，又要从先进的生产制造模式要求的角度推进供应链设计。随着现代制造业向全球化、分散化、网络化制造方向发展，制造资源配置也从劳动密集、设备密集向信息密集、知识密集方向发展，企业的组织模式和管理模式从生产过程的技术集成演变为企业组织和信息等相关资源的集成，所以供应链管理应该适应现在这种趋势，供应链模式应适应现代企业发展所需的管理形式。

5）供应链合作伙伴关系 供应链合作伙伴关系形成于扩展供应链管理环境下，是供应链中为了实现共同目标和利益的企业所建立的联系。这种关系的形成通常是为了降低供应链的总成本、库存水平，以及增强信息共享、改善合作伙伴之间的交流、保持伙伴间操作的同步性，以实现供应链节点企业的财务状况、质量、交货期、用户满意度和业绩的改善和提高。比如，生产商与供应商、买主与卖主、供应商与供应商之间的关系都是合作伙伴关系。战略合作伙伴必然要求一定时期的信息共享、利益共存、风险共担，强调彼此间的合作和信任。

6）供应链信息支撑体系 供应链作为一种“扩展”的虚拟企业，其信息流动和获取方式不同于单个企业的情况。在一个由信息系统组成的信息社会里，各种各样的企业在发展互相依赖，核心企业通过网络从内外两个信息源中收集和传播信息，研究设计核心企业的供应链运作模式，需要考虑企业以及供应链可依赖的信息系统结构，建立面向供应链管理的新的供应链信息系统平台，是实现供应链及其管理的前提和保证。

(2) 供应链设计的基本原则

1）自上而下和自下而上相结合的设计原则 自上而下是系统分解设计的过程，自下而上则是一种功能集成的过程。自下而上的设计方法是从局部的功能实现走向全局的功能集成的设计方法。我们在设计一个供应链系统时，通常是先由高层管理者从企业发展战略规划的角度考虑，根据市场环境的需求和企业发展的现实状况，制定宏观的设计目标，然后由下级实施部门从各个操作环节和流程出发进行供应链流程的设计。在设计过程中，下级设计部门经常就一些问题与高层管理人员进行沟通交流，双方从上、下两个层次对设计目标和设计细节做适当的调整，达成共识。

2）简洁性原则 为保证供应链实现灵活、快速响应市场，增值能力最强，供应链的每一个节点(包括作业、资源或节点企业)，都应该具有敏捷、简单以及快速实现业务流程组合的特点。在设计或改造供应链时，要尽可能去除供应链上不增值的环节，能自动化处理的作业尽可能实现自动化，供应商的选择要少而精，合作伙伴的选择要具有战略性，应用JIT、精良生产的系统设计风格，实现从精良生产模式的建立到精良供应链设计这一目标。

3）集优化原则 集优化原则也称互补性原则。在选择核心企业供应链上节点企业的过程中，应该遵循强强联合的选择原则，充分实现最大限度地利用外部资源的目的，使每个节点企业集中精力致力于其核心业务的发展，就如同企业内部一个独立的作业单元。这些独立的单元化企业具有自我组织、简单优化、面向目标、动态联合、动态运行、活力充沛的特点，它们能够快速联合其它单元企业，有效反映客户需求，从而实现供应链业务的快速运行。

4）协作性原则　供应链业绩的好坏直接取决于供应链合作伙伴关系是否和谐，取决于供应链动态连接合作伙伴的柔性程度。因此，利用协作性原则建立战略合作伙伴关系的企业模型是实现供应链最佳效能的保证之一。只有充分地发挥系统各成员和子系统的能动性、创造性以及系统与环境的总体协调性，才能保证整体系统发挥最佳的功能，避免各个节点企业产生利益本位主义，动摇组成系统的各个节点企业之间的和谐关系。

5）动态性原则　供应链需要有一定柔性以适应动态多变的外部环境。因为不确定性容易导致供应链需求信息的失真，对供应链运作产生影响。因此，我们必须减少信息在传递过程中出现的延迟，增加信息透明性，减少业务运行过程中多余的中间环节，提高信息预测的及时性和准确性，实现强强联合，使供应链适应市场需求的动态变化。

6）创新原则　创新的设计思维才能产生创新的供应链管理模式。要创造和设计适应新的经济环境下的供应链体系结构，就要打破陈旧的思维模式，按照符合企业总体目标和发展战略要求，按照符合市场发展需求、融合企业运营能力和各种资源优势要求，按照充分发挥企业各类人员的创造性、各类资源的实用性以及各合作伙伴资源优势的要求，建立科学的供应链体系、项目评价体系以及组织管理系统，对供应链进行大胆创新设计。

7）战略性原则　供应链系统结构的发展和企业的发展战略规划应保持一致。设计供应链应从核心企业战略发展的角度出发，有助于建立稳定的供应链体系模型，从供应链战略管理的角度考虑设计供应链，有助于供应链规划发展的长远性和预见性。

6.4.2 供应链管理的实现

企业实施供应链管理，应该面对或解决许多与供应链管理有关的问题，比如高成本的供应链、高库存、职能部门之间的冲突、目标不明确、难以预料的市场、价格和汇率的影响等。要实现供应链管理，必须面对和解决这一系列问题，为此企业需要进行下列的变革：① 从供应链系统出发，优化企业内部的结构。② 放弃“小而全、大而全”的思想，从“橄榄形”企业向“哑铃形”企业转变。③ 建立集成的供应链管理信息系统，实现信息化。④ 打破部门之间的障碍，实现组织结构扁平化，建立协同工作团队。⑤ 建立利益共存、风险共担的企业联合体。实现供应链的管理模式不同于实现传统企业管理模式，必须按照供应链的组织结构、管理核心、计划控制方式、信息技术平台等方面具体实现核心企业供应链管理。企业实施供应链管理，可分为以下几个阶段：

1. 企业内部供应链建设

这个阶段的工作就是对企业供应链的现状进行分析、总结，找出企业内部影响供应链管理的不利和有利之处，同时对企业所处市场环境的特征和不确定性作出分析，为实现企业扩展供应链作准备。传统企业职能部门分散，并独立地控制着供应链中的不同业务，企业组织结构比较松散，此时的供应链管理特征是：① 关注企业的产品质量。② 关注部门局部利益。③ 部门间不协调。这种环境下的供应链系统效率低下，企业对供需变化产生的影响比较敏感。必须逐一解决这些问题，才能有效实施供应链管理。

2. 管理职能集成

职能集成阶段需要对企业的业务流程进行改造，使企业管理面向业务流程，各职能部门通过业务流程实现横向集成，加强职能部门之间的合作，打破部门利益本位主义。

3. 内部供应链的集成

这一阶段的核心是在合理调配企业资源的基础上，高质量、低成本，快速满足用户的需求，提高企业内部供应链管理的效率，这对于多品种、小批量生产企业以及提供多种服务的企业来说具有更大的意义。企业新的业务流程管理逐步取代传统的职能管理，以用户需求和高质量的预测信息驱动整个企业供应链的运作，而满足用户需求所导致的高服务成本则是此阶段的管理问题。这个阶段可以 MRPⅡ、JIT 和 ERP 系统来实现企业集成，实现企业内部供应链与外部供应链中供应商和用户管理部分的集成。有效的供应链计划可以集成企业所有的主要计划和决策业务，包括需求预测、库存计划、资源配置、设备管理、优化排程、基于能力约束的生产计划和作业计划、能力计划、采购计划等。

4. 外部供应链集成

这一阶段企业要特别注重战略伙伴关系的管理。管理的焦点要从面向产品转向面向供应商和用户，加强与主要供应商和用户的联系，增进彼此之间各方面的了解，实现信息共享。建立战略伙伴关系是供应链管理战略实施的支持条件之一。从历史上看，企业关系发展大致经过了三个阶段：传统的企业关系阶段（1960 ~ 1970 年）、物流关系阶段（1970 ~ 1980 年）、合作伙伴关系阶段（1990 年至今）。在传统的观念中，企业之间的关系是"买—卖"关系。企业的管理理念就是以生产为中心，企业间很少沟通与合作，更谈不上企业间的战略联盟与合作。在 JIT 和 TQM 等思想的推动下，从传统的以生产为中心的企业关系模式开始向物流关系模式转化。为了达到生产的均衡化和物流同步化，企业的各部门间以及企业之间开始合作与沟通。但这种基于物流关系的合作，仅仅处于运作层或技术层。随着科技的飞速发展和市场竞争的日益激烈，企业物流合作关系已不能适应。企业需要从战略的高度来考虑企业之间的合作，于是产生了战略伙伴关系的企业模型。

供应链管理战略强调供应链企业之间的密切合作，这与传统的买方与卖方的对手关系不同。有两个原因推动战略伙伴关系的产生。一是全球化。尽管供应链战略伙伴关系并不是万能的，但它在重塑全球范围内的业务伙伴的知识、原料以及市场资源方面的能力可以使企业更容易地进入未来的市场。例如，产品的设计者、生产者、分销者和营销者通过信息技术和通信技术可以建立门到门的网络系统，形成全球化的联盟。二是信息化。信息基础设施的不断增长，促进了全球范围内市场的形成。信息技术的广泛应用，增加了人们对以时间为基础的竞争战略的注意力，迫使企业不得不形成联盟，通过重塑供应链中的核心能力获得并保持市场优势，以减少与产品开发、生产和销售等有关的风险。

5. 建立供应链动态联盟

供应链管理需要不断地培养企业的核心竞争能力，强调根据企业的自身特点，专门从事某一领域、某一专门业务，在某一点形成自己的核心竞争能力，这必然要求企业将其它非核心竞争力业务外包给其它企业，即所谓的业务外包。传统"垂直一体化"模式已经不能适应目前技术更新快、投资成本高、竞争全球化的市场环境。现代企业应更注重于高价值生产模式，更强调速度、专门知识、灵活性与创新。与传统的"垂直一体化"控制和完成所有业务的做法相比，实行业务外包的企业强调集中企业资源于经过仔细挑选的少数具有竞争力的核心业务,也就是集中在那些使它们真正区别于竞争对手的技能和知识上,而把其它一些虽然重要但不是核心的业务职能,外包给世界范围内的“专家”企业,并与这些企业保持紧密合作的关系。从而使企业本身的整个运作提高到世界级水平,而所需要的费用则与目前的开支相等或减少,甚至还可以省去一些巨额投资。更重要的是,实行业务外包的公司出现财务风险的可能性仅为没有实行业务外包公司的1/3。把多家公司的优秀人才集中起来为我所用的要领,正是业务外包的核心,其结果是使现代商业机构发生了根本的变化。企业内向配置的核心业务与外向配置的业务紧密相连,形成供应链。企业运作与管理也由“控制导向”转为“关系导向”。

企业实施供应链管理战略的成功与否不再由“垂直一体化”的程度高低来衡量,而是由企业积聚和使用的知识为产品或服务增值的程度来衡量。企业在集中资源于核心业务的同时,通过利用其它企业的资源来弥补自身的不足,从而变得更具竞争优势。今天的市场是一个变化快、竞争性强、客户需求个性化的市场,为了占领市场主导地位,必须建立一个动态的供应联盟,以适应市场变化、竞争和个性化的特征,供应链应该是一个能快速重构的动态组织结构,即供应链动态联盟。这种企业动态联盟通过网络信息技术和管理软件系统等技术工具集成在一起,以满足用户的需求。一旦用户的需求消失,连接他们的纽带也由此消失,企业联盟也将随之解体,除非当另一需求出现时,新的企业动态联盟又由新的企业重新动态地组成。因此,企业要在这样的环境中生存、发展,就必须时刻准备进入企业动态联盟。

6.4.3 供应链管理在我国企业中的实现

国际上对供应链管理的研究,早期主要集中在供应链的组成、多级库存、供应链的财务管理等方面,解决的是供应链的运作效率问题。近年来,供应链管理的研究主要集中在供应链管理的战略管理体系方面,研究内容扩展到了与所有加盟企业的长期合作关系,特别集中在如何合作制造、怎样建立战略性合作伙伴关系方面,突破了仅仅研究供应链连接这一类狭隘的问题,其内容已远远超越了供应链出现初期的那种以短期的、基于某些业务活动的经济关系的研究,现在更偏重于供应链同步化管理、供应链运营的长期计划和控制的研究。

我国目前才刚刚开始对供应链管理的研究工作。过去,国内企业对供应链的关注主要集中在供应链上的一小段即供应商与制造商这一层面,研究的内容主要局限于供应商的选择和定位、库存的减少、成本的降低、质量控制、供应链连续性和经济性保障等问题,没有考虑从供应商、分销商、零售商到最终用户的完整供应链上的各个问题,更没有着重考虑和研究供应链管理的战略性等问题。因此,目前在我国还没有形成真正意义上的供应链,供应链管理的研究与应用也显得不够深入。比如,一些大型百货商场表面看起来气势庞大,其内部管理却是作坊式的管理模式,每个部门利用各自的进货渠道单独进货。这不仅加大了进货成本,而且使整个企业抵御变化市场的能力减弱了,完全忽略了集团公司应有的优势。同样,连锁经营作为国际零售业的一种行之有效的经营方式,在我国却没有发挥连锁经营的优势,一个原因就在于该连锁的不连锁。当然我国原有的经济体制所造成的企业观念落后、管理模式跟不上时代发展也是其中一个主要的原因。服务业尚且如此,制造业“纵向一体化”的管理模式所产生的“大而全、小而全”等现象,进一步显示出我国企业还没有真正认识和理解供应链及其管理的含义,很难构成真正意义上的“链”。为了使我国企业在国际市场的竞争中获得生存和优势,我国企业和各界研究与实践供应链管理将是十分必要而有意义的。

为了适应国际供应链管理发展的需要,我国企业必须真正按照“链”的特性进行企业流程改造,使供应链上的每个节点企业都具有自组织和自适应的能力。我国企业在应用供应链管理的过程中需要关注以下几点。

1. 供应链系统的设计

如何将供应商、制造商、协作商和分销商有机地集成起来,使之结成相互关联的利益共享、风险共当的动态联盟,是企业进行供应链管理首先需要设计解决的主要问题。在这里,企业首先考虑其内部环境的集成情况、对市场需求的满足能力、可能的合作伙伴、与合作伙伴的密切程度、合作的策略等问题。在供应链管理的指导思想下,不仅要考虑企业内部因素的影响,而且还要考虑供应链外部因素对产品、成本和服务的影响。之所以设计供应链系统,就是为了扩大企业生产、设计、资源能力的范畴,把影响和阻碍企业生产运行的因素延伸到企业外部,借助于供应链上所有企业组成的联合共同体来消除这些不利因素,以满足市场需求。因而,供应链系统设计是供应链管理实现的重要内容。

2. 供应链数据信息的统一和集成

集中协调不同企业的关键数据是供应链管理有效运作的基本要求。这里所说的关键数据是指反映供应链企业运作和管理状况的信息,如订货预测、库存状态、缺货情况、生产计划、销售计划、运输安排、在途物资、采购申请等数据。为便于管理人员迅速、准确地获得各种信息,应该充分利用网络、通讯、信息处理等技术手段实现供应链关键数据信息的集成,达到共享供应链管理所需重要信息的目的。

3. 集成化的管理控制模式

供应链上的节点企业都不是孤立存在的,其中任何一个企业的生产、计划与控制、决策都会影响整个供应链上其它企业的相关活动。因此,供应链企业需要运用系统论、协同论、精良生产等理论与方法,研究适应于供应链管理的集成化生产、计划与控制模式以及决策支持系统等。

4. 供应链系统的组织改造

现行企业的组织结构都是以职能部门为核心来构建的,比较适应于独立部门执行任务的管理方式,但不适应于供应链管理这种讲究横向合作的业务运作。因此,必须基于供应链管理的要求研究供应链及其企业的流程重构问题。为了保证供应链上不同的企业、在不同的地域、由多个部门协同工作以取得整个供应链系统最佳的效果,必须根据供应链的特点优化运作流程,确定供应链系统的组织架构以及管理模式。

5. 符合我国国情的供应链绩效测评体系

供应链管理不同于单个企业的管理,因而其绩效评估和激励系统也有所不同。在设计新的组织结构和激励机制的时候,必须考虑与新的绩效测评体系相一致。

思考题与习题

1. 物流作业涉及哪些主要的业务活动?
2. 物流的概念是什么?它是如何传入中国的?
3. 物流的发展过程大致经历哪几个阶段?
4. 什么是物流的三要素?

5. 物流的形式主要有哪些?

6. 简述现代制造的物流作业过程。

7. 近年来发生的哪些变化使得供应链和供应链管理变得更加重要?

8. 企业的合作伙伴应该具备哪些条件?

9. 企业与供应商之间的战略伙伴关系合作是指什么?

10. 谈谈制造业的供应链资源有哪些。

11. 准时生产供应商可能存在哪些压力?

12. 敏捷生产的企业和供应链有哪些特征?

13. 物料搬运的主要工作方式有哪些? 各有什么特点?

14. 主要的物料搬运设备有哪些? 各有什么特点?

15. 主要的物料存储设备有哪些? 各有什么特点?

16. 现代制造物流组织、管理和控制的意义是什么? 一个企业制造物流管理与控制系统如何组成与实现?

第7章　现代质量管理

在企业的经营管理中，产品质量被视作企业的生命线。许多公司把“质量是企业的生命”、“质量第一”等作为口号和醒目的企业标语，并在营销和销售宣传中对自己的产品和服务作出诱人的承诺。但是，在实践中客户对产品与服务质量问题的投诉不断，甚至因为质量问题客户只好更换购买产品的生产厂家。这充分说明产品质量所产生的影响非同小可。就一个企业而言，它将直接影响企业的声誉和经营的成败，从而涉及企业的生存；就一个国家而言，它既严重影响国民经济的建设与发展，又会直接影响人民群众的切身利益。人们已经从质量低劣的假冒伪劣产品中吃尽苦头。生产劣质产品，实际上是资源的最大浪费，是和今天所倡导的“可持续发展”、“科学发展观”的战略背道而驰的。因此，必须对产品的质量及其管理给以应有的重视。

7.1　概述

现代机械制造工业的任务，主要是为国民经济各部门的生产与发展提供所需要的各种机电产品。作为产品，它必须满足用户所提出的质量要求或质量标准。纵观生产与经济发展的历史，不同时期人们对质量有着不同的理解。在经历由产品导向、销售导向发展到今天的竞争导向阶段的同时，质量观念也随之而发生着巨大的变化，不同时期的质量观念见表7.1。从表7.1可知，不同的生产模式对应了不同的质量观念。现代质量的含义具有不确定性，可以因不同的顾客群而改变，可以因时而变，也可以因不同的竞争环境或竞争对手而变。现代质量的新观念如图7.1所示。它表明现代质量观念有如下特点：

表7.1　不同时期的质量观念

阶段	生产模式	质量观念	对应的ISO 9000定义
企业驱动的产品导向阶段	大量生产	主要是指达到产品设计者理解的功能，符合产品标准就意味着高质量	ISO 9000/87：产品、过程和服务满足顾客或潜在顾客需求的特征和特性的总和
企业驱动的销售导向阶段	精益/JIT生产	质量除了符合规格以外，还包括质量保证的一系列措施	ISO 9000/94：反映实体满足明确或潜在需要的能力的总和
市场需求驱动的竞争导向阶段	灵捷制造	高质量就是在产品性能、可靠性、安全性、适应性、经济性、实时性等方面全面满足顾客的需求，实现TCS	ISO 9000/2000：产品、系统或过程满足顾客及其相关需求的固有特征能力的集合

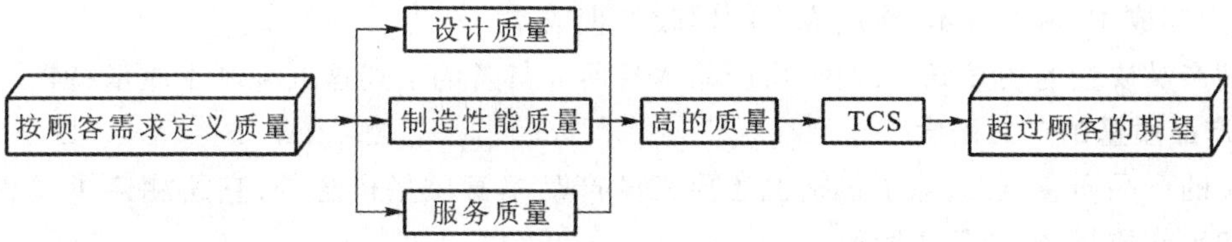

图 7.1 现代质量观念的系统流程框图

(1) 虽然质量是内涵广泛的,但是它是可以定义的。质量是被顾客的需求定义的,高质量的本质就是"使顾客完全满意(Total Customer Satisfaction,TCS)"。它随顾客的需求变化而变化,应该及时地把握顾客需求的变化,并及时把需求的变化变成"产品与服务的质量标准",以实现TCS、战胜竞争对手、赢得利润。

(2) TCS 的本质是超过顾客的期望。

(3) 质量是可以测量的,TCS 也是可以测定评价的。

(4) 因为顾客的需求、市场的环境与气候和流程(过程)是不断变化的,所以必须不断地改进产品与服务的质量。

(5) 大量成功的实践证明,通过革新质量的观念、战略、管理和技术,是可以不断改进和提高产品与服务的质量水平的。

7.1.1 产品质量

一般地说,人们对产品质量概念的理解,可以分为狭义的和广义的两种。

1. 产品质量的狭义概念

任何产品都是为了满足用户提出的一定使用要求而设计生产的。要满足用户提出的使用要求,那就要使产品具有一定的特性,或者换言之,要赋予产品一定的属性。通常,为使产品达到一定的使用目的,它要具备必需的功能要求,同时为了能正常发挥其功能,还要提出使用时间上的、安全上的、乃至经济上的要求。例如,就家用空调机而言,它不仅应具有制冷与制暖的功能,而且在使用时还必须安全、可靠、省电、低噪声、易维护、好修理、长寿命,这些便是家用空调机的质量要求。由此可见,家用空调机的质量是通过这些质量特性或属性来体现的。显然,不同的产品可以有不同的质量特性。但是,有一些基本的质量特性,却是各种不同产品为满足用户一般使用要求所必须具备的。这些基本特性主要可以归纳为以下五种:

(1) 产品的可用性

产品满足用户使用要求的程度。

(2) 产品的安全性

在规定的使用条件下,产品有效保障操作安全的能力。

(3) 产品的可靠性

在规定的使用条件下,产品本身不发生故障的可能性。

(4) 产品的可维修性

产品一旦发生故障后进行维修的难易程度。

(5) 产品的经济性

产品从设计开始到报废为止整个产品生命周期所需费用的多少。这部分费用包括产品的设计成本、生产成本、流通成本、使用成本和回收处理成本。

所谓产品质量的狭义概念,便是指产品本身所应具备的上述这五种基本质量特性。

2. 产品质量的广义概念

广义的产品质量概念,除了包括上述狭义的产品本身质量概念外,它还涵盖了过程质量、服务质量和工作质量,如图7.2所示。

(1) 过程质量

过程质量是指产品的设计质量(即产品设计阶段所形成的质量)和产品的生产质量(即产品生产阶段所形成的质量)。

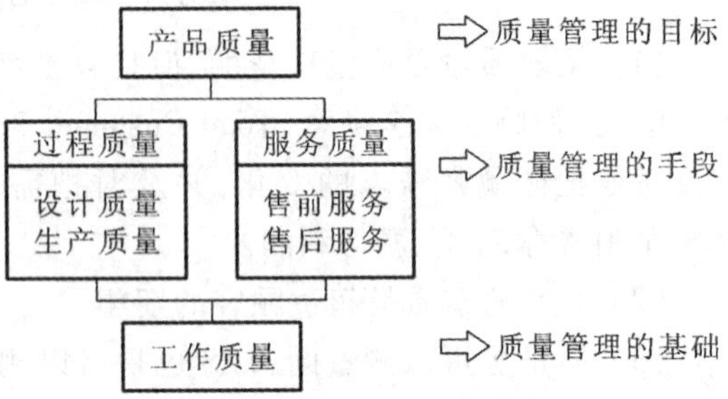

图7.2　产品质量的广义概念与质量管理的关系

(2) 服务质量

服务质量是指产品的售前服务质量(即在售前向用户提供宣传介绍产品性能、特点和使用要点等服务的质量)与售后服务质量(即在售后向用户提供产品的安装调试、操作培训、维护修理等服务的质量)。

(3) 工作质量

工作质量是指整个企业各部门(经营、管理、技术和生产等)所进行的每项与产品质量有关的工作的质量。

7.1.2　质量管理

产品的质量,实际上受到企业经营管理活动中各种因素的影响。

1. 质量职能与质量螺旋

为了保证和提高产品的质量,必须把影响产品质量的各种因素,全都加以管理和控制,质量管理正是为此目的而发展成为企业全部管理活动中的一个极为重要的组成部分。要把质量管理工作做好,则必须首先了解企业中有哪些职能部门的活动,会对产品质量带来影响。对产品质量产生、形成和实现的过程带来影响的职能,称为质量职能。

产品质量产生、形成和实现的过程,一般是由市场调查、产品规划、产品设计、产品规格标准制定、生产工艺编制、采购、生产设备与工艺装备配置、产品投入生产、工序质量控制、产品检验、测试、销售和售后服务等质量职能所组成。每个质量职能,实质上是保证产品质量的一个个环节。它们彼此紧密衔接,相辅相成,共同促进产品质量的不断提高。

产品的质量螺旋如图7.3所示。它形象地表现出各质量职能活动依次螺旋上升、周而复始、循环不已。由图中可知,企业的质量职能活动,有的是在企业内部进行的,有的则是在企业外部进行的。甚至有些质量职能活动虽然未被表示在图中,但是它们却贯穿在图上所示的各个质量职能活动中。例如,有关质量的信息采集与处理、质量的标准化、对员工的质量教育等。这些质量职能活动同样是为提高产品质量而不可或缺的。不论在企业的内部还是外部,这些活动都由企业相应的职能部门所承担。由于企业之间存在着生产规模大小、组织结构设置等差异,因而上述产品质量职能活动应归哪些职能部门负责组织实施,也各有所不同。实际上,企业的产品质量管理,就是要把这些分散的质量职能结合成一个有机整体,并使之协调一致地发挥作用,以便生产出满足用户需要的优质产品。若将此有机整体视作一个统一的系统,则每个质量职能便是其中的一个子系统。

2. 质量管理的定义

2002 年,美国生产与库存控制学会(APICS)把管理定义为:“规划、组织和控制变换过程与利用它为顾客提供货物或服务”。他们指出可以利用以下五种方法定义质量:

(1) 卓越的质量是一种理想和优异的状况。

(2) 产品为基的质量是建立在产品属性基础上的。

(3) 用户为基的质量是适于应用的。

(4) 制造为基的质量是顺应(顾客)需求的。

(5) 价值为基的质量是在可接受的价格下优良的程度。

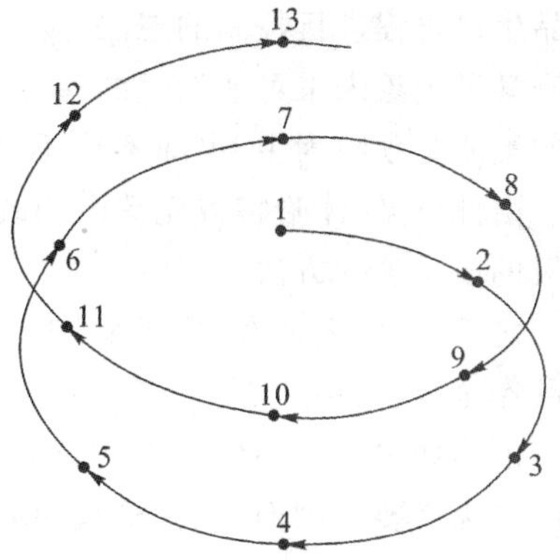

图 7.3 产品的质量螺旋

1—市场调查研究;2—产品规划;3—产品设计;4—制定产品规格标准;5—编制生产工艺;6—采购;7—生产设备与工艺装备配置;8—产品投入生产(加工与装配);9—工序质量控制;10—产品检验;11—产品测试;12—销售;13—售后服务

质量具有两个组成要素。一是顺应质量(QOC),用不存在缺陷来定义质量;二是设计质量(QOD),用顾客对产品的特征/特性的满意度测定质量。

保证和提高产品质量的关键在于加强质量管理。ISO 8402 中关于质量管理所下的定义为:质量管理是企业全部管理职能的一个方面,它负责质量方针和质量目标的制定与实施。企业的最高管理者理所当然地承担质量管理的责任。企业的全体员工则应人人参与质量职能活动。2001 年,美国 IIE 出版的《工业工程手册》定义质量管理为“根据质量定向和协调控制一个组织的活动。”质量管理系统是“建立质量方针(策略)、质量目标和达到这些目标的系统”。但是,服务质量问题是易于识别而难于定义与实现的。一个企业的服务质量可以从五方面要求,一是服务战略,二是服务驱动的导向,三是服务驱动的劳动力,四是服务提供系统,五是服务质量的测量与评价。因此,也可以从这四方面测定和评价服务质量。ISO 9000/2000 定义质量管理为,以提高效益与效率为中心、相互协调的活动。

3. 质量管理的发展历程

现代的产品质量管理,一般认为经历了以下三个发展阶段。

(1) 质量检验阶段

利用测量仪器与工具剔出不合格的废次品,认为产品的质量是“检测出来的”。至今,在大规模集成电路晶片生产中仍沿用这种质量管理办法,其成品率约为 30% 左右,或“$\pm\sigma$ 范围”。为了有效保证产品的质量,人们首先想到的是在产品的生产过程中,安排独立的质量检验工作。这项工作不再单纯依赖生产工人,而是由专职的检验人员,根据设计部门制定的产品质量标准,对产品进行逐个检验。经过检验,凡是达到质量标准的便合格,否则便不合格。这种事后才对产品实施质量管理的机制,显然无法积极预防不合格产品的产生。

(2) 统计质量控制阶段

随着社会生产的发展,生产率的不断提高,对于积极预防不合格产品产生的需要,也日见迫切。然而,沿用上述那种事后检验的方法,显然无法从根本上控制不合格产品的产生。而一旦生产出不合格的产品,这将不只是一种极大的资源浪费,而且也给企业造成巨大的经济损失。为此,1924年美国数理统计学家休哈特(Shewhart)首先根据数理统计原理,提出了用质量控制图对产品生产过程进行控制的想法,以预防不合格产品的产生。他的基本思想是利用过去的经验去预测某种现象未来可能发生的变化。休哈特的统计质量控制目标,在于保证只生产合格的产品。他的策略是预防为主,也即不待不合格产品变成既成事实之前,便采取积极有效的措施加以防止。由此可见,休哈特首先提出的统计质量控制(Statistical Quality Control,SQC)方法确实是一种积极的质量管理方法。

之后,美国人道奇(Dodge)和罗米格(Romig)于1929年提出了抽样检验的方法,从而无需对产品作全数(百分之百)检验。这对于那些必须进行破坏性检验的产品而言,有着特别重要的意义。因为如果对产品作全数的破坏性检验,则全部产品都将因被破坏而报废。显然,这样做既不可能也无必要。因而,抽样检验便满足了这类破坏性检验的要求。此外,休哈特还将英国人费歇尔(R. A. Fisher)的小样本统计学用于制造过程中的工序质量控制。至此,质量控制图、抽样检验和小样本统计学三者,成了数理统计原理在产品质量控制中的主要方法(俗称统计检验方法),并由此奠定了统计质量控制的基础。尽管上述统计检验只是产品质量控制方面的一种技术,与产品质量管理的定义相去甚远,但是人们还是从习惯上,把质量管理的这一发展阶段称作统计质量管理阶段。

统计质量控制方法虽然早在20世纪20年代便提出,但是真正被广泛应用,却是在第二次世界大战时。当时,为了确保作战所需军用物资质量的绝对可靠,美国军方规定接受军用物资订货的厂商,必须严格按照统计抽样检查方法对军品进行质量控制。为此,美国标准协会在当时制定并颁布了一系列战时的质量控制标准,并确实收到极大的成效。战后,这些标准便进一步被美国民用工业企业广泛应用,而统计检验的方法,则也同时为世界其它许多国家所采用。日本为不断改善(Continuous Improvement,CI)其产品质量,以增强其在国际市场上的竞争力,战后聘请了美国著名质量管理及统计学专家戴明(Deming)去日本讲授有关统计质量管理的原理,并在日本企业内加以推广应用,致使日本产品的质量得到显著改善和提高,一改昔日东洋货"中看不中用"的恶劣名声。为了不忘记戴明的功绩,日本特地设置了戴明质量奖(分著作奖与实践奖两种),分别奖给在统计质量管理方面作出重大贡献者。

(3) 全面质量管理阶段

由于统计质量管理阶段过分强调数理统计方法的作用,因而忽略和淡化了管理功能的发挥,以致原本人人应该参与的群众性产品质量管理工作,反而变成仅为少数几个懂得深奥数理统计的质量控制专家们所垄断的事。显然,这样是很难使企业群策群力地做好产品的质量管理工作的。

经过二战后经济的恢复与重建,各国经济都有了长足的进步,加之科学技术的突飞猛进,使得产品的结构与性能日益复杂,从而对产品可靠性和安全性方面的质量要求也随之愈益提高。然而,要确保产品这方面的质量要求,又非单纯靠统计检验的方法所能奏效,因此,美国的费根鲍姆(Feigenbaum)和朱兰(Juran),先后于20世纪50年代末和60年代初,提出了新的质量管理概念,即全面质量管理。这种崭新的质量管理概念,是要把统计检验方法和企业组织管理紧密结合,以形成一套完整的质量管理体系和方法;要把保证产品质量与产品的经济性结合起来,以求人人重视质量的经济性;要对产品质量产生与形成的全过程进行管理,即从市场调查、产品设计、生产、装配、测试直至售后服务全过程的各个环节实施质量管理。由此,确立了产品质量在企业经营管理中的中心地位,以及树立起用最经济的手段去生产用户感到满意的产品的经营指导思想。20 世纪 60 年代以来,这种新概念已被普遍接受并通过应用而得到发展。一般将这一发展阶段称为全面质量管理阶段。

表 7.2 表示了上述质量管理发展的三个阶段在九个方面所作比较的结果。从比较的结果可以清楚地看出,质量管理正是由低级向高级、由消极被动向积极主动、由片面向全面逐步地向前发展。

表 7.2 质量管理三个发展阶段的比较

序号	比较内容	产品质量检验阶段	统计质量检验阶段	全面质量检验阶段
1	生产特点	手工与半机械生产	大量生产	现代化生产
2	管理范围	生产过程	制造过程	产品质量形成全过程
3	管理对象	狭义的产品质量	产品制造质量	广义的产品质量
4	管理特点	事后消极控制	事前积极预防	防检结合,全面管理
5	管理依据	按质量规格检验	按既定标准控制	以用户满意为主
6	管理方法	技术检验	数理统计方法	多种方法综合
7	管理标准化	标准化程度低	技术标准,质控标准	标准化程度高
8	管理经济性	重视不够	较为重视	十分重视
9	参与人员	检验部门人员	技术和质检部门人员	企业全体员工

7.2 全面质量管理

7.2.1 全面质量管理的概念、内容及新特点

1. 全面质量管理的概念

现代企业的质量管理,已经发展并进入全面质量管理的阶段。正如以上所说,全面质量管理(Total Quality Management,TQM)就是要求企业的全体员工积极参与质量管理活动,把专业技术、经营管理、数理统计等工作,与质量意识、职业道德教育结合起来,建立以产品研究、设计、生产、储运、销售和售后服务等活动为内容的质量保证体系,从而用最经济有效的手段,生产出用户满意的产品,以满足社会的需要。

全面质量管理的基本点是从过去事后的消极检验转向如今事前的积极预防,从过去只管结果而不问影响因素转向找出影响质量的主要因素,并发动全体员工去解决。推而广之,全面质量管理依靠科学管理的理论和方法,使企业的生产经营全过程处于受控状态下,从而使企业的各项工作实现制度化、标准化、规范化和科学化。

为了系统地了解有复杂内涵的全面质量管理概念只能从多个角度来界定 TQM:

(1) TQM 是一种顾客需求与期望驱动的管理哲理和实施质量领导的管理方法。

(2) TQM 是组织的战略、商务实践和业绩改进工具的集合。

(3) TQM 是一种以雇员参与为基的质量管理方法,其目的是长期获得顾客满意的结果,使组织与社会受益。

(4) TQM 是一种以员工合作协同,持续不断改进顾客满意度为特征的企业文化,主张人人参与。

(5) 在TQM中,质量被定义为“满足顾客的需求,以获得长期成功的管理方法。”

TQM是一个复杂的系统,其基本内涵和支持的原理如表7.3。TQM使我们重新发现顾客,总结了现代市场和企业一切工作的目标,即:“使顾客满意(Customer Satisfaction ,CS)”是企业实现自身价值、不断发展的业务工作目标。所以,现代成功的企业无一不是强烈地关注顾客,“以顾客为中心”组织和管理企业或组织。变化是绝对的,现代市场是快速多变的,顾客的需求和市场的环境呈现迅速变化和不确定性。因此,企业首先必须适应这些变化,要不断适应变化的顾客需求和市场环境就必须坚持不断(或称连续)地改进自己的商务流程、质量和与员工(雇员)的关系。根据按事实管理的原理(Management by Facts),TQM管理中要根据事实和通过多种工具获得的精确可靠数据,进行组织各项相关工作质量的不断改进。如果不把质量问题落实到相关项目和不同层次的工作任务改进中,TQM不能落实。为了达到TQM的目标只能“以人为中心”、依靠激励机制、尊重员工、调动他(她)们的积极性,并通过授权分散应该下放的决策权,以消除“工管对立”。

表7.3 全面质量管理的内涵及其支持原理

TQM的基本内涵	支撑的原理
强烈的关注顾客	使顾客满意(CS)
坚持不断地改进	变化及适应变化
改进组织的每项工作质量	按事实进行管理
精确可靠地测量	根据事实与数据的改进
向员工授权	尊重人,调动人的积极性

2. 全面质量管理的基本内容

全面质量管理的基本内容,一般可概括为“四个全面”和“四个一切”。

(1) 四个全面

1) 全面的质量管理　在实施质量管理时,不仅包括产品质量管理,同时也包括过程质量、服务质量和工作质量的管理。只有通过这种全面的质量管理,才能确保产品质量的不断提高。

2) 全过程的管理　产品的质量始于设计、成于生产而止于使用。企业必须保证把质量管理的范围,从过去单纯囿于生产过程,而向前推移到产品设计过程,向后延伸至售前－售后服务过程。唯其如此,方可真正体现出确立质量管理为企业经营的中心地位,才能保证贯彻为用户提供满意产品的指导思想。

3) 全员参与质量管理　全员参与的目的,是要树立“质量管理,人人有责”的思想,使员工懂得产品质量是企业的生命线。要抓好产品质量,必须人人动手,从自己的岗位做起,严把质量关。任何一项工作的马虎、疏忽和差错,都会直接或间接地影响产品质量。因此,必须动员和教育全体员工,自觉而积极地参与质量管理工作,参与相关的质量管理小组活动。

4) 全面综合管理　由于科学技术的迅猛发展,产品的结构与性能日趋复杂,质量要求愈益提高,因而影响质量的因素也随之增多。在这些影响因素中,有的与技术有关,而有的则与组织管理有关。要对这众多的影响因素加以有效控制,则必须分清情况,区别对待。为此,尤宜对症下药,灵活运用现代各种控制技术和方法,对产品质量实行全面综合管理。

(2) 四个一切

1）一切为用户　产品质量丝毫不能马虎,否则就会侵犯用户的权益。因此,企业和全体员工必须牢固树立"一切为用户"的思想。以用户对产品的满意感为己任,精益求精地做好本职工作。每位员工都应为营造攸关企业声誉和生存的"产品质量"大厦添砖加瓦。

2）一切以预防为主　使用户满意的产品是制造出来的,而并非靠事后检验出来的。为了从根本上杜绝废品的产生,必须防患于未然。因为待到事后检验出废品时,那时早已在人、财、物和时间方面,造成无法弥补的巨大浪费和损失,所以在产品的质量管理中,必须坚决贯彻"预防为主"的方针。

3）一切依据事实与数据　产品质量管理不能凭感觉、想当然,而必须依据实实在在的客观事实和数据,否则无法作出科学的决策和判断,因而也无法找到切实有效的改进及提高产品质量的途径和措施。

4）一切按规范办事　在企业贯彻全面质量管理时,应该按照工作规范执行。因为这种工作规范是经过不断实践检验而科学地总结出来的。不按照规范办事,则将事倍功半,甚至一事无成。现代科学管理的特点,就在于使一切管理均按工作标准和工作规范行事。这样才能保证工作的质量和效率,才能以规矩成方圆。

全面质量管理的核心观点主要有质量第一、用户至上、一切凭数据说话、突出人的因素、预防为主、零缺陷、以工作质量为重点、以质量求效益、团队精神、强调一线生产工人参与质量控制、标准化、质量教育。

全面质量管理的核心思想是企业的一切活动都围绕质量来进行,它集中体现了现代质量工程的理论体系和工作方法。ISO 9000 族标准被认为是全面质量管理理论、技术和方法的规范化、标准化和国际化。

3. 全面质量管理的新特点

随着企业产销的国际化、经营的多元化和世界范围的高新技术的兴起,特别是以计算机为核心的信息技术的迅猛发展,为企业实施 TQM 提供了新的先进工具和手段。TQM 呈现以下新特点:

（1）采用科学、系统的方法满足顾客需求

TQM 的"顾客至上"是以顾客为关注焦点,以顾客的需求为起始点,以顾客满意为终点,使产品质量和服务质量最大限度地满足顾客需求。

要搞好 TQM,除了传统的数理统计方法外,还应当根据实际情况,灵活运用各种现代科学技术和管理技术,如先进质量设计技术、工艺过程反馈控制技术、最优化技术、网络计划技术、预测和决策技术以及计算机辅助技术等。

（2）以预防为主的事先控制

预防性质量管理是 TQM 区别于"事后把关"质量管理的特点之一。新的生产模式如及时生产（JIT）、精良生产（LP）、敏捷制造（AM）等对事先控制提出了更高的要求,在产品的生产阶段,除了统计过程控制（SPC）外,新的基于计算机的质量预测预报、质量诊断及质量控制技术受到越来越广泛的重视,使生产过程的预防性质量管理更为有效。同时,由于 80% 的产品质量问题是在产品设计阶段发生的,预防性质量管理在设计阶段更为重要。在产品设计阶段采用故障模式和效应分析（FMEA）和失效树分析（FTA）等方法找出产品质量薄弱环节,改进和消除质量隐患已成为 TQM 的重要内容。

（3）计算机和通信网络技术支持的质量信息管理

及时、正确的质量信息是企业制定质量策略、确定质量目标和实施质量改进的重要依据；质量信息的及时处理和传递也是生产过程质量控制的必要条件。信息技术、计算机集成制造等的发展为实施 TQM 提供了强有力的支持，CAQ 系统及集成质量系统在计算机网络及数据库系统的支持下，不仅可以及时获得正确的质量信息，有效实施对全过程的管理，而且还可以使企业全体员工以更加先进、高效的方式参与全面质量管理。

(4) 突出人的因素

TQM 更加重视人的价值，强调激发和调动人的积极因素的重要性。实施 TQM 必须调动人的积极因素，重视全体员工的质量教育和培训，强化质量意识，建立企业质量文化，发挥人的主观能动性。哈佛大学的一份学术研究报告指出，质量问题的解决，85% 在于人们对质量的态度，而只有 15% 才是依靠技术。QC 小组和各种各样的团队(Teamwork)是全员参与质量管理活动有效的组织形式。

日本在此方面取得了不少成功经验。如建立 QC 小组，将职工组织在一起，激发职工的主动精神和协作精神，最大限度地发挥每个职工的聪明才智。日本企业还注重建立雇主与雇员之间的信任，形成“家族式”结合关系，使公司利益与个人利益息息相关，每一个雇员都为提高产品质量、满足顾客需要献计献策。

7.2.2　全面质量管理的实施过程

美国专家戴明(Deming)博士把实施全面质量管理的过程，形象地描绘成一个不断向前滚动的、因而不断改进质量的车轮(即 PDCA 循环，有人也称此为戴明循环)，如图 7.4 所示。这个车轮可划分成四个部分，即 P(Plan，计划)、D(Do，实施)、C(Check，检查)和 A(Action，总结)。

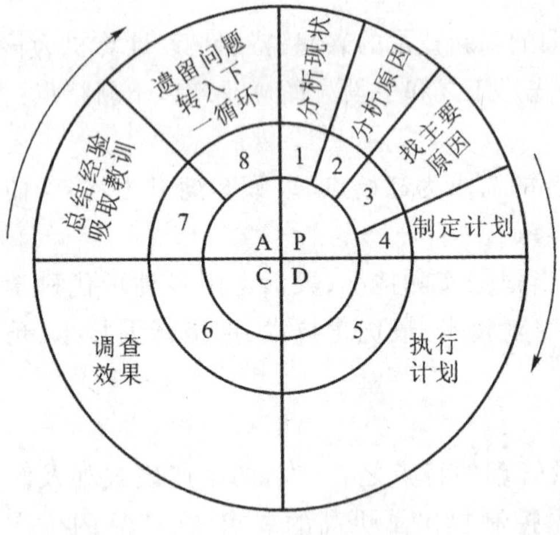

(a) PDCA 循环

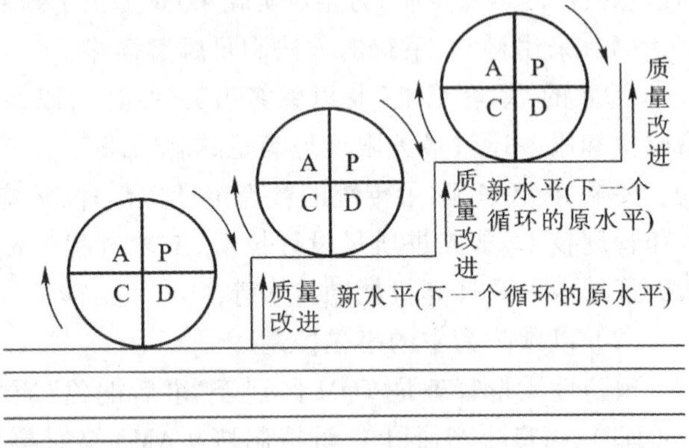

(b) 质量改进的上升

图 7.4　PDCA 循环

TQM 的工作方法主要有 PDCA 循环和方针目标管理。方针目标管理包括方针目标的制定、展开、执行和考评四个环节，它实质上是对 PDCA 循环的系统化和定量化管理，其理论依据是行为科学和系统工程理论。

由图 7.4 可以看出，PDCA 循环是质量管理活动中应当遵守的科学工作程序，它把 TQM 的工作过程依次分为四个阶段和八个步骤。

(1) 计划阶段 (Plan)

制定质量目标、质量计划和相应的实施措施。在此阶段应考虑5W1H,即Why(为什么要制订计划和措施)、What(预期达到什么目标)、Who(由谁执行)、Where(在什么地方执行)、When(什么时候执行)、How(怎样执行)。

第1步,分析产品质量现状,找出存在的质量问题。

这时可用以下方法:

1) 将实际产品质量与规定质量标准进行比较,找出差距。

2) 将用户对产品质量提出的意见,作为质量问题加以研究。

3) 与竞争对手的同类产品相比较,找出不足与改进之处。

第2步,分析产生质量问题的各种原因和影响因素。

一般地说,产生质量问题的原因很多,但是归纳起来,也不外乎六种主要因素,即5M1E:人员(Man)、机器设备(Machine)、材料(Material)、工艺方法(Method)、检测方法(Measurement)以及环境(Environment)。

第3步,找出导致质量问题的主要原因。

在第2步的基础上从影响质量的所有因素中找出主要原因,抓住并解决主要矛盾。要想有效地解决产品质量问题,必须分清影响质量原因的主次。只有找出其主要原因,方可使问题迎刃而解。根据休哈特的观点,他把引起质量波动的原因归为两类,即偶然性的和异常性的。前者属无规律可循而偶然发生的原因,一般对产品质量的影响并不很大;而后者则对产品质量的影响很大,但后者比前者易于识别。有关影响产品质量波动的因素问题,将在下面的控制图中作进一步的讨论。

第4步,提出方案,制订计划。

针对上一步骤找出的导致产品质量问题的主要原因,人们便可研究解决质量问题的对策,制定实施计划,制定技术、管理和组织等方面的措施,提出质量改进活动的计划和预期达到的效果。可采用质量目标管理(Management by Objectives)方法明确和确定目标、进度、负责人、参加人、检查人和具体措施等。

(2) 执行阶段(Do)

第5步,实施计划与方案。

根据Plan阶段所制定的方案与计划,通过各级质量管理组织实施。

(3) 检查阶段(Check)

第6步,检查实施效果。

检查计划的执行情况和实施效果,及时发现执行过程中存在的问题及经验教训。这一过程应从两方面进行:

1) 在方案与计划实施过程中,按照方案与计划的要求,要经常对实施情况进行监督和检查。

2) 在实施过程结束后,要及时根据质量标准要求,对实施结果进行全面的检查和分析,判断实施结果是否达到预期的目标。与此同时,还要评估方案与计划对提高产品质量是否有效。

(4) 处理阶段(Action)

根据检查结果,分析存在问题的原因,并采取相应的措施。

第7步,方案标准化。

将在实施方案与计划中所得到的成功经验与失败教训,纳入企业标准范畴,使之规范化和标准化,以供今后解决同类质量问题时参照执行。这样便可巩固与发扬成功经验,同时也可避免重蹈错误和失败的覆辙。

第8步,找出遗留的问题或发现新的问题,留待下一循环去解决。

将本次PDCA循环未解决的遗留问题转入下一次PDCA循环,并为下一次循环的Plan阶段提供依据。

以上只是一般地叙述了全面质量管理的实施过程。实际上,企业内部的每个部门,都应该有自己的PDCA循环。只是企业的大循环要通过各部门的小循环来落实,而各部门的小循环要保证企业大循环的实现。这种关系如图7.5所示。

其次,PDCA循环并非原地转动,而是不断向前。因此,每循环一次,便使企业的工作质量与产品质量得到改善和提高一步。如此周而复始,循环不已,也就使企业的经营不断改善、提高和进步,故能始终比自己的竞争对手领先一步。这种"不断改善"(CI)的做法,已经成为现代企业谋求竞争优势的重要策略。图7.6便是"不断改善"的形象化表示。

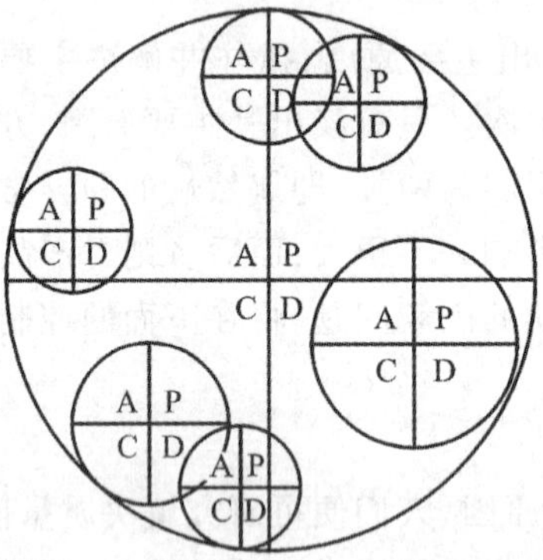

图7.5 大循环靠小循环,小循环保大循环

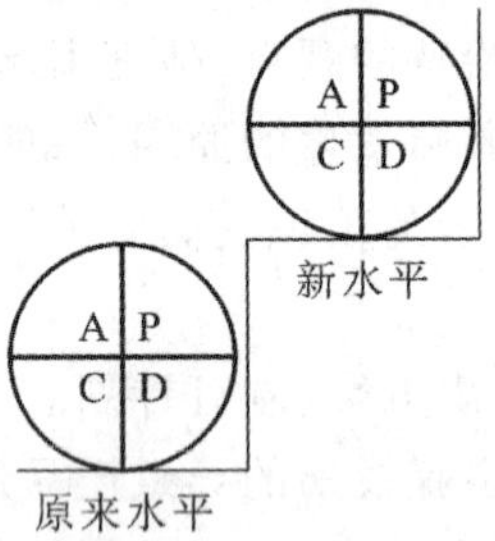

图7.6 不断改善策略的形象化表示

PDCA循环8个步骤所采用的质量管理方法和工具见表7.4。

表7.4 PDCA循环8个步骤所采用的质量管理方法和工具

阶段	步骤		采用的质量管理方法和工具
	No.	工作内容	
Plan	①	分析质量现状,找出存在的质量问题	排列图、直方图、控制图、工序能力分析、KJ法、矩阵图、统计分析表
	②	分析产生质量问题的各种原因和影响因素	因果图、关联图、矩阵数据分析、散布图、排列图
	③	找出影响质量的主要原因	排列图、散布图、关联图、系统图、矩阵图、KJ法、实验设计法
	④	制定措施计划	目标管理、关联图、系统图、矢线图、过程决策程序图

续表

阶段	步骤		采用的质量管理方法和工具
	No.	工作内容	
Do	⑤	执行措施计划	系统图、矢线图、矩阵图、过程决策程序图
Check	⑥	检查计划的执行情况和实施效果	排列图、控制图、系统图、直方图、过程决策程序图、检查表、抽样检验
Action	⑦	总结	标准化、制度化、KJ 法
	⑧	提出未解决的问题	转入下一轮 PDCA 循环

如此进行螺旋式上升的反复 PDCA 循环过程，实现持续不断的质量改进，推进质量管理水平的不断提高。

PDCA 循环既是一种质量管理方法，也是一套通用的科学工作程序。PDCA 循环既可有效解决质量问题，也能有效解决工作问题和管理问题。

7.2.3　全面质量管理的七种工具

在此必须进一步阐明，此处所说的“质量”应该是一个泛指的或广义的质量概念。因此，正如上述 PDCA 循环一样，此处所介绍的七种工具，不仅可用于产品与服务的质量改善，而且也可用于一切工作质量的改善。国外有人称此七种工具为统计的过程控制工具（Statistical Process Control，SPC）。

1. 核查单（Check Sheet）

核查单也称调查表，或统计调查分析表。它是利用核查表上所收集的数据，对某种事实发生的原因，给出明确说明的一种工具。通过对表上数据的整理和分析，可以初步看出产生质量问题的大致原因。表 7.5 即为一种有关某种铸件缺陷核查单的示例。表中列出了分别按缺陷的类型进行各自出现频数的计数结果。通过表中的数据，可以看出，在受检的 1 000 件该种铸件中，有缺陷的铸件为 123 件，其中余量超差的有 50 件，居各项缺陷之首。

表 7.5　某种铸件的缺陷类型出现频数检查表

缺陷类型	缺陷频数	小计
砂　眼	卌 卌 卌 卌	20
形状不良	卌 卌 ||	12
表面疵病	卌 卌 卌 卌 卌 卌 ||	32
尺寸超差	卌 卌 卌 卌 卌 卌 卌 卌 卌 卌	50
变　形	卌	5
其　它	||||	4
总　计		123

2. 排列图（Pareto Chart）

排列图是由意大利工程师 Pareto 提出的。它主要是在核查表所获得的统计数据的基础上，按统计结果(各种影响质量因素的出现频数或出现百分数)的大小,依次排列成直方图、累计直方图或累计百分数折线图,借以找出影响质量的主次(A、B、C)因素,即找出改进质量的主攻方向。下面举某公司内部电话分机接线存在通话不畅问题,而用排列图做原因分析的例子。

根据某个月的 12 天内,对通话人等待通话六种原因的统计,将其所得数据按大小排列,如表 7.6 所示。按表中数据便可绘制排列图。图 7.7 便是有关改善电话等待通话的排列图。从图中可以看出,造成通话人等待通话的主要原因,是表 7.6 中的前三位,即代号为 1、2、3 者。

表 7.6 通话人等待通话原因的调查表

代号	等待原因	每天平均数	总计数	累计%
1	接线间内只有 1 位接线员	14.3	172	49
2	受话人不在	6.1	73	70
3	受话单位无人	5.1	61	87
4	未给出受话单位和受话人姓名	1.6	19	92
5	查询受话单位办公室位置	1.3	16	97
6	其它	0.8	10	100
总计		29.2	351	100

3. 因果图(Cause and Effect Diagram)

由于因果图的形状很像鱼的骨架,故有人也称之为鱼骨图或鱼刺图(Fishbone Chart)。

顾名思义,因果图显然是要反映事物的因果关系;而人们正是通过因果图来寻找产生质量问题的原因,从而找到解决问题的途径和措施。

我们仍然以上面通话人等待通话的原因为例,用因果图来分析造成等待通话的主要原因,如图 7.8 所示。

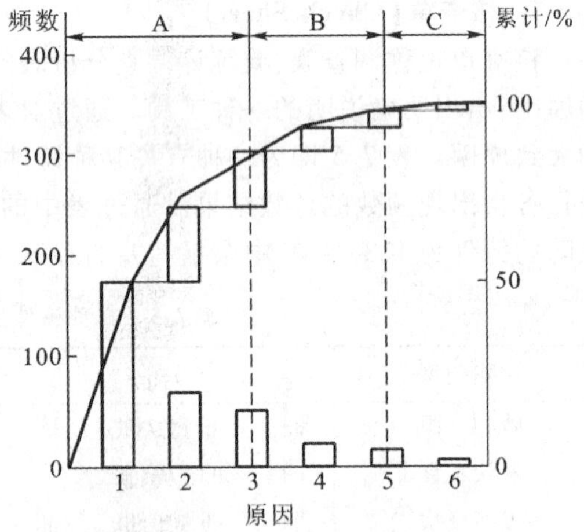

图 7.7 等待通话的原因排列图

从图中可知,等待通话的主要原因是由通话人、受话人、接线员和接线工作制度所造成的。这便是图中与指向"等待通话原因"主骨骼相连的 4 根主要鱼骨。每个主要原因可以进一步细分,如图中分布在每根主要鱼骨两旁的水平细鱼刺。若有必要,每根细鱼刺还可以再细分。这说明,利用因果图,人们可以由粗及细、由表及里、一层一层去寻找和分析产生问题的原因。这样便可分头采取有针对性的措施,以保证最终能有效解决存在的问题。

4. 直方图(Histogram)

直方图也是以核查表所收集的数据为根据,而用一组等宽、不等高的直立矩形来表示该组数据。宽度可以表示造成质量问题原因的类型或被检测数据范围的间隔。高度表示指定原因类型或指定数据间隔的出现频数(或频率)。高度变化的形态,便反映出上述频数的分布情况。

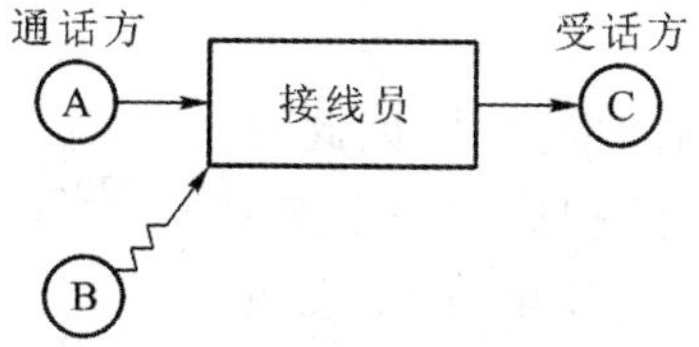

(a) 客户B在等待

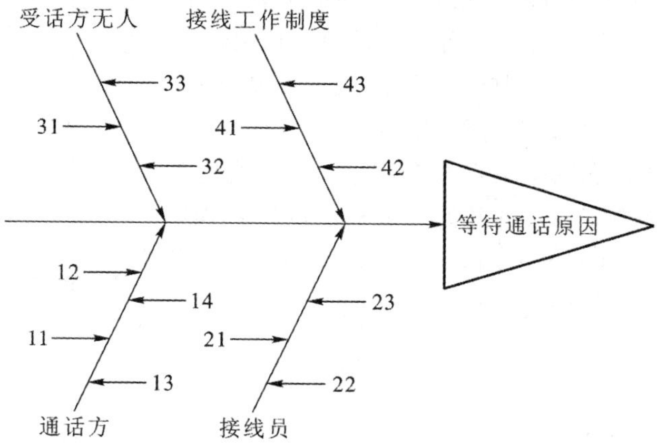

(b) 等待通话的因果图

图 7.8 有关电话服务中存在等待通话问题的因果

11—发牢骚；12—胡聊天；13—未报受话人姓名单位；14—打算留话；21—缺乏公司工作经验；22—不懂客户信息；23—花时间于解释部门办公室位置；31—未上班；32—不在电话机旁；33—离开办公室；41—午餐休息；42—电话繁忙时段；43—缺勤

表 7.7 是对某个班级 38 位学生身高进行统计所得的数据。表中按学生中身高最矮(151 cm)与最高(200 cm)作为身高尺寸范围的上下限,然后按公差 10 cm 分组,如此即可划分为 5 个组。根据表 7.7 中的数据绘制直方图,即如图 7.9 所示。

表 7.7 某班学生身高检查表

身高尺寸间隔/cm	分组代号	出现频数/个	出现频率/%
151 ~ 160	1	5	13
161 ~ 170	2	6	16
171 ~ 180	3	21	55
181 ~ 190	4	4	11
191 ~ 200	5	2	5
小　　计		38	100%

从这一直方图上,确能看出这个班级学生身高尺寸的总体分布情况,以及每个身高尺寸段在总体内各自所占的比重。通过这一例子也进一步说明,直方图确实能凭借一组波动的数据而看出总体趋势,从而对总体作出正确的判断。因而它是一个很有效的"综观全局"的方法。它不是教你去认识一棵棵具体的树,而是首先教你去认识一片森林。

5. 散布图(Scatter Diagram)

散布图用来揭示和确认两组相关数据间的关系,因此它便成为一种研究成对(例如由一对变量(x,y)构成的一个点)出现的两组相关数据间关系的图示工具。在散布图中,上述成对出现的数据所表示的一群点,便构成所谓的点子云。正是从点子云的形态,人们可以推断出相关数据间的关系。当 x 值增加时,y 值也增加,则称 x 与 y 之间的关系为正相关;当 x 值增加时,y 值却减小,则这时 x 与 y 之间的关系为负相关。在散布图中,常见的点子云形态有六种,如图 7.10 所示。

这里给出一个利用散布图来考察两个变量 x 与 y 之间的关系的实例。某公司为要了解一种新的合成树脂的抗拉强度与温度之间的关系,分别在四种不同温度时,各取四个样品并测定其抗拉强度。测定结果如表 7.8 所示。

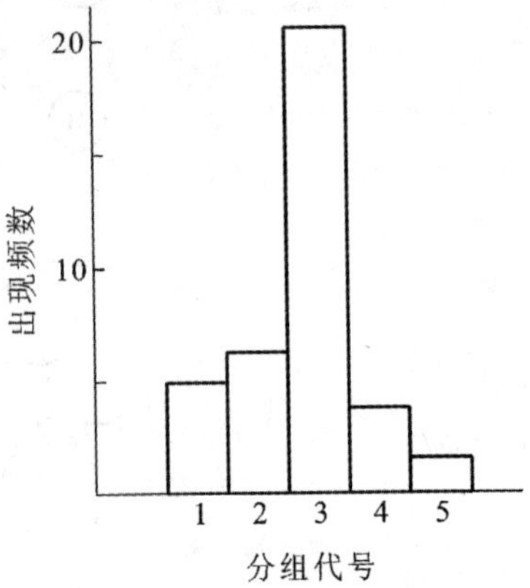

图 7.9　学生身高总体分布直方图

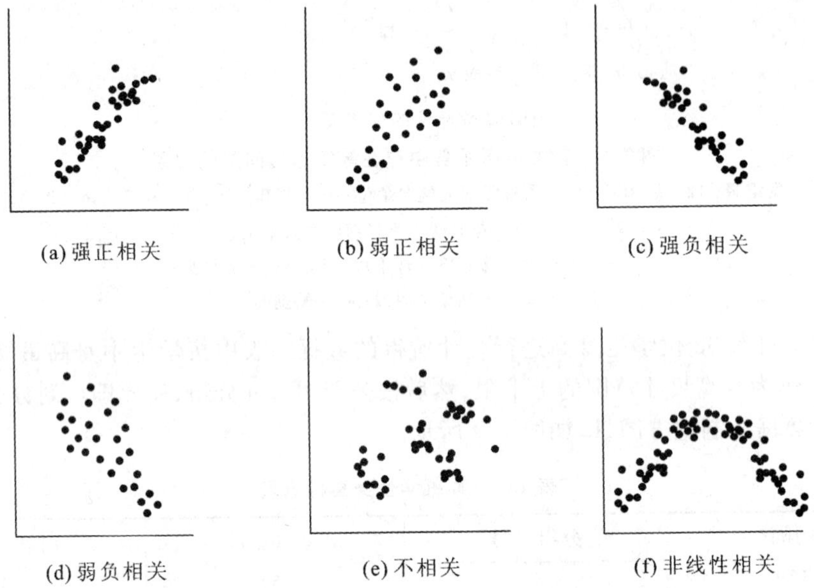

图 7.10　常见的六种点子云形态的散布

表 7.8　某种合成树脂不同温度时的抗拉强度值

温度	10℃	20℃	30℃	40℃
抗拉强度/(kg/mm^2)	53	61	69	77
	56	69	71	83
	50	58	71	72
	58	59	66	79

按表 7.8 所列数据绘制其散布图,如图 7.11 所示。由图中可以清楚地看出,这种新的合成树脂的抗拉强度与温度之间的变化关系,呈现出强正相关,即随着温度的升高,新合成树脂的抗

拉强度也随之提高。

6. 流程图(Process Chart)

流程图主要是借助图形符号来描述现行工作过程,以便检查和发现其中的薄弱或瓶颈环节,并研究其改进的可能性和改进的方案,供设计新的工作流程图参考。绘制流程图所用的部分图形符号,如图 7.12 所示。下面举一个复印间服务流程的例子。

图 7.13 是现行复印间服务过程的流程图。从图中的流程不难看出,复印间的工作仅限于复印而已。

然而,不少人希望复印间能提供装订复印件的服务,因此便将现行复印间的服务过程流程图改进为如图 7.14 所示的流程图。

流程图用于不同的生产过程,会用到不同的图形符号。图 7.12 中所列举的,只是为了绘制上述复印间服务流程图的需要而特意选出来的一部分图形符号。需要进一步了解流程图的作用及其图形符号,可以参考有关生产系统设计(Production Systems Design)、运作管理(Operations Management)等方面的书籍。在这些书籍中均有较为详细的介绍,因而此处不予赘述。

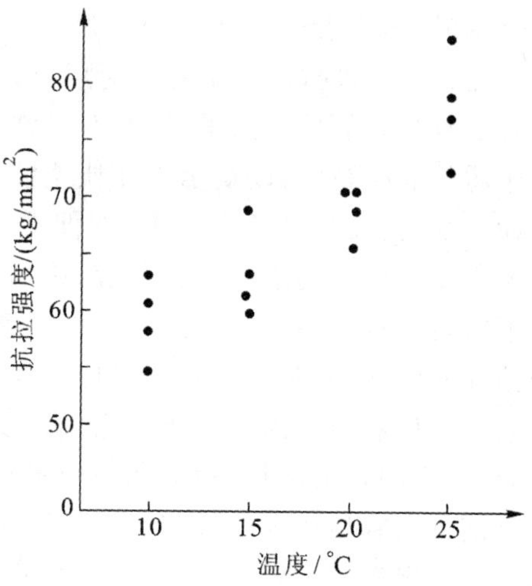

图 7.11 基于表 7.8 数据的散布图

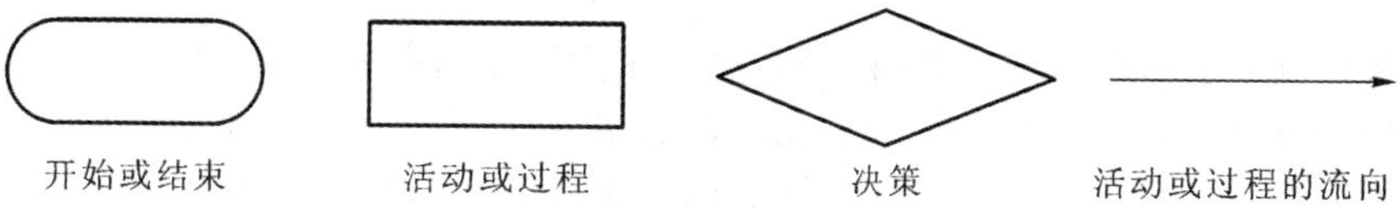

图 7.12 流程图中所用的图形

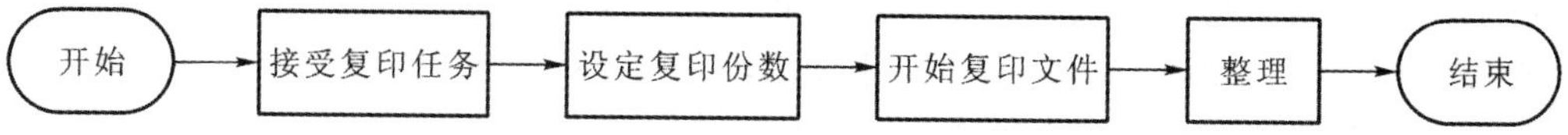

图 7.13 某复印间的服务工作流程图

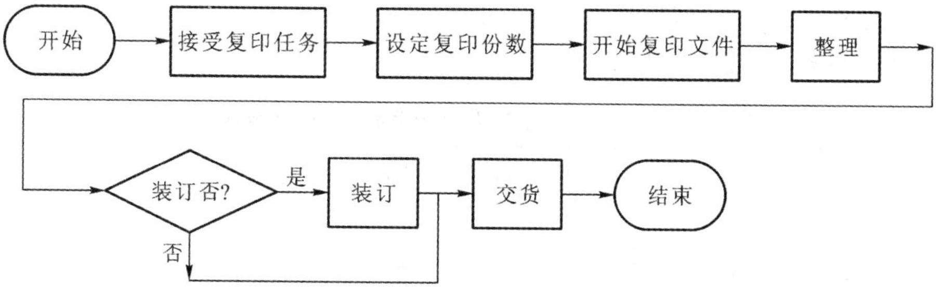

图 7.14 改进后的某复印间的服务工作流程图

7. 控制图(Control Chart)

控制图主要用于发现随时间而推移的受控对象(如生产过程或工作过程等)是否仍处于稳定的运行状态。一旦发现失稳的苗头和趋势,便应立即采取措施加以控制,使之恢复稳态运行,以防止失稳继而失控，酿成的重大质量事故，并由此而造成严重的经济损失。由此可见，控制图充分体现了全面质量管理以预防为主的原则。

控制图在机械制造企业中应用较为广泛。一般常将其用于评估加工过程的稳定性，识别引起过程波动的异常因素，研究对异常因素的控制与消除对策。在机械加工过程中，则多用于工序质量的控制中，以揭示工序质量波动的各种因素，并进而设法控制和消除。造成工序质量波动的因素，大凡可归为三类，即偶然因素、系统因素和异常因素。偶然因素虽经常出现，但并无规律可循。属于偶然因素者，诸如一批毛坯材质的微小差异、工人操作技术的不稳定、机床不时发生较小振动等。这些偶然因素的发生规律较难识别。即使有的能够识别，但要控制和消除它们，却常常受到技术可能性与经济合理性的限制而难以办到。因此，人们有时称偶然因素为不可避免的因素。所幸它们对质量波动的影响较小。系统因素是一些有一定规律的因素，如刀具的正常磨损、机床的热变形、刀具与机床的调整误差等。它们对工序质量波动的影响是渐进而有规律的，或者是恒定的，因而系统因素比较容易识别、控制和消除。异常因素是指引起工序质量突发性较大波动的因素，如工人违反操作规程、刀具发生崩刃等。由于异常因素对工序质量波动的影响太大，因此必须加以识别并消除。好在凭借控制图也比较容易发现和识别异常因素。综上所述，在影响工序质量的这三类因素中，系统因素容易识别、控制和消除；唯有偶然因素和异常因素，因无明显规律可循，且两者又彼此混杂在一起，故不易识别、控制和消除。然而，有效地将此两者加以区分，则是实现工序质量控制和保证加工过程稳定的必要前提条件。

为了理解控制图的制作方法步骤，以及它在工序质量控制中的作用，这里举一个控制某个工序加工尺寸的计量型控制图的例子。其制作步骤如下。

（1）确定受控对象的质量特性。在本例中即为零件的某一孔径 $\phi10^{+0.80}_{-0.50}$。

（2）确定控制图的类型。在本例中因受控对象为零件尺寸，故属计量型。

（3）按时序随机采集样本数据。这时需确定分组原则、样本大小和抽样间隔。在本例中，按常规采集 25 个样本组，每隔 15 min 采集一个样本组。每个样本组内包含 5 个样本零件。采集到的样本组数据被记录在表 7.9 所示的表格内。

（4）计算各样本组的统计量 $\overline{X}$ 与 R。

（5）根据各样本组的统计量，计算控制图中的上、下控制界限。

（6）绘制控制图，如图 7.15 所示。

表 7.9 某工序零件的孔径 X_i 及其抽样统计 $\overline{X}$ 与极差 R mm

样本组号	组内 5 个样本零件孔径的实测数据					平均值 $\overline{X}$	极差 R
	X_1	X_2	X_3	X_4	X_5		
1	10.60	10.40	10.30	9.90	10.20	10.28	0.70
2	9.98	10.25	10.05	10.23	10.33	10.17	0.35
3	9.85	9.90	10.20	10.25	10.15	10.07	0.40
4	10.20	10.10	10.30	9.90	9.95	10.09	0.40
5	10.30	10.20	10.24	10.50	10.30	10.31	0.30
6	10.10	10.30	10.20	10.30	9.90	10.16	0.40

续表

样本组号	组内5个样本零件孔径的实测数据					平均值 $\bar{X}$	极差 R
	X_1	X_2	X_3	X_4	X_5		
7	9.98	9.90	10.20	10.40	10.10	10.12	0.50
8	10.10	10.30	10.40	10.24	10.30	10.27	0.30
9	10.30	10.20	10.60	10.50	10.10	10.34	0.50
10	10.30	10.40	10.50	10.10	10.20	10.30	0.40
11	9.90	9.50	10.20	10.30	10.35	10.05	0.85
12	10.10	10.36	10.50	9.80	9.95	10.14	0.70
13	10.20	10.50	10.70	10.10	9.90	10.28	0.80
14	10.20	10.60	10.50	10.30	10.40	10.40	0.40
15	10.54	10.50	10.40	10.55	10.00	10.36	0.55
16	10.20	10.60	10.15	10.10	10.50	10.29	0.60
17	10.20	10.40	10.60	10.80	10.10	10.42	0.70
18	9.90	9.50	9.90	10.50	10.00	9.96	1.00
19	10.60	10.30	10.50	9.90	9.80	10.22	0.80
20	10.60	10.40	10.30	10.40	10.20	10.38	0.40
21	9.90	9.60	10.50	10.10	10.60	10.14	1.00
22	9.95	10.20	10.50	10.30	10.20	10.23	0.55
23	10.20	9.50	9.60	9.80	10.30	9.88	0.80
24	10.30	10.60	10.30	9.90	9.80	10.18	0.80
25	9.90	10.30	10.60	9.90	10.10	10.16	0.70
					$\bar{\bar{X}}$	10.21	
						$\bar{R}$	0.60

表7.9中的最后两列，分别为各样本组的平均值$\bar{X}$及其极差范围R。在计算$\bar{X}$与R控制界限的上、下限时，可按下列公式计算：

$\bar{X}$的上控制限：$UCL_{\bar{X}}=\bar{\bar{X}}+A\bar{R}$

$\bar{X}$的下控制限：$LCL_{\bar{X}}=\bar{\bar{X}}-A\bar{R}$

R的上控制限：$UCL_R=D_2\bar{R}$

R的下控制限：$LCL_R=D_1\bar{R}$

上述公式中的系数A、D_1、D_2可查表7.10。

由此可计算出：$UCL_{\bar{X}}=\bar{\bar{X}}+A\bar{R}=10.21+0.58\times0.60=10.56$

$$LCL_{\bar{X}}=\bar{\bar{X}}-A\bar{R}=10.21-0.58\times0.60=9.86$$

$$UCL_R=D_2\bar{R}=2.11\times0.60=1.27$$

$$LCL_R=D_1\bar{R}=0\times0.60=0$$

图7.15为按表7.9所列数据与计算所得的上、下控制限而绘制的控制图。图中各样本组的$\bar{X}$与R均在上、下控制限内。虽然第23个样本组的$\bar{X}$十分接近下控制限，但也未超出。

表 7.10　$\overline{X}$与 R 图中上、下控制限计算公式内的各系数

样本组内的观测数 n	$\overline{X}$图的系数 A	R 图的系数	
		下控制限 D_1	上控制限 D_2
2	1.88	0	3.27
3	1.02	0	2.57
4	0.73	0	2.28
5	0.58	0	2.11
6	0.49	0	2.00
7	0.42	0.08	1.92
8	0.37	0.14	1.86
9	0.34	0.18	1.82
10	0.31	0.22	1.78
11	0.29	0.26	1.74
12	0.27	0.28	1.72
13	0.25	0.31	1.69
14	0.24	0.33	1.67
15	0.22	0.35	1.65
16	0.21	0.36	1.64
17	0.20	0.38	1.62
18	0.19	0.39	1.60
19	0.19	0.40	1.61
20	0.18	0.41	1.59

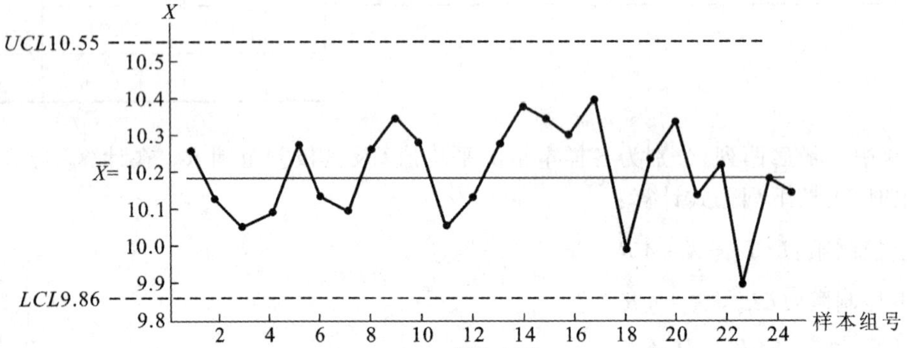

(a) $\overline{X}$控制图

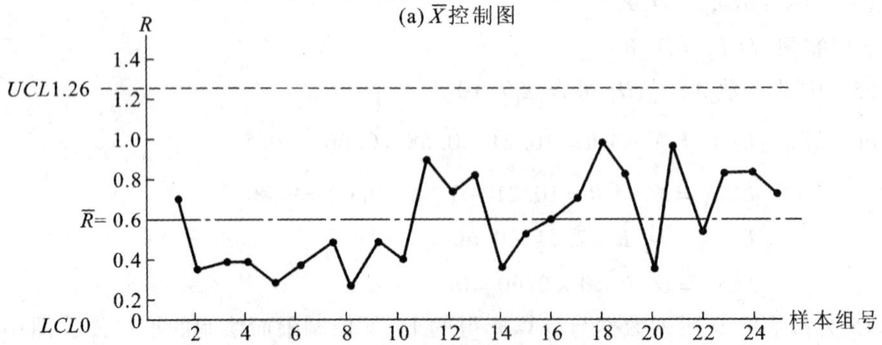

(b) $\overline{R}$ 控制图

图 7.15　按表 7.9 数据绘制的控制图

7.2.4 全面质量管理的经济观念与质量成本

1. 全面质量管理的经济观念

生产是将生产要素转化为物质财富的过程。在这一转化过程中,使原来低价值的原材料,通过人和生产资料的作用,而转变成为具有特定质量与效用的高价值的物质财富。正如马克思主义理论所揭示的,由于生产过程本身就是一个价值增值的过程,因此对企业而言,生产的目的就不只是为社会创造财富,它也同时通过"价值的增值过程"而获得利润。这已是一个不争的事实。由此可知,研究生产经营,评价其效益,是离不开经济学的;而全面质量管理既然是为生产经营服务的,自然也必须讲究经济性。

把提高产品质量与降低产品成本对立起来,显然是不正确的。以为实现全面质量管理,动员全体员工开展质量管理活动,那就一定要增加投入,否则便无法提高产品质量。显然,持这种观点的人,恰恰就不理解也看不到群众中蕴藏着无穷的智慧和创造力。实际上,如果真正做好员工的质量教育工作,使"质量第一"的思想深入人心,把企业的信誉和效益紧密地与员工的切身利益结合起来,那么无数既好又省的提高和改善质量的良计妙策,便会从各个质量管理小组中涌现出来,就能够少花钱、多办事、办好事。

还有的人只顾埋头研究和改进质量问题,但却不问其经济效益如何。其实这种做法也是不足取的。如果耗费巨额投资,费尽九牛二虎之力,质量提高了一点点,而成本却急剧上升,使企业在产品价格上毫无竞争优势可言,这样做值得吗?

从以上所反映的人们在贯彻实施全面质量管理时的一些典型思想认识来看,说明真要把全面质量管理工作做好,还必须认真进行质量教育工作,必须树立全面质量管理的经济观念,特别是需要研究和分析"质量成本"这一新的概念。

2. 质量成本(Quality Cost)

质量成本,顾名思义,是指与产品质量有关的一切费用,是"为了确保和保证满意的质量而发生的费用以及没有达到满意质量而造成的有形的和无形的损失"。为此,首先要明确根据产品设计所确定的产品质量规格或标准,因为这是判定产品合格与否的准绳;其次,分析与计算不论达到或达不到产品质量规格时所需支付的一切费用。

质量成本是质量管理体系中的一个经济要素,主要是对实施质量管理体系的收益和成本进行分析与评价,及时发现体系中存在的薄弱环节,有针对性地采取措施以提高质量经济性。其核心是用最小的花费为顾客提供满意的产品和服务,它由费用和损失两部分构成,两者同等重要。质量成本不同于企业成本,后者是从事生产活动必须发生的成本,包括原材料费、工时费、设备费、场地费等;而前者仅与不良质量、劣质产品、质量缺陷及质量问题有关。

不同的国家和地区、不同的企业对质量成本有不同的划分方法。国内企业在进行质量成本管理时,一般将质量成本划分为内部运行质量成本、外部质量保证成本两大类。内部运行质量成本包括预防成本、鉴定成本、内部质量损失成本、外部质量损失成本。外部质量保证成本则是指合同环境条件下,根据顾客要求而提供客观证据所支付的费用。

一般地说,质量成本是由达到产品质量规格(合格品)所支付的一切费用,以及达不到产品质量规格(如退修或报废等不合格品)所发生的一切费用之和。根据这一概念,质量成本便由以下四部分组成。

（1）企业内部质量损失成本

指产品尚未出厂前，便已发现其质量达不到规定要求而造成损失所支付的一切费用。一般约占质量总成本的25%～40%。

（2）企业外部质量损失成本

指产品出厂后，因不满足规定的质量要求，而遭到用户索赔、调换、退修、诉讼等费用。一般占质量总成本的20%～40%。

（3）检验或验收成本

有的书上称之为鉴定成本。实际上，这是为保证产品达到规定的质量规格而进行的各种检验或验收所支付的费用，这部分费用约占质量总成本的10%～50%。

（4）预防成本

这是指为预防发生不合格品或其它质量事故而支付的费用。通常这一费用只占质量总成本的0.5%～5%。

以上四部分成本进一步细分如表7.11所示。

表7.11 质量成本的组成

内部故障成本（Internal Failure Costs，IFC）： · 废品损失 · 返修品损失 · 停机损失	外部故障成本（External Failure Costs，EFC）： · 退货损失 · 保修成本 · 索赔费用
预防成本（Prevention Costs，PC）： · 质量规划费用 · 质量保证经理工资 · 过程能力研究费用 · 质量信息系统费用 · 统计过程控制费用	鉴定成本（Appraisal Costs，AC）： · 校准费用 · 进货检验费用 · 工序过程检测费用 · 产品检验费用 · 试验材料与劳务费

7.3 质量保证体系

企业要推行全面质量管理，则必须建立一个健全而完善的质量保证体系。否则，改进、提高和保证产品质量的美好想法，多半要成为一句空话。

7.3.1 质量保证体系的基本概念

1. 质量保证

首先要了解质量保证的含义，即什么是质量保证？质量保证实际上包含以下两层含义。

（1）对用户而言，质量保证是企业对用户承担产品质量责任的承诺，即在产品生命周期内，按规定的使用条件，企业要保证产品能正常使用。

（2）对企业而言，质量保证是企业本身为确保产品质量而进行的，从市场调查、产品设计、生产、销售到售后服务的全过程的，有组织和有计划的质量管理活动。

了解了质量保证的含义，就容易了解质量保证体系是什么、它究竟起什么作用等问题。

2. 质量保证体系

在本章讨论质量螺旋时，已经提到了要把各个质量职能统一成一个有机整体。这实际上便是此处所说的质量保证体系。由此可见，质量保证体系是要运用系统工程的原理和方法，把各质量职能部门的质量管理环节，组织成责权分明、相互促进、协调统一的有机整体，从而使企业的制造过程能长期、稳定地运行。

质量保证体系的目标是要确保产品的质量，并使用户感到满意。只有用户对企业所生产的产品质量有了认同感，建立了信誉，企业的产品才能畅销不衰。目前，不少企业采用"质量第一"、"用户至上"、"严格把关"、"实行三包"等口号化的质量保证做法，虽能起到一时吸引用户的作用，但企业若无切实有效的质量保证体系，则既不能防止不合格品的产生，也无法保证不使用户利益受损，以致最终丧失信誉、失去顾客，而到头来受到损害的，却仍然是企业本身。

3. 质量保证体系的作用

建立健全的质量保证体系后，可以起到以下作用。

（1）明确各质量职能部门的职责和权限，以提高质量保证活动的质量和效率。

（2）一旦出现质量问题，能迅速辨明责任，落实到责任部门和责任人，从而能及时解决问题，以免延误时机，造成更大的经济损失。

（3）便于高层领导实行质量监督和质量诊断。

（4）凡属跨部门的质量管理活动，可以借助质量保证体系而实现协调统一。

4. 质量保证与质量管理的关系

推行质量管理的目的，就在于保证产品的质量。而要保证产品的质量，则必须有企业各个部门以及全体员工的参与，借此而对产品形成的全过程进行有效的控制。因此，质量保证必须以全面质量管理为基础。

质量保证以产品质量为纽带，而维系着与市场和用户的联系。它既要保证产品的设计质量、生产质量和出厂检验质量，又要保证产品出厂后的使用质量；它既要对企业内部各质量活动环节进行全面管理，又要对产品售后服务工作进行管理。因此，质量保证必须是一种有计划的、系统化的质量管理活动，必须有可靠的组织保证和健全的工作制度，也即必须最终建立一个有效的质量保证体系。

7.3.2　质量保证体系的建立

质量保证体系是按产品质量的形成过程来建立的。因此，必须首先了解质量保证的主要工作阶段和主要活动内容。图 7.16 即形象化地表示了质量保证的工作阶段和活动内容，以及它们之间的相互关系。下面将就质量保证主要工作阶段和主要活动内容略加说明。

1. 市场调查阶段

市场调查是质量保证的起始点。市场调查的主要内容是，正确掌握市场需求的动向，切实了解用户的真正要求。市场调查的分析与结果，将是制定质量计划的唯一依据。用户的需求实际上可以分为眼前的需求和未来的需求。用户的眼前需求，决定了当前所要设计的产品质量；而用

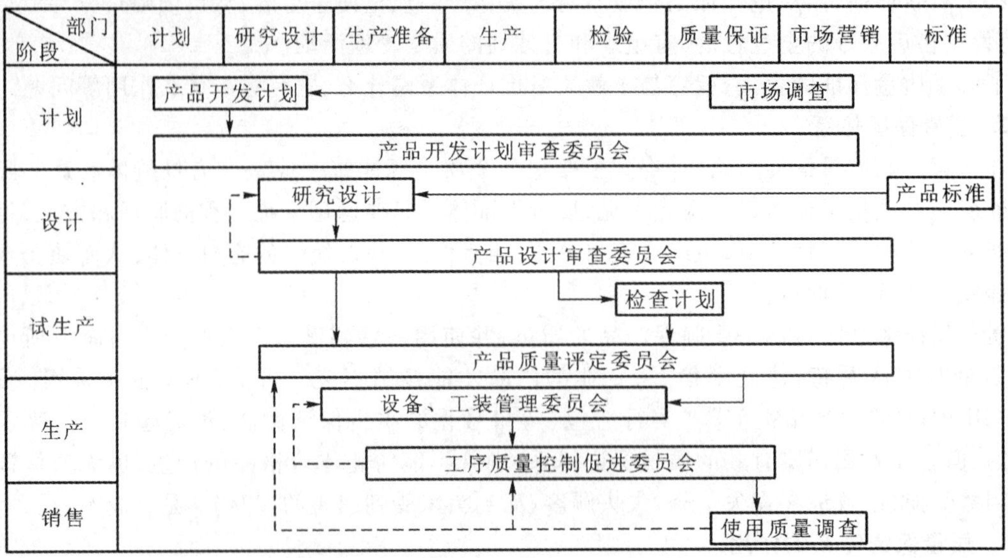

图7.16 质量保证体系中主要工作阶段与活动内容

户的未来要求,则需要进行研究和预测。只有正确掌握了这两种需求,才能设计与生产出具有市场竞争意识的优良产品。市场调查同时还包括收集市场情报,如社会的资源情况及其可得性、新的科学技术成就、有关保护资源和环境的国内外政策、法规、技术、方法等。这些情报对确定产品开发计划、制定产品质量计划和产品质量标准,同样是十分重要的。

2. 制订计划阶段

在市场调查所得信息的基础上,结合企业的技术能力、经营状况和长远发展规划,着手制订有关新老产品开发与改造的质量计划。

这是质量保证中的一个很重要的环节。如果这项工作未能做好,则将后患无穷,在后续工作中的质量问题将层出不穷。这表现在产品投产后的生产过程中将不断出现质量问题,而产品投入使用后的初期故障率必将很高。

制订产品质量计划,是要把用户对产品的功能要求,转化为产品的质量要求或产品的具体技术规格。这一转化非常重要。这时可以应用质量–功能配置技术(Quality Function Deployment, QFD),较好地解决这一转化问题。

为了防止计划执行过程中可能出现的问题,并使之减少到最低程度,应对计划中的新产品可能出现的质量问题进行事前研究。一般可应用失效模式与后果分析(Failure Model and Effect Analysis, FMEA),故障树分析(Failure Tree Analysis, FTA)等方法,以便极早发现问题,极早制订相应对策。据悉,美国宇航局在研制人造卫星时,90%的可靠性质量问题是在计划阶段进行的。

3. 产品设计阶段

这一阶段将把计划阶段的质量要求,真正转化为具体的设计参数和详细的技术规格,然后绘制成可供生产的设计图。在具体进行产品设计时,还应该考虑产品的结构工艺性、零部件的标准化以及产品的成本分析。此外,对于设计中采用的新材料、新技术、新结构、新工艺等,由于缺乏经验和把握,尚需组织科学试验,以确保设计质量的可靠。

4. 生产准备阶段

这是产品设计完成后,准备正式投产前的又一个重要质量保证阶段。这一阶段的任务,就是为正式投产做好一切准备工作。为了保证投产后能稳定进行生产和不发生不应有的产品质量问题,生产准备阶段的质量保证焦点,便是确保生产要素的正常与稳定,不使5M1E影响产品的质量。

5. 产品生产阶段

这一阶段的质量保证表现为:严格遵守操作规程,认真按质量标准进行生产,防止因操作失误而引起质量问题。为此,应加强对员工的质量教育,开展质量管理小组的活动,运用先进的FMEA和控制图等方法,实行工序的质量控制,使失误止于发生之前。据统计,生产现场的操作失误原因,70% ~90%起因于管理不善。因此,必须加强质量保证与质量管理工作。

6. 售后服务阶段

这是质量保证的终极环节。这一阶段的根本任务,在于确保产品在其生命周期期间,能长期稳定地发挥其功能。为此,应做好定期向用户提供各种技术服务,迅速处理用户在使用中发生的质量问题,有计划地走访用户,了解产品使用情况、存在问题、用户潜在需要,并及时反馈给质量保证和产品设计部门,作为改进设计和提高质量的重要根据。

值得在此指出的是,随着经济全球化的迅速发展,现代工业的专业化和协作化也随之越出国界。如今一个工业产品,往往已不是在一个工厂,甚至不是在一个国家的范围内生产的。现代汽车工业是最典型的专业化协作生产的例子。一辆轿车逾万个零件,其中75%以上都是由与汽车制造厂配套的零部件供应商供给的。日本更是出名的经过多次转包方式组织产品生产的国家。对于这种情况,质量保证工作便愈来愈受到重视。许多厂家和公司已把外协件或配套供应件的质量,纳入自己的质量保证体系,同时也把外协厂或配套件供应商视作自己在商业上的合作伙伴。

7.3.3 质量管理的发展与改进

1. 质量管理的发展

从20世纪初至今,质量管理经历了不同的阶段,如表7.12所示。

表7.12 质量管理的发展

年代	1900 ~1930	1940 ~1970	1960 ~1980中期	1980后期 ~2000	2000 ~2020
质量管理模式	质量检验 QC	统计质量控制 SQC	全面质量控制 TQC	全面质量管理 TQM	集成质量管理 IQM
对应的生产模式	机械自动化大批大量生产	混流生产、丰田生产方式	数字控制、柔性自动化	敏捷制造与虚拟制造	敏捷制造与可重组制造

从表可知,质量管理经历了以下几个阶段:

(1) 20世纪初到20世纪30年代,质量检验

利用测量仪器与工具剔出不合格的次废品,认为产品的质量是“检测出来的”。至今,在大规模集成电路镜片生产中仍沿用这种质量管理办法,其成品率约为30%左右,或“$\pm\sigma$范围”。

(2) 20世纪40到60年代,统计质量控制(SQC)

1924年,美国数理统计学家Shewhart把质量控制建立在正态分布基础上,后来贝尔实验室

创造了第一张质量控制图。1931 年,Shewhart 进一步提出制造过程质量经济控制的概念与理论,形成 SQC 与 SPC(统计过程控制)。SQC 的质量管理开始在美国应用,但并不成功。战后经 Deming 与 Juran 等美国专家的传授与指导,SQC 开始在日本应用。在石川 - 戴明循环“PDCA”的推动下形成质量控制与改进为基的管理,执行的控制限。日本开始颁发 Deming 质量奖。

(3) 20 世纪 60 到 80 年代,全面质量控制(TQC)

在朱兰“三部曲”(规划、控制与改善)、可靠性、可维护性、可重复利用性的支持下,1981 年 Ishikawa 提出 TQC,并在日本取得成功。

(4) 20 世纪 80 到 90 年代,全面质量管理(TQM)

1985 年,Warren 提出 TQM 概念,在日本应用成功后,美国 Xerox 等公司为扭转业绩下滑,学习与利用 TQM,并获得成功。美国开始颁发 MB 国家质量奖,欧洲开始颁发 EQA 奖。

(5) 20 世纪 90 年代后期以来,集成质量管理(IQM)

为了提升企业的竞争力和商务业绩,开始“质量改进”的管理,出现集成质量管理(IQM,1998 年 Thomas 提出并推广)、全面质量领导(TQL,1995 年 Edosomwan 提出)等新的质量管理与改进的理论、工具与实践。这五个阶段质量管理的特征如表 7.13 所示。

表 7.13 质量管理发展及其主要特征

质量管理级	一级: 质量调查	二级: 质量保证	三级: 次品预防	四级: 近完美无缺	五级: 完美无缺
质量控制限	$(\pm1\sim\pm2)\sigma$	$\pm3\sigma$	$(\pm4\sim\pm5)\sigma$	$\pm6\sigma$	$(\pm6.5\sim\pm9)\sigma$
相对平均 销售利润率/%	1.0	7.67	11.17	15.17	—
相对销售额 增长率/%	1.0	1.31	1.52	3.08	—

注:表中利用了 Rommel 等人的调查数据。

2. 质量管理的改进

1986 年,Nakane 提出质量改进的堆积模型,如图 7.17 所示。按照这一模型,质量是企业一

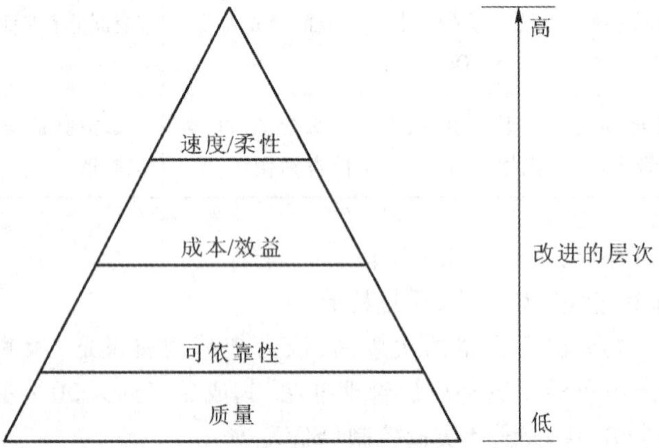

图 7.17 Nakane Hell 的改进模型(1986)

切其它改进的基础。从总体上讲，质量的改进有质量技术与方法的改进和质量管理的改进两部分。本书仅侧重于质量管理改进原理与方法的研究。

不少人认为，企业要提高效益就应该首先抓降低成本。他们不知道大量企业的实践证明，质量的改进是企业一切改进的基础。随着市场有序化程度的提高，在今天和未来激烈的市场竞争中，不以提高和改进质量作为一切改进基础的企业，到头来降低成本和缩短交货期的努力只能是事倍功半的。相反的，首先抓质量改进，再抓压缩交货期与降低成本，或把质量、过程再造和员工参与匹配集成的企业，将随着质量、交货期和成本的不断改进而同步地兴旺发达起来。

(1) 传统质量管理中的两难处境

一提起改进企业的产品和服务质量，许多业内人士表达出四类两难的处境：

1) 达到一流的质量是人人都希望的，但是要改进质量就得花钱，还要影响企业的产量，使销售量和销售利润下降。在实际操作中形成既想做又难以做的两难困境。

2) 只要质量一出现问题，我们就下工夫抓质量，既花时间又花钱，但是一不抓就又出问题。所以，虽然花了大功夫，但始终成效不大，很难获得领导与员工的支持。

3) 已经建立了保证质量的 ISO 9000 质量体系，但是只要不检查，员工就按老一套干，质量马上下去，老抓检查又会引起工管的对立。

4) 在国外发生过下面的事情：越是努力按照传统质量管理要求做的工人，下岗失业的越多，他(她)们成为落后质量管理的替罪羊。

如何摆脱这种两难的处境，成为质量管理改进的重要问题。

(2) 规避质量陷阱与质量管理改进的致命缺陷

1) 六条优秀商务原则　如前所述，公司/企业经营的目的是使受益者完全满意(TSS)，为实现这一目的必须以赚钱为企业经营的总目标。在全球化竞争的市场环境中，要达到这一总目标，公司必须提供超过竞争对手使客户(顾客)更为满意的产品货物与服务，即以使顾客完全满意(TCS)作为公司的商务运作目标，舍此别无它法。虽然，质量不能作为公司的总目标，但它是达到 TCS 必须保证的。因此，Dahlgaard 等人提出以下六条优秀商务原则：

① 以顾客的需求为中心。

② 连续改进。

③ 在培训和授权的基础上实现全员参与。

④ 按事实进行管理。

⑤ 开展创新。

⑥ 不断学习提高。

2) 十大质量陷阱或七条质量改进的致命缺陷　要达到上述优秀标准，首先要避开质量陷阱。20 世纪 90 年代末，美国质量专家 Shmis 总结出企业/公司存在的十大质量管理陷阱是：

① 追求立竿见影。

② 没有管理经理承诺和支持的自发的质量改进。

③ 缺乏长期的质量规划。

④ 不研究市场，不掌握客户的需求及其变化。

⑤ 人为地划定统计过程控制(SPC)的应用范围。

⑥ 过度地依赖计算机化的质量控制。

⑦ 低估了人、知识与技术的作用。

⑧ 不设立质量改进和过程质量控制用基金,使质量改进项目得不到必要的经费开支。

⑨ 缺乏质量和数理统计专家的有效咨询和指导。

⑩ 在质量控制和质量改进中不考虑供应商。

同期,美国著名质量管理专家 Deming 提出以下七条质量改进的致命缺陷:

① 缺乏长期坚持的目标。

② 只注重短期效益。

③ 不知道性能评价、时间定额和年度报告间存在交互作用与系统性的关系。

④ 管理缺乏连续性和一贯性。

⑤ 只按图表运行公司。

⑥ 不进行预防质量控制,对质量问题采取救火方式,花费了不必要的成本和时间。

⑦ 由于临时抢救质量问题使成本膨胀,降低了公司的竞争力。

(3) 质量管理的改进方法

1) 建立现代质量与质量管理的新观念主要有以下几点:

① "质量"概念的内涵具有不确定性。它可以因顾客群或客户的不同而变化,因时而变,因竞争对手不同而变,但评价质量的最终标准"使顾客完全满意(TCS)"是不变的 。但是,解决质量问题与改进质量管理是遵循约束理论(TOC)的,应该用发现、分析和解决约束/瓶颈的系统办法指导质量管理。

② 根据顾客或顾客群的需求和潜在的需求定义产品与服务的质量,并把它们变成"标准"或规范加以实施。产品与服务的内部质量标准是安全性、可靠性、功能与性能质量和内部顾客满意。质量的外部标准是指使接受产品与服务的外部顾客完全满意,即 TCS。

③ 质量是可以测量和评价的。评价质量与质量管理优劣的最终评价标准只能是能否通过它达到 TCS 而使企业实现既定的目标,能否与流程再造和员工参与匹配的系统集成,提升企业的竞争力,形成相对于竞争对手的竞争优势。所以,质量管理应为企业总目标服务。

④ 顾客对产品与服务质量的满意与否,是有人脑科学、行为科学和心理学依据的,是可以深入研究和利用的。

⑤ 任何产品与服务的质量是可以通过学习、改进与创新而达到 TCS 的。

⑥ 质量与质量管理是一门"前向型"的学科,质量管理和质量工程技术都源于质量的工程与商务实践,并接受它们的检验、取舍和提炼,实现从实践到理论的提升。质量管理只能在不断地与企业组织行为协调的实践中发展。

2) 把竞争横向对比放在重要的位置上,学习和利用竞争情报技术及其工具　现在,任何一个有竞争力而又打算不断提升在全球市场竞争力的公司,都把与同行最有竞争力、排名在前几名的世界级公司的横向对比作为寻找自己改进质量问题、确定质量改进战略和规划、制定质量管理改进措施、采用先进技术和方法的参考基准和质量改进决策的重要依据。所以,不少公司长期以来不惜花费不少的经费、人力、物力和时间,甚至是挖空心思地、在合法的范围内、千方百计地搜集竞争对手的信息与情报,为各级决策提供依据。实践证明他们做对了。但是,随着全球化经济的发展、竞争对手的增多和竞争的不断加剧,竞争对手之间越来越加强信息与情报的保密(反情报),使竞争横向对比所需的信息越来越难收集到或在截获的信息与情报中真假难辨,抑或得到的是假情报。在全球化与信息化的推动下,捕捉竞争情报的技术和反竞争的保密技术获得发展的空间。因此,捕捉竞争情报成为公司横向对比的前提和热点。在这种形势下,企业必须学会利用竞争情报学的知识、技术、方法和工具,特别是网络技术和软件工具。对于大多数中小企业,要学会去利用有信誉和实力的竞争情报咨询公司或组织。

3)用发展的眼光看待质量的管理　从20世纪初至今,质量管理经历了不同的阶段,如表7.12所示。从表可知,质量管理是随着制造生产模式的变化而改变的。由于我国制造企业的制造模式具有多样性,公司应该根据所采用的不同模式和著名的权变原理采取不同的质量管理模式。同时,还应该了解质量管理理论的发展、经济与社会的进步同样会影响质量管理,不可能一成不变地完全照搬历史上的质量管理模式。例如,学习和运用全面质量管理(TQM),不仅要了解TQM的本质、内涵、工具、特征和TQM的竞争力,以及TQM与TQC的对比,而且应该了解TQM的不足和如何克服它们。只有从发展的眼光全面地考查不同的质量管理模式和方法才能正确实施它,而收到事半功倍的效果。

4)TQM的不足与IQM的兴起　李天和教授和他的研究伙伴们经过五年深入地研究美国的制造、服务、军事、教育、医疗卫生与政府机构六大行业,并对美日质量管理进行对比研究后,于1998年指出,现有的TQM存在下列七个不足:

① 现行的TQM把重点放在非人的因素上,其重点是硬件。

② 现行的TQM缺乏明确的创新方法。

③ 缺少进行战略规划方法的支持。

④ 没有进行人与人和部门与部门间的交互作用管理。

⑤ 没有利用系统动力学集成系统整体。

⑥ 较多地考虑制造业,较少考虑服务业。

⑦ 现有的TQM缺乏行为科学的支持,如缺乏语义学/工程语义学、行为观测学和有关TCS的科学基础与客观的测度。

值得一提的是,Lawler等人于1998年发表的研究成果证明,从1985年到1996年的12年间,在《财富》杂志排名1 000名以内的美国企业对作为整体TQM(全面质量管理)项目的利用已经趋于减少。深入的研究证明,这些先进企业的成功做法是把TQM同过程再造(Process Reengineering)和雇员参与(Employee Involvement)进行匹配集成,他们的TQM项目实践主要集中在工作简化、(把员工与质量问题)直接暴露在顾客面前、自检(Self - Inspection)、同供应商的合作及工作单元五个方面。

为了克服TQM的不足,以李天和教授为代表的一批质量专家提出"集成质量管理(Integrated Quality Management,IQM)"这一全新的质量管理理念和方法。IQM理论主张:

① 按"以人为中心"的要求进行质量管理,并用质量创新和质量连续改进的方法加以支持。

② IQM的质量管理是以现代科学、技术与方法为基础的质量创新与改进。

③ IQM主张把能发挥系统相关性的因素集成起来,协调或突破系统组元间交互作用与接口的限制,建立能发挥公司组织"系统整体大于各部分之和"的非线性放大机制,与企业的再造和员工参与全方位地协调、整合和集成的质量管理理念和方法。

④ 是在TSS要求下,在TCS驱动的商务流程中实现TCS,使客户与受益者得益,同社会和谐的战略、理论、技术与方法的集合。

⑤ 是一个全系统、全过程与全寿命地规划、设计、实施、测量与评价和管理控制的全商务过程。

虽然，IQM 还在发展之中。但是，它已经在国外不少企业中取得了成功，是值得关注、学习、研究、借鉴和利用的最新战略管理理念、理论、方法和工具的集合。

5）正确地利用质量成本　以色列人 EliyahuM. Goldratt 1990 年公开发表的约束（瓶颈）理论（Theory of Constraints，TOC）明确地反对把传统的"生产率、成本和利润率"作为企业运作优化目标的测度参数，主张用新的"销售量、库存和运行费用"作为企业目标的测度参数。基于活动的会计（Activity Based Costing，ABC）是在否定传统成本计算方法的基础上发展起来的，实践证明传统计算方法造成成本的失真扭曲。因此，对待质量成本（Cost of Quality，COQ）要重新认识。不要把质量成本的改进当成先于质量观念、战略、规划、控制和管理改进的捷径而一味追求降低质量成本。因为，实践中很难把质量成本准确地计算出来。但是，我们并非反对从工程经济性角度考察和改进质量问题。从工程实践角度看，目前有效的质量成本控制方法仍然是田口玄一（Taguchi）的质量损失函数法和 TOC 方法。因为，TOC 理论在财务实践中的运用已经证明了 ABC 法并非完全正确。

质量成本被定义为由于产品和服务的低质量造成的相关费用。Montgomery 总结质量成本管理的经验后给出 COQ 的正常数量级一般为 4% ~5% 的售价，实践中有时会达到 35% ~40% 售价。可见，降低质量成本的潜力和经济意义。他还进一步介绍从案例总结的经验，投入 1 美元的质量预防和鉴定成本，可以从它们的改进中节约 10 ~100 美元。所以，质量成本改进的主要方向是提高质量的预防成本和鉴定成本，降低内、外部故障成本，这种改进可以取得好的经济效益。

6）掌握质量管理原理　Sower 等人的现代质量管理的基本原理包括人力资源管理、激励机制、雇员和小组、职业行为规范和职业道德、质量规划、供应商管理、质量的项目管理。因为，雇员是任何组织质量系统整体的一部分，他们是完成企业生产与服务的主体。所以，必须利用激励理论建立能调动员工积极性和主动性的激励机制。人力资源管理的目标是消除员工与管理人员间的对立。使雇员在能发挥协同作用的小组中有效地运作，并同管理人员成为真诚的伙伴，共同为实现组织的总目标协同努力。质量专业人员是企业人力资源的组成部分，故必须遵守组织的规则与规定。因而，他们必须像所有员工一样都必须遵守和执行职业行为规范和职业道德标准。质量规划是 Juran 三部曲的重要组成部分，应该认真做好，否则这一"三部曲"是无法和谐的。在质量管理中，由于企业内部有大量问题需要处理，经常忘掉同供应商的合作、吸引供应商参与和对供应货物与软件的质量管理。在供应商的管理中，选择供应商和对他们的质量进行管理是关键。供应商供货与服务质量常常成为生产企业产品与服务达到质量要求和实现客户满意的瓶颈与关键。例如，根据某著名大公司的经验，对供应商要以诚相待、利益共享、风险共担，尽早吸收他们参与产品的开发，定期走访、加强沟通、提供支持（如协助融资等）。同时，要严格质量管理。他们发现有的供应商提供的样品或是经过检验筛选的，抑或是外购顶替的，而真正供应的货物的质量大大超过合同规定的标准。质量的项目管理是项目管理的一种，最新的项目管理应该包括交互作用的管理，即项目组与其它部门或组织间关系的管理，项目组内人与人间关系的管理，它是克服现行项目管理不足的重大措施。

7.4 ISO 9000 系列标准和国际质量认证体系

标准化工作是现代企业管理的一项重要基础工作，是企业采用现代管理技术和实现科学管理的重要前提。质量标准的认证，则是企业产品准入市场的“通行证”。ISO 9000 系列标准在我国的推广应用，必将促进并加速我国企业参与国际经济分工、技术交流和生产协作。这对我国企业产品进入国际市场、参与国际竞争，无疑将具有重要意义和深远影响。

7.4.1 ISO 9000 系列标准产生的背景

当今世界经济的主要发展趋势是国际化。能够作为协调各国经济发展的纽带，向国际社会传播先进制造方式，消除阻碍国际化的各种壁垒，并从技术上实现协调统一的，那就是有关产品质量管理和质量保证系统的国际标准。ISO 9000 系列标准，正是在这种大背景下，在总结 TQM 实践经验的基础上，由国际标准化组织（ISO，International Standardization Organization）于 1987 年颁布的。因此，当 ISO 9000 系列标准一经问世，便为许多国家政府和工商业界所接受，而且在《关税及贸易总协定》（GATI，General Agreement on Tariffs and Trade）和《关于贸易中技术壁垒协定》的有关条文中加以规定，作为共同遵守的准则。根据多年来应用的实践经验，又于 1994 年和 2000 年进行了两次较大的修订。ISO 9000 是质量管理的重要组成部分和最新发展，它汲取了各国质量管理和质量保证理论的精华和成功实践经验。ISO 9000 族标准的颁布、修订和贯彻实施，标志着质量管理和质量保证在理论上和实践上更加趋向于国际范围的科学化、规范化和标准化。ISO 9000 确定了建立和完善质量管理体系的一系列原则和方法。

7.4.2 ISO 9000 族标准的基本原理

ISO 9000 和 TQM 遵循的原理相同，基本要求和指导思想一致。它包括的先进思想有：① 系统管理。② 为顾客服务。③ 预防为主。④ 主动控制。⑤ 技术和管理并重。⑥ 质量与经济相统一。⑦ 用事实与数据说话。⑧ 突出质量经营。⑨ 以人为本。⑩ 不断改进。

应当在 TQM 的基础上贯彻 ISO 9000，在贯彻 ISO 9000 中深化 TQM 工作，并讲求实效。

（1）控制所有过程的质量

ISO 9000 强调从产品生命周期循环的角度控制各个环节的质量，这与 TQM 的思想完全相同。

（2）过程控制的出发点是预防为主

与 TQM 一样，ISO 9000 的基本出发点也是预防不合格品的产生。

（3）建立并实施文件化的质量管理体系

无论企业内部的质量管理体系，还是用于认证的质量保证体系，都应建立完整、详略得当的文件系统。

（4）持续的质量改进

ISO 9000 的核心思想之一是持续不断地进行质量改进，将质量改进作为完善质量管理体系的动力。

（5）兼顾供需双方的需要和利益

一个有效的质量管理体系应兼顾顾客和组织内部双方的需要和利益，重点是满足顾客的需要，同时提高组织的利益。

(6) 定期评价质量管理体系

质量管理体系的正常运行，主要靠定期评价和审核，通过评价确定，如过程程序是否被恰当地形成文件；过程是否被充分展开并按文件要求贯彻执行；在提供预期结果方面，过程是否有效等。

(7) 最高管理者应付全面和主要责任

搞好质量管理的关键在于最高管理者的工作，第一把手应对企业的质量问题承担全面和主要责任。

7.4.3 ISO 9000 系列标准简介

ISO 9000:2000 族标准体系构成如图 7.18 所示。

(1) ISO 9000:2000 质量管理体系——基础和术语

ISO 9000:2000 阐述了建立和运行质量管理体系应遵循的 12 个方面的质量管理体系的基础知识，规定了有关质量的术语，提供了术语之间的关系图。

(2) ISO 9001:2000 质量管理体系——要求

ISO 9001:2000 规定了质量管理体系的要求，用于证实组织具有稳定地提供满足顾客要求和适用法规要求的产品的能力。该标准采用了以过程为基础的质量管理体系模式结构，鼓励组织在建立、实施和改进质量管理体系时采用过程方法，提高其有效性，保证符合顾客和适用的法规要求，增进顾客满意。

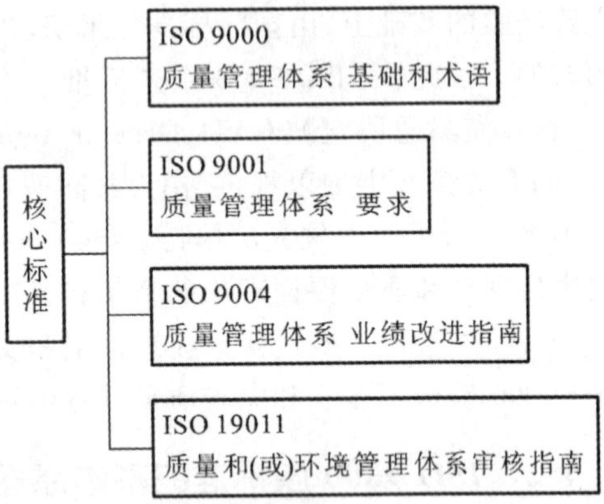

图 7.18 ISO 9000:2000 族标准体系构成

(3) ISO 9004:2000 质量管理体系——业绩改进指南

ISO 9004:2000 提供了考核质量管理体系有效性和效率的指南，目的在于促进组织改进业绩，使顾客和其它相关方满意。该标准还给出了自我评定和持续改进过程的示例，帮助组织寻找改进的机会；通过 5 个等级来评价组织质量管理体系的成熟程度；通过给出的持续改进方法，提高组织的业绩并使相关方受益。

(4) ISO 19011:2000 质量和（或）管理体系环境审核指南

ISO 19011:2000 遵循不同的管理体系可以有共同管理和审核要求的原则，提供了审核质量管理体系和环境管理体系的指南，包括审核的基本原则、审核方案管理、审核的实施、对审核员的资格要求。它适用于运行质量和（或）环境管理体系的所有组织，为内审和外审管理提供指导。

关于 ISO 9000 系列标准，仅作此介绍，如需进一步了解，可以阅读有关参考书籍。

7.4.4 ISO 9000 系列标准在我国贯彻实施的情况

根据 ISO 的规定，任何国家都不能直接使用国际标准的代号、编号和标准文本。如需使用，则必须将其转化为本国标准。为了进行国际贸易，积极参与产品生产和市场的国际化，我国的质量标准必须与国际标准接轨，必须与国际标准统一，按照采用国际标准的程度，一般分为如表7.14所示的三类。

表7.14 采用国际标准程度的含意和标识符

采用程度	标识符	内容说明
等同采用	idt.	技术上完全等同，编写方法上完全相对应
等效采用	eqv.	技术内容等效，编写方法不完全对应
非等效采用	neq.	技术内容有重大差异

1987年ISO首次发布六个标准，是核心标准。1988年3月，我国正式发布等效采用ISO 9000系列标准。我国的国家标准编号为GB/T 10300—1988。该标准在编写格式和技术内容上，均与国际标准有较大差别。如上所述，为了在贸易往来和技术合作中，与国际上的质量管理和质量认证标准保持一致，则必须以ISO 9000系列标准作为相互认可的共同基础。因此，在1992年5月召开的"全国质量工作会议"上，决定等同采用ISO 9000系列标准，并把原来的GB/T 10300—1988立即修订为GB/T 19000—1992。我国的质量体系认证工作，便在此新标准的基础上进行。1994年又及时按ISO 9000(1994年版本)修订GB/T 19000—1992，修订后的系列国家标准编号为GB/T 19000—1994。2000年12月15日ISO发布2000年版ISO 9000标准，2000年12月28日国家技术监督局等同转发现行GB/T 19000—2000标准，2001年6月1日正式生效实施。

思考题与习题

1. 简要说明产品质量的狭义概念和广义概念是什么？企业的质量管理是管什么质量？
2. 什么是质量螺旋？为什么要研究质量螺旋？
3. 简述现代企业质量管理的发展过程，并概括其中的主导思想。
4. 为什么要改进质量管理？简述质量管理改进的方法。
5. 全面质量管理的基本特点是什么？它与统计检验阶段的质量管理的差异何在？
6. PDCA循环包含哪些具体内容？它有何作用？有何深远意义？
7. 如何理解顾客满意在质量管理中的意义和作用？
8. 全面质量管理中的统计过程控制工具有哪几种？它们各有何作用？可分别用于何处？
9. 什么是质量成本？什么是研究质量成本的主要依据？依据质量成本有何意义？
10. 现代企业经营管理中已有质量管理，为何还要提出质量保证？两者有何关系？
11. 质量保证体系的主要工作阶段和主要活动内容有哪些？
12. ISO 9000系列标准是由哪几个标准组成的？它们各自的作用和相互关系如何？
13. 采用和实施ISO 9000族标准有什么重要意义？

第8章 现代制造模式

8.1 现代制造企业与先进制造模式

8.1.1 现代制造企业

企业是指从事生产、流通、服务等经济活动,以产品或劳务满足社会需要并获得盈利,自主经营、自负盈亏,依法设立的经济组织,是社会经济的基本单位。作为一个企业,必须具备以下一些基本的要素:

(1) 拥有一定数量、一定技术水平的生产设备和资金。

(2) 具有开展一定生产规模和经营活动的场所。

(3) 具有一定技能、一定数量的生产者和经营管理者。

(4) 从事社会商品的生产、流通等经济活动。

(5) 进行自主经营,独立核算,并具有法人地位。

(6) 生产经营活动的目的是获取利润。

任何企业都应具有这些基本要素。其中,最本质的要素是企业的生产经营活动要获取利润。

自从人类社会经济生活中产生企业以后的300多年来,至少经历了三次技术革命。第一次技术革命是300年前的产业革命,以大机器为中心;第二次技术革命是100多年前以重工业技术为中心的革命;第三次技术革命是第二次世界大战后到现在的一系列技术革命。也有人将当前世人关注的生命科学、信息工程、材料科学等高新技术称之为第四次技术革命。从企业发展的角度来看,每次技术革命都是促进企业发展的根本因素。每次技术革命后,都将伴随着一场空前规模的产业结构调整,一大批适应社会经济发展需要的全新企业崛起,同时开拓出一系列全新的生产领域。而传统企业在技术、设备、工艺乃至管理等方面进行的一系列根本性改革,使之脱颖而出,也使社会生产力产生一次次质的飞跃。

随着新技术革命的发展,科学技术一系列巨大成果迅速而有效地应用到社会和经济发展的各个方面,产生出一系列全新的市场需求,开拓出一系列全新的经济领域,导致一大批现代新兴企业的蓬勃崛起,代表着现代企业发展的方向,显示出无穷的生命力。

现代制造企业的特点是高速度、高效益和高柔性的综合。CIMS (Computer Integrated Manufacturing System)是现代企业当前的发展方向。它是现代计算机技术、自动化技术、管理技术等和传统技术相结合的产物。它主要利用计算机硬件、网络数据库等高新技术,针对企业的产品设计、加工制造、经营计划等过程,综合配置企业的知识、资源和技术,以适应复杂多变的市场。在CIMS环境下,企业为了充分发挥现有的技术力量,以求得整体的效益,就必须将市场分析、产品设计、加工制造和经营管理作为一个有机整体来考虑。同时,企业各个职能部门的联系更加密切,每个部门都需要和其它部门及时、准确地进行信息交换,部门之间强调的是高度的配合和协作。

8.1.2 应用现代制造技术促进企业自主创新、产业转型升级

国际金融危机传递的信息进一步表明，传统粗放的发展模式已发挥到了极致，需要来一次全新的产业革命，以“壮士断腕”的勇气推进产业转型升级。从历史角度看，任何一次经济危机都是全球产业布局的“洗牌”过程，落后产能被淘汰，新型产业脱颖而出，成为引领新一轮经济增长的“引擎”。在当前，企业应主动应用现代制造技术，调整优化产品结构，推动企业转型升级，转变经济发展方式。为此企业在应用现代制造技术方面应加强以下几方面的工作：

1. 高度重视，全面规划

现代制造技术涉及面广，技术难度大，其研究及推广应用需要投入大量的人力、物力及资金。企业应统筹规划，由企业主要领导组织、协调、研究和实施，促进企业员工自觉的应用现代制造技术，转变传统工作方式。

2. 加强人员培养和培训工作

人是现代制造技术的主体，没有高素质的人，再好的技术也会被束之高阁。因此，应加强对高层次、高素质研究型、管理型和开发应用型人才的培养，同时加强对应用人员的培训，包括对工程师的再培训和一线技术工人的培训。

3. 严格论证，效益驱动

拟实施的现代制造技术必须根据企业总体规划进行严格论证。论证时应吸收有关各方人员参与，集思广益，使实施计划更趋于完善。应用现代制造技术应根据“效益驱动，分步实施”原则。在企业整体规划的框架内，先实施易于见效的单项技术，争取做到论证一项，实施一项，见效一项。

4. 从企业实际出发，加强产学研结合

企业如果没有全面扎实的基础工作，先进制造技术的全面推广应用是不可能的。企业应在加大投入的同时，加强与科研院所、高等学校的结合，共同开展针对企业实际需求的关键技术研究，优势互补，尽快将技术成果转化为生产力。同时通过科学的管理，发挥现代制造技术的最大效益。

8.1.3 现代制造技术与先进制造模式

模式是某种事物的标准形式或使人可以照着做的标准样式。因为在生产制造领域更多地受市场变化所主导，很难存在一个使得大家都可以照着做的标准方法，所以我们定义的模式是一类具有共同特点的方式方法的总称。先进制造模式是指作用于制造系统的具有相似特点的一类先进方式方法的总称。企业是一个复杂的非线性大动力系统，在企业内动态地流动着劳务流、资金流、物料流和能量流等资源。在企业的体制、生产组织和技术系统中，依靠科技、人的决策和技艺创造能力，依靠信息的及时正确传递，经营和管理上述各种资源，以获取企业投入的优化增值和利润，是建立先进制造模式的目标。现代制造技术与先进制造模式之间的关系如图 8.1 所示。

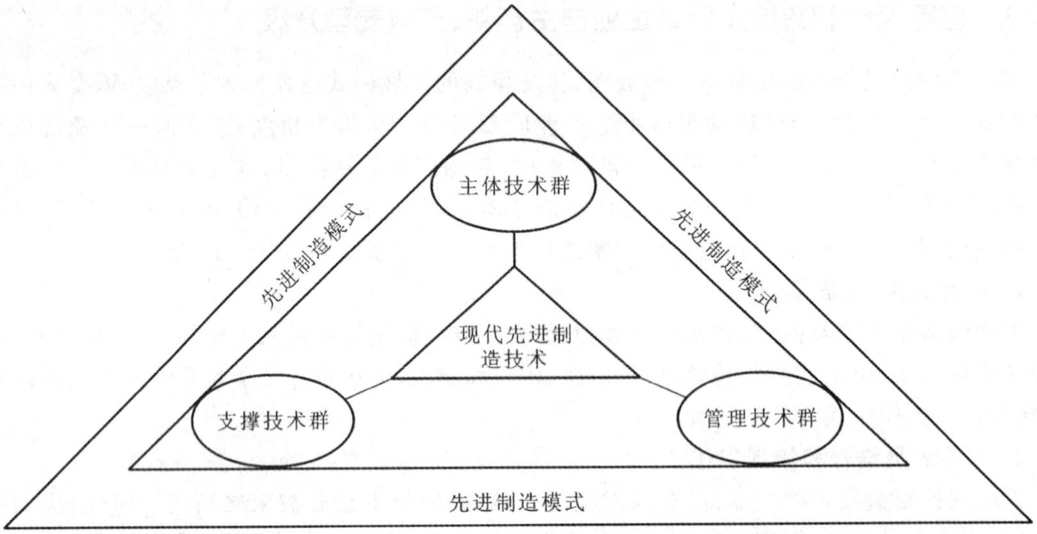

图8.1 现代制造技术与先进制造模式的关系图

8.2 现代制造模式的新发展

制造模式是指制造系统的体制、经营、管理、生产组织和技术系统的形态以及运作的方式。回顾制造系统的发展历史，制造模式总是处于不断的变迁和发展之中，如19世纪和20世纪初为流水生产线和泰勒工作制的生产模式，而从20世纪初到二战期间，大批量制造技术使生产管理、生产模式得到了很大的发展。二战以后的50年来，计算机、微电子、信息和自动化技术有了迅速发展，并在制造业中得到了越来越广泛的应用，出现了柔性制造系统（FMS）、计算机集成制造系统（CIMS）、准时生产制（JIT）等先进制造模式。近年来随着网络技术和计算机技术的进一步发展，又出现了精益生产（LP）、敏捷制造（AM）、并行工程（CE）、客户关系管理（CRM）、产品数据管理（PDM）和企业过程再造（BPR）等一批先进制造模式和先进管理技术。

8.2.1 精益生产

1. 精益生产的产生和概念

20世纪初，从美国福特汽车公司创立第一条汽车生产流水线以来，大规模的生产流水线一直是现代工业生产的主要特征。大规模生产方式是以标准化、大批量生产来降低生产成本，提高生产效率的。这种方式适应了美国当时的国情，汽车生产流水线的产生，一举把汽车从少数富翁的奢侈品变成了大众化的交通工具，美国汽车工业也由此迅速成长为美国的一大支柱产业，并带动和促进了包括钢铁、玻璃、橡胶、机电以至交通服务业等在内的一大批产业的发展。大规模流水生产在生产技术以及生产管理史上具有极为重要的意义。但是第二次世界大战以后，社会进入了一个市场需求向多样化发展的新阶段，相应地要求工业生产向多品种、小批量的方向发展，单品种、大批量的流水生产方式的弱点就日渐明显了。为了顺应这样的时代要求，由日本丰田汽车公司首创的丰田生产方式，作为多品种、小批量混合生产条件下的高质量、低消耗进行生产的方式在实践中摸索、创造出来了。

丰田生产方式是日本工业竞争战略的重要组成部分，它反映了日本在重复性生产过程中的管理思想。丰田生产方式的指导思想是，通过生产过程整体优化，改进技术，理顺物流，杜绝超量生产，消除无效劳动与浪费，有效利用资源，降低成本，改善质量，达到用最少的投入实现最大产出的目的。

日本企业在国际市场上的成功，引起西方企业界的浓厚兴趣。西方企业家认为，日本在生产中所采用的方式是其在世界市场上竞争的基础。20 世纪 80 年代以来，西方一些国家很重视对丰田生产方式的研究，并将其应用于生产管理。

到 20 世纪 90 年代，美国麻省理工学院国际汽车项目的研究小组在对日本的汽车工业生产方式做了大量的调查分析、对比后认为，日本的丰田汽车公司的生产方式是最适合现代制造企业的一种生产组织管理形式，并提出精益生产新概念。

精益生产(Lean Production, LP)的涵义目前还没有统一的认识，但其基本目标已经取得共识：就是适时适量地制造，通过持续不断地改进，消除生产过程中的一切浪费，以达到质量零缺陷，产品零库存的目标。

精益生产既不同于单件生产方式，也不同于大量生产方式。在单件生产中，生产厂家使用的是高度熟练的工人和简单通用的工具，每次生产一种用户要求的产品，这样的生产成本高，价格昂贵，大多数用户难以承受。大量生产使用专业领域十分狭隘的设计人员、非熟练和半熟练工人，采用昂贵的专业设备，大批量生产标准产品。它不仅设备成本高，需要许多缓冲环节如额外的协作厂、额外的工人和场地，而且产品品种难有大的变化。精益生产综合了这两种生产方式的优点，既避免了前者的高成本，又避免了后者的僵化。它使用的工人是多面手，设备通用性好，自动化程度高，产品品种多样性，能适应市场变化的需要。它的基本思想非常简单：摒弃一切多余的，使企业和用户不能直接用于产生附加价值的东西。因此，与大量生产相比，它的总投入大为减少，设计一种产品的时间和花费只需原来的一半；加工这一产品所需人力和机器的数量只需原来的一半；场地和设备的投资减少一半；加工中出现的差错和废品大大减少，且库存也可减半。

2. 精益生产方式特征

精益方式综合了大量生产和单件生产方式的优点，又避免和克服了两种方式的缺点，在内容与应用上具有下述特征：

(1) 在生产制造过程中，实行拉动式的准时生产，杜绝一切超前、超量制造。采用快换工装模具新技术，把单一品种生产线改造成多品种混流生产线，把小批次、大批量轮番生产改变为多批次、小批量生产，最大限度地降低在制品储备，提高适应市场的能力。

(2) 在劳动力使用与组织上，强调一专多能，不断提高工作技能，并把工人组成作业小组，赋予相应的责任和权力。作业小组不仅要完成生产任务，而且参与企业管理，从事各种改善活动。

(3) 在生产组织结构和协作关系上，精益生产方式一反大量生产方式追求纵向一体化的做法，把 70% 的零部件的设计和制造委托给协作厂进行。主机厂集中精力抓主体件的设计和制造。

(4) 在产品开发和生产准备上，精益生产克服了大量生产中由于分工过细所造成的信息传递慢、协调工作难、开发周期长的缺陷。采用“主查”制和同时工程的方法，能按照市场需求，及时开发多种多样品种，满足社会多元化需要。

上述这些特征中突出体现了精益生产方式应用现代科技与管理成果，充分发挥人文管理思想达到尽善尽美效果的特点。

3. 精益生产方式的模式

精益生产方式之所以在世界范围引起了强烈反响，其革命性就在于它近 20 年出现的先进技术集成化、系统化、理论化，其模式主要由以下几个方面构成：

(1) 全面质量管理

全面质量管理(TQM)是实现精益生产方式的重要保证。质量是企业生存之本，好的质量不是检验出来的，而是制造出来的。TQM 重在强调培养每位员工的质量意识，在每一道工序进行时，注意质量的检测与控制，保证及时发现质量问题。如果在生产过程中发现质量问题，根据情况，可以立即停止生产，直至解决问题，从而保证不出现对不合格品的无效加工。对于出现的质量问题，一般是组织相关的技术与生产人员作为一个小组，一起协作，尽快解决。

(2) 准时化和自动化

准时化和自动化是支持精益生产方式的两大支柱。准时化(Just in Time, JIT)指的是在必要的时候生产必要数量的必要产品，超量生产是万恶之源。看板(Kaban)是保证准时生产的工具。使用看板的生产指令、运输指令等来控制和微调生产活动，使生产储备趋向于"零"。这种现场自律微调的"后补充"生产，以多品种、高质量、低成本、零库存为目标，很好地响应了市场需求。

自动化(Automation)是指赋予机器以人的智慧，出现故障就立即停机，防止了错误的继续传递。这种"防止失误装置"能够防止生产次品，制止过量制造，还能自动控制现场发生的异常情况。

(3) 并行工程

并行工程(Concurrent Engineering, CE)是精益生产方式的基础。这种方法要求产品开发人员从设计开始就考虑产品生命周期的全过程，还包括质量、成本、进度和用户要求。CE 有两个特点：一是开发各阶段的时间是并联式的，开发周期大为缩短；二是信息交流及时，发现问题尽早解决，产品开发的质量高。

(4) 成组流水线

成组流水线是精益生产方式的集中体现。成组技术(GT)已经成为生产现代化不可缺少的组成部分。当前流行的混流生产(MixFlow)就是 CE、JIT、GT 的综合运用，利用 GT 的相似性特点，组织相似的零件在生产线上加工，就成了成组流水线。其特点是制造对象多样化，但仍保持着大量生产的速度，而生产线则由刚性变成了柔性。

(5) 以"人"为中心

精益生产方式把人作为最重要的生产要素，取代过去那种"机器中心论"。以前提出的"全盘自动化"和"无人化工厂"的思想已经消失。在精益生产方式中，人是这个体系的中心。以人这个具有最大柔性和最大潜力的因素为中心是先进制造技术发展的必然。

4. 企业实施精益生产方式策略及效果

对于具体企业来说，可视企业实际情况，选择下面两种模式中的一种实现由传统大批量生产模式向精益生产模式的转换。精益生产方式实施过程如图 8.2 所示。

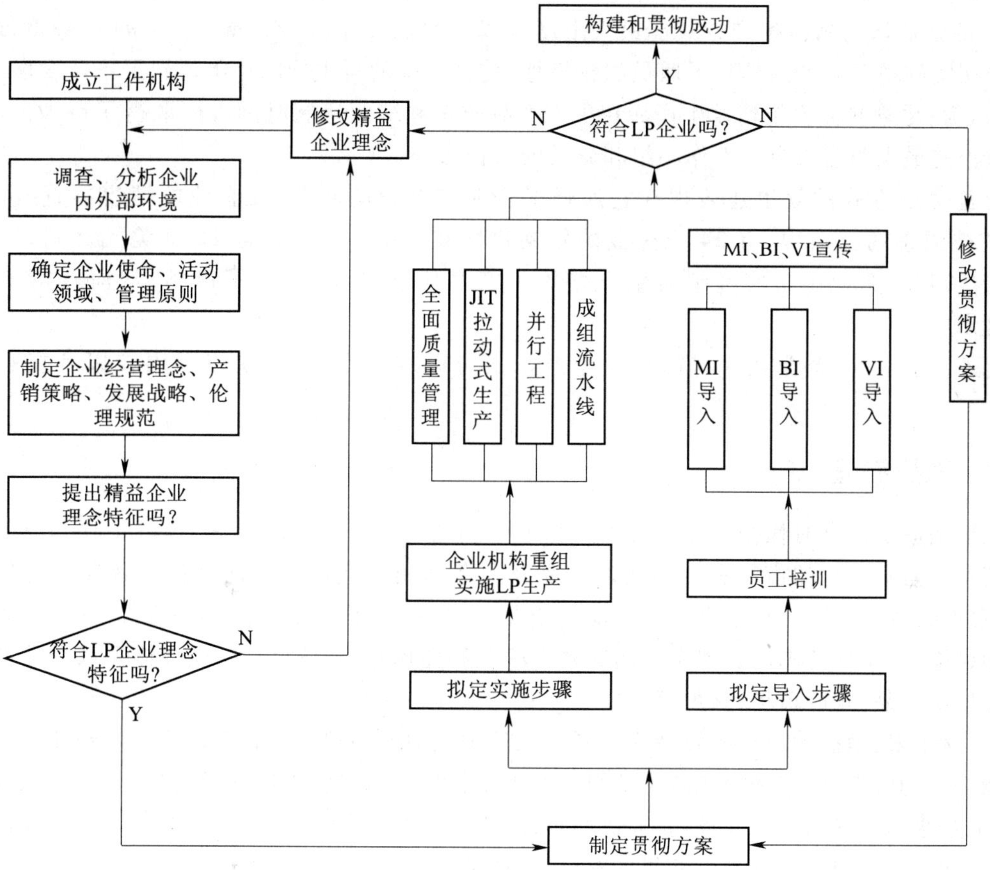

图 8.2 精益生产方式实施过程

（1）局部实现模式

这种模式的思想是在传统的大批量生产企业内部，根据精益企业理念特征和本企业实际，组建精益生产车间，并在此基础上按图 8.2 构建和贯彻精益企业理念，通过精益车间的推广，在全企业实现精益生产。其优点是，通过企业内部试点，在取得成功经验后全面推广，有利于企业平稳过渡；其缺点是，两种生产模式的转换时间长，对于产品品种相对单一的企业来说，试点车间的选择和组建十分复杂。

（2）全面实现模式

这种模式的思想是针对传统的大批量生产企业，根据企业活动领域和精益企业理念特征，构建和贯彻精益企业理念，实现精益生产。其优点是，转换周期短，有利于企业迅速实现精益生产，在激烈的市场竞争中取得优势；其缺点是，由于企业重组，将在短期内对企业产生较大冲击。

美国 TBM 咨询公司近期在美国制造业中对实施精益生产的公司（或企业）开展了一项调查。所调查的主要内容是制造企业在最近 10 年来，实施基于时间规划的精益生产方式后的效果。

调查结果表明，精益生产方式不仅能使企业降低生产成本，而且能最大限度地发挥人的积极性。在被调查的企业中有 50% 的企业认为精益生产方式最突出的作用是降低了生产成本；另外有 47% 的企业认为精益生产方式能最大限度发挥人的积极性，如 Zrmmer 公司的 Greg Rauen 认为该公司实施精益生产后提高了雇员的积极性，使公司中的自主导向小组得到了迅速发展。Ron Hicks 认为：尽管我们实施精益生产后在生产产品质量和缩短研制时间方面取得了巨大的收益，但所获得的最大收益来自于工作小组和雇员的积极参与。

精益生产方式的效果还表现在它加强了企业与客户的联系，使企业的销售额直线上升，在这些被调查的公司中，有 24 家企业的年销售额在 3 000 万美元至 15 亿美元之间，这些公司中有 50% 的企业由于实施精益生产缩短了产品研制时间，抢占了市场，从而获得了较高的营业额。

此外，还有一些企业认为实施精益生产方式可以减少库存，加快资金周转以及提高产品质量。

8.2.2 敏捷制造

敏捷制造是信息时代企业在不可预测和不断变化的市场竞争环境中，赖以生存和发展的能力。其特征是对变化的市场和客户化的产品及服务作出快速和准确的反应。敏捷制造代表了 CIMS 发展的最新阶段。它主要通过敏捷化企业组织、并行工程环境、全球计算机网络或国家信息基础设施，在全球范围内实现企业间的动态联盟和虚拟制造，使全球化生产体系或企业群能迅速开发出新产品，响应市场，赢得竞争。

近 10 年来，敏捷制造已经发展成为制造科学领域中的一种哲理。随着这一哲理体系的不断发展和完善，其研究领域和使能技术的覆盖面也更为广泛，包括信息基础结构、并行工程、虚拟制造、虚拟企业、供应链、电子商务、企业流程再造、CAD/CAM/CAPP 等。企业必须选择敏捷制造中适合自己的策略和技术，并进行有机的整合，才能从中受益。

1. 敏捷制造产生的背景

进入 20 世纪 90 年代以后，产品更新换代加快，市场竞争加剧。仅仅依靠降低成本、提高产品质量还难以赢得市场竞争，还必须缩短产品开发周期。当时，美国汽车更新换代的速度比日本慢了一倍以上，速度成了美国制造商关注的重心。同时，20 世纪 70 年代到 80 年代，被列为“夕阳产业”不再予以重视的美国制造业一度成为美国经济严重衰退的重要因素之一。在这种形势下，通过分析研究得出了“一个国家要生活得好，必须生产得好”的基本结论。

为重新夺回美国制造业的世界领先地位，美国政府把制造业发展战略目标瞄向 21 世纪。里海大学邀请了国防部、工业界和学术界的代表，建立了以 13 家大公司为核心的有 100 多家公司参加的联合研究组，耗资 6 000 万美元，花费了 7 500 多人，分析研究了美国工业界的 400 多篇优秀报告，提出了“敏捷制造”（Agile Manufacturing）的概念，其基本思想便是通过把动态灵活的虚拟组织结构（Virtual Organization）或动态联盟、先进的柔性生产技术和高素质的人员进行全方位的集成，从而使企业能够从容应付快速变化和不可预测的市场需求，获得长期的经济效益。它是一种提高企业竞争能力的全新制造组织模式。1990 年向社会半公开以后，立即受到世界各国的重视。1992 年美国政府将敏捷制造这种全新的制造模式作为 21 世纪制造企业的发展战略。

2. 敏捷制造的内涵

敏捷性是指在不断变化、不可预测的经营环境中善于应变的能力，它是企业在市场中生存和领先能力的综合表现。敏捷制造是指制造企业采用现代通信手段、通过快速配置各种资源（包括技术、管理和人），以有效和协调的方式响应用户需求，实现制造的敏捷性。敏捷制造依赖于各种现代技术和方法，而最具有代表性的是虚拟企业的组织方式和虚拟制造的开发手段。

虚拟企业，也称为动态联盟。市场环境快速变化，要求企业能够针对环境变化快速作出反应。而现在产品越来越复杂，对某些产品一个企业已不可能快速、经济地独立开发和制造其全部。因此，根据任务，由一个公司内部某些部门或不同公司按照资源、技术和人员的最优配置，快速组成临时企业即虚拟企业，才有可能迅速完成既定目标。这种动态联盟的虚拟企业组织方式可以降低企业风险，使生产能力前所未有地提高，从而缩短产品的上市时间，减少相关的开发工作量，降低生产成本。

组成虚拟企业，利用各方的资源优势，迅速响应用户需求是21世纪生产方式——社会级集成的具体表现。实际上，虚拟企业的组建并不局限于制造领域，但制造却是最令人感兴趣又是最困难的领域，它更清晰地体现了过程的集成，且控制概念在运行结构中占有重要的地位，使虚拟的形成更具有挑战性。

虚拟制造，也称虚拟产品开发。它综合运用仿真、建模、虚拟现实等技术，提供三维可视交互环境，从产品概念的产生、设计到制造全过程进行模拟实现，以期在真实制造之前，预估产品的功能及可制造性，获取产品的实现方法，从而大大缩短产品上市时间，降低产品开发、制造成本。其组织方式是由从事产品设计、分析、仿真、制造和支持等方面的人员组成"虚拟"产品设计小组，通过网络合作并行工作。其应用过程是用数字形式"虚拟"地创造产品，即完全在计算机上建立产品数字模型，并在计算机上对这一模型产生的形式、配合和功能进行评审、修改，这样常常只需作一次最终的实物原形，并可使新产品开发一次获得成功。

可以说，以上两项方法和技术是敏捷制造区别于其它生产方式的显著特征。但敏捷制造的精髓在于提高企业的应变能力，所以对于一个具体的应用，并不是说必须具备这两方面内容才算实施敏捷制造，而应理解为通过各种途径提高企业响应能力都是在向敏捷制造前进。

3. 敏捷制造企业的主要特征

实施敏捷制造的企业称为敏捷制造企业。敏捷制造企业主要具有以下特点：

（1）具有能抓住瞬息即逝的机遇，快速开发高性能、高可靠性及顾客可接受价格的新产品的能力。在这里，抓住机遇和快速开发是具有决定性意义的，因为失去了第一个投放市场的机会，往往就意味着整个开发工作的失败。因此，要求一切工作尽可能并行进行。

（2）具有发展通过编程可重组的、模块化的加工单元的能力，以实现快速生产新产品及各种各样的变形产品，从而使生产小批量、高性能产品能达到大批量生产同样的效益，以期达到同一类产品的价格和生产批量无关。要做到这一点，就必须研究如何把目前的大规模生产线，改造成具有高度柔性、可重组的生产装备及相应的软件。

（3）具有按订单生产，以合适的价格满足顾客定制产品或顾客个性产品要求的能力。

（4）应具有企业间动态合作的能力。这是因为产品越来越复杂，任何一个企业都不可能快速地和经济地设计、开发和制造一个产品的全部，只有依靠企业间的合作才能快速投放市场。

(5) 具有持续创新的能力。创新是企业的灵魂,是一个企业具有竞争能力的体现。但创新是不可预见的,因此创造一种企业文化,最大限度地调动员工的积极性,来控制创新的不可预见性,这将是敏捷制造企业的一个重要标志。为此,要改变过去建立在奖惩基础上的人事管理制度,建立一种能充分调动员工积极性的人事管理制度也将是敏捷制造企业的标志。

(6) 在敏捷制造企业中,由于组织和设备都是可重组的,借助企业间的动态联盟,生产设备及生产能力几乎可以不受限制,而受限制的主要是人。因此,在未来的敏捷制造企业中,将把具有创新能力和经验的员工看成是企业的主要财富,而把对员工的培养和再教育作为企业的长期投资行为。

(7) 敏捷制造企业要求和用户建立一种完全崭新的"战略"依存关系。产品的生命周期越来越短,而用户希望产品的使用时间越长越好,这是一对矛盾。要解决好这一矛盾,企业不仅要保持售后产品的档案,提供周到的售后服务,保持在整个生命周期内用户对产品的信任,而且要为用户提供适当费用的升级、升档服务,以及以旧换新等。

4. 敏捷制造的发展状况

(1) 敏捷制造在国外的发展状况

自 1991 年美国在《21 世纪制造企业发展战略报告》中提出敏捷制造的概念后,敏捷制造在世界范围中引起了强烈的反响,受到各国政府及工业界的广泛重视。敏捷制造和国际上的许多研究计划,如 STEP、CALS、IMS 等有着密切的关系,正逐步成为一项国际性的研究计划。

1992 年,由美国国防部高级研究计划局(Advanced Research Projects Agency, ARPA)和美国国家自然科学基金会(NSF)投资 500 万美元,组建了敏捷制造企业协会(AMEF, Agile Manufacturing Enterprise Forum),现为敏捷化协会(Agile Forum)。该协会组织进行有关敏捷制造的国际会议。目前大约有 250 个公司和组织参加了该协会的有关工作。1992 年,美国还开展了敏捷制造技术项目(TEAM, Technology Enabling Agile Manufacturing)的研究活动。参加该项目的有包括国防部、NSF、劳伦斯·利弗莫尔国家实验室、橡树岭制造技术中心等政府机构在内的 75 家以上的研究所、公司和工业集团,其目的在于集中工业资源、政府实验室和国防产品生产厂的力量,研究先进敏捷制造技术。

1993 年,美国国防部高级计划局和国家自然科学基金会又投资 1 500 万美元支持敏捷制造实验项目,有选择性地资助了 3 个学校的先进制造技术研究所(Advance Manufacturing Research Institute, AMRI),即纽约州的 Rensselaer Polytechnic Institute 的电子 AMRI、依利诺大学的机床 AMRI 和得克萨斯大学的自动化机器人 AMRI,支持它们进行敏捷制造方面的活动。

1994,由 AMEF 牵头开展了"最佳敏捷实践参考基础"研究,有近百家公司和大学研究机构分别就敏捷制造的六个领域,其中包括集成产品与过程开发/并行工程、人员问题、动态联盟、信息与控制、过程与设备、法律问题等进行了研究与实践相结合的深入工作。

目前,敏捷制造已具备了一定的实践基础和雏形,典型行业敏捷制造的应用示范正在进行中。例如,在 ARPA 和 NSF 的支持下,由麻省理工学院、里海大学、沃特飞机公司和其它几家公司组成的项目组开展了汽车、飞机、服装、纺织和电子行业的应用示范项目,并针对飞机、汽车这两个行业特点开发基准和工具,在 1996 年进行了项目演示。

1995 年,日本开展了一项"智能制造系统(IMS)"的国际性研究计划,其中有两个项目与敏捷制造有关，一个是自治和分布制造系统，另一个是较为长期的自治和分布制造系统，其副标题为生物制造系统。自治和分布制造系统重点在于系统集成技术和自治模块快速组成，当某一个模块被修改或置换时不影响其它模块以及整个系统的正常运行，这一系统体现了敏捷的特性。

德国、法国和英国均参加了一项主体为"未来的工厂"的尤里卡项目，为实施敏捷制造进行基础性研究工作。德国对未来制造业开展了一些工作，如"21 世纪制造业战略"等。

(2) 敏捷制造在中国的发展状况

现实地说，中国制造业的大多数企业无论在技术上还是装备上都与发达国家有相当的差距。敏捷制造的理念可引导资源有限的各个企业集中精力发展自己的核心竞争力，可以尽快提高中国制造业各企业素质。将具有不同核心竞争力的企业，突破行业、地区、所属的约束，构建合作竞争的虚拟企业，才能形成有实力的联盟来抗衡国际市场的强手。中国早在 20 世纪 90 年代初就进行了 MRP、MRPII、CAD、CAM、ERP 的研究与开发，尤其是 863 计划中核心项目——计算机集成制造系统(CIMS)的研究已接近世界先进水平。目前，一些高校和企业都在积极地开发敏捷制造系统。

5. 实现敏捷制造的关键因素和技术

从敏捷制造的发展状况可以看出，企业实施敏捷制造需要满足以下要求：一是企业从上到下都能明确认识快速响应市场/用户需求的重要性，并能通过信息网络对变化的环境快速响应；二是企业拥有先进的制造技术，能够迅速设计、制造新产品，缩短产品上市时间，降低成本；三是企业的每个部门，每个员工都具有一定的敏捷性，都愿意并善于与别人合作；四是企业能够最大限度地调动、发挥人的作用，并使员工的素质和创新能力不断提高。

因此，从众多企业根据自身情况不断提高敏捷性、向敏捷制造迈进的实践中，我们可以概括出实现敏捷制造所需的一些关键因素及关键技术。

(1) 建立高效的数据交换/共享网络

以网络技术和电子商务为平台的敏捷制造系统，是一个多企业组成的动态开放系统，依靠 Internet、Extranet、Intranet 来建立企业之间和企业用户之间的宽松的、直接的信息交流框架。

事实上，信息技术的发展水平决定了制造业的发展深度与广度。20 世纪 70 年代，由于电子技术和计算机技术的发展，制造业进入了功能自动化阶段，计算机辅助设计(CAD)、计算机辅助制造(CAM)、计算机辅助工艺规划(CAPP)、物料需求计划(MRP)等技术先后问世。20 世纪 80 年代，针对设计、加工、管理存在的自动化孤岛、为了实现制造过程中的信息交流与共享，突出地解决了计算机采集、传输和加工等信息过程，诞生了一系列信息集成系统如 CAD/CAPP/CAM，CIMS 等。20 世纪 90 年代，由于信息网络技术的进一步发展，研究重心转移到对生产过程的优化重构。例如，使用并行工程(CE)，使设计时充分考虑可制造性、可装配性；企业经营过程由于互联网的普及和应用，才使不同地域不用行业广泛分布的企业之间信息的通畅交流和共享成为可能，从而使敏捷制造的崭新组织模式虚拟企业成为现实，并得以迅速普及和推广，满足全球市场动态变化的需求。

敏捷制造在企业之间和用户之间传递的大量信息包括产品设计、生产计划、资源分配、市场动态、组织协调各方面，不仅数据量大、而且数据类型复杂，数据间存在复杂的语义联系，数据的载体也是多介质的。因此，建立一个高效高速的信息网络平台对于实现敏捷制造是首要关键。

(2) 实现集成化的产品过程设计

在敏捷制造中实现的是面向产品生命周期的信息集成和并行开发集成化产品设计概念，它要求设计人员不仅熟悉内部资源、能力条件，而且充分了解用户需求，掌握产品作为“解决问题途径”的实质。因此，用户、供应链、批发商也被邀请参与产品设计，产品设计不仅考虑产品本身，而且要增加服务和技术支持项目。

并行工程是近年来发展起来的产品设计新概念，它将“串行”的“顺序”和“试凑”的方法改革为由多学科跨部门组成的设计小组并行地开展工作，从设计一开始就充分考虑产品设计、制造及其相关的各种过程（包括制造过程和支持过程）的系统方法，使产品开发周期大为缩短，质量提高，成本降低。

(3) 构建虚拟企业

敏捷制造的创新、突破主要体现在两个层面上。一是技术角度，实现敏捷制造的关键技术；二是组织结构的发展，即虚拟企业的出现。

面对复杂多变难以预测的市场需求，单个企业的力量已无法应对，无力敏捷开发新产品来满足市场机遇。通过整合在价值链不同环节具有核心竞争力的各企业，从而组建临时的战略同盟——虚拟企业，以最佳最强的阵容协力来适应市场的需要，体现了虚拟企业的现实性。虚拟企业突破了传统企业边界，充分整合和利用内部和外部资源，建立一个动态的柔性的开放的系统，降低了市场交易成本，形成产品开发、制造与消费的敏捷能力。

(4) 拥有敏捷型劳动力

敏捷制造的一个显著特征就是以其对社会的迅速反应能力来参与激烈的市场竞争，这不是无思想的计算机所能担负的工作，而且也不是思想僵化、被动接受指令的职工或一般模式中偏重于技术的工程师们所能应付得了的，它需要具有“创造性思维”的全面发展的敏捷型劳动力才能够胜任。敏捷型劳动力的特征如表 8.1 所示。

表 8.1 敏捷型劳动力特征

	今天的劳动力	敏捷劳动力
基本技能	阅读 书写 算数	阅读和写作能力 计算 综合信息 沟通想法 掌握技术
核心能力	准确复制信息 听从命令 操作机器	寻找方式，学习新技能 系统考虑 做决策 实验
个人内在技能	服从 守时 忍耐 遵守纪律	合作 自定位 合作地相互依赖 从整体出发行动
精神境界	自主 不愿意共享 相互趋向不信任	建设性的崇拜 好奇/创造性强 崇尚多样化

拥有敏捷型劳动力的企业,与拥有普通劳动力的企业相比,具有以下明显的优势:① 敏捷型劳动力能够充分发挥主动性和创造性,积极有效地掌握信息和新技术。② 敏捷型劳动力反应迅速灵活,能够快速地从一个项目转到另一个项目。③ 敏捷型劳动力得到授权后,能自己组织和管理项目,在各个层次上做出适当的决策。④ 敏捷型劳动力具有协作精神,在动态联盟中能与各种人员保持良好的合作关系。

8.2.3 并行工程

并行工程(Concurrent Engineering, CE)在世界发达国家中获得了广泛的重视,是当今制造企业CIMS研究和应用的热点。它通过集成企业内的一切资源,使产品开发人员尽早考虑产品生命周期中的所有因素,以达到提高质量、降低成本、缩短开发周期的目的。它的实施对提高企业在国际市场上的竞争能力将起到重要作用。

1. 并行工程产生背景

随着社会经济和技术的发展,企业的生存受到了来自于以下几个方面的压力:日益剧烈的竞争态势;频繁变化的市场需求;高新技术的不断涌现和发展应用。在这种情况下,企业要战胜竞争者则必须从企业的根本即产品出发,提高产品的竞争力,尤其是提高开发新产品能力,一个企业是否能适时推出成功的新产品决定了企业是否能够继续生存下去。开发新产品的水平和能力主要由以下几个因素来衡量:产品的质量、产品市场化的时间、产品的成本以及产品服务水平。在过去竞争不是十分激烈的条件下,一个企业或许只要具有其中某一项优势就可以生存,但是在目前竞争如此激烈的情况下,企业决不能只满足于某一个方面的优势,而是要尽可能地全面发展,但是传统的串行工作方式不能为企业提供一个全面发展的前提和基础,这是因为串行工作方式存在以下一些本质上的不足之处:

(1) 企业内部缺乏协调。

(2) 企业与供应商之间缺乏足够的联系。

(3) 企业没有真正地以顾客需求为导向。

由于传统的串行工作方式存在着以上的弊端,企业必定不能同时兼顾产品的所有关键因素,而不得不在这些关键因素之间进行取舍。经过多年来人们不断的实践和探索,发现只有并行工程工作方式才能为企业提供兼顾产品所有关键因素、全面发展的机会。

CE方法是对产品开发流程的一种变革,它将传统模式中开发各阶段相对独立、按顺序逐段开发的流程,变为各阶段相互关联,并行或搭接进行,消除了各阶段脱节造成的产品设计错误、制造及支持过程的返工以及不符合客户需求的弊端。并行工程环境下与传统顺序环境下产品开发过程的比较如图8.3所示。

在传统的串行工作方式下只有市场人员参与产品的概念设计工作,而工程人员只是被动地接受设计结果,同样其它的工作人员也是被动接受前一工作阶段的工作结果,在这样的工作方式下,往往是前面的错误到了后面才被发现,从而不得不进行大量返工,造成时间、成本的大量浪费;而在并行工作方式下,概念设计的工作由所有人员共同参与,其它几项工作也在不同程度上被并行,这样从一开始就保证了开发出来的产品不仅仅满足某些人的需求,而且满足所有人的需求。

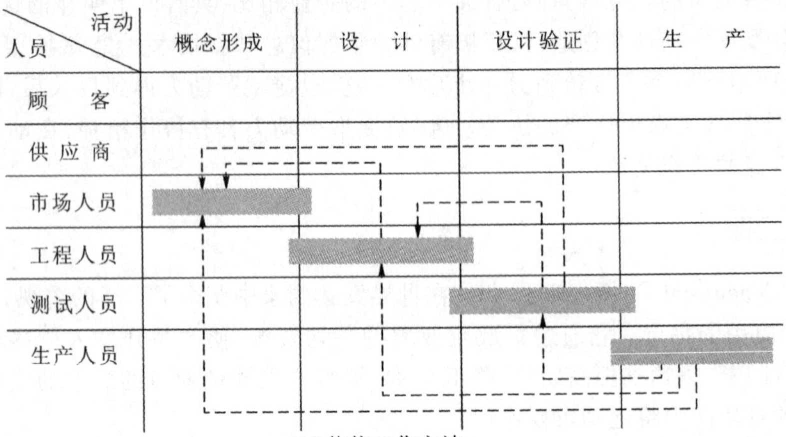

(a) 传统工作方法

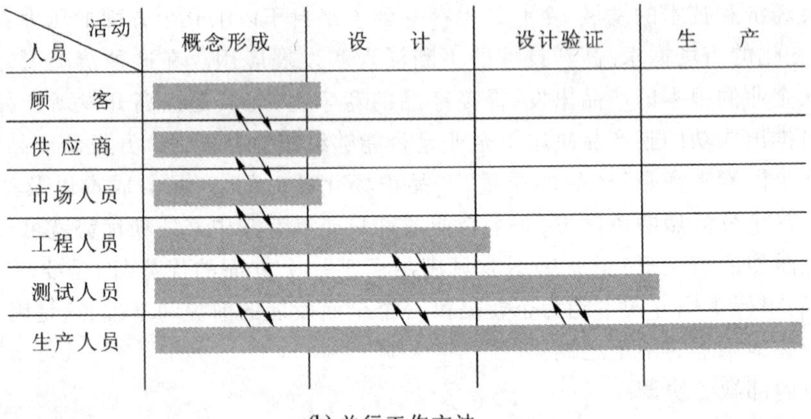

(b) 并行工作方法

图 8.3 并行工作方式与传统工作方式的比较

2. 并行工程的定义及目标

美国国防部防务分析所(IDA)对并行工程的定义是:“并行工程是集成地、并行地设计产品及其相关的制造过程,以及支持过程的系统方法。这种方法能使产品开发人员在一开始就考虑到产品从概念设计到消亡的生命周期中的所有因素,包括质量、成本、进度及用户需求”。其核心内容包括以下四个方面:

(1) 产品开发队伍重构

将传统的部门制或专业组变成以产品(型号)为主线的多功能集成产品开发团队(IPT),IPT被赋予相应的责权利,对所开发的产品对象负责。这样可以打破功能部门制所造成的信息流动不畅的障碍。

(2) 过程重构

从传统的串行产品开发流程转变成集成的、并行的产品开发过程。并行过程不仅是活动的并发,更主要的是下游过程在产品开发的早期即参与设计过程;另一方面则是过程的精简,以使信息流动与共享的效率更高。

(3) 数字化产品定义

数字化产品定义包括两方面内容，即数字化产品模型和产品生命周期数据管理（PDM）、数字化工具定义和信息集成，如 DFA、DFM、CAD/CAE/CAM 等。

（4）协同工作环境

协同工作环境用于支持 IPT 协同工作的网络与计算机平台。

过程中每一步都是下一步的基础。通常，第一步和第二步保证数据按照标准格式在企业各分系统和工具之间传递，无需手工重新输入。实现方法包括工程图档管理、工程数据库、异构数据库的集成与信息共享等。它们可以被看作是 CIMS 第一阶段集成平台。第三步和第四步处理更复杂的问题，需要改变企业的组织结构和产品开发过程，建立一个跨平台、跨领域的集成框架。支持产品开发全过程的信息集成与过程集成，它是并行工程最重要的特征。

3. 并行工程关键技术

并行工程是面向 21 世纪的新的工作模式，实现并行工程需要用到很多现代设计技术与方法，主要有：

（1）产品建模技术

统一的产品建模技术是实现并行工程集成的关键。统一的产品模型是一个几乎包括产品任何方面信息的核心数据库。在多应用的工作环境中，产品模型专门为授权用户和所有过程提供数据资源。该模型包括有关产品要求的所有几何与非几何信息，如实体造型的几何与拓扑信息、特征尺寸和属性、公差信息、材料性能、零件之间的关系、约束和设计规则、工艺工装信息、刀具轨迹信息、质量保证数据、市场有关信息等。

（2）产品数据管理

未来的 CAD/CAE/CAM 软件都支持数据管理系统，这个系统控制着文档及设计的建立、修改、检查和批准。当前热点之一的 PDM（产品数据管理）系统可以满足上述要求，PDM 可以在信息建立、修改、检查、批准和存档的同时组织、跟踪和控制信息的存取，它可在不同层次、不同部门以及不同类型软硬件接口环境下运行，并且让项目管理人员很好的管理整个设计过程，以此来促进面向协同工作小组的产品开发研究。

（3）产品数据交换

STEP（Standard for the Exchange of Product Model Data）是一种正在发展中的 ISO 产品数据交换标准，用以描述各类产品在其生命周期中的所有数据。在并行工程中，除以公共数据库为基础的、建立在公共数据库基础上的各个功能模块之间的信息交换外，也有与外界其它系统之间的信息交流。因此，应采用 STEP 的格式，以便于与外界进行信息交流时的相互交换。另一方面，STEP 规定的产品数据格式，也可以作为公共数据库的数据格式。基于 STEP 的各种信息的表示方法和交换方法正在研究和发展中。

（4）并行工程应用工具

无论是通过人与人直接交互还是通过计算机网络、基于数据库之上，并行工程包含了多功能、多学科的合作，实现并行协同工作。已有一些支持这种工作方式的方法和工具得到应用。而更多的，特别是面向企业的新的设计技术还有待进一步研究。如：

QFD（Quality Function Deployment）质量功能配置，是一种质量保证系统，用于帮助协同工作的产品开发人员明确用户对产品的要求，并把要求转化为产品应具有的特性。QFD 方法可以作为一个工具用于新产品在设计之前的产品规划、定义过程，也可以用于诊断已有产品的状况。

DFM(Design for Manufacturing)面向制造的设计,其基本思想是在产品零件的几何、结构设计及分析中,全面地、系统化地考虑制造工艺要求,从而得到具有良好加工性能的产品设计。

DFA(Design for Assembly)面向装配的设计、DFR(Design for Reliablility)面向可靠性的设计、DFS(Design for Safety)面向安全的设计等,与 DFM 思想类似,都是通过协同工作的组织形式和相应的计算机实现的工具,更好地用于产品的设计过程。

此外,还有公差设计 Taguchi 法、TQC 全面质量管理等。上述工具都已经用于实际生产,并取得良好的技术经济效益。

(5) 与 CIM 有关的各种技术

如计算机辅助设计(CAD)、计算机辅助工艺设计(CAPP)、计算机辅助检验工艺设计(Computer Aided Test Planning,CATP)、计算机辅助制造(CAM)、成组技术(GT)、仿真技术、价值工程等,都是帮助产品设计师寻求最佳设计的方法。

4. 并行工程实施环境

并行工程是一种系统方法。在具体实施过程中,各企业可根据自身的实际情况确定所采用的组织形式、应用工具及实施手段。它的实施必须在一定的环境中才能进行,即要具备一定的软硬件环境。

(1) 并行工程硬件环境

协同工作是并行工程的首要问题。并行工程的一个关键点是引入了产品开发协同工作组(Team work),协同工作组成员来自各个职能部门,即采购、工程、生产、质量管理、销售和售后服务等,他们在产品开发的各个阶段都能对产品的各种问题进行全面考虑,各成员具有所代表领域的专门知识和经验,能果断作出决策,能及时发现潜在问题并解决之。协同小组工作目标是"问题避免"或"问题预防",从而得到正确的优化的产品设计。协同工作的实现主要是强调各种功能的信息协调,其成员的工作方式在空间上不一定集中在一起,常常是分散在一个城市的不同角落,或在不同城市,甚至在不同国家。为此,必须建立协同工作支持环境。协同工作硬件支持环境包括各种计算机设备(微机、工作站等)、网络设备、接口设备、多媒体交互设备等,环境的核心是计算机及其网络,在此环境中,从设计、工艺、制造到检验的所有工程工作都可以通过互联的计算机工作站实现信息处理过程的自动化。

(2) 并行工程软环境

并行工程的软环境主要包括组织管理和通信管理两个方面。

1) 组织管理要求

① 组成一个一体化的、多层次的指挥系统,它领导并行工程的规划、方案制订、机构调整、人员组织与培训、工程实施和运行维护。并行工程基于全面质量管理理论,是一种自上而下、全面铺开的管理方法。因此,建立行之有效的指挥系统是实施并行工程的首要因素。

② 建立多功能、多学科小组(小组群),该小组成员包括企业中上层管理及产品全生命周期有关的各部门——设计、制造、物料、计划、质量、销售、服务以及用户的代表。小组成员应根据设计工作能力经过挑选确定,一般为 8~12 人。小组采用并行工程的工作方式,考虑所负责的产品的各个方面,整个集体都参与到产品的设计、制造和支持服务的所有领域。小组的权限集中到小组长手里。小组长的管理至关重要。他要了解小组成员的制约,进而持续地教育和训练各个成员去有效地协同工作,组织好小组定期和不定期的会议,制定和执行小组的战略任务、指标、计

划、评价及相应的奖惩制度等。

③ 企业组织和文化作相应改变，组织机构从层次式转变为平面式，既注重企业内部的集成机构，又重视企业与外部供应商、客户、经销点等在产品全生命周期中的集成机构；转变观念，由设计工程师担任协同小组组长，简化各种过程，强调人的作用，注重整体效益等。

2）通信管理　通信管理是并行工程的核心，要弄清楚进行什么通信、在何处通信、如何进行通信才能使并行工程有效地进行。它具有以下几个要素：集体通信、数据通信、变更通信。

① 集体通信。并行工程环境中小组成员之间的通信是非常重要的。并行工程中，由于所有功能在设计阶段并行实现，要求所有小组能及时了解设计相邻部件和规格等发生的变化，要求各小组之间能及时地进行信息通信。常用的通信方法有会议、在线邮递报文、通知、信函等。应避免出现通信过分繁重的局面，不把无关的变化通知到各个小组成员。

② 数据通信。数据通信是指产品数据的集成和通信。产品数据模型交换标准（STEP）可以作为一种标准的数据通信形式，既可以实现良好的数据通信，又不丢失有用信息。

③ 变更通信。如果对一项设计要进行任何形式的更新或变形，就会发生变更。变更管理与产品的配置有关，如何实现这种管理是并行工程中产品小组应考虑的一个重要问题。

5. 并行工程实施方法

并行工程仅仅是一种工作模式，对于它的应用必须有具体的技术支持。随着人们对并行工程思想的广泛采用和实施，越来越多的能够有效支持并行工作方式的方法和工具将被研究和开发出来。从目前来看，人们在实行并行工作方式时主要使用了以下五种方法：

（1）质量功能推广（QFD）

该方法的目的在于准确定义顾客的需求，并将其转化为具体的产品特性，其中顾客包括最终产品的顾客，以及设计工程师、工艺工程师、制造工程师，这些“顾客”的需求都将在开发最初的概念设计阶段通过 QFD 的方法得到确定。

（2）面向制造和装配设计（DFMA）

该方法的目的在于寻找易于制造和装配的设计方案，其中包括设计易于制造和装配的零部件，减少零部件的数量、装配时的移动次数和装配方向改变的次数，保证零件易于运输，从而提高生产率，减少制造成本。

（3）故障的原因及影响分析（FMEA）

该方法的目的在于发现整条生产线上最可能发生故障的部分。它是 QFD 方法和 DFMA 方法的有力补充，有助于消除设计过程中存在的弱点和复杂性。

（4）Tagushi 方法

该方法的目的在于优化设计中的基本参数，检测制造系统中可能影响产品质量的变量，力图增强产品设计方案的健壮性，减少测试的次数。

（5）统计过程控制（SPC）

该方法的目的在于解决企业产品质量之间一致性的问题。

思考题与习题

1. 试论述现代制造技术的概念、特点及发展趋势。
2. 试论述现代制造技术与先进制造模式间的关系。

3. 何谓精益生产？精益生产模式的特点是什么？
4. 什么是敏捷制造的概念？敏捷制造企业的主要特征有哪些？
5. 实现敏捷制造的关键因素和技术有哪些？
6. 试论述敏捷制造在国内外的发展现状及趋势。
7. 何谓并行工程？实施并行工程有哪些关键技术，应具备怎样的环境？

参 考 文 献

[1] 杨叔子,等.先进制造技术发展与展望.机械制造与自动化,2004,33(1):1-6.

[2] 姚福生.先进制造技术发展趋势.机械制造与自动化,2004,33(3):5-10.

[3] 张伯霖.超高速切削的原理与应用.中国机械工程,1995,6(1):42-46.

[4] 张伯霖.高速电主轴设计制造中若干问题的探讨.制造技术与机床,2001,7:12-14.

[5] 王西彬,解丽静.超高速切削技术及其新进展.中国机械工程,2000,11(2):190-194.

[6] 张伯霖,谢影明,肖曙红.超高速切削的原理与应用.中国机械工程,1995,6(1):14-17.

[7] Smith S, Trusty J. Current trends high speed machining. Journal of Manufacture Science and Technology. ASME,1997,37(8):664-667.

[8] 杨祖孝.高速切削加工及其关键技术.新技术新工艺,2000,12(2):17-19.

[9] 刘志峰.干式加工技术的应用和发展.机械制造,1997,35(9):6-9.

[10] 丁涛.高速加工原理及刀夹、刀具选用.机械设计与制造工程,2000,29(5):68-69.

[11] Smith S,Tlusty J. Current trends in high-speed machining. Transactions of the ASME,Journal of Manufacturing Science and Engineering,1997,119:664-666.

[12] Schulz H. High-speed machining. Annals of the CIRP,1992,41(2):637-642.

[13] Aronson R B. Why dry machining? Manufacture Engineering,1995,23(1):33-36.

[14] 韩荣第,等.现代机械加工新技术.北京:电子工业出版社,2003.

[15] 刘书华.数控机床与编程.北京:机械工业出版社,2001.

[16] 郑力,等.制造系统.北京:清华大学出版社,2001.

[17] 王隆太,吉卫喜.制造系统工程.北京:机械工业出版社,2008.

[18] 王爱玲,等.现代数控机床.北京:国防工业出版社,2003.

[19] 毕承恩,等.现代数控机床.上.北京:机械工业出版社,1991.

[20] 刘慧.供应链管理.北京:中国人民大学出版社,2002.

[21] 张成海.供应链管理技术与方法.北京:清华大学出版社,2002.

[22] 周志文.生产与运作管理.北京:石油工业出版社,2001.

[23] 乐俊淮,等.激光技术.北京:中国科学技术出版社,1994.

[24] 刘正辉.特种加工.重庆:重庆大学出版社,1991.

[25] 刘忠达.激光及其应用.沈阳:辽宁科学技术出版社,1985.

[26] 吕海宝.激光光电检测.北京:国防工业出版社,2000.

[27] 王家金.激光加工技术.北京:中国计量出版社,1992.

[28] 范玉殿,等.电子束和离子束加工.北京:机械工业出版社,1989.

[29] 余承业,等.航空制造工程手册.特种加工.北京:航空工业出版社,1993.

[30] 刘丽萍,等.高压水射流切割技术及应用.农业机械学报,2000(9):117-119.

[31] 张根宝,等.先进制造技术.重庆:重庆大学出版社,1996.

[32] 严隽琪,等.虚拟制造系统的体系结构及其关键技术.中国机械工程,1998(11):60-64.

[33] 孙大涌.先进制造技术.北京:机械工业出版社,2000.
[34] 柴跃廷.敏捷供应链管理.北京:清华大学出版社,2001.
[35] 曾垂壁,李慧敏.集成化 ERP 管理模式.科研管理,1999(3):82-84.
[36] 商慧铃,等.并行工程的思想和方法.科学管理研究,1997(8):13-18.
[37] 刘莉明.管理技术的新概念——ERP 系统.海洋技术,2002(5):71-74.
[38] 蔡建国,吴祖育.现代制造技术导论.上海:上海交通大学出版社,2000.
[39] 罗振璧,刘卫国.企业流程设计与现代质量管理.北京:团结出版社,2003.
[40] 王润孝.先进制造技术导论.北京:科学出版社,2004.
[41] 陈志田.质量管理基础.北京:中国计量出版社,1997.
[42] 秦现生.质量管理学.北京:科学出版社,2002.
[43] 王先逵.现代制造技术手册.北京:国防工业出版社.2001.
[44] 赵汝嘉.先进制造技术导论.北京:机械工业出版社,2003.
[45] 李伟光.现代制造技术.北京:机械工业出版社,2001.
[46] 陈定方,等.虚拟设计.北京:机械工业出版社,2002.
[47] 杨文通,等.数字化网络化制造技术.北京:电子工业出版社,2004.
[48] 李德庆,吴锡英.计算机辅助制造.北京:机械工业出版社,1992.
[49] 郑叔芳,吴晓琳.机械工程测量学.北京:科学出版社,1999.
[50] 姚宝根.现代企业信息化管理.上海:上海大学出版社,2001.
[51] 程控,革扬.MRPⅡ/ERP 原理与应用.北京:清华大学出版社,2002.
[52] 陈启申.ERP——从内部集成起步.北京:电子工业出版社,2004.
[53] 罗鸿.ERP 原理、设计、实施.北京:电子工业出版社,2002.
[54] 孔庆华.特种加工.上海:同济大学出版社,1997.

郑重声明